大学物理学

（上册）

第2版

张会　韩笑　林欣悦　孙力／主编

清华大学出版社
北京

内容简介

本书是根据教育部高等学校物理学与天文学教学指导委员会物理基础课程教学指导分委会2010年重新制定的《理工科类大学物理课程教学基本要求》编写的。全书分上、下两册，本书为上册，包括力学篇、电磁学篇。本书作为工科物理及理科非物理专业大学物理教材的改革尝试，注重对经典内容的精简和深化，对近代物理内容的精选和普化，对新技术、新观点的拓展，力求注意各部分知识之间的相互联系，同时保持难度适中。

本书可作为高等工科院校各专业的物理教材，也可作为综合大学和师范院校非物理专业的教材和参考书。

图书在版编目(CIP)数据

大学物理学．上册/张会等主编．—2版．—北京：清华大学出版社，2020.8(2023.2重印)
ISBN 978-7-302-56182-8

Ⅰ．①大…　Ⅱ．①张…　Ⅲ．①物理学－高等学校－教材　Ⅳ．①O4

中国版本图书馆CIP数据核字(2020)第143468号

责任编辑：佟丽霞
封面设计：常雪影
责任校对：赵丽敏
责任印制：丛怀宇

出版发行：清华大学出版社
网　　址：http://www.tup.com.cn，http://www.wqbook.com
地　　址：北京清华大学学研大厦A座　　**邮　　编**：100084
社 总 机：010-83470000　　**邮　　购**：010-62786544
投稿与读者服务：010-62776969，c-service@tup.tsinghua.edu.cn
质量反馈：010-62772015，zhiliang@tup.tsinghua.edu.cn
印 装 者：三河市龙大印装有限公司
经　　销：全国新华书店
开　　本：185mm×260mm　　**印　　张**：16　　**字　　数**：385千字
版　　次：2017年3月第1版　2020年8月第2版　　**印　　次**：2023年2月第4次印刷
定　　价：45.00元

产品编号：087935-01

第2版前言

2010年教育部高等学校物理学与天文学教学指导委员会物理基础课程教学指导分委会对《理工科类大学物理课程教学基本要求》(简称《基本教学要求》)进行了重新编写，划分出了基本核心内容的A类知识点和作为拓展内容的B类知识点。要求各高校不仅要保证基本知识结构的系统性和完整性，还要在知识的深度和广度上有所拓展。为顺应这一要求，并考虑到目前普通高等学校学生对大学物理课程学习的特点，我们编写了本书。

本书以2010版的基本要求为指导，不仅融入了作者多年教学经历所积累的成功经验，而且还融合了国内外众多优秀教材的优点，并考虑到目前学生学习和教师教学的新特点，主要侧重于以下几个方面：

1. 精简经典内容，深化教学体系。在内容上以《基本教学要求》中A类知识点为核心，对B类知识点选择性做了适当拓展，既保证了基本知识结构、系统的完整，又开拓了学生的视野。

2. 开"窗口"，注重内容现代化。书中以阅读材料的形式，引入一些当前高新技术领域中的基础性物理原理，大力加强了读者对现代物理学观念的形成。

3. 注重培养全局掌握，运用知识综合能力。书中精选的例题和习题，力求突出对物理概念和原理的运用，避免冗长的数学推导。

全书分上、下两册，上册包括力学篇、电磁学篇；下册包括热学篇、机械振动和机械波篇、波动光学篇和量子力学篇。本书作为工科物理及理科非物理专业大学物理教材的改革尝试，注重对经典内容的精简和深化、对近代物理内容的精选和普化、对新技术新观点的拓展，力求注意各部分知识之间的相互联系，同时保持难度适中。书中部分带"*"号的章节，表示超出课程范围，即选学的内容。本书可作为高等工科院校各专业的物理教材，也可作为综合大学和师范院校非物理专业的教材和参考书。

本书的编者集合了沈阳大学物理系的各位优秀教师，他们都有多年从事大学物理课程教学的经验和教学研究、科学研究的体会。第1～3章由林欣悦、吴延斌完成，第4、16～18章由王立国、黄有利完成；第5、6章由张会完成；第7、11、12章由韩笑完成；第9、10章由王建华完成；第8、13～15章由孙力完成；刘文中负责全书图稿和习题部分的整理工作。另外张会、林欣悦还负责全书的统稿工作。

本书在2017年首次出版，在使用过程中，编者和读者发现了一些不当之处。本次修订工作，针对上述不当之处进行了修改与校订。第3章改动较大，增加了"定轴转动的机械能守恒定律"小节，重写了"刚体定轴转动的角动量定理和角动量守恒定律"这一章节，并增加了部分例题。

由于编者水平有限，加之时间仓促，如有疏漏和不妥之处，恳请各位读者批评指正。

编　者

2020年3月

目　　录

第1篇　力　　学

第1篇　力　　学

力学是最古老的科学，在一定意义上是整个物理学的基础。

人类发展的历史是与自然界作斗争的历史。在漫长的发展过程中，人们逐步认识到物质存在和运动的一般规律，并利用所掌握的规律去改造自然。但是那时并没有学科的概念。例如，古希腊人把所有对自然界的观察和思考，笼统地包含在一门学科里，即自然哲学。自然哲学分化为天文学、力学、物理学、化学、生物学、地质学等不同的学科，只是最近几百年的事。即使在牛顿的时代，科学和哲学还没有完全分开。牛顿划时代的著作——《自然哲学的数学原理》就是一个明证。物理学最关心自然界中的基本规律，所以牛顿把当时的物理学叫做自然哲学。

力学是最早形成的物理学科，也是发展得最完美的学科。经典力学有严谨的理论体系和完备的研究方法，如观察现象，分析和综合实验结果，建立物理模型，应用数学表述，作出推理和预言，以及用实验检验和校正结果等。力学的发展确定了整个物理学的研究方法，许多著名的物理学家都对力学的发展作出了贡献。最突出的是伽利略和牛顿。伽利略对物理学尤其是力学的发展做了许多开创性的工作。17世纪，牛顿在伽利略、开普勒等人工作的基础上，建立了完整的经典力学理论，这就是现代意义上的物理学的开端。

本篇主要讲述质点力学、刚体的定轴转动，以及狭义相对论。着重阐明动量、角动量和能量等概念及相应的守恒定律。狭义相对论的时空观和牛顿力学联系紧密，也可归入力学范畴。

第 1 章 质点运动学

自然界的一切物质都处于永恒运动之中。物质的运动形式是多种多样的，其中，机械运动是最简单又基本的运动，力学就是研究物体机械运动规律及其应用的学科，而牛顿运动定律则是经典力学的基础。为了更好地掌握牛顿运动定律，本章着重阐明三个问题。第一，如何描述物体的运动状态。在运动学中，物体的运动状态是用位矢和速度描述的，而物体运动速度的变化则用加速度描述。通过速度、加速度等概念的建立，加深对物体运动描述的相对性、瞬时性和矢量性等基本性质的认识。第二，运动学的核心是运动方程。通过运动方程的介绍，既要掌握如何从运动方程出发，求出质点在任意时刻的位矢、速度和加速度，又要能够在已知加速度(或速度)与时间的关系以及初始条件的情况下，求出任意时刻质点的速度和位置。总之，要学会在运动学中用微积分解题。第三，运动的研究离不开时间和空间。经典力学的时空观是和牛顿运动定律、伽利略坐标变换交织在一起的。通过伽利略坐标变换、速度变换的介绍，了解经典力学时空观的局限性。

1.1 质点、参考系、时间和空间

机械运动是人们最熟悉的一种运动。一个物体相对于另一个物体的位置，或者一个物体的某些部分相对于其他部分的位置，随着时间而变化的过程，叫做**机械运动**。为了研究物体的机械运动，不仅需要描述物体运动的方法，还需要对复杂的物体运动进行合理的抽象，提出物理模型，以便突出主要矛盾，化简为繁，以利于解决问题。

1.1.1 质点

任何物体都有一定的大小、形状、质量和内部结构，即使是小到分子、原子及其他微观粒子也不例外。一般来说，物体运动时，其内部各点的位置变化是各不相同的，而且物体的大小和形状也可能发生变化。但是，如果在研究的问题中，物体的大小和形状不起作用，或者所起的作用并不显著而可以忽略不计，就可以近似地把该物体看作是一个具有质量而没有大小和形状的理想物体，称为**质点**。例如，研究地球绕太阳的公转时，由于地球的平均半径(约为 6.4×10^3 km)比地球与太阳间的距离(约为 1.50×10^8 km)小得多，地球上各点相对于太阳的运动就可看作相同。这时，就可以忽略地球的大小和形状，把地球当作一个质点(见图 1-1)。但是在研究地球自转时，如果仍然把地球看作一个质点，就无法解决实际问题。由

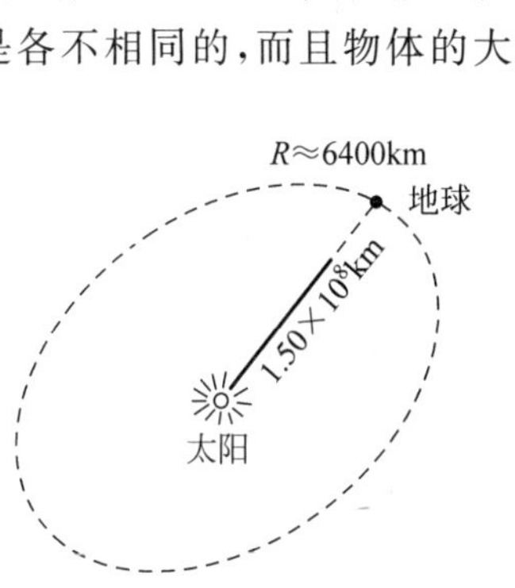

图 1-1 地球可当作质点

此可见,一个物体是否可以抽象为一个质点,应根据问题的不同情况而定。

几百年来,人们对天体运动的研究表明,把天体看成质点能够正确地解决许多问题。所以质点是一个恰当的物理模型,这种方法是很有实际意义的。从理论上说,研究质点的运动规律,也是研究物体运动的基础。因为我们可以把整个物体看成由无数个质点所组成,从这些质点运动的分析入手,就有可能了解整个物体的运动规律。

1.1.2 参考系

在自然界里,绝对静止的物体是找不到的。大到星系,小到原子、电子,无一不在运动。以地球来说,地球不仅在自转,而且以约 30km/s 的速度绕太阳公转。太阳则以约 250km/s 的速度绕银河系的中心旋转。银河系在总星系中旋转,而总星系又在无限的宇宙中运动。无论从机械运动来说,还是从其他运动形式来说,自然界中的一切物质都处于永恒运动之中。运动和物质是不可分割的,运动是物质存在的形式,是物质的固有属性,物质的运动存在于人们的意识之外。这便是**运动本身的绝对性**。

在这些错综复杂的运动中,要描述一个物体的机械运动,则必须选择另一个物体或几个彼此之间相对静止的物体作为参考,然后研究这个物体相对于这些物体是如何运动的。被选为参考的物体叫做**参考系**。例如,要研究物体在地面上的运动,可选择路面或地面上静止的物体作为参考系(见图 1-2)。例如,要研究宇宙飞船的运动,当运载火箭刚发射时,一般选择地面作为参考系;当宇宙飞船绕太阳运行时,则常选太阳作为参考系。从运动的描述来说,参考系的选择可以是任意的,主要看问题的性质和研究方便而定。

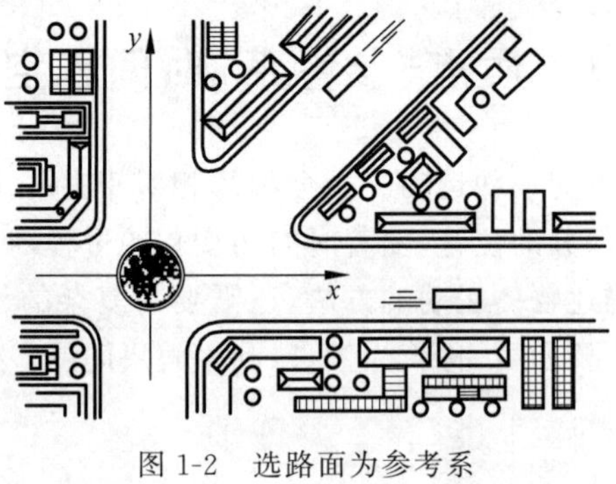

图 1-2 选路面为参考系

同一物体的运动,由于所选取的参考系不同,对它的运动描述就会不同。例如,在作匀速运动的车厢中,有一个自由下落的物体,以车厢为参考系,物体作直线运动;以地面为参考系,物体作抛物线运动;如以太阳或其他天体作参考系,运动的描述将更为复杂。在不同的参考系中,对同一物体的运动具有不同的描述事实,叫做**运动描述的相对性**。早在我国战国后期,名家代表人物公孙龙就已经注意到这点,他提出了“飞鸟之影,未尝动也”的辩论。飞鸟的影子对于地面其他物体来说是运动着的,但对飞鸟本身来说,如影随形,这个影子就是不动的了。

通过上面的讨论,要明确地描述一个物体的运动,只要在选取某一个确定的参考系后才有可能,而且由此作出的描述总是具有相对性的。

1.1.3 坐标系

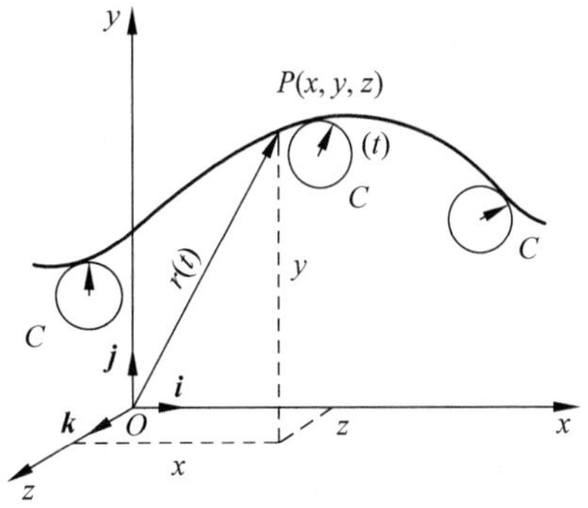

图 1-3　直角坐标系

确定了参考系之后，为了定量地说明一个质点相对于参考系的位置，需要在参考系上选定一点作为坐标系的原点，取通过原点并标有长度的线作为坐标轴。常用的坐标系是直角坐标系（见图 1-3），它的三条坐标轴（x 轴、y 轴、z 轴）互相垂直。根据需要，也可以选用其他坐标系，例如极坐标系、球坐标系或柱坐标系等。

1.1.4 时间和空间

人们关于空间和时间概念的形成，首先起源于对自己周围物质世界和物质运动的直觉，空间反映了物质的广延性，它的概念是与物体的体积和物体位置的变化联系在一起的。时间所反映的则是物理事件的顺序性和持续性。早在我国春秋战国时代，由墨翟创立的墨家学派就对空间和时间的概念给予了深刻而明确的阐释，《墨经》中说："宇，弥异所也。""久，弥异时也。"此处，"宇"即空间，"久"即时间。意思是说，空间是一切不同位置的概括和抽象；时间是一切不同时刻的概括和抽象。在现代自然科学形成之前两千多年，有这样深刻的见解，是很了不起的。在自然科学的创始和形成时代，关于空间和时间，有两种代表性的看法。莱布尼茨（G. W. Leibniz）认为，空间和时间是物质上下左右的排列形式和先后久暂的持续形式，没有具体的物质和物质的运动就没有空间和时间。和莱布尼茨不同，牛顿认为，空间和时间是不依赖于物质的独立的客观存在。随着科学的进步，人们经历了从牛顿的绝对时空观到爱因斯坦的相对时空观的转变，从时空的有限与无限的哲学思辨到可以用科学手段来探索的阶段。目前量度的时空范围，从宇宙范围的尺度 10^{26} m（约 2×10^{10} 光年）到微观粒子尺度 10^{-15} m，从宇宙的年龄 10^{18} s（约 2×10^{10} 年）到微观粒子的最短寿命 10^{-24} s。物理理论指出，空间长度和时间间隔都有下限，它们分别是普朗克长度 10^{-35} m 和普朗克时间 10^{-43} s，当小于普朗克时空间隔时，现有的时空概念就可能不再适用了。表 1-1 和表 1-2 列出了各种典型物理现象的空间和时间尺度，由此可见物理学研究涉及的空间和时间范围是何等广阔。

表 1-1　一些典型物理现象的空间尺度　　m

已观测到的宇宙范围	10^{26}	核动力航空母舰舰长	3×10^{2}
星系团半径	10^{23}	小孩高度	10^{0}
星系间距离	2×10^{22}	尘埃	10^{-3}
银河系半径	7.6×10^{22}	人类红细胞直径	10^{-6}
太阳到最近恒星的距离	4×10^{16}	细菌长度	10^{-9}
太阳到冥王星的距离	10^{12}	原子线度	10^{-10}
日地距离	1.5×10^{11}	核的线度	10^{-15}
地球半径	10^{7}	普朗克长度	10^{-35}
无线电中波波长	10^{3}		

表 1-2 一些典型物理现象的时间尺度 s

宇宙年龄	10^{18}	中频声波周期	10^{-4}
太阳系年龄	1.4×10^{17}	中频无限电波周期	10^{-6}
原始人	10^{13}	π^+ 介子的平均寿命	10^{-9}
最早文字记录	1.6×10^{11}	分子转动周期	10^{-12}
人的平均寿命	10^{9}	原子振动周期(光波周期)	10^{-15}
地球公转(1年)	3.2×10^{7}	光越过原子的时间	10^{-18}
地球自转(1d)	8.6×10^{4}	核振动周期	10^{-21}
太阳光到地球的传播时间	5×10^{2}	光穿越核的时间	10^{-24}
人的心脏跳动周期	1	普朗克时间	10^{-43}

1.2 质点运动的矢量描述

为了描述机械运动,不仅要有能反映物体位置变化的物理量,还要有结合时间概念反映物体位置变化的快慢程度的物理量,现在分别介绍如下。

1.2.1 位置矢量

在坐标系中,质点的位置,常用**位置矢量**(简称**位矢**)表示,位矢是从原点指向质点所在位置的有向线段,用矢量 $\boldsymbol{r}$ 表示。设质点所在位置的坐标为 x、y、z,就是 $\boldsymbol{r}$ 沿坐标轴的三个分量,位矢的大小如图 1-4 所示,可由如下关系式决定:

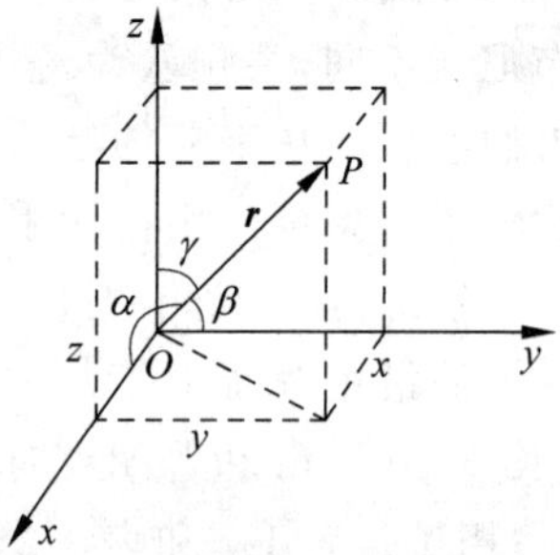

图 1-4 位置矢量

$$|\boldsymbol{r}|=r=\sqrt{x^2+y^2+z^2} \tag{1-1}$$

引入沿着 x、y、z 三轴正方向的单位矢量 $\boldsymbol{i}$、$\boldsymbol{j}$、$\boldsymbol{k}$ 后,可把 $\boldsymbol{r}$ 写成

$$\boldsymbol{r}=x\boldsymbol{i}+y\boldsymbol{j}+z\boldsymbol{k} \tag{1-2}$$

位矢的方向余弦是

$$\cos\alpha=\frac{x}{r},\quad \cos\beta=\frac{y}{r},\quad \cos\gamma=\frac{z}{r} \tag{1-3}$$

式中,α、β、γ 分别是 $\boldsymbol{r}$ 与 x 轴、y 轴和 z 轴的夹角。

在一个选定的参考系中,当质点运动时,它的位置 $P(x,y,z)$ 是按一定规律随时刻 t 而改变的,所以位矢 $\boldsymbol{r}$ 是 t 的函数,这个函数可表示为

$$x=x(t),\quad y=y(t),\quad z=z(t) \tag{1-4}$$

或

$$\boldsymbol{r}=\boldsymbol{r}(t) \tag{1-5}$$

它们叫做质点的**运动方程**。知道了运动方程,我们就能确定任一时刻的质点的位置,从而确定质点的运动。从质点的运动方程中消去时间 t,即可求得质点的轨道方程。

如果轨道是直线,就叫做直线运动。如果轨道是曲线,就叫做曲线运动。例如,平抛运动的运动方程为

$$\begin{cases}x=v_0t\\ y=\dfrac{1}{2}gt^2\end{cases}$$

轨迹方程为

$$y=\frac{g}{2v_0^2}x^2$$

1.2.2　位移

设曲线 $\overset{\frown}{AB}$ 是质点运动轨迹的一部分(见图 1-5)。在时刻 t,质点在 A 点处,在时刻 $t+\Delta t$,质点到达 B 点处。A、B 两点的位置分别用位矢 $\boldsymbol{r}_A$ 和 $\boldsymbol{r}_B$ 来表示。在时间 Δt 内,质点的位置变化可用从 A 到 B 的有向线段 $\overrightarrow{AB}$ 来表示,$\overrightarrow{AB}$ 称为质点的位移矢量,简称**位移**。位移 $\overrightarrow{AB}$ 除了表明点 B 与点 A 之间的距离外,还表明了 B 点相对于 A 点的方位。

位移是矢量,是按三角形法则或平行四边形法则来运算的。譬如说,质点从 A 点移到 B 点,又从 B 点移到 C 点(见图 1-6),那么质点在 C 点处对 A 点的位移显然是 $\overrightarrow{AC}$。$\overrightarrow{AC}$ 是三角形 ABC 的一边,也是平行四边形 $ABCD$ 的对角线。位移相加可用矢量式表示为 $\overrightarrow{AC}=\overrightarrow{AB}+\overrightarrow{BC}$,读作:合位移 $\overrightarrow{AC}$ 等于分位移 $\overrightarrow{AB}$ 和 $\overrightarrow{BC}$ 的矢量和。

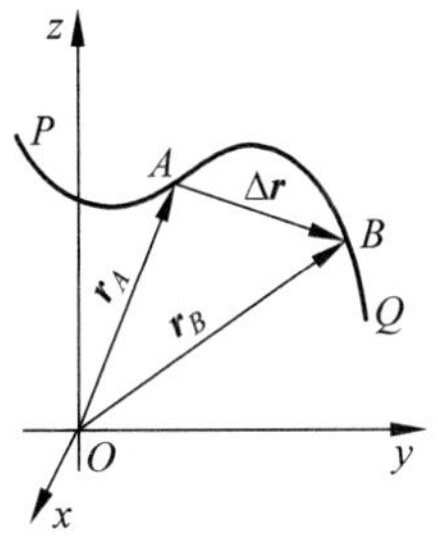

图 1-5　位移

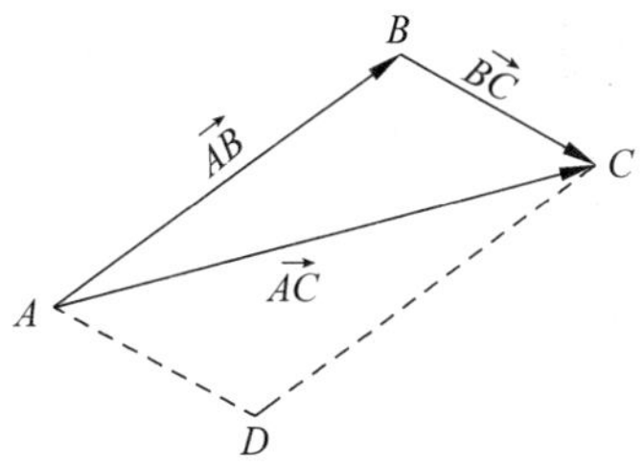

图 1-6　位移矢量的合成

从图 1-5 中可以看出,位移 $\overrightarrow{AB}$ 和 $\boldsymbol{r}_A$、$\boldsymbol{r}_B$ 之间的关系为

$$\boldsymbol{r}_B=\boldsymbol{r}_A+\overrightarrow{AB}$$

或

$$\overrightarrow{AB}=\boldsymbol{r}_B-\boldsymbol{r}_A=\Delta\boldsymbol{r} \tag{1-6}$$

式(1-6)说明,位移 $\overrightarrow{AB}$ 等于位矢 $\boldsymbol{r}_B$ 和 $\boldsymbol{r}_A$ 的矢量差。而矢量差 $\boldsymbol{r}_B-\boldsymbol{r}_A$ 也就是位矢 $\boldsymbol{r}$ 在 Δt 时间内的增量,所以用 $\Delta\boldsymbol{r}$ 来表示。

在直角坐标系中,位移的表达式为

$$\Delta\boldsymbol{r}=\Delta x\boldsymbol{i}+\Delta y\boldsymbol{j}+\Delta z\boldsymbol{k} \tag{1-7}$$

其中

$$\begin{cases}\Delta x=x_2-x_1\\ \Delta y=y_2-y_1\\ \Delta z=z_2-z_1\end{cases}$$

显然位移的大小为

$$|\Delta\boldsymbol{r}|=\sqrt{(x_2-x_1)^2+(y_2-y_1)^2+(z_2-z_1)^2} \tag{1-8}$$

需要注意的是,位移表示质点位置的改变,它并不是质点所经历的路程,例如,在图 1-5

中，位移 $\overrightarrow{AB}$ 是有向线段，是一矢量，它的量值 $|\Delta \boldsymbol{r}|$ 就是割线 AB 的长度，而路程是一标量，就是曲线的长度 ΔS。ΔS 和 $|\Delta \boldsymbol{r}|$ 并不相等。只有在时间 Δt 趋近于零时，ΔS 与 $|\Delta \boldsymbol{r}|$ 才可看作相等。即使在直线运动中，位移和路程也是截然不同的两个概念。例如，一质点沿直线从 A 点到 B 点又折回 A 点，显然路程 ΔS 等于 A、B 之间距离的 2 倍，而位移则为零。

1.2.3 速度

当质点在时间 Δt 内，完成了位移 $\Delta \boldsymbol{r}$ 时，为了表示运动在这段时间内的快慢程度，这里把质点的位移 $\Delta \boldsymbol{r}$ 与相应的时间 Δt 的比值，称为质点在这段时间 Δt 内的平均速度：

$$\bar{\boldsymbol{v}} = \frac{\Delta \boldsymbol{r}}{\Delta t} \tag{1-9}$$

式(1-9)说明，平均速度是在相应的时间 Δt 内位移对时间的比值，平均速度的方向与位移 $\Delta \boldsymbol{r}$ 方向相同。在描述质点运动时，也常采用“速率”这个物理量。路程 ΔS 与时间 Δt 的比值 $\frac{\Delta S}{\Delta t}$ 称为质点在时间 Δt 内的**平均速率**。这就是说，平均速率是一标量，等于质点在单位时间内所通过的路程，而不考虑运动的方向，因此，不能把平均速率与平均速度等同起来，例如，在某一段时间内质点环行了一个闭合路径，显然质点的位移等于零，所以平均速度也为零，而平均速率却不等于零。

要确定质点在某一时刻(或某一位置)的**瞬时速度**(以下简称**速度**)应使时间 Δt 无限减小而趋近于零，以平均速度的极限来表述，用数学表示为

$$\boldsymbol{v} = \lim_{\Delta t \to 0} \frac{\Delta \boldsymbol{r}}{\Delta t} = \frac{\mathrm{d}\boldsymbol{r}}{\mathrm{d}t} \tag{1-10}$$

也就是说，速度等于位矢 $\boldsymbol{r}$ 对时间 t 的一阶导数，瞬时速度表明质点在 t 时刻附近无限短的一段时间内位移对时间的比值，即描述了质点位矢的瞬时变化率，当 Δt 趋近于零时，$\Delta \boldsymbol{r}$ 的量值 $|\Delta \boldsymbol{r}|$ 就趋近于 ΔS，因此瞬时速度的大小 $\left|\frac{\mathrm{d}\boldsymbol{r}}{\mathrm{d}t}\right|$ 也就等于质点在时刻 t 的**瞬时速率** $\frac{\mathrm{d}S}{\mathrm{d}t}$。

速度 $\boldsymbol{v}$ 既是位矢 $\boldsymbol{r}$ 对时间的导数，而位矢 $\boldsymbol{r}$ 在直角坐标轴上的分量为 x、y、z，所以速度的三个分量 v_x、v_y、v_z 分别是

$$v_x = \frac{\mathrm{d}x}{\mathrm{d}t}, \quad v_y = \frac{\mathrm{d}y}{\mathrm{d}t}, \quad v_z = \frac{\mathrm{d}z}{\mathrm{d}t} \tag{1-11}$$

速度 $\boldsymbol{v}$ 可写作

$$\boldsymbol{v} = v_x \boldsymbol{i} + v_y \boldsymbol{j} + v_z \boldsymbol{k} \tag{1-12}$$

速度的大小为

$$v = |\boldsymbol{v}| = \sqrt{v_x^2 + v_y^2 + v_z^2} \tag{1-13}$$

速度的方向就是当 Δt 趋近于零时，位移 $\Delta \boldsymbol{r}$ 的极限方向。从图 1-7 可以看出，位移 $\Delta \boldsymbol{r} = \overrightarrow{AB}$ 是沿着割线 AB 的方向。当 Δt 逐渐减小而趋近于零时，B 点逐渐趋近于 A 点，相应地，割线 AB 逐渐趋近于 A 点的切线，所以质点的速度方向，是沿着轨迹上质点所在点的切线方向并指向质点前进的一侧。

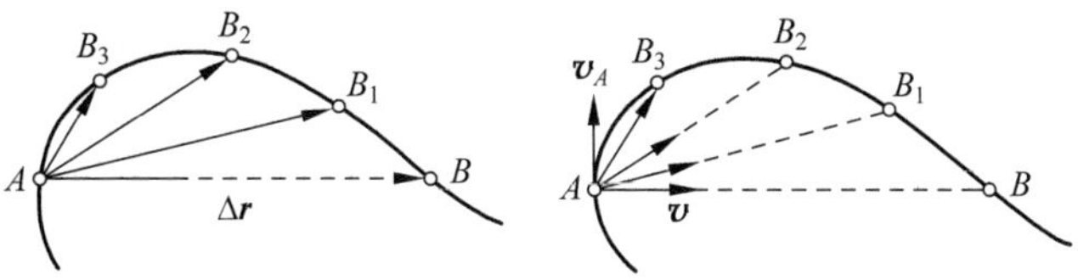

图 1-7　质点在轨道上 A 点处的速度的方向

1.2.4　加速度

在一般情况下，质点的运动速度是在改变的，不但速度的大小可以改变，方向也可以改变，为了描述质点速度的变化情况，这里引入加速度这个物理量。

如图 1-8 所示，一质点在时刻 t、位于 A 点时速度为 $\boldsymbol{v}_A$，在时刻 $t+\Delta t$，位于 B 点时的速度为 $\boldsymbol{v}_B$，质点速度的增量为 $\Delta\boldsymbol{v}=\boldsymbol{v}_B-\boldsymbol{v}_A$。与平均速度的定义相类似，我们把速度的增量 $\Delta\boldsymbol{v}$ 与其所经历的时间 Δt 之比称为质点在时间 Δt 内的**平均加速度**，即

$$\bar{\boldsymbol{a}}=\frac{\Delta\boldsymbol{v}}{\Delta t} \tag{1-14}$$

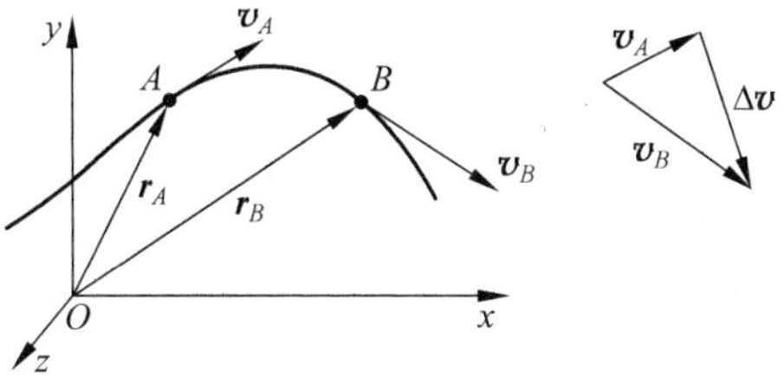

图 1-8　速度的增量

平均加速度只是描述在时间 Δt 内速度的平均变化率。为了准确地描述质点在任一时刻 t（或任一位置处）的速度的变化率，必须在平均加速度概念的基础上引入瞬时加速度的概念，瞬时加速度定义为

$$\boldsymbol{a}=\lim_{\Delta t\to 0}\frac{\Delta\boldsymbol{v}}{\Delta t}=\frac{\mathrm{d}\boldsymbol{v}}{\mathrm{d}t}=\frac{\mathrm{d}^2\boldsymbol{r}}{\mathrm{d}t^2} \tag{1-15}$$

这就是说，质点在某时刻 t 或某位置的**瞬时加速度**（简称**加速度**）等于当时间 Δt 趋近于零时平均加速度的极限。瞬时加速度表明质点在 t 时刻附近无限短的一段时间内的速度变化率。从数学式上来说，加速度等于速度对时间的一阶导数，或等于位矢对时间的二阶导数。在直角坐标系中，加速度的三个分量 a_x、a_y、a_z 分别为

$$a_x=\frac{\mathrm{d}v_x}{\mathrm{d}t}=\frac{\mathrm{d}^2x}{\mathrm{d}t^2},\quad a_y=\frac{\mathrm{d}v_y}{\mathrm{d}t}=\frac{\mathrm{d}^2y}{\mathrm{d}t^2},\quad a_z=\frac{\mathrm{d}v_z}{\mathrm{d}t}=\frac{\mathrm{d}^2z}{\mathrm{d}t^2} \tag{1-16}$$

加速度 $\boldsymbol{a}$ 可写作

$$\boldsymbol{a}=a_x\boldsymbol{i}+a_y\boldsymbol{j}+a_z\boldsymbol{k} \tag{1-17}$$

而加速度的大小为

$$a=|\boldsymbol{a}|=\sqrt{a_x^2+a_y^2+a_z^2} \tag{1-18}$$

加速度的方向由下述方向余弦确定：

$$\cos\alpha=\frac{a_x}{|\boldsymbol{a}|},\quad \cos\beta=\frac{a_y}{|\boldsymbol{a}|},\quad \cos\gamma=\frac{a_z}{|\boldsymbol{a}|}$$

式中,α、β、γ 分别表示加速度 $\boldsymbol{a}$ 与 x、y、z 三个坐标轴的夹角。

加速度是矢量。加速度的方向就是当 Δt 趋近于零时,速度增量 $\Delta\boldsymbol{v}$ 的极限方向。应该注意:$\Delta\boldsymbol{v}$ 的方向和它的极限方向一般不同于速度 $\boldsymbol{v}$ 的方向,因而加速度的方向一般与该时刻的速度方向不一致。例如,质点作直线运动时,如果速率是增加的,如图 1-9(a)所示,那么 $\boldsymbol{a}$ 与 $\boldsymbol{v}$ 同向(夹角为 0°);反之,如果速率是减小的,如图 1-9(b)所示,那么 $\boldsymbol{a}$ 与 $\boldsymbol{v}$ 反向(夹角为 180°)。因此,在直线运动中,加速度和速度虽同在一直线上,也可以有同向或反向两种情况。质点作曲线运动时,加速度总是指向轨迹曲线凹的一边(参看图 1-10)。如果速率是增加的,如图 1-10(a)所示,则 $\boldsymbol{a}$ 与 $\boldsymbol{v}$ 成锐角;如果速率是减小的,如图 1-10(b)所示,则 $\boldsymbol{a}$ 与 $\boldsymbol{v}$ 成钝角;如果速率不变,如图 1-10(c)所示,则 $\boldsymbol{a}$ 与 $\boldsymbol{v}$ 成直角。行星绕太阳运动的轨迹是一个椭圆,如图 1-11 所示,太阳位于这椭圆的一个焦点上,行星的加速度 $\boldsymbol{a}$ 总是指向太阳。在椭圆轨迹上,当行星从远日点向近日点运动时,行星的加速度 $\boldsymbol{a}$ 与它的速度 $\boldsymbol{v}$ 成锐角,行星的速率是增加的;当行星从近日点向远日点运动时,$\boldsymbol{a}$ 与 $\boldsymbol{v}$ 成钝角,行星的速率是减小的。

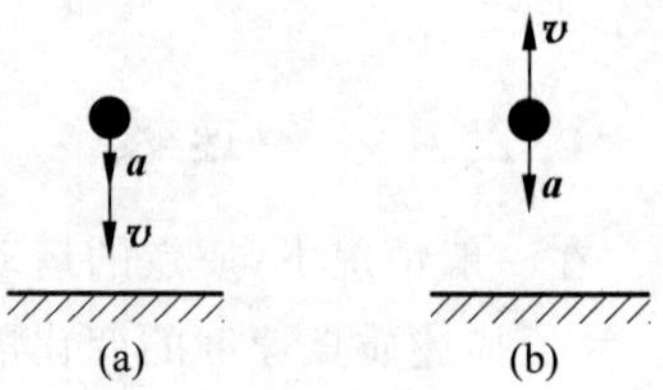

图 1-9 直线运动的加速度与速度的方向

(a) $\boldsymbol{a}$ 与 $\boldsymbol{v}$ 同向;(b) $\boldsymbol{a}$ 与 $\boldsymbol{v}$ 反向

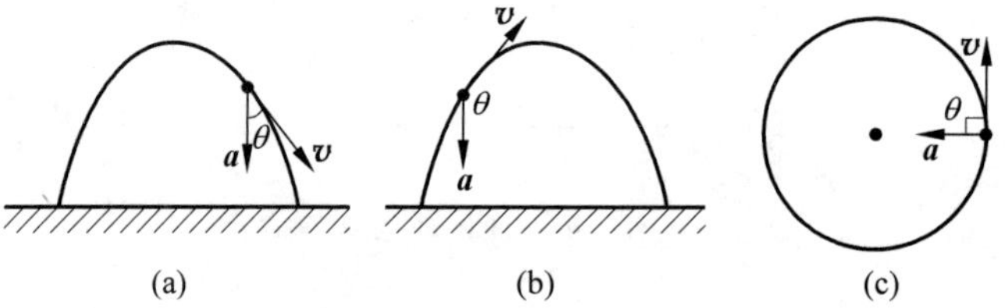

图 1-10 曲线运动中的加速度与速度的方向

(a) $\boldsymbol{a}$ 与 $\boldsymbol{v}$ 成锐角;(b) $\boldsymbol{a}$ 与 $\boldsymbol{v}$ 成钝角;(c) $\boldsymbol{a}$ 与 $\boldsymbol{v}$ 成直角

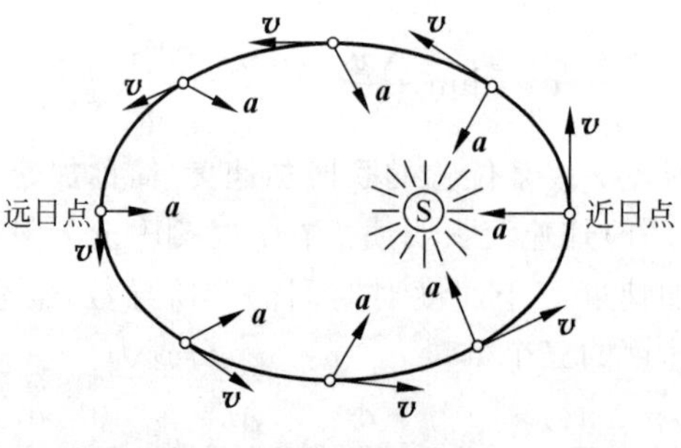

图 1-11 行星绕太阳运动时的加速度与速度的方向

1.3 圆周运动及其描述

圆周运动是曲线运动的一个重要特例。研究圆周运动以后,再研究一般的曲线运动,也比较方便。物体绕定轴转动时,物体中每个质点作的都是圆周运动,所以圆周运动又是研究物体转动的基础。

在一般圆周运动中,质点速度的大小和方向都在改变着,即存在着加速度。为了使加速度的物理意义更为清晰，通常在圆周运动的研究中，都采用自然坐标系。

1.3.1　切向加速度和法向加速度

1. 自然坐标系

自然坐标系是沿质点的运动轨迹建立的坐标系。在质点的运动轨迹上任取一点作为坐标原点 O'，质点在任意时刻的位置，都可用它到坐标原点 O' 的轨迹的长度 s 来表示。

质点的运动方程为

$$s=s(t)$$

s 可正可负（人为规定），沿坐标增加的方向为 s 的正方向，如图 1-12 所示。

利用自然坐标可对矢量进行正交分解。

1）沿切线方向

切向单位矢量：沿轨迹切线且指向自然坐标 s 增加的方向为单位矢量，通常用 $\boldsymbol{e}_t$ 表示。

2）沿法线方向

法向单位矢量：沿轨迹法线并指向曲线凹侧的单位矢量，通常用 $\boldsymbol{e}_n$ 表示。

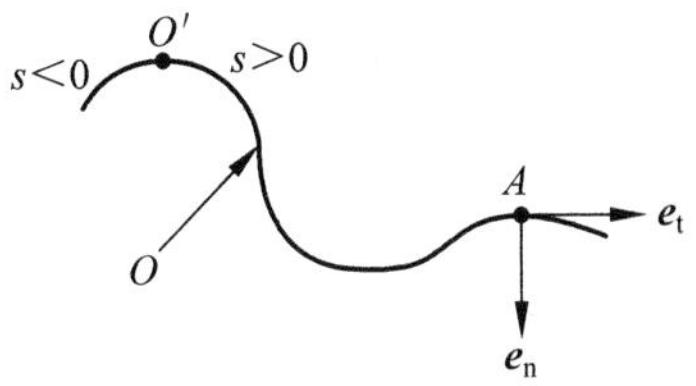

图 1-12　自然坐标系

显然，沿轨迹上各点，自然坐标轴的方位是不断变化的。A 点的单位矢量如图 1-12 所示。

2. 切向加速度和法向加速度

质点的速度方向只沿着轨迹的切线，因此，在自然坐标系中，可将它写成

$$\boldsymbol{v}=v\boldsymbol{e}_t=\frac{ds}{dt}\boldsymbol{e}_t$$

其中，$v=\dfrac{ds}{dt}$是速度在切线方向的投影，取值可正可负。

加速度 $\boldsymbol{a}$ 可由上式对时间求导得出，则由加速度的定义得

$$\boldsymbol{a}=\frac{d\boldsymbol{v}}{dt}=\frac{d}{dt}(v\boldsymbol{e}_t)=\frac{dv}{dt}\boldsymbol{e}_t+v\frac{d\boldsymbol{e}_t}{dt} \tag{1-19}$$

从式(1-19)可以看出，加速度 $\boldsymbol{a}$ 具有两个分矢量，其中第一项$\dfrac{dv}{dt}\boldsymbol{e}_t$ 是一个与切向平行的矢量，是由切向速度的大小变化而引起的沿切向方向的加速度，称为切向加速度，用 $\boldsymbol{a}_t$ 表示。

$$\boldsymbol{a}_t=\frac{dv}{dt}\boldsymbol{e}_t \tag{1-20}$$

式(1-19)中第二项 $v\dfrac{d\boldsymbol{e}_t}{dt}$是由于速度的方向随时间变化引起的，下面将证明 $v\dfrac{d\boldsymbol{e}_t}{dt}$是一个与切线方向相垂直的矢量，称为法向加速度，用 $\boldsymbol{a}_n$ 表示，即

$$\boldsymbol{a}_n=v\frac{d\boldsymbol{e}_t}{dt} \tag{1-21}$$

下面计算 $\boldsymbol{a}_n$ 的大小和方向。如图 1-13(a)所示，在时刻 t，质点位于圆周上 A 点，其速度为$\boldsymbol{v}_1$，经过 Δt 的时间后，到达 B 点，速度为$\boldsymbol{v}_2$。在 Δt 的时间间隔内，质点转过的角度为 $\Delta\theta$，速度增量为 $\Delta\boldsymbol{v}=\boldsymbol{v}_2-\boldsymbol{v}_1$，如图 1-13(b)所示。根据几何关系有：

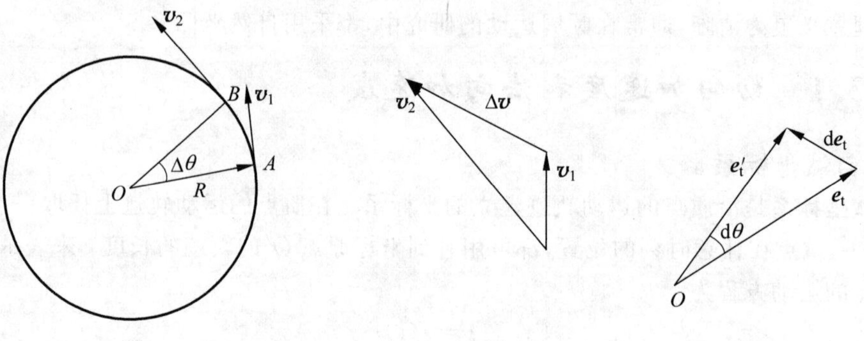

图 1-13　圆周运动加速度描述

$$\frac{\overline{AB}}{R}=\frac{|\Delta\boldsymbol{e}_\mathrm{t}|}{|\boldsymbol{e}_\mathrm{t}|}$$

$$|\boldsymbol{a}_\mathrm{n}|=v\left|\frac{\mathrm{d}\boldsymbol{e}_\mathrm{t}}{\mathrm{d}t}\right|=v\lim_{\Delta t\to 0}\left|\frac{\Delta\boldsymbol{e}_\mathrm{t}}{\Delta t}\right|=\lim_{\Delta t\to 0}\frac{v}{R}\frac{\overline{AB}}{\Delta t}=\lim_{\Delta t\to 0}\frac{v}{R}\frac{\Delta s}{\Delta t}=\frac{v^2}{R} \tag{1-22}$$

$\boldsymbol{a}_\mathrm{n}$ 的方向是 $\Delta\boldsymbol{e}_\mathrm{t}$ 的极限方向，因为当 $\Delta t\to 0$ 时，$\Delta\theta\to 0$，所以 $\Delta\boldsymbol{e}_\mathrm{t}$ 的极限方向与 $\boldsymbol{e}_\mathrm{t}$ 垂直，即趋于与 $\boldsymbol{v}$ 垂直，指向圆心。如图 1-13(c)所示，因此

$$\boldsymbol{a}_\mathrm{n}=\frac{v^2}{R}\boldsymbol{e}_\mathrm{n}$$

于是加速度 $\boldsymbol{a}$ 为

$$\boldsymbol{a}=\frac{\mathrm{d}v}{\mathrm{d}t}\boldsymbol{e}_\mathrm{t}+\frac{v^2}{R}\boldsymbol{e}_\mathrm{n} \tag{1-23}$$

切向加速度的大小表示质点速率变化的快慢，法向加速度的大小 $\frac{v^2}{R}$ 表示质点速度方向变化的快慢。

总加速度 $\boldsymbol{a}$ 的大小为

$$a=|\boldsymbol{a}|=\sqrt{a_\mathrm{t}^2+a_\mathrm{n}^2}=\sqrt{\left(\frac{\mathrm{d}v}{\mathrm{d}t}\right)^2+\left(\frac{v^2}{R}\right)^2} \tag{1-24}$$

方向可以用它和 $\boldsymbol{a}_\mathrm{n}$ 间的夹角 α 表示：

$$\alpha=\arctan\frac{a_\mathrm{t}}{a_\mathrm{n}} \tag{1-25}$$

如果质点作匀速圆周运动，那么 $\frac{\mathrm{d}v}{\mathrm{d}t}=0$，于是 $a_\mathrm{t}=0$，这时质点只有法向加速度 $a_\mathrm{n}=\frac{v^2}{R}$，即速度只改变方向而不改变大小。

应该指出，以上有关变速圆周运动中加速度的讨论及其结果，对任何平面上的曲线运动，也都是适用的。但要注意，与圆周运动中的恒定半径 R 不同，计算式中要用 ρ 来代替 R，ρ 是曲线在该点处的曲率半径。一般来说，曲线上各点处的曲率中心和曲率半径是逐点变化的，但法向加速度 $\boldsymbol{a}_\mathrm{n}$ 处处指向曲率中心。

质点运动时，如果同时有法向加速度和切向加速度，那么速度的方向和大小将同时改变，这是一般曲线运动的特征。质点运动时，如果只有切向加速度，没有法向加速度，那么速度不改变方向，只改变大小，这就是变速直线运动。如果只有法向加速度，没有切向加速度，那么速度只改变方向不改变大小，这就是匀速曲线运动。

1.3.2　圆周运动的角量描述

质点作圆周运动时，也常用角位移、角速度和角加速度等角量来描述。

设一质点在平面 Oxy 内，绕原点 O 作圆周运动（图 1-14）。如果在时刻 t，质点在 A 点，半径 OA 与 x 轴成 θ 角，θ 角称为**角位置**。在时刻 $t+\Delta t$，质点到达 B 点，半径 OB 与 x 轴成 $\theta+\Delta\theta$ 角。就是说，在 Δt 时间内，质点转过角度 $\Delta\theta$，则 $\Delta\theta$ 角称为质点对 O 点的**角位移**。角位移不但有大小而且有转向，一般规定沿逆时针转向的角位移取正值，沿顺时针转向的角位移取负值。

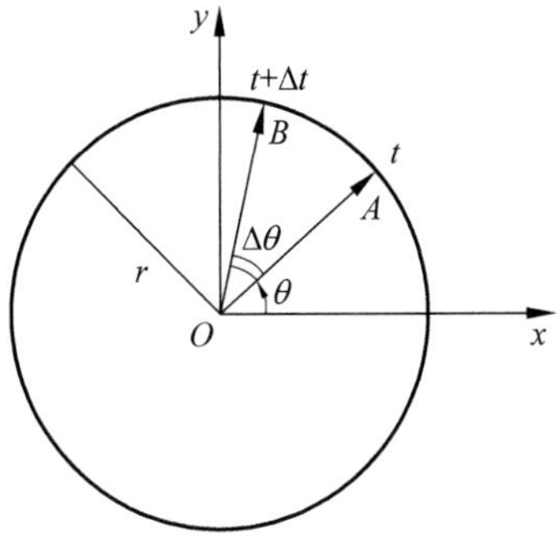

图 1-14　圆周运动角量描述

角位移 $\Delta\theta$ 与时间 Δt 之比，称为在 Δt 时间内质点对 O 点的**平均角速度**，以 $\bar{\omega}$ 表示，即

$$\bar{\omega}=\frac{\Delta\theta}{\Delta t} \tag{1-26}$$

如果 Δt 趋近于零，相应的 $\Delta\theta$ 也趋近于零，而比值趋近于某一极限值，即

$$\omega=\lim_{\Delta t\to 0}\frac{\Delta\theta}{\Delta t}=\frac{\mathrm{d}\theta}{\mathrm{d}t} \tag{1-27}$$

ω 称为某一时刻 t 质点对 O 点的**瞬时角速度**（简称角速度），也就是平均角加速度的极限值。

设质点在某一时刻的角速度为 ω_0，经过一段时间 Δt 后，角速度为 ω，因此 $\Delta\omega=\omega-\omega_0$ 称为这段时间内角速度的增量。角速度的增量 $\Delta\omega$ 与时间 Δt 之比，称为在 Δt 时间内质点对 O 点的**平均角加速度**，用 $\bar{\beta}$ 表示，即

$$\bar{\beta}=\frac{\Delta\omega}{\Delta t} \tag{1-28}$$

如果 Δt 趋近于零，那么比值就趋近于某一极限值，即

$$\beta=\lim_{\Delta t\to 0}\frac{\Delta\omega}{\Delta t}=\frac{\mathrm{d}\omega}{\mathrm{d}t} \tag{1-29}$$

β 称为某一时刻 t 质点对 O 点的瞬时角加速度（简称角加速度）。角位移的单位是 rad，角速度和角加速度的单位分别是 $1/\mathrm{s}$ 和 $1/\mathrm{s}^2$ 或 $\mathrm{rad/s}$ 和 $\mathrm{rad/s}^2$。

质点作匀速圆周运动时，角速度 ω 是常量，角加速度 β 为零；质点作变速圆周运动时，角速度 ω 不是常量，角加速度 β 也可能不是常量。如果角加速度 β 为常量，这就是匀变速圆周运动。

质点作匀速圆周运动和匀变速圆周运动时，用角量表示的运动方程与匀速和匀变速直线运动的运动方程完全相似。匀速圆周运动的运动方程为

$$\theta=\theta_0+\omega t \tag{1-30}$$

匀变速圆周运动的运动方程为

$$\begin{cases}\omega=\omega_0+at\\ \theta=\theta_0+\omega_0 t+\dfrac{1}{2}\beta t^2\\ \omega^2=\omega_0^2+2\beta(\theta-\theta_0)\end{cases} \tag{1-31}$$

式中,θ、θ_0、ω、ω_0 和 β 分别表示角位置、初角位置、角速度、初角速度和角加速度。

1.3.3 线量和角量之间的关系

质点作圆周运动时,有关线量(速度、加速度)和角量(角速度、角加速度)之间存在着一定的关系,其推导如下:参见图 1-15,设圆的半径为 R,在时间 Δt 内,质点的角位移为 $\Delta\theta$。

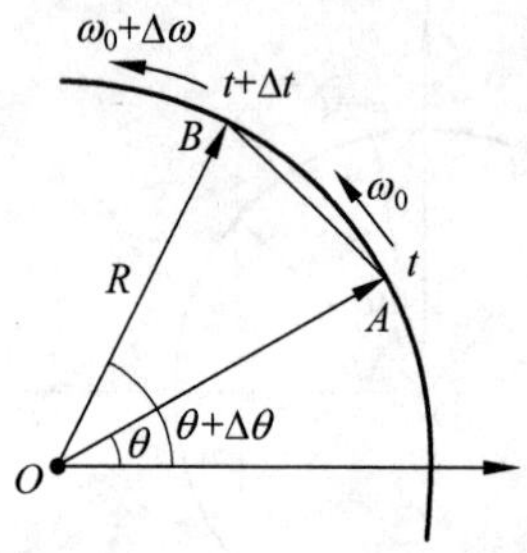

图 1-15 线量与角量的关系

那么质点在这段时间内的线位移就是有向线段 $\overrightarrow{AB}$。当 Δt 极小时,弦 $\overline{AB}$ 和弧 $\overset{\frown}{AB}$ 可视为等长,即

$$\overline{AB}=R\Delta\theta$$

以 Δt 去除等式的两边,当 Δt 趋近于零时,按照速度和角速度的定义,得线速度和角速度之间的关系式为

$$v=R\omega \tag{1-32}$$

设质点在时间 Δt 内,速度的增量是 $\Delta v=v-v_0$,相应的角速度增量是 $\Delta\omega=\omega-\omega_0$,因此由于 $\Delta v=R\Delta\omega$,以 Δt 去除等式的两边,当 Δt 趋近于零时,按照切向加速度和角加速度的定义,得到质点切向加速度与角加速度的关系式为

$$a_{\mathrm{t}}=R\beta \tag{1-33}$$

如果把 $v=R\omega$ 代入法向加速度的公式 $a_{\mathrm{n}}=v^2/R$,可得质点法向加速度 a_{n} 与角速度 ω 之间的关系式为

$$a_{\mathrm{n}}=\frac{v^2}{R}=R\omega^2 \tag{1-34}$$

1.4 运动学中的两类问题

1.4.1 第一类问题

由已知的运动方程求速度、加速度,求解这类问题主要是运用求导的方法。

设已知

$$\boldsymbol{r}=x(t)\boldsymbol{i}+y(t)\boldsymbol{j}+z(t)\boldsymbol{k} \tag{1-35}$$

则

$$\begin{cases}\boldsymbol{v}=\dfrac{\mathrm{d}x}{\mathrm{d}t}\boldsymbol{i}+\dfrac{\mathrm{d}y}{\mathrm{d}t}\boldsymbol{j}+\dfrac{\mathrm{d}z}{\mathrm{d}t}\boldsymbol{k}=v_x\boldsymbol{i}+v_y\boldsymbol{j}+v_z\boldsymbol{k}\\ \boldsymbol{a}=\dfrac{\mathrm{d}v_x}{\mathrm{d}t}\boldsymbol{i}+\dfrac{\mathrm{d}v_y}{\mathrm{d}t}\boldsymbol{j}+\dfrac{\mathrm{d}v_z}{\mathrm{d}t}\boldsymbol{k}=\dfrac{\mathrm{d}^2x}{\mathrm{d}t^2}\boldsymbol{i}+\dfrac{\mathrm{d}^2y}{\mathrm{d}t^2}\boldsymbol{j}+\dfrac{\mathrm{d}^2z}{\mathrm{d}t^2}\boldsymbol{k}\\ \quad=a_x\boldsymbol{i}+a_y\boldsymbol{j}+a_z\boldsymbol{k}\end{cases} \tag{1-36}$$

例 1-1 已知某质点的运动学方程为 $\boldsymbol{r}(t)=t\boldsymbol{i}+(t^2-4t)\boldsymbol{j}$,求:

(1) 该质点的轨迹方程。

(2) 该质点运动的速度。

(3) 该质点运动的加速度。

解　由题意可知：

(1)
$$\begin{cases} x = x(t) = t \\ y = y(t) = t^2 - 4t \end{cases} \tag{1-37}$$

消去参数 t，可得轨迹方程为 $y=(x-2)^2-4$，不难看出该质点作抛物线运动。

(2) 利用速度公式，对运动方程求导可得速度

$$\boldsymbol{v} = \frac{\mathrm{d}x}{\mathrm{d}t}\boldsymbol{i} + \frac{\mathrm{d}y}{\mathrm{d}t}\boldsymbol{j} = \boldsymbol{i} + (2t-4)\boldsymbol{j} \tag{1-38}$$

(3) 利用加速度公式，对运动方程求二阶导可得加速度

$$\boldsymbol{a} = \frac{\mathrm{d}^2 x}{\mathrm{d}t^2}\boldsymbol{i} + \frac{\mathrm{d}^2 y}{\mathrm{d}t^2}\boldsymbol{j} = 2\boldsymbol{j} \tag{1-39}$$

由此可知，这类问题可通过求导解决。

例 1-2　一质点在坐标系 O-xy 平面内运动，轨道方程为 $xy=16$，且 $x=4t^2(t\neq 0)$，其中，x 以 m 计，t 以 s 计，求质点在 $t=1\mathrm{s}$ 时的速度。

解　由题意求得运动方程为

$$\begin{cases} x = 4t^2 \\ y = 4t^{-2} \end{cases}$$

即

$$\boldsymbol{r} = 4t^2\boldsymbol{i} + 4t^{-2}\boldsymbol{j}$$

对上式求导便可求得任意时刻的速度，即

$$\boldsymbol{v} = \frac{\mathrm{d}\boldsymbol{r}}{\mathrm{d}t} = \frac{\mathrm{d}x}{\mathrm{d}t}\boldsymbol{i} + \frac{\mathrm{d}y}{\mathrm{d}t}j = 8t\boldsymbol{i} + (-8t^{-3})\boldsymbol{j}$$

当 $t=1\mathrm{s}$ 时，$x=4\mathrm{m}$，$y=4\mathrm{m}$，并求得 $v_x=8\mathrm{m/s}$，$v_y=-8\mathrm{m/s}$。此时，质点在 P 点的速度 $\boldsymbol{v}$ 的大小为

$$v = \sqrt{v_x^2 + v_y^2} = \sqrt{8^2 + (-8)^2}\ \mathrm{m/s} = 8\sqrt{2}\ \mathrm{m/s}$$

速度 $\boldsymbol{v}$ 的方向可用它与 Ox 轴的夹角 θ 表示，即

$$\tan\theta = \frac{v_y}{v_x} = \frac{-8}{8} = -1$$

$$\theta = -45°$$

例 1-3　一飞轮边缘上一点(见图 1-16)所经过的路程与时间的关系为 $s=v_0 t-\dfrac{bt^2}{2}$，v_0、b 都是正的常量。

(1) 求该点在 t 时刻的加速度。

(2) t 为何值时，该点的切向加速度与法向加速度的大小相等？已知飞轮的半径为 R。

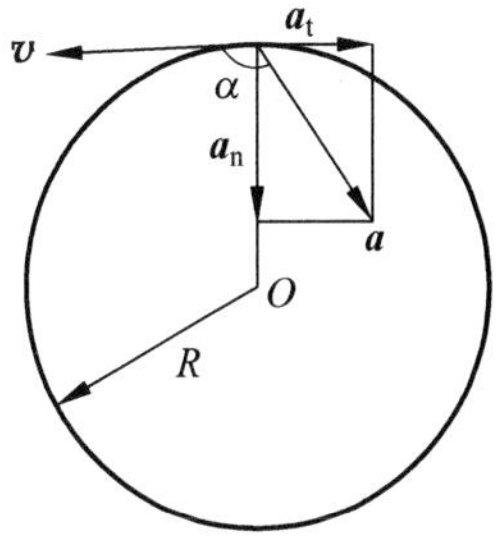

图 1-16　例 1-3 图

解　(1) 由题意可得该点的速率为

$$v = \frac{\mathrm{d}s}{\mathrm{d}t} = \frac{\mathrm{d}}{\mathrm{d}t}\left(v_0 t - \frac{1}{2}bt^2\right) = v_0 - bt$$

上式表明,速率随时间 t 而变化,该点作匀变速圆周运动。

为了求该点的加速度,应从求切向加速度和法向加速度入手。

切向加速度为

$$a_t = \frac{dv}{dt} = \frac{d}{dt}(v_0 - bt) = -b$$

法向加速度为

$$a_n = \frac{v^2}{R} = \frac{(v_0 - bt)^2}{R}$$

上式表明,加速度的法向分量 a_n 是随时间 t 改变的。

由上两式可得该点在 t 时刻的加速度,其大小为

$$a = \sqrt{a_t^2 + a_n^2} = \sqrt{b^2 + \frac{(v_0 - bt)^4}{R^2}}$$

$$= \frac{1}{R}\sqrt{R^2 b^2 + (v_0 - bt)^4}$$

加速度的方向由它和速度间的夹角 α 确定(见图 1-16),$\tan\alpha = \frac{(v_0 - bt)^2}{-Rb}$,加速度矢量已经标在图上。

(2) 因切向加速度不随时间而变,随时间而改变的只是法向加速度,令两者相等,即可求得所需时间,即

$$b = \frac{(v_0 - bt)^2}{R}$$

$$\sqrt{bR} = v_0 - bt$$

于是得

$$t = \frac{v_0 - \sqrt{bR}}{b}$$

1.4.2 第二类问题

已知加速度和初始条件,求速度和运动方程,求解这类问题要使用积分的方法。

设已知 $t = t_0$ 时,$v_x = v_{0x}$,$v_y = v_{0y}$ 可用积分法由加速度求出质点运动的速度,即

$$\begin{cases} v_x = v_{0x} + \int_{t_0}^{t} a_x(t)\,dt \\ v_y = v_{0y} + \int_{t_0}^{t} a_y(t)\,dt \end{cases}$$

同样地,已知 $t = t_0$ 时,$x = x_0$,$y = y_0$,可求得质点的运动方程,即

$$\begin{cases} x = x_0 + \int_{t_0}^{t} v_x(t)\,dt \\ y = y_0 + \int_{t_0}^{t} v_y(t)\,dt \end{cases}$$

例 1-4 已知一质点沿 x 轴方向运动,其速度与时间的关系为 $v = 2t + \pi\cos\left(\frac{\pi}{6}t\right)$,在

$t=0$ 时，质点的位置 $x_0=-2\text{m}$。试求：

(1) $t=2\text{s}$ 时质点的位置；

(2) $t=3\text{s}$ 时质点的加速度。

解　根据 $x-x_0=\int_0^t v\,\mathrm{d}t$ 和 $a=\dfrac{\mathrm{d}v}{\mathrm{d}t}$，得

$$\begin{cases} x=x_0+\displaystyle\int_0^t v\,\mathrm{d}t=x_0+t^2+6\sin\left(\dfrac{\pi}{6}t\right) \\ a=\dfrac{\mathrm{d}v}{\mathrm{d}t}=2-\pi\cdot\dfrac{\pi}{6}\sin\left(\dfrac{\pi}{6}t\right) \end{cases}$$

将初始条件代入可得，$t=2\text{s}$ 时，质点位于 $(2+3\sqrt{3})\text{m}$；$t=3\text{s}$ 时，质点的加速度为 $\left(2-\dfrac{\pi^2}{6}\right)\text{m/s}^2$。

例 1-5　已知质点作直线运动，加速度 $a=2x+1$（此为数值公式），已知质点在 $x=0$ 处的速度为 2m/s。求质点在 $x=5\text{m}$ 处的速度。

解　由定义 $a=\dfrac{\mathrm{d}v}{\mathrm{d}t}$ 得

$$a=\frac{\mathrm{d}v}{\mathrm{d}t}=\frac{\mathrm{d}v}{\mathrm{d}x}\cdot\frac{\mathrm{d}x}{\mathrm{d}t}=\frac{\mathrm{d}v}{\mathrm{d}x}\cdot v$$

已知 $a=2x+1$，代入上式，可得

$$v\,\mathrm{d}v=a\,\mathrm{d}x=(2x+1)\mathrm{d}x$$

两边积分，并利用初始条件确定积分上下限得

$$\int_2^v v\,\mathrm{d}v=\int_0^5(2x+1)\mathrm{d}x$$

可以求得在 $x=5\text{m}$ 处的速度 $v=8\text{m/s}$。

1.5　相对运动

运动描述的相对性表明，对于同一物体的运动，在不同的参考系下观察，一般不相同。只有相对于确定的参考系，才能对运动进行量度。换句话说，要了解质点是运动还是静止，只有对确定的参考系才有意义。描述质点运动的许多物理量如位矢、速度和加速度，都具有这种相对性。例如，在无风的下雨天，一位坐在车内的旅客，他所看到的雨滴速度是随车辆运行情况的不同而变的。当车辆静止时，他所看到的雨滴在竖直地下落。当车辆运动时，他看到雨滴沿斜线迎面而来，车速越快，他看到雨滴倾斜越甚。我们不禁要问，车辆静止时车内旅客所看到的雨滴速度与车辆运动时他所看到的雨滴速度之间究竟有没有关系呢？下面就此问题加以研究。

若已知物体相对某一参考系 k' 的运动，现在希望知道该物体相对另一参考系 k 的运动，而 k' 又相对 k 在运动，我们就要考察在两个参考系间物体运动的内在联系。

通常，把相对观察者静止的参考系称为**静参考系**或定参考系，把相对观察者运动的参考系称为**动参考系**；把物体相对于动参考系的运动称为**相对运动**（相应地有相对速度和相对加速度），物体相对于静参考系的运动称为**绝对运动**（相应地有绝对速度和绝对加速度）。动

参考系 k' 相对静参考系 k 的运动称为**牵连运动**(相应地有牵连速度和牵连加速度)。动参考系 k' 相对静参考系 k 的运动可以是平动、转动或更一般的运动,本节只讨论 k' 相对 k 平动且两参考系坐标轴始终保持平行这种最简单的情况。

设动参考系 k' 相对静参考系 k 作匀速直线运动,速度为 $\boldsymbol{u}$,且两参考系中直角坐标的对应坐标轴的相对取向互相平行。如图 1-17 所示,设两坐标的原点分别为 O 和 O',在 t 时刻质点位于 P 点,它相对于 k 系的位矢为 $\boldsymbol{r}$,相对于 k' 系的位矢为 $\boldsymbol{r}'$,而 k' 的原点 O' 相对于 k 系原点 O 的位矢为 $\boldsymbol{r}_0$,于是有

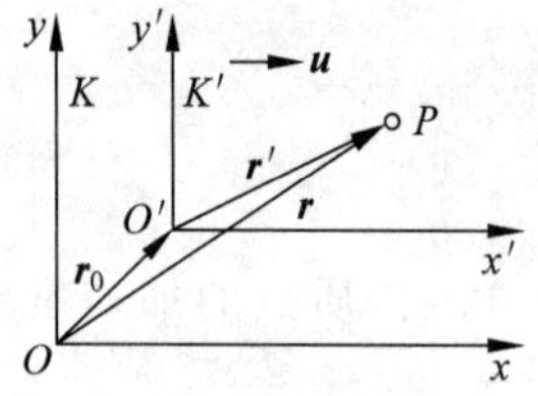

图 1-17 相对运动

$$\boldsymbol{r}=\boldsymbol{r}'+\boldsymbol{r}_0 \tag{1-40}$$

对时间求导,可得

$$\frac{\mathrm{d}\boldsymbol{r}}{\mathrm{d}t}=\frac{\mathrm{d}\boldsymbol{r}'}{\mathrm{d}t}+\frac{\mathrm{d}\boldsymbol{r}_0}{\mathrm{d}t}$$

其中,$\frac{\mathrm{d}\boldsymbol{r}}{\mathrm{d}t}=\boldsymbol{v}$,称为绝对速度;

$\frac{\mathrm{d}\boldsymbol{r}'}{\mathrm{d}t}=\boldsymbol{v}'$ 称为相对速度;

$\frac{\mathrm{d}\boldsymbol{r}_0}{\mathrm{d}t}=\boldsymbol{u}$ 称为牵连速度。

所以有 $\boldsymbol{v}=\boldsymbol{v}'+\boldsymbol{u}$,即绝对速度等于相对速度与牵连速度的矢量和。

再对上式求导得

$$\boldsymbol{a}=\boldsymbol{a}'$$

这一结果说明在相互作匀速直线运动的两参考系中,物体的加速度相同。

例 1-6 一货车在行驶过程中,遇到 5m/s 竖直下落的大雨,车上紧靠挡板有长为 $l=1\mathrm{m}$ 的木板(见图 1-18(a)),如果木板上表面距挡板最高端的距离 $h=1\mathrm{m}$,问货车应以多大的速度行驶,才能使木板不致淋雨?

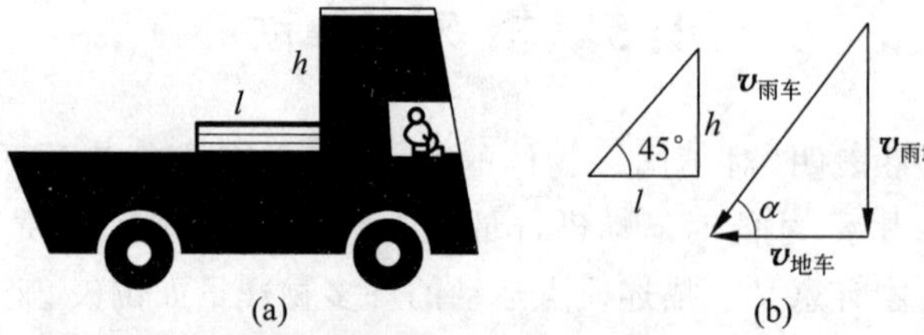

图 1-18 例 1-6 图

解 由题意,为使木板不致淋湿,则雨滴对货车的速度 $\boldsymbol{v}_{雨车}$ 的方向与地面的夹角 α 必须满足下式:

$$\alpha=\arctan\frac{h}{l}=45^{\circ}$$

而在货车行驶时,它对地面的速度 $\boldsymbol{v}_{车地}$ 和雨滴对地面的速度 $\boldsymbol{v}_{雨地}$ 以及 $\boldsymbol{v}_{雨车}$ 三者的关系如图 1-18(b)所示。因为

$$v_{雨地}=5\mathrm{m/s},\quad v_{车地}=v_{雨地}$$

所以

$$v_{车地}=5\text{m/s}$$

即货车如以 5m/s 的速度行驶,木板就不致淋雨了。

本 章 小 结

1. 描述运动的三个必要条件

(1) 参考系(坐标系)。

(2) 物理模型。

(3) 初始条件。

2. 描述质点运动的四个物理量

位矢(亦称径矢)$\boldsymbol{r}$;

位移 $\Delta\boldsymbol{r}=\boldsymbol{r}_2-\boldsymbol{r}_1$;

速度 $\boldsymbol{v}=\dfrac{\mathrm{d}\boldsymbol{r}}{\mathrm{d}t}$;

加速度 $\boldsymbol{a}=\dfrac{\mathrm{d}\boldsymbol{v}}{\mathrm{d}t}=\dfrac{\mathrm{d}^2\boldsymbol{r}}{\mathrm{d}t^2}$。

(1) 在直角坐标系中

$$\boldsymbol{r}=x\boldsymbol{i}+y\boldsymbol{j}+z\boldsymbol{k}$$

$$\Delta\boldsymbol{r}=\Delta x\boldsymbol{i}+\Delta y\boldsymbol{j}+\Delta z\boldsymbol{k}$$

$$\boldsymbol{v}=\frac{\mathrm{d}x}{\mathrm{d}t}\boldsymbol{i}+\frac{\mathrm{d}y}{\mathrm{d}t}\boldsymbol{j}+\frac{\mathrm{d}z}{\mathrm{d}t}\boldsymbol{k}=v_x\boldsymbol{i}+v_y\boldsymbol{j}+v_z\boldsymbol{k}$$

$$\boldsymbol{a}=\frac{\mathrm{d}v_x}{\mathrm{d}t}\boldsymbol{i}+\frac{\mathrm{d}v_y}{\mathrm{d}t}\boldsymbol{j}+\frac{\mathrm{d}v_z}{\mathrm{d}t}\boldsymbol{k}=\frac{\mathrm{d}^2x}{\mathrm{d}t^2}\boldsymbol{i}+\frac{\mathrm{d}^2y}{\mathrm{d}t^2}\boldsymbol{j}+\frac{\mathrm{d}^2z}{\mathrm{d}t^2}\boldsymbol{k}$$

(2) 在自然坐标系中

$$s=s(t)$$

$$\mathrm{d}s=v\,\mathrm{d}t$$

$$s=vt_0=\frac{\mathrm{d}s}{\mathrm{d}t}t_0$$

$$\boldsymbol{a}=\frac{\mathrm{d}v}{\mathrm{d}t}\boldsymbol{e}_\mathrm{t}+\frac{v^2}{\rho}\boldsymbol{e}_\mathrm{n}=\boldsymbol{a}_\mathrm{t}+\boldsymbol{a}_\mathrm{n}$$

3. 圆周运动的两种描述

(1) 线量描述(与自然坐标系同)。

(2) 角量描述:

角位移 $\mathrm{d}\theta$;

角速度 $\omega=\dfrac{\mathrm{d}\theta}{\mathrm{d}t}$;

角加速度 $\alpha=\dfrac{\mathrm{d}\omega}{\mathrm{d}t}=\dfrac{\mathrm{d}^2\theta}{\mathrm{d}t^2}$。

(3) 线量与角量的关系:

$$\mathrm{d}s=R\,\mathrm{d}\theta$$

$$v=\frac{ds}{dt}=R\omega$$

$$a_t=R\alpha,\quad a_n=R\omega^2$$

4. 运动学中的两类问题

(1) 由运动方程求速度、加速度：这类问题主要是用求导的方法。

(2) 已知加速度(或速度)及初始条件求运动方程：这类问题主要是用积分的方法。

5. 相对运动

$$r_{绝}=r_{0牵}+r_{相}$$

$$v_{绝}=v_{0牵}+v'_{相}$$

$$a_{绝}=a_{0牵}+a_{相}$$

阅读材料　科学家简介——伽利略

伽利略(Galileo Galilei,1564—1642)，意大利物理学家、天文学家，科学革命的先驱，经典力学的开创者，实验科学的创造人。

1. 生平

伽利略1564年2月15日生于比萨，17岁进入比萨大学学医，21岁回到佛罗伦萨，在家勤奋自学。1589年，在友人推荐下，赴比萨大学任教，1592年移居威尼斯，任帕多瓦大学教授。1611年访罗马，成为林赛研究院院士。1632年发表物理学的经典之作《关于托勒密和哥白尼两大世界体系的对话》，反对托勒密的地心说，支持和发展了哥白尼的日心说。因而触怒罗马教皇，1633年2月到罗马宗教法庭受审，6月，被判处终身监禁，监外执行。在监禁期间，他仍坚持科学著述，于1638年完成《关于力学和位置运动的两种新科学的对话和数学证明》，总结了自己一生在力学科学和实验科学上的研究成就。晚年，他双目失明，死于幽禁之中。1980年罗马教廷宣布取消对伽利略的判决。

2. 学术成就

(1) 伽利略是经典力学的开创者之一，主要贡献如下。

① 关于运动的描述。伽利略高度评价和论证了哥白尼把坐标系与太阳系中心相结合做法的优越性，从而对质点位置的描述确立了伽利略系。他又进一步以匀速直线运动的船舱中物体运动规律不变的著名论述，第一次提出了惯性参照系原理，这一原理被爱因斯坦称为伽利略相对性原理。可以说，如果没有这个原理，力学的任何重大发展都是不可能的。

② 加速度概念的确立。伽利略通过周密观察，以速率的增量Δv和用去的时间Δt成正比的运动作为匀加速运动的定义，并第一次把外力和“引起加速或减速的外部原因”即运动的改变联系起来，从而第一个提出加速度这个全新的概念，促进了力学的研究。

③ 落体定律的提出。伽利略早在比萨大学任教时，就对亚里士多德的落体观点提出疑问，反对重物比轻物下落要快的论断。他采用小球沿斜面滚动的实验，得出了物体下落的行程与其经历的时间的平方成正比，而与它重量无关的结论，即落体定律：$s=\frac{1}{2}at^2$。

④ 惯性原理的发现。亚里士多德认为给物体一个推动它的力，当不再去推它时，原来

运动的物体便归于静止。伽利略不同意这个单凭直觉得到的结论。他通过观察一个沿着光滑斜面向上滚动的小球的运动，发现当该斜面成为水平时，它将以不变的速率沿平面永远运动下去。由此他写下了这样出色的结论："如果这样一个平面是无限的，那么，在这个平面上的运动同样是无限的，也就是说，是永恒的。"第一次表述了惯性原理，后由牛顿把它写成惯性定律。

⑤ 抛物体运动的研究。伽利略通过研究弹道，发现水平与垂直两方面的运动各具有独立性，互不干涉，但通过平行四边形法则又可以合成实际的运动径迹。伽利略从垂直于地面的匀加速运动和水平方向的匀速运动完整地揭示了抛物体运动的规律，这也是运动合成研究的重大收获，并具有实用意义。

⑥ 力的作用的两种估计。对力的作用主要从两个方面来加以认识：一是按力在给定的时间间隔内产生的速度的意义来理解；二是按物体克服给定阻力的能力来理解。总之，这一系列开创性的重大发现，对物体运动和运动原因所作的深刻而正确的描述，使得从亚里士多德时代以后近两千年一直没有重大发展的运动学和动力学。取得了重大的突破，标志着经典力学的真正开端。伽利略作为经典力学的开创者也是当之无愧的。

(2) 伽利略是实验科学的创始人，在伽利略看来，自然科学的结论必须是正确的、必然的，不以人们意志为转移的。自然科学的结论要从客观事实出发，就离不开观察和实验，因此，实验方法在自然科学的研究中始终占据着很重要的地位和作用。伽利略极力主张要用实验科学的知识来武装人们。纵观他的物理实验研究，从方法论上来说，有以下几个特点。

① 把实验与数学演绎结合起来，这是科学方法的一大发明。哥白尼和开普勒认为，数学的简单性与和谐性被看作物体运动应该符合的先验原则。伽利略既继承了重视数学演绎的正确方向，又抛弃了数学先验论的观念。他强调，既要进行观察和实验，又要对获得的材料进行确切的数学分析，把各个物理量之间的关系用简洁的数学形式表达出来，从而去揭示各个物理量之间的内在联系，把实验结果上升到普遍理论的高度。

② 有意识地在实验中丢开一些次要因素，而抓住问题的根本。如在小球滚动实验中，他知道存在空气阻力的影响，而这种阻力也是可以测量的，但是在实际测量过程中却大胆地把它忽略掉了。这样，就可以获得超越这一实验本身的特殊条件的认识。

③ 设法改变实验的测量条件，使之易于获得精确的结论。如由于物体自由坠落速度太大，不容易测得精确的结果，伽利略就设法"冲淡引力"，设计了小球在倾斜平面上滚动，从而把物体在一定高度下自由下落的时间"放大"，以致在他当时的实验条件下才可以测量。

④ 首创了所谓"理想实验"。这些实验虽然只是想象中的实验，但它们是建立在可靠的事实的基础上的，并通过对"理想实验"的归纳和分析往往能得出惊人而又正确的科学结论，这就为实验科学的发展提供了新捷径。

⑤ 重视用实验去验证理论。他指出从观察中提出问题，然后用实验验证。如果发现与事实不符，立即回来考察自己的结论，以往的知识要用这种方法加以检验。他还认为，科学实验不应该是偶然的和无计划的，而是具备了进行实验的理论概念之后，为了证明它才去做的。

⑥ 十分注意科学仪器在实验中的作用。当时望远镜和显微镜已相继发明。他认为，这些科学仪器在实验中能够帮助人们克服感觉器官的局限，使过去观察不到的现象显示出来，过去分辨不清的东西变得清晰，人的认识因而进入到了新的领域。

习　　题

1.1　单项选择题

(1) 质点作曲线运动，$\boldsymbol{r}$ 表示位置矢量，s 表示路程，a_t 表示切向加速度，下列表达式中（　　）。

① $\frac{dv}{dt}=a$；② $\frac{dr}{dt}=v$；③ $\frac{ds}{dt}=v$；④ $\left|\frac{d\boldsymbol{v}}{dt}\right|=a_t$。

A. 只有①,④是对的　　B. 只有②,④是对的

C. 只有②是对的　　D. 只有③是对的

(2) 质点沿半径为 R 的圆周作匀速率运动，每 t 秒转一圈，在 $2t$ 时间间隔中，其平均速度大小与平均速率大小分别为（　　）。

A. $\frac{2\pi R}{t},\frac{2\pi R}{t}$　　B. $0,\frac{2\pi R}{t}$　　C. $0,0$　　D. $\frac{2\pi R}{t},0$

(3) 一运动质点在某瞬时位于矢径 $\boldsymbol{r}(x,y)$ 的端点处，其速度大小为（　　）。

A. $\frac{dr}{dt}$　　B. $\frac{d\boldsymbol{r}}{dt}$

C. $\frac{d|\boldsymbol{r}|}{dt}$　　D. $\sqrt{\left(\frac{dx}{dt}\right)^2+\left(\frac{dy}{dt}\right)^2}$

(4) 一小球沿斜面向上运动，其运动方程为 $s=5+4t-t^2$，则小球运动到最高点的时刻是（　　）。

A. $t=4s$　　B. $t=2s$　　C. $t=8s$　　D. $t=5s$

(5) 一质点在平面上运动，已知质点位置矢量的表示式为 $\boldsymbol{r}=at^2\boldsymbol{i}+bt^2\boldsymbol{j}$（其中，$a$，$b$ 为常数），则质点作（　　）。

A. 匀速直线运动　　B. 变速直线运动

C. 抛物线运动　　D. 一般曲线运动

1.2　填空题

(1) 已知质点的运动方程为：$\boldsymbol{r}=\left(5+2t-\frac{1}{2}t^2\right)\boldsymbol{i}+\left(4t+\frac{1}{3}t^3\right)\boldsymbol{j}$。当 $t=2s$ 时，$a=$________。

(2) 说明质点作何种运动时，将出现下述各种情况($v\neq0$)：① $a_t\neq0$，$a_n\neq0$；② $a_t\neq0$，$a_n=0$。________________；________________。

(3) 一质点运动方程为 $x=6t-t^2$，则在 $t=0\sim4s$ 的时间间隔内，质点的位移大小为________，质点走过的路程为________。

(4) 飞轮作加速转动时，轮边缘上一点的运动方程为 $s=0.1t^3$，飞轮半径为 $R=2m$，当此点的速率 $v=30m/s$ 时，其切向加速度为________，法向加速度为________。

(5) 一质点以 $\pi m/s$ 的匀速率作半径为 $5m$ 的圆周运动，则该质点在 $5s$ 内，位移的大小

是________，经过的路程是________。

1.3　计算题

(1) 已知质点的运动方程为

$$x=\sqrt{3}\cos\frac{\pi}{4}t,\quad y=\sin\frac{\pi}{4}t$$

式中，x，y 以 m 计；t 以 s 计。

① 求质点的轨道方程。

② 求出质点的速度和加速度表示式。

③ 求 $t=1$s 时质点的位置、速度和加速度。

(2) 一质点在 xy 平面内运动，运动函数为 $x=2t$，$y=4t^2-8$。

① 求质点运动的轨道方程。

② 求 $t_1=1$s 和 $t_2=2$s 时，质点的位置、速度和加速度。

(3) 质点沿直线运动，速度 $v=t^3+3t^2+2$。如果 $t=2$s 时，$x=4$m，求 $t=3$s 时质点的位置、速度和加速度。

(4) 一质点在 Oxy 平面上运动，其运动方程为

$$x=3t+5,\quad y=\frac{1}{2}t^2+3t-4$$

式中，t 以 s 计；x，y 以 m 计。

① 以时间 t 为变量，写出质点位置矢量的表示式。

② 求出 $t=1$s 时刻和 $t=2$s 时刻的位置矢量，计算这 1s 内质点的位移。

③ 计算 $t=0$s 时刻到 $t=4$s 时刻内的平均速度。

④ 求出质点速度矢量表示式，计算 $t=4$s 时质点的速度。

⑤ 计算 $t=0$ 到 $t=4$s 内质点的平均加速度。

⑥ 求出质点加速度矢量的表示式，计算 $t=4$s 时质点的加速度。

(请把位置矢量、位移、瞬时速度、平均速度、平均加速度、瞬时加速度都表示成直角坐标系中的矢量式。)

(5) 质点沿 x 轴运动，加速度和位置的关系为 $a=2+6x^2$，a 的单位为 $\mathrm{m/s^2}$，x 的单位为 m，质点在 $x=0$ 处，速度为 10m/s，试求质点在任何坐标处的速度值。

(6) 已知一质点作直线运动，其加速度为 $a=4+3t$，开始运动时 $x=5$m，$v=0$，求该质点在 $t=10$s 时的速度和位置。

(7) 一质点沿半径为 1m 的圆周运动，运动方程为 $\theta=2+3t^3$，式中，θ 以 rad 计，t 以 s 计，求：

① $t=2$s 时，质点的切向和法向加速度。

② 当加速度方向和半径成 45°时，其角位置是多少?

(8) 质点沿半径为 R 的圆周按 $s=v_0t-\frac{1}{2}bt^2$ 的规律运动，式中，s 为质点到周长上某点的弧长，v_0，b 都是常量。求：

① t 时刻质点的加速度。

② t 为何值时,加速度在数值上等于 b?

(9) 一质点在半径为 0.4m 的圆形轨道上自静止开始作匀角加速度转动。其角加速度为 $\alpha=0.2\text{rad/s}^2$,求 $t=2\text{s}$ 时质点的速度、法向加速度、切向加速度和合加速度。

(10) 一船以速率 $v_1=30\text{km/h}$ 沿直线向东行驶。另一小艇在其前方以速率 $v_2=40\text{km/h}$ 沿直线向北行驶。问在船上看小艇的速率是多少?在艇上看船的速度又为多少?

第 2 章　质点动力学

第 1 章介绍了描述质点运动的基本方法。从本章开始，讨论质点运动状态改变的原因。长期以来，人们认为，要改变一个静止物体的位置，必须对该物体施加力的作用，经验使人们深信，要使一个物体运动得更快，必须用更大的力推它，当推动物体的力消失时，原来运动的物体便静止下来。这就是亚里士多德学派的观点。直到大约 300 年前，伽利略才创造了正确的研究方法，牛顿则进一步将其发展为系统的理论。

在将物体抽象为质点及物体的运动速度远小于光速的前提下，本章将讨论牛顿运动定律以及物体间相互作用的时间累积效应和空间累积效应，从而引出相关的动量守恒定律和机械能守恒定律，最后将介绍质点的角动量和角动量守恒定律。

2.1　牛顿运动定律

牛顿针对物体在力的作用下如何运动提出了三大运动定律，它是整个经典力学的基础。下面对这三个定律逐一介绍。

2.1.1　牛顿第一定律

牛顿继承并发展了伽利略关于物体在无加速或减速因素作用时将保持其运动速度的观点，并给出了如下的描述：**任何物体都将保持其静止或匀速直线运动状态，直到外力迫使它改变这种状态为止，这就是牛顿第一定律**。

下面对牛顿第一定律作几点说明：

(1) 牛顿第一定律表明，任何物体都具有保持其运动状态不变的性质，我们把这个性质称为**惯性**。因此，牛顿第一定律常常被称为惯性定律。惯性是物体本身的固有属性，在经典物理范围，惯性的大小与物体是否运动无关。

(2) 牛顿第一定律还指出，由于任何物体都具有惯性，要使物体的运动状态发生变化就必须有外力作用。因此该定律给出了力的概念，**力就是物体与物体之间的相互作用**。

(3) 牛顿第一定律是大量观察与实验事实的抽象与概括。它无法用实验来证明，因为完全不受其他物体作用的孤立物体是不存在的。力的作用规律表明，物体间相互作用力的大小都随着物体间距离的增加而减小，那么远离其他所有物体的该物体就可以看成是孤立物体，因此该物体的运动状态就非常接近于匀速直线运动状态，如远离星体的彗星的运动。这一事实使我们相信牛顿第一定律是正确的，是客观事实的概括和总结。

(4) 牛顿第一定律定义了惯性系。我们把牛顿第一定律在其中严格成立的参考系称为**惯性系**；而牛顿第一定律不成立的参考系称为非惯性系。在一般精度范围内，地球可看成是惯性系。

2.1.2 牛顿第二定律

牛顿给出的第二运动定律的内容为：运动的改变与所加的外力成正比，并发生在所加力的直线方向上。在这个描述中，运动是指运动量，后来叫动量，即速度与质量的乘积。其实，牛顿给出的这个关于运动量的改变与外力成正比的说法是不够确切的，确切的表述应该是：**物体的动量对时间的变化率与外力成正比，并且与外力的方向一致**。这是经欧拉(L. Euler)改进后的表述，即

$$\boldsymbol{F}=k\,\frac{\mathrm{d}}{\mathrm{d}t}(m\boldsymbol{v})$$

在适当单位的情况下比例系数 k=1，则牛顿第二定律的数学表达式为

$$\boldsymbol{F}=\frac{\mathrm{d}}{\mathrm{d}t}(m\boldsymbol{v}) \tag{2-1}$$

在牛顿力学范围内，质量是与运动状态无关的常量，于是式(2-1)可写成

$$\boldsymbol{F}=m\,\frac{\mathrm{d}\boldsymbol{v}}{\mathrm{d}t}=m\boldsymbol{a} \tag{2-2}$$

这就是我们所熟悉的牛顿第二定律数学表达式。

下面关于牛顿第二定律作几点说明：

(1) 第二定律所表示的外力和加速度的关系是瞬时关系。也就是说，加速度只有在有外力作用时才产生，外力改变了，加速度也随之改变，同时产生，同时消失。

(2) 第二定律给出的是矢量式。具体应用的时候可以写成适当的分量形式。例如，在直角坐标系中，分量式为

$$F_x=m\,\frac{\mathrm{d}^2x}{\mathrm{d}t^2},\quad F_y=m\,\frac{\mathrm{d}^2y}{\mathrm{d}t^2},\quad F_z=m\,\frac{\mathrm{d}^2z}{\mathrm{d}t^2} \tag{2-3}$$

在自然坐标系中，分量式为

$$F_{\mathrm{t}}=ma_{\mathrm{t}}=m\,\frac{\mathrm{d}v}{\mathrm{d}t},\quad F_{\mathrm{n}}=ma_{\mathrm{n}}=m\,\frac{v^2}{R} \tag{2-4}$$

2.1.3 牛顿第三定律

牛顿给出了相互作用的两物体间作用力的性质，具体地说就是：**两物体之间的作用力 $\boldsymbol{F}$ 和反作用力 $\boldsymbol{F}'$ 总是大小相等，方向相反，沿同一直线，分别作用在两个物体上，这就是牛顿第三定律**。其数学表达式为

$$\boldsymbol{F}=-\boldsymbol{F}' \tag{2-5}$$

牛顿第三定律实际上是关于力的性质的定律。正确地理解第三定律，对分析物体受力情况是很重要的，下面对其作几点说明：

(1) **作用力和反作用力**总是成对出现的，同时产生，同时消失。

(2) 作用力和反作用力是分别作用在两个相互作用的物体上的，不能相互抵消。

(3) 作用力和反作用力总是属于同种性质的力。在求解力学问题时，要注意将作用力和反作用力与平衡力相区别。平衡力是作用在同一物体上的一对大小相等、方向相反的力，这一对力通常都不是同时产生和消失的，且性质一般不同。

2.1.4 国际单位制，量纲

以前，各国使用的单位制种类繁多，就力学而言就有国际单位制、厘米-克-秒制和工程单位制等，这给国际科学技术交流带来很大的不便。为此在 1960 年第十一届国际计量会议上选择了 7 个物理量为**基本量**，规定其相应单位为**基本单位**，在此基础上建立了国际单位制（SI）。我国在 1984 年把国际单位制的单位定为法定计量单位。

SI 的 7 个基本量为长度、质量、时间、电流、温度、物质的量和发光强度。

有了基本单位，通过物理量的定义或物理定律就可导出其他物理量的单位。从基本量导出的量称为**导出量**，相应的单位为**导出单位**。

在基本单位确定以后，整个一系列单位就都被规定了，因此说，一组基本单位就决定了一个**单位制**。目前使用的是**国际单位制**，它规定长度以 m 为单位，质量以 kg 为单位，时间以 s 为单位。

另一种常用的单位制，是用 cm 为长度单位，g 为质量单位，s 为时间单位，称为厘米-克-秒制（CGS）。目前，这种非国际单位制已废除。

因为导出量是由基本量导出的，所以导出量可用基本量的某种组合（乘、除、幂等）表示。

这种由基本量的组合来表示物理量的式子称为该物理量的**量纲**或**量纲式**。因此，所谓量纲就是指某一物理量单位的类别。我们习惯用一个方括号表示括号中的物理量的量纲式，例如，速度的量纲式就是$[v]=LT^{-1}$，加速度的量纲式是$[a]=LT^{-2}$，力的量纲式是$[F]=MLT^{-2}$。

在处理具体问题时，可以用物理量的量纲来检验公式的正确性，在基本量相同的单位制之间进行单位换算，还可以通过量纲分析为探求某些复杂物理现象和规律提供线索。

2.1.5 常见的力

1. 力的基本类型

我们已经知道，力就是物体间的相互作用。从基本性质上说，力有三种类型：**引力相互作用**、**电磁相互作用**和**核力相互作用**。

引力相互作用是存在于自然界中一切物体之间的一种作用。传说是牛顿一次看到苹果落在地上而发现的这种引力作用。它是一种弱力，只有在大质量物体（如地球、太阳、月亮等天体）附近这种作用才有明显的效应。电磁相互作用是存在于一切带电体之间的作用。带电粒子间的电磁力比引力强得多，如电子和质子之间的静电力比引力大 10^{39} 倍。引力和电磁力均为长程力。核力相互作用是各种粒子之间的一种相互作用，但仅在粒子间的某些反应（如 β 衰变）中才显示它的重要性。核力相互作用是只在 10^{-15} m 的范围内起作用的相互作用，是短程力，而且力很弱。两个相邻的质子之间的核力大约仅有 10^{-2}N。

2. 引力，重力

1）万有引力定律与宇宙速度

牛顿在开普勒关于行星运动三定律（轨道定律、面积定律和周期定律）的基础上提出了著名的万有引力定律，这个定律指出，星体之间、地球与地球表面附近的物体之间，甚至所有物体与物体之间，都存在着一种相互吸引的力，这种相互吸引的力称为**万有引力**。**万有引力**

定律的内容为：在两个相距为 r，质量分别为 m_1、m_2 的质点间的万有引力，其大小与它们的质量之积成正比，与它们的距离 r 的二次方成反比，其方向沿它们的连线。用数学式可表示为

$$\boldsymbol{F}_{21}=-G\frac{m_1m_2}{r^2}\boldsymbol{e}_{\mathrm{r}} \tag{2-6}$$

式中，$\boldsymbol{F}_{21}$ 为 m_1 对 m_2 的万有引力；$\boldsymbol{e}_{\mathrm{r}}$ 为由 m_1 指向 m_2 的单位矢量；G 为普适常量，称为万有引力常量。1798 年，英国物理学家卡文迪许(H. Cavendish)通过扭秤实验测得了万有引力常量的数值。他得到的数值为 $6.754\times10^{-11}\mathrm{N\cdot m^2/kg^2}$。目前公认的数值是

$$G=6.674\times10^{-11}\mathrm{N\cdot m^2/kg^2}$$

应该注意，万有引力定律是对质点而言的，但是可以证明，对于两个质量均匀分布的球体，它们之间的万有引力也可以用这一定律计算，只需将距离 r 取为两球球心的距离即可。

在地球上向远离地球方向抛出一物体，物体都将落回地面，这是万有引力造成的，但是当抛出物体的速度达到某一定值时，它就会绕着地球作匀速圆周运动，不再落回地面，成为地球的卫星。这个速度称为第一宇宙速度，它可以通过牛顿第二定律和万有引力定律得到，即

$$v_1=\sqrt{\frac{GM_{地}}{R_{地}}}\approx 7.9\mathrm{km/s}$$

式中，$M_{地}$ 为地球质量；$R_{地}$ 为地球半径。

若物体摆脱地球引力对其的束缚，逃离地球不再返回，它的速度要比第一宇宙速度更高。第二宇宙速度可以通过万有引力定律和动能定理求得

$$v_2=\sqrt{\frac{2GM_{地}}{R_{地}}}\approx 11.2\mathrm{km/s}$$

2）重力

重力是地球对物体万有引力的一个分力，另一分力为物体随地球绕地轴转动提供的**向心力**。重力的大小和万有引力近似相等，方向为竖直向下，并非指向地心。

在球表面的物体，质量为 m，那么它受到的重力为

$$G\frac{M_{地}m}{R_{地}^2}=mg$$

式中，g 为地球表面的**重力加速度**，因此 $g=G\frac{M_{地}}{R_{地}^2}$。

重力加速度的大小通常因纬度高低、离地面高低等因素而异，在一般计算中 g 取 $9.8\mathrm{m/s^2}$。

3. 弹性力

当两物体相互接触并挤压时，物体将发生形变，这时物体间就会产生因形变而欲使其恢复原来形状的力，称为**弹性力**。常见的弹性力有弹簧被压缩或拉伸时产生的弹性力、绳子被拉紧时内部出现的弹性**张力**、物体放在桌面上产生的正压力和支持力等。

对弹簧，当形变不大时，其恢复力与形变成正比，这就是胡克定律。当形变为压缩或拉伸时，弹性力 f 和伸长(或压缩)量 x 成正比，即

$$f=-kx \tag{2-7}$$

式中，k 为正常数，称为弹簧的劲度系数；负号表示弹性力和形变方向相反。

4. 摩擦力

当两个互相接触的物体有相对运动或有相对运动的趋势时，就会产生一种阻碍相对运动或相对运动趋势的力，我们把它称为**摩擦力**。若两物体有相对运动，则称为**滑动摩擦力**，通常简称**动摩擦力**；若两物体间仅有相对运动的趋势，则称为**静摩擦力**。摩擦力的起因非常复杂，除了两个接触面的凹凸不平而互相嵌合外，还与分子间的引力及静电作用有关。

2.1.6 牛顿运动定律的应用

牛顿运动定律是物体作机械运动时遵从的基本定律，它在实践中有着广泛的应用。本节将通过举例来说明如何应用牛顿运动定律分析和解决问题。

应用牛顿运动定律解题时一般分以下几个步骤：

(1) 隔离物体，分析受力。首先根据题意确定研究对象，并分别把每个研究对象与其他物体隔离开来，然后分析它们的受力情况，单独画出每个研究对象的受力示意图。

(2) 建立坐标系，列方程。选择合适的坐标系，将给计算带来很大方便。坐标轴的方向尽可能地与多数矢量平行或垂直。根据牛顿第二和第三定律列出方程式，所列的方程式个数应与未知量的数量相等。若方程式的数目少于未知量的个数，则应由运动学和几何学的知识列出补充的方程式。

(3) 求解方程。在解方程代入数据时，一定要注意统一单位，解得结果后通常还应进行必要的验算、分析和讨论。

(4) 当物体受的力为变力时，就应该用牛顿第二定律的微分方程形式求解。

例 2-1　如图 2-1(a)所示，在倾角 30°的光滑斜面（固定于水平地面）上有两物体通过滑轮相连，已知 $m_1=3\text{kg}$，$m_2=2\text{kg}$，且滑轮和绳子质量可略去不计。试求每一物体的加速度 a 及绳子的张力 F_T。

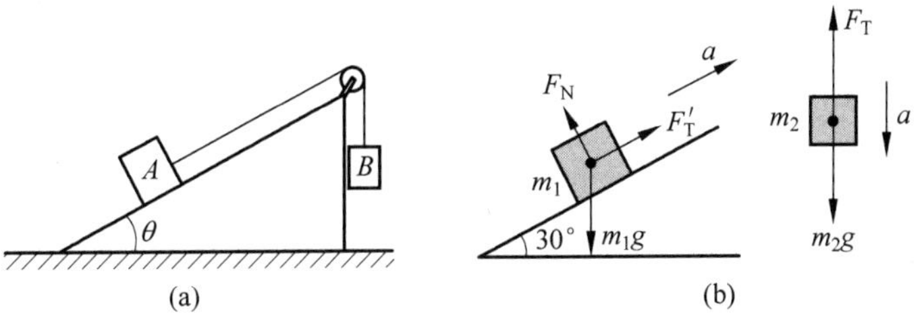

图 2-1　例 2-1 图

解　分别取 m_1 和 m_2 为研究对象，受力分析如图 2-1(b)所示，利用牛顿第二定律列方程得

$$m_2g - F_T = m_2a$$

$$F'_T - m_1g\sin30° = m_1a$$

绳子中的张力

$$F_T = F'_T$$

解以上方程组，得加速度 $a=0.98\text{m/s}^2$，张力 $F_T=17.6\text{N}$。

例 2-2　在图 2-2(a)中，质量为 M 的斜面装置，可在水平面上作无摩擦的滑动，斜面倾角为 α，斜面上放一质量为 m 的木块，也可作无摩擦的滑动。现要保证木块 m 相对于斜面静止不动,问对 M 需作用的水平力 F_0 应多大? 此时 m 与 M 间的正压力为多大? M 与水平面间的正压力为多大?

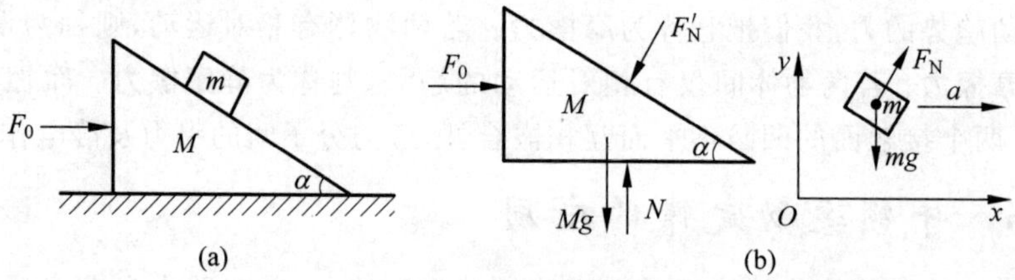

图 2-2　例 2-2 图

解　m 相对 M 静止,则 m 与 M 应有相同的加速度。用隔离体法分别画出 m 与 M 的受力分析图,如图 2-2(b)所示,据牛顿运动定律列出方程可解之。设 M,m 相对地面的加速度为 $\boldsymbol{a}$,沿轴正向,其中 F_N,F'_N 是 m 与 M 间的相互作用力,N 是地面对 M 的作用力。

对于 M

$$F_0 - F'_N\sin\alpha = Ma$$
$$N - F'_N\cos\alpha - Mg = 0$$

对于 m

$$F\sin\alpha = ma$$
$$F_N\cos\alpha - mg = 0$$

且

$$F_N = F'_N$$

由上式解得 m 与 M 间的正压力为

$$F'_N = F_N = \frac{mg}{\cos\alpha}$$

M 与水平面间的正压力为

$$N = (m + M)g$$

M 需要的水平作用力为

$$F_0 = (M + m)g \cdot \tan\alpha$$

例 2-3　如图 2-3(a)所示,这是一个圆锥摆。摆长为 l,小球质量为 m,欲使小球在锥顶角为 θ 的圆周内作匀速圆周运动,给予小球的速率应为多大? 此时绳子的张力 F_T 有多大?

解　小球在水平面内运动,则作用在小球上的张力 F_T 和重力 mg 均在竖直平面内,设某一任意时刻,在 F_T 和 mg 所在平面内,如图 2-3(b)所示将力进行分解。由于小球在竖直方向没有运动,则有

$$F_T\cos\theta - mg = 0$$

在水平方向的分力恰好是小球作圆周运动的向心力,即

$$F_T\sin\theta = m\frac{v^2}{r} = m\frac{v^2}{l\sin\theta}$$

由上面两式可得

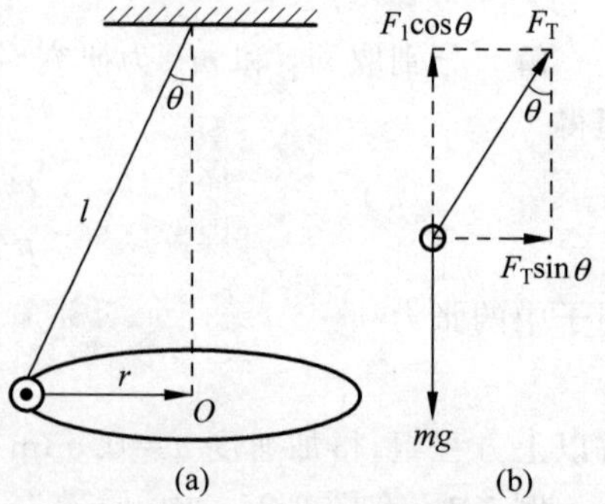

图 2-3　例 2-3 图

$$v=\sin\theta\sqrt{\frac{lg}{\cos\theta}}$$

$$F_{\mathrm{T}}=\frac{mg}{\cos\theta}$$

*2.1.7 非惯性系，惯性力

凡相对于惯性系有加速度的参考系称为**非惯性系**。如前所述，牛顿定律在非惯性系中不成立。可是，在实际问题中，人们常常需要在非惯性系中处理力学问题。下面的讨论将表明，为了能在非惯性系中沿用牛顿定律的形式，需要引入惯性力的概念。

1. 在变速直线运动参考系中的惯性力

首先，我们来讨论非惯性系相对于惯性系作变速直线运动的情形。如图 2-4 所示，设固定在车厢里面的光滑水平桌面上，放着一个质量为 m 的物体。当车厢以加速度 $\boldsymbol{a}$ 由静止开始作加速直线运动时，在地面参考系看来，物体因在水平方向不受任何力，它将保持静止；但是在车厢这个参考系来看，这个水平方向不受力的物体是以加速度 $\boldsymbol{a}$ 在桌面上运动，这显然和牛顿运动定律相违背。为了在这个加速直线运动的参考系中仍能用牛顿定律处理问题，可以引入作用于物体的**平动惯性力**，即

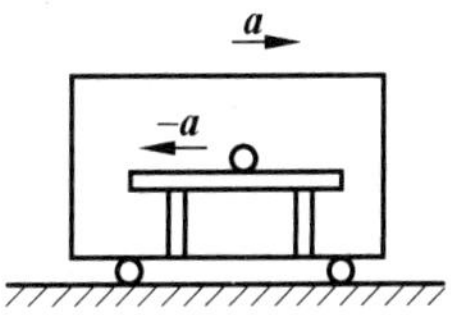

图 2-4 平动惯性力

$$\boldsymbol{F}_0=-m\boldsymbol{a} \tag{2-8}$$

式(2-8)表示，在平动加速直线运动的参考系中，惯性力的方向与非惯性系相对于惯性系的加速度的方向相反，大小等于所研究物体的质量和加速度的乘积。

惯性力是一种虚拟的力，它没有施力物体，也没有反作用，因而它与真实力明显不同。但是在非惯性系中，惯性力是可以用弹簧秤等测力器测量出来的，加速上升电梯中的人们可以切实地感受到惯性力的“压迫”，从这个意义上说惯性力又是“实在”的力。实质上，在非惯性系中惯性力的这种效应，从惯性系来看则完全是惯性的一种表现形式。

2. 在匀速转动的非惯性系中的惯性力——离心力

匀速转动参考系也是常见的非惯性系。静止在匀速转动的参考系 K'中的质量为 m 的物体，在惯性系 K 中看来，它具有向心加速度，必定受到其他物体对它的作用力：

$$\boldsymbol{F}=-m\omega^2 r\boldsymbol{e}_{\mathrm{r}} \tag{2-9}$$

式中，ω 为转动参考系的角速度；r 为物体离转轴的距离；$\boldsymbol{e}_{\mathrm{r}}$ 为从转轴引向物体的矢径的单位矢量。但是，在转动参考系内的人看来该物体是静止的，为了能够在转动参考系中用牛顿运动定律来解释物体的运动规律，也需要引入一虚拟的惯性力，即

$$\boldsymbol{F}_0=m\omega^2 r\boldsymbol{e}_{\mathrm{r}} \tag{2-10}$$

由于这种惯性力的方向总是背离轴心，故又称为**惯性离心力**，引入惯性离心力后，物体受力满足如下关系：

$$\boldsymbol{F}+\boldsymbol{F}_0=\boldsymbol{0} \tag{2-11}$$

所以，物体保持静止，牛顿运动定律依然成立，于是我们得出这样的结论：若质点在匀速转动的非惯性系中保持静止，则作用于该质点的外力与惯性离心力的合力为零。

上面讨论的是物体在匀速转动的非惯性系中保持静止的情形，如果物体相对于该非惯

性系在运动,这时物体除了受到作用于物体的惯性力外,还会受到另一种惯性力——**科里奥利力**的作用。这已超出本书的范围,有兴趣的读者可以阅读相关书籍。

2.2 动量和动量守恒定律

在经典力学范围内,有了牛顿定律,物体的运动问题似乎只是求解运动方程的数学过程。但是,情况并非完全如此。牛顿运动定律只适用于质点,不能直接用于质点系,这给求解涉及多质点的运动问题带来极大困难。为了解决这个问题,人们从牛顿运动定律出发导出了一些定理和推论,然后用这些定律或推论来分析、研究有关力学问题,从而使问题大大简化。本节将从考察力对时间的累积出发,引入冲量和动量的概念,从而得出动量定理和动量守恒定律,然后分别把它们推广到质点系。

2.2.1 质点和质点系的动量定理

1. 冲量及质点的动量定理

在前面表述牛顿第二定律时已经引入了动量这一物理量,物体的动量被定义为其质量与速度的乘积,用 $\boldsymbol{p}$ 表示,可写为 $\boldsymbol{p}=m\boldsymbol{v}$ 。

动量是矢量、状态量。它是讨论机械运动量的转移和传递时的重要物理量。

牛顿第二定律表明:在任一时刻,质点动量对时间的变化率等于质点所受的合外力,可表示为 $\boldsymbol{F}=\dfrac{\mathrm{d}\boldsymbol{p}}{\mathrm{d}t}$,现在把它作一变形,即

$$\boldsymbol{F}\mathrm{d}t=\mathrm{d}\boldsymbol{p} \tag{2-12}$$

式(2-12)的物理意义是,力 $\boldsymbol{F}$ 在 $\mathrm{d}t$ 时间内的累积效应等于质点动量的增量 $\mathrm{d}\boldsymbol{p}$。一般情况下,作用在质点上的力是随时间的变化而改变的,即力是时间的函数,$\boldsymbol{F}=\boldsymbol{F}(t)$。

对式(2-14)两边积分,得

$$\int_{t_0}^{t}\boldsymbol{F}\mathrm{d}t=\int_{\boldsymbol{p}_0}^{\boldsymbol{p}}\mathrm{d}\boldsymbol{p}=\boldsymbol{p}-\boldsymbol{p}_0 \tag{2-13}$$

式中,$\boldsymbol{p}$ 和 $\boldsymbol{p}_0$ 分别为质点在 t 和 t_0 时刻的动量。$\int_{t_0}^{t}\boldsymbol{F}\mathrm{d}t$ 为力 $\boldsymbol{F}(t)$ 在 $t\to t_0$ 内对时间 t 的积分,称为力的冲量,用 $\boldsymbol{I}$ 表示,即

$$\boldsymbol{I}=\int_{t_0}^{t}\boldsymbol{F}\mathrm{d}t \tag{2-14}$$

式(2-14)的物理意义是,质点在运动过程中,所受合外力在给定时间内的冲量等于质点在此时间内动量的增量,这就是**质点的动量定理**,还可以表示为

$$\boldsymbol{I}=\Delta\boldsymbol{p} \tag{2-15}$$

不难发现,冲量 $\boldsymbol{I}$ 也是矢量,而且是过程量。冲量单位为 N·s(牛顿·秒),当质点同时受到多个力作用时,作用于该质点的合力在一段时间内的冲量等于各个分力在同一段时间内冲量的矢量和,可表示为

$$\begin{aligned}\boldsymbol{I}&=\int_{t_0}^{t}\sum_{i=1}^{n}\boldsymbol{F}_i\mathrm{d}t=\int_{t_0}^{t}\boldsymbol{F}_1\mathrm{d}t+\int_{t_0}^{t}\boldsymbol{F}_2\mathrm{d}t+\cdots+\int_{t_0}^{t}\boldsymbol{F}_n\mathrm{d}t\\&=\boldsymbol{I}_1+\boldsymbol{I}_2+\cdots+\boldsymbol{I}_n\end{aligned} \tag{2-16}$$

在处理具体问题时，常使用其在直角坐标系下的分量式，即

$$\begin{cases} I_x = \int_{t_0}^{t} F_x \mathrm{d}t = p_x - p_{0x} = mv_x - mv_{0x} \\ I_y = \int_{t_0}^{t} F_y \mathrm{d}t = p_y - p_{0y} = mv_y - mv_{0y} \\ I_z = \int_{t_0}^{t} F_z \mathrm{d}t = p_z - p_{0z} = mv_z - mv_{0z} \end{cases} \tag{2-17}$$

式(2-17)表明，合外力冲量在某个方向上的分量等于质点的动量在该方向上分量的增量。

动量定理关系式是从牛顿第二定律出发推导得来的，它们反映了质点运动状态的变化与力的作用的关系。因此，人们常常把牛顿第二定律的表达式 $\boldsymbol{F}=\frac{\mathrm{d}\boldsymbol{p}}{\mathrm{d}t}$ 称为动量定理的微分形式；而把动量定理的表达式(2-14)称为牛顿第二定律的积分形式。然而，动量定理和牛顿第二定律还是有区别的，牛顿第二定律所表示的是在力的作用下质点动量的瞬间变化规律，而动量定理则表示在力的持续作用下质点动量连续变化的结果，即在一段时间内合外力对质点作用的累积效应。

动量定理在处理碰撞、冲击等问题时很方便，因为在这类问题中，作用于物体上的力是时间极短、数值很大而且变化很快的一种力，这种力称为冲力。冲力一般很难用确切的函数形式表示，通常用平均冲力 $\overline{\boldsymbol{F}}$ 来描述它，平均冲力定义为

$$\overline{\boldsymbol{F}} = \frac{\int_{t_0}^{t} \boldsymbol{F}(t)\mathrm{d}t}{t-t_0} = \frac{\boldsymbol{p}-\boldsymbol{p}_0}{t-t_0} \tag{2-18}$$

2. 质点系的动量定理

上面我们讨论了质点的动量定理，然而在许多实际问题中，还需要研究质点系的动量变化与作用在质点系上的力之间的关系。所谓质点系，是指由若干个相互作用的质点组成的系统。质点系内各个质点之间的相互作用力称为**内力**，质点系以外的其他物体对其中的任一质点的作用力称为**外力**。由牛顿第三定律可知，质点系内质点间相互作用的内力必定是成对出现的，且每对作用内力都必沿两质点连线方向。下面研究由 n 个质点组成的质点系在力的作用下动量的变化遵从什么样的规律。

一个由 n 个质点组成的质点系，现考察第 i 个质点的受力情况。首先考察 i 质点所受内力的矢量和。设质点系内第 j 个质点对 i 质点的作用力为 $\boldsymbol{f}_{ji}$，则 i 质点所受内力为

$$\sum_{j=1,j\neq i}^{n} \boldsymbol{f}_{ji}$$

若设 i 质点所受外力为 $\boldsymbol{F}_{i外}$，则 i 质点受到的合力为 $\boldsymbol{F}_{i外}+\sum_{j=1,j\neq i}^{n} \boldsymbol{f}_{ji}$，对 i 质点运用动量定理，即

$$\int_{t_1}^{t_2} \left(\boldsymbol{F}_{i外} + \sum_{j=1,j\neq i}^{n} \boldsymbol{f}_{ji}\right)\mathrm{d}t = m_i\boldsymbol{v}_{i2} - m_i\boldsymbol{v}_{i1} \tag{2-19}$$

对 i 求和，并考虑到所有质点相互作用的时间 $\mathrm{d}t$ 都相同。此外，求和与积分顺序可互换，于是得

$$\int_{t_1}^{t_2}\left(\sum_{i=1}^{n}\boldsymbol{F}_{i外}\right)\mathrm{d}t+\int_{t_1}^{t_2}\left(\sum_{i=1}^{n}\sum_{j=1,j\neq i}^{n}\boldsymbol{f}_{ji}\right)\mathrm{d}t=\sum_{i=1}^{n}m_i\boldsymbol{v}_{i2}-\sum_{i=1}^{n}m_i\boldsymbol{v}_{i1} \tag{2-20}$$

由于内力总是成对出现,且每对内力都等值反向,因此所有内力的矢量和为

$$\sum_{i=1}^{n}\sum_{j=1,j\neq i}^{n}\boldsymbol{f}_{ji}=0$$

代入式(2-20)可得

$$\int_{t_1}^{t_2}\left(\sum_{i=1}^{n}\boldsymbol{F}_{i外}\right)\mathrm{d}t=\sum_{i=1}^{n}m_i\boldsymbol{v}_{i2}-\sum_{i=1}^{n}m_i\boldsymbol{v}_{i1} \tag{2-21}$$

式(2-21)表明,在一段时间内,作用于质点系的外力的矢量和的冲量等于质点系总动量的增量,这就是**质点系的动量定理**。

从以上的讨论可以看出,内力只能改变质点系中单个质点的动量,但不能改变质点系的总动量,只有外力才能改变质点系的总动量。

例 2-4 一辆装沙车以 2m/s 的速率从卸沙漏斗正下方驶过,沙子落入运沙车厢的速率为 400kg/s。要使车厢速率保持不变,需要多大的牵引力拉车厢?(设车厢和地面钢轨的摩擦力可忽略。)

解 设在 t 时刻车厢和厢内沙子总质量为 m,在接下来的 Δt 时间内落入车厢的沙子质量为 Δm,且车厢速率为 v,则在 $t+\Delta t$ 时刻其总质量变为 $m+\Delta m$,m 和 Δm 组成的系统在水平方向上的动量增量为

$$\Delta p=(m+\Delta m)v-mv$$

根据动量定理 $F\Delta t=\Delta p$,有

$$F=\frac{\Delta p}{\Delta t}=\frac{\Delta m}{\Delta t}\cdot v$$

其中,$v=2\mathrm{m/s}$,$\frac{\Delta m}{\Delta t}=400\mathrm{kg/s}$,代入上式,得 $F=800\mathrm{N}$。

2.2.2 动量守恒定律

从式(2-21)可以看出,当系统不受合外力或所受合外力的矢量和为零时,系统的总动量不变,即

$$\boldsymbol{p}=\boldsymbol{p}_0=\text{恒矢量} \tag{2-22}$$

这就是**动量守恒定律**。

对动量守恒定律的几点说明:

(1) 动量守恒定律和动量定理只在惯性系中才成立,而且运用它们求解问题时,各质点必须要选定同一惯性系作为参考点。

(2) 动量守恒定律是指系统所受外力矢量和为零时,总动量不变,但是,由于内力的作用,系统内各个质点的分动量还是可能发生变化的。

(3) 在一些实际问题中,如果作用于系统的外力矢量和不为零,但是某一方向上为零,或者外力在该方向上的代数和为零,那么该系统在这一方向上的动量的分量守恒。

(4) 有时在某些过程(如爆炸、碰撞等)中,系统所受外力矢量和不为零,但是远小于系统的内力,这时可以忽略外力对系统的作用,认为系统的动量仍守恒。

(5) 动量守恒定律是物理学中最普通、最基本的定律之一，它不仅适用于宏观的物体，而且适用于微观粒子，对于微观领域的某些过程，牛顿运动定律也许不再成立，而动量守恒定律仍然成立，从这个意义上说，动量守恒定律比牛顿运动定律更普遍。

例 2-5　一辆静止在水平光滑轨道上且质量为 M 的平板车上站着两个人，设人的质量均为 m，试求他们从车上沿相同方向以相对于平板车水平速率 u 同时跳下和依次跳下时平板车的速率。

解　(1) 两个人同时跳下，取两个人和平板车为一个系统，该体系水平方向不受力，故动量守恒，设两人跳下后平板车的速率为 v，于是有

$$0 = Mv + 2m(v - u)$$

解得

$$v = \frac{2mu}{M + 2m}$$

(2) 两个人依次跳下，先取两个人和平板车为一个系统，该体系在水平方向不受力，故动量守恒，设第一个人跳下后平板车的速率为 v_1，于是有

$$0 = (M + m)v_1 + m(v_1 - u)$$

解得

$$v_1 = \frac{mu}{M + 2m}$$

当第二个人跳下时，取平板车和第二个人为一个系统，显然，也满足动量守恒定律，设第二个人跳下后平板车速率为 v'，于是有

$$(M + m)v_1 = Mv' + m(v' - u)$$

解得

$$v' = \frac{mv}{M + m} + \frac{mu}{M + 2m}$$

比较这两种情况可以发现，两个人依次跳下时平板车获得的速率更大些，这是由于两个人依次跳下时，第二个人跳下的对地速度比同时跳下时要大些。

2.2.3　质心和质心运动定理

1. 质心

在讨论一个质点系的运动时，我们常常引入质量中心(简称质心)的概念。设一个质点系由 N 个质点组成，以 $m_1, m_2, \cdots, m_i, \cdots, m_N$ 分别表示各质点的质量，以 $\boldsymbol{r}_1, \boldsymbol{r}_2, \cdots, \boldsymbol{r}_i, \cdots, \boldsymbol{r}_N$ 分别表示各质点对某一坐标原点的位置矢量(见图 2-5)，这一质点系的位置矢量为

$$\boldsymbol{r}_C = \frac{1}{m}\sum_i m_i \boldsymbol{r}_i \tag{2-23}$$

即为质心位置的定义式。它是物体动力学行为的代表点。

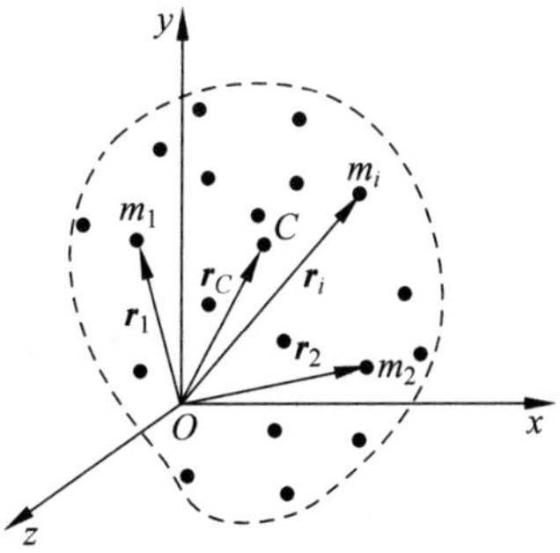

图 2-5　质心的位置矢量

2. 质心运动定理

将式(2-23)中 $\boldsymbol{r}_C$ 对时间 t 求导，可得质心运动的速度为

$$\boldsymbol{v}_C=\frac{\mathrm{d}\boldsymbol{r}_C}{\mathrm{d}t}=\frac{\sum_i m_i\frac{\mathrm{d}\boldsymbol{r}_i}{\mathrm{d}t}}{m}=\frac{\sum_i m_i\boldsymbol{v}_i}{m} \tag{2-24}$$

$\boldsymbol{p}=m\boldsymbol{v}_C$ 即质点系的总动量等于它的总质量与其质心的运动速度的乘积。它对时间的变化率为

$$\frac{\mathrm{d}\boldsymbol{p}}{\mathrm{d}t}=m\frac{\mathrm{d}\boldsymbol{v}_C}{\mathrm{d}t}=m\boldsymbol{a}_C \tag{2-25}$$

式中,$\boldsymbol{a}_C$ 是质心运动的加速度。由此可得一个质点系的质心运动和该质点系所受外力的关系为

$$\boldsymbol{F}=\frac{\mathrm{d}\boldsymbol{p}}{\mathrm{d}t}=m\boldsymbol{a}_C \tag{2-26}$$

式(2-26)即为质心运动定理的数学表述。该式表明,不管质点系所受外力如何分布,质心的运动就像是把质点系的全部质量集中于质心,所有外力的矢量和也作用于质心时的一个质点的运动。

另一方面,质心运动定理是由质点系动量定理的微分式所导出,因此内力对质心的运动没有影响。式(2-26)还可以表述为

$$\sum_{i=1}^{n}\boldsymbol{F}_{i外}=\frac{\mathrm{d}\boldsymbol{p}}{\mathrm{d}t}$$

式中,$\boldsymbol{p}$ 是质点系的总动量。

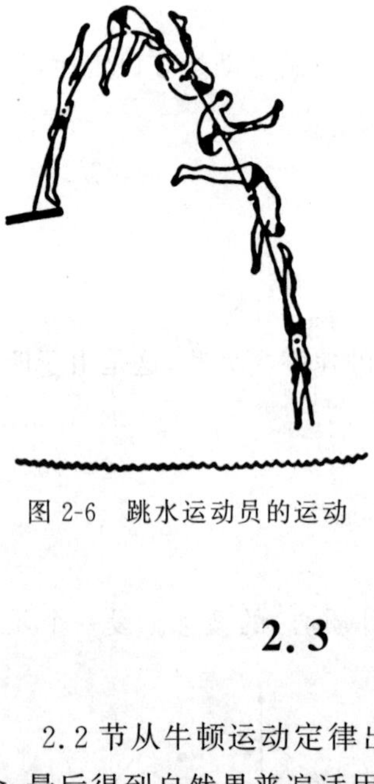

图 2-6 跳水运动员的运动

质心运动定理表明了质心这一概念的重要性。这一定理告诉我们,一个质点系内各个质点由于内力和外力的作用,它们的运动情况可能很复杂,但相对于此质点系有一个特殊的点,即质心,它的运动可能相当简单,只由质点系所受的合外力决定。例如,一颗手榴弹可以看作一个质点系,投掷手榴弹时,将看到它一边翻转,一边前进,其中各点的运动情况相当复杂,但由于它受到的外力只有重力(忽略空气阻力的作用),它的质心在空中的运动却和一个质点被抛出后的运动一样,其轨迹是一个抛物线。又如高台跳水运动员离开跳台后,他的身体可以作各种优美的翻滚伸缩动作,但是他的质心却只能沿着一条抛物线运动,如图 2-6 所示。

2.3 功、机械能和机械能守恒定律

2.2 节从牛顿运动定律出发研究了力对时间的累积效应,并引出冲量、动量等重要概念,最后得到自然界普遍适用的动量守恒定律。本节将进一步从力对空间的累积效应,引出功、能量等重要概念,最后将导出机械能守恒定律并简要介绍能量守恒定律。

2.3.1 功和功率

1. 功

1) 恒力对直线运动质点的功

设质点 M 在恒力 $\boldsymbol{F}$ 作用下,沿直线运动,如图 2-7 所示,当质点从 a 点运动到 b 点时,

产生的位移为 S，若力与位移之间的夹角为 θ，则力 $\boldsymbol{F}$ 在该段位移 S 上对物体所做的功定义为

$$A = FS\cos\theta \tag{2-27}$$

即力对物体所做的功，等于力的大小 F、力作用点位移的大小 S 以及力与位移之间夹角余弦 $\cos\theta$ 的乘积。

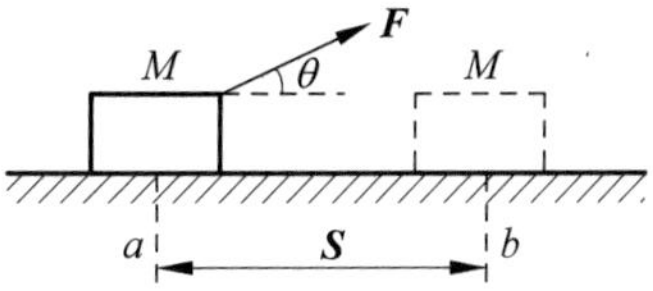

图 2-7　恒力的功

根据矢量标记的定义，式(2-27)可以改写为

$$A = \boldsymbol{F} \cdot \boldsymbol{S} \tag{2-28}$$

式(2-28)表明恒力 $\boldsymbol{F}$ 对物体所做的功，等于力 $\boldsymbol{F}$ 和位移 $\boldsymbol{S}$ 的标积。功是标量，只有大小和正负，没有方向，当 $0<\theta<\frac{\pi}{2}$ 时，$A>0$，称力对物体做正功，如重力对下落物体做正功；当 $\frac{\pi}{2}<\theta<\pi$ 时，$A<0$，称力对物体做负功，或者说物体反抗外力做功，如物体从粗糙斜面上下滑过程中摩擦力对物体做负功；当 $\theta=\frac{\pi}{2}$ 时，力对物体不做功，如物体作圆周运动时绳中的张力或轨道对物体的支持力对物体不做功。

在国际单位制中，功的单位是焦耳，符号是 J(N・m)。

应当注意，式(2-27)和式(2-28)仅当恒力作用在沿直线运动的质点上适用。

2）变力的功

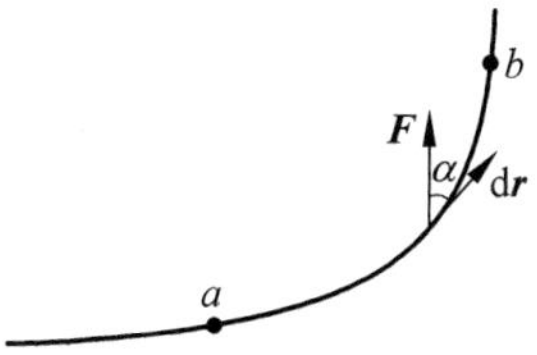

图 2-8　变力的功

如果物体受到变力作用或作曲线运动，那么上面所讨论的功的计算公式就不能直接套用。但如果将运动的轨迹曲线分割成许许多多足够小的元位移 $\mathrm{d}\boldsymbol{r}$，使得每段元位移 $\mathrm{d}\boldsymbol{r}$ 中，作用在质点上的力 $\boldsymbol{F}$ 都能看成恒力，如图 2-8 所示，则变力 $\boldsymbol{F}$ 作用在这段元位移上所做的元功为

$$\mathrm{d}A = \boldsymbol{F} \cdot \mathrm{d}\boldsymbol{r}$$

力 $\boldsymbol{F}$ 在轨道 ab 上所做的总功就等于所有各小段上元功的代数和，即

$$A = \int_a^b \boldsymbol{F} \cdot \mathrm{d}\boldsymbol{r} = \int_a^b F\cos\alpha \mid \mathrm{d}\boldsymbol{r} \mid = \int_a^b F_{\mathrm{t}} \mathrm{d}s \tag{2-29}$$

式中，$\mathrm{d}s=|\mathrm{d}\boldsymbol{r}|$，$F_{\mathrm{t}}$ 是力 $\boldsymbol{F}$ 在元位移 $\mathrm{d}\boldsymbol{r}$ 方向上的投影。式(2-29)就是计算变力做功的一般方法。

在直角坐标系中，$\boldsymbol{F}$ 和 $\mathrm{d}\boldsymbol{r}$ 可以分别写成

$$\boldsymbol{F} = F_x\boldsymbol{i} + F_y\boldsymbol{j} + F_z\boldsymbol{k} \tag{2-30}$$

$$\mathrm{d}\boldsymbol{r} = \mathrm{d}x\boldsymbol{i} + \mathrm{d}y\boldsymbol{j} + \mathrm{d}z\boldsymbol{k} \tag{2-31}$$

故有

$$\mathrm{d}A = F_x\mathrm{d}x + F_y\mathrm{d}y + F_z\mathrm{d}z \tag{2-32}$$

$$A = \int_a^b (F_x\mathrm{d}x + F_y\mathrm{d}y + F_z\mathrm{d}z) \tag{2-33}$$

前面研究了一个质点受一个力作用时的情况，当质点受到 n 个力 $\boldsymbol{F}_1,\boldsymbol{F}_2,\cdots,\boldsymbol{F}_n$ 的同时作用，由 A 点沿任意路径运动到 B 时，若用 $A_1,A_2,\cdots,A_n$ 分别代表 $\boldsymbol{F}_1,\boldsymbol{F}_2,\cdots,\boldsymbol{F}_n$ 在这一过程中对质点所做的功，由于功是标量，所以在这一过程中，这些力对质点所做的总功应等于这些力分别对质点所做功的代数和，即

$$A = A_1 + A_2 + \cdots + A_n$$

$$=\int_a^b \boldsymbol{F}_1 \cdot \mathrm{d}\boldsymbol{r}+\int_a^b \boldsymbol{F}_2 \cdot \mathrm{d}\boldsymbol{r}+\cdots+\int_a^b \boldsymbol{F}_n \cdot \mathrm{d}\boldsymbol{r}$$

$$=\int_a^b (\boldsymbol{F}_1+\boldsymbol{F}_2+\cdots+\boldsymbol{F}_n) \cdot \mathrm{d}\boldsymbol{r}$$

用 $\boldsymbol{F}$ 代表这些力的合力,即 $\boldsymbol{F}=\boldsymbol{F}_1+\boldsymbol{F}_2+\cdots+\boldsymbol{F}_n$,则有

$$A=\int_a^b \boldsymbol{F} \cdot \mathrm{d}\boldsymbol{r} \tag{2-34}$$

这就是说,当多个力同时作用在质点上时,这些力在某一过程中分别对质点做功的代数和,等于这些力的合力在同一过程中对质点所做的功。

3) 功率

在实际工作中,不仅需要了解某力做功的多少,往往还需了解某力做功的快慢,为此,我们引入描述做功快慢的物理量——功率。

设在 $t \to t+\Delta t$ 内,力 $\boldsymbol{F}$ 对质点所做的功为 ΔA,则该力在这段时间内的平均功率为

$$\overline{P}=\frac{\Delta A}{\Delta t}$$

当 $\Delta t \to 0$ 时,平均功率的极限值为瞬时功率。即

$$P=\lim_{\Delta t \to 0} \frac{\Delta A}{\Delta t}=\frac{\mathrm{d}A}{\mathrm{d}t}$$

由于 $\mathrm{d}A=\boldsymbol{F} \cdot \mathrm{d}\boldsymbol{r}$,故上式可写为

$$P=\frac{\boldsymbol{F} \cdot \mathrm{d}\boldsymbol{r}}{\mathrm{d}t}=\boldsymbol{F} \cdot \boldsymbol{v}=Fv\cos\theta \tag{2-35}$$

即瞬时功率等于力在速度方向的投影和速度大小的乘积,或者说瞬时功率等于力矢量与速度矢量的标积。

当力的方向和力的作用点速度的方向一致时,则式(2-35)变为

$$P=Fv \tag{2-36}$$

即瞬时功率等于力的大小与力的作用点速度大小的乘积。通常,动力机械的输出功率都有一定限度,其最大输出功率就称为额定功率。在额定功率一定时,要使牵引力越大,速度就越小,这就是为什么负载的车辆在上坡时要慢速前进的原因。

在国际单位制中,功率的单位是瓦(特),符号为 W(J/s)。

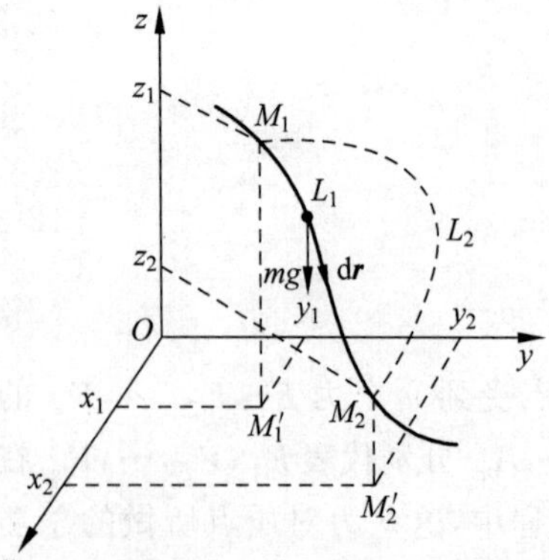

图 2-9 重力的功

2. 常见力的功

1) 重力的功

如图 2-9 所示,设一质量为 m 的质点处在地面附近的重力场中,从起始位置 $M_1(x_1,y_1,z_1)$,沿路径 L_1 运动到位置 $M_2(x_2,y_2,z_2)$,那么,根据式(2-33)可得重力对该质点在这段曲线路径 M_1M_2 上所做的功为

$$A=\int_{M_1}^{M_2} m\boldsymbol{g} \cdot \mathrm{d}\boldsymbol{r}=\int_{z_1}^{z_2}(-mg)\mathrm{d}z=mg(z_1-z_2) \tag{2-37}$$

即重力所做的功等于重力的大小乘以质点始末位置的竖直高度差。

式(2-37)表明，重力的功只与物体的始末位置有关，而与路径无关。下面再让质点沿曲线 L_2 回到 M_1，根据式(2-37)可知，重力做功为 $mg(z_2-z_1)$。那么质点沿任意曲线 L_1 和 L_2 组成的闭合路径运动一周后，重力对该质点所做的功就为沿 L_1 和 L_2 曲线做功的代数和，即为零，由曲线 L_1 和 L_2 的任意性知，质点沿任意一闭合路径运动回到初始位置后，重力做的总功必为零。

在一些实际情况中，物体运动时质量是不断变化的，所受重力为变力，在这种情况下，重力的功就应该按照求变力功的方法进行。

例 2-6　如图 2-10 所示，一条长为 l、质量为 M 的匀质软绳，其 A 端挂在屋顶的钩子上，自然垂下，再将 B 端沿竖直方向提高到与 A 端同一高度处，求该过程中重力所做的功。

解　由于在绳子 B 端提起部分的重力不断增大，故属变力做功的问题，取绳自然下垂时 B 端位置为坐标原点 O，竖直向上为 Oy 轴正方向，当 B 端坐标为 y 时，绳提起部分所受重力为 $\frac{M}{2l}yg$。重力在位移元 dy 上做的元功为

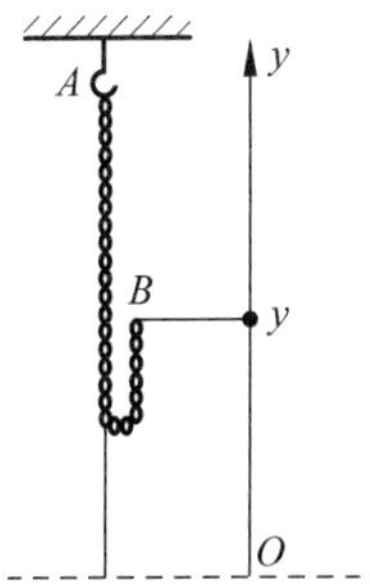

图 2-10　例 2-6 图

$$dA=-\frac{1}{2l}Mygdy$$

该过程中重力所做的总功为

$$A=\int_0^l-\frac{1}{2l}Mygdy=-\frac{1}{4}Mgl$$

当然也可以取绳的上端 A 点为坐标原点，竖直向下为 Oy 轴正向，再解此题，显然，会得到相同的结果。

2）弹性力的功

设一轻弹簧一端固定，另一端系一质点 M，置于光滑水平桌面上，弹簧原长为 l_0，劲度系数为 k，现计算当质点 M 在弹性力作用下沿水平直线由起始位置 x_1 移动到位置 x_2 的过程中弹性力做的功。

如图 2-11 所示，取弹簧原长时质点所在位置为坐标原点 O，沿质点运动方向作 Ox 坐标轴，质点始末位置坐标分别为 x_1 和 x_2，假设弹簧作用于质点的弹性力服从胡克定律 $F=-kx$，显然，力 F_x 在位移元 dx 上做的元功为

$$dA=F_x dx=-kxdx$$

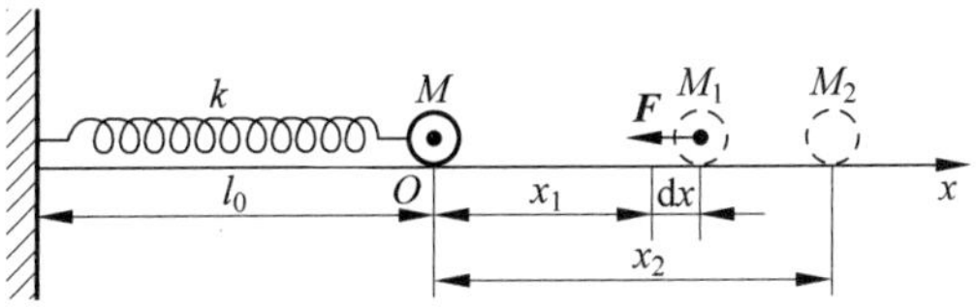

图 2-11　弹性力的功

在由 x_1 到 x_2 路程上弹力的功为

$$A=\int_{x_1}^{x_2}-kxdx=\frac{1}{2}kx_1^2-\frac{1}{2}kx_2^2 \tag{2-38}$$

式中，x_1，x_2 分别为质点在起始位置 M_1 和末位置 M_2 时的坐标。

从式(2-38)看出,弹性力的功也只与始末位置有关,而与具体路径无关。因此,在弹性力作用下沿闭合路径运动一周又回到初始位置时,弹性力对该质点所做的功也必为零。

3) 万有引力的功

如图 2-12 所示,设有一质量为 m 的质点处在固定不动的质量为 M 的引力场中,若质点 m 在质点 M 的万有引力 $\boldsymbol{F}$ 作用下,从起始位置 M_1(离 M 点距离 $\boldsymbol{r}_1$)沿任意曲线 L_1 运动到位置 M_2(离 M 点距离 $\boldsymbol{r}_2$),设 C 为曲线上任意一点,从质点 M 所在位置点向 C 点作位置矢量 $\boldsymbol{r}$,根据万有引力定律,质点 m 在 C 点受到的万有引力的大小为

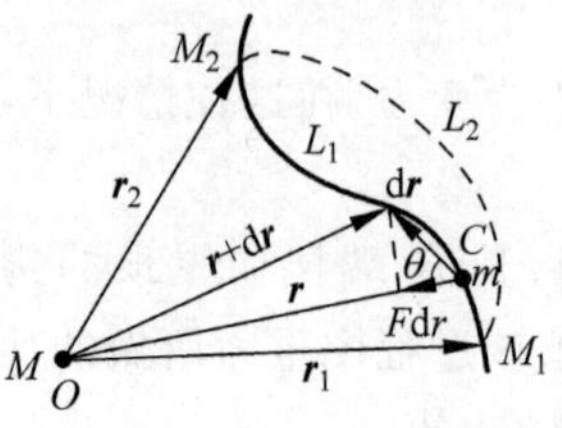

图 2-12 万有引力的功

$$F=-G\frac{Mm}{r^2}$$

$\boldsymbol{F}$ 的方向指向 O 点(即质点 M 所在点),力与 $\boldsymbol{F}$ 位移元 d$\boldsymbol{r}$ 之间的夹角为 θ,则力 $\boldsymbol{F}$ 在位移元 d$\boldsymbol{r}$ 上的元功为

$$\mathrm{d}A=F\cos\theta\mid\mathrm{d}\boldsymbol{r}\mid$$

由图 2-12 可以看出

$$\mathrm{d}r=\mid\boldsymbol{r}+\mathrm{d}\boldsymbol{r}\mid-\mid\boldsymbol{r}\mid=-\mid\mathrm{d}\boldsymbol{r}\mid\cos\theta$$

于是 dA 可写为

$$\mathrm{d}A=-G\frac{Mm}{r^2}\mathrm{d}r$$

万有引力 $\boldsymbol{F}$ 在全部路程中对 m 所做的功为

$$A=\int_{r_1}^{r_2}\left(-G\frac{Mm}{r^2}\right)\mathrm{d}r=-GMm\left(\frac{1}{r_1}-\frac{1}{r_2}\right)\tag{2-39}$$

式(2-39)表明,万有引力的功,也是只与质点 m 的始末位置有关,而与质点所经历的路程无关。质点沿任意闭合路径运动一周,如从 M_1 沿曲线 L_1 到 M_2,再沿曲线 L_2 回到 M_1 时,万有引力所做的总功必为零,可以看到,万有引力做功,重力做功和弹性力做功有着共同的一个重要特点,做功只与始末位置有关,而与路径无关。

4) 摩擦力的功

设一质量为 M 的质点,在固定的粗糙水平面上从起始位置 M_1 沿任意曲线路径 L 以速度 v 移动到位置 M_2,所经路线的长度为 s,则作用于质点的摩擦力 F_{f} 在这个过程中所做的功为

$$A=\int_{M_1}^{M_2}F_{\mathrm{f}}\cos\alpha\,\mathrm{d}s$$

由于摩擦力 F_{f} 方向始终与质点速度的方向相反,而力的大小为 $F_{\mathrm{f}}=-\mu mg$(μ 为滑动摩擦因数),则有

$$A=-\mu mgs\tag{2-40}$$

式(2-40)表明,摩擦力的功,不仅与始末位置有关,而且与质点运动的具体路径有关。

2.3.2 动能与质点动能定理

当力对质点做功时,质点的运动状态将会发生变化,如图 2-13 所示,设一质量为 m 的质点在合外力 $\boldsymbol{F}$ 作用下,由 M_1 点(速度为 $\boldsymbol{v}_1$)沿曲线轨迹运动到 M_2 点(速度为 $\boldsymbol{v}_2$)。设 t

时刻，质点运动到 M 点，于是根据牛顿第二定律

$$\boldsymbol{F}_{\mathrm{t}}=m\boldsymbol{a}_{\mathrm{t}}=m\frac{\mathrm{d}\boldsymbol{v}}{\mathrm{d}t}$$

或

$$F\cos\theta=m\frac{\mathrm{d}v}{\mathrm{d}t}$$

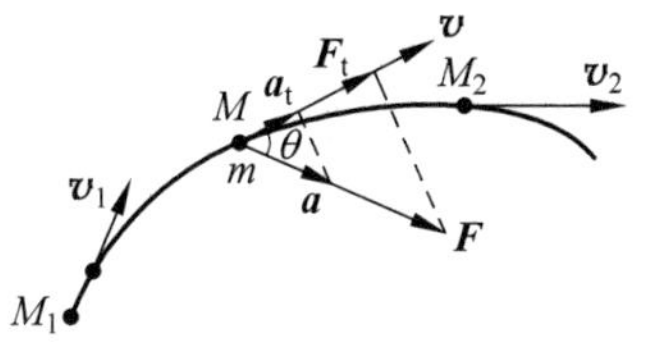

图 2-13　质点动能定理的推导

式中，θ 为合外力 $\boldsymbol{F}$ 与速度 $\boldsymbol{v}$ 之间的夹角。上式两边同乘以路程微元 $\mathrm{d}s$，可得

$$F\cos\theta\mathrm{d}s=m\mathrm{d}v\frac{\mathrm{d}s}{\mathrm{d}t}\tag{2-41}$$

容易看出，式(2-41)左端即为合力 $\boldsymbol{F}$ 在路程元 $\mathrm{d}s$ 上的元功 $\mathrm{d}A$，又因 $\frac{\mathrm{d}s}{\mathrm{d}t}=v$，故有

$$\mathrm{d}A=mv\mathrm{d}v$$

即

$$\mathrm{d}A=\mathrm{d}\left(\frac{1}{2}mv^2\right)\tag{2-42}$$

式(2-42)说明，力对物体做功能改变质点的运动，在数量上和功相应的是 $\frac{1}{2}mv^2$ 这个量的改变。这个量是由各时刻质点的运动状态决定的，我们定义这个量为质点的动能。用 E_{k} 表示，即

$$E_{\mathrm{k}}=\frac{1}{2}mv^2$$

式(2-42)称为质点动能定理的微分形式，表明质点动能的微分等于作用于质点合外力的元功，将式(2-42)在质点经过的全部路径 M_1M_2 上进行积分，有

$$A=\int_{v_1}^{v_2}\left(\frac{1}{2}mv^2\right)\mathrm{d}v$$

即

$$A=\frac{1}{2}mv_2^2-\frac{1}{2}mv_1^2=E_{\mathrm{k}2}-E_{\mathrm{k}1}\tag{2-43}$$

式(2-43)称为质点动能定理的积分形式，表明合力对质点所做的功等于质点动能的增量。从质点动能定理可以看出，若合力做正功，即 $A>0$，则质点动能将增加；反之，若合力做负功，即 $A<0$，则质点动能将减小。另外，质点动能定理说明了做功与质点运动状态变化(动能变化)的关系。指出了质点动能的任何改变都是作用于质点的合力对质点做功引起的，同时说明了作用于质点的合力，在某一过程中对质点所做的功，只与运动质点在该过程中始末状态的动能有关，而与质点在运动过程中动能变化的细节无关，只要知道了质点在某过程中的始末状态的动能，就知道了作用于质点的合力在该过程中对质点所做的功。

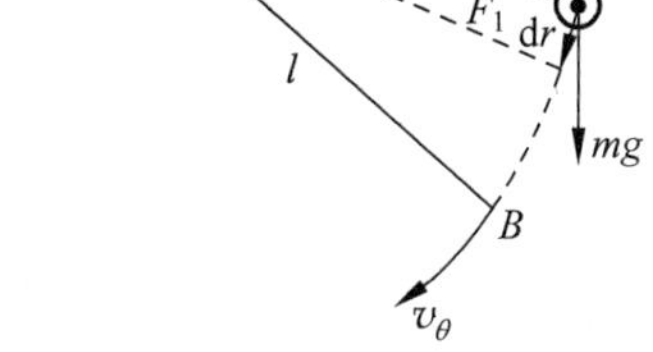

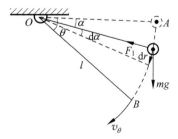

图 2-14　例 2-7 图

质点动能定理是质点动力学中重要的定理之一，其表达式是一个标量关系式，它为我们分析、研究某些动力学问题提供了方便。

例 2-7　如图 2-14 所示，一个质量为 m 的小球系在轻

绳的一端固定在O点,绳长为l,若先拉动小球使绳保持水平静止,然后松手使小球下落,求当绳与水平夹角为θ时小球的速率。

解 小球从A落到B的过程中,合外力$\boldsymbol{F}_{\mathrm{t}}+m\boldsymbol{g}$对它所做的功为

$$A_{AB}=\int_A^B(\boldsymbol{F}_{\mathrm{t}}+m\boldsymbol{g})\cdot\mathrm{d}\boldsymbol{r}=\int_A^B m\boldsymbol{g}\cdot\mathrm{d}\boldsymbol{r}=\int_A^B mg\ |\mathrm{d}\boldsymbol{r}|\ \cos\alpha$$

由于$|\mathrm{d}\boldsymbol{r}|=l\mathrm{d}\alpha$,所以

$$A_{AB}=\int_0^\theta mgl\cos\alpha\mathrm{d}\alpha=mgl\sin\theta$$

对小球应用动能定理,由于$v_A=0,v_B=v_\theta$得

$$mgl\sin\theta=\frac{1}{2}mv_\theta^2$$

由此得

$$v_\theta=\sqrt{2gl\sin\theta}$$

例2-8 一质量为10kg的物体沿x轴无摩擦地滑动,$t=0$时物体静止于原点。

(1) 若物体在力$F=3+4t$(N)的作用下运动了3s,它的速率增大为多少?

(2) 物体在力$F=3+4x$(N)的作用下移动了3m,它的速率增大为多少?

解 (1) 由动量定理$\int_0^t F\mathrm{d}t=mv-0$,得

$$v=\int_0^t\frac{F}{m}\mathrm{d}t=\int_0^3\frac{3+4t}{10}\mathrm{d}t=2.7\mathrm{m/s}$$

(2) 由动能定理$\int_0^x F\mathrm{d}x=\frac{1}{2}mv^2-0$,得

$$v=\sqrt{\int_0^x\frac{2F}{m}\mathrm{d}x}=\sqrt{\int_0^3\frac{2(3+4x)}{10}\mathrm{d}x}\approx 2.3\mathrm{m/s}$$

2.3.3 质点系动能定理

质点动能定理不难推广到质点系。设一质点系由n个质点组成,其中,第$i(i=1,2,\cdots,n)$个质点的质量为m,在某一过程中其初始状态速率为v_{i1},末状态速率为v_{i2},对该质点系内所有质点应用质点动能定理,并把所得方程相加,有

$$\sum_i A_i=\sum_i\frac{1}{2}m_iv_{i2}^2-\sum_i\frac{1}{2}m_iv_{i1}^2 \tag{2-44}$$

式中,$\sum\limits_i A_i$表示作用在n个质点上的合力所做功之和;$\sum\limits_i\frac{1}{2}m_iv_{i2}^2$和$\sum\limits_i\frac{1}{2}m_iv_{i1}^2$分别表示质点系内$n$个质点的末动能之和与始动能之和,若分别以$E_{\mathrm{k2}}$和$E_{\mathrm{k1}}$表示它们,即

$$E_{\mathrm{k2}}=\sum_i\frac{1}{2}m_iv_{i2}^2,\quad E_{\mathrm{k1}}=\sum_i\frac{1}{2}m_iv_{i1}^2$$

则式(2-44)可写为

$$\sum_i A_i=E_{\mathrm{k2}}-E_{\mathrm{k1}} \tag{2-45}$$

式(2-45)表明,作用于质点系的合力所做的功,等于该质点系的动能增量。这就是质点系动能定理。

根据对质点系系统概念的理解，可以知道系统内的质点所受的力，既有来自系统外的外力，也有来自系统内各质点间相互作用的内力，因此，作用于质点系的合力做的功 $\sum_i A_i$ 将等于外力对系统所做的功 $\sum A_{外}$ 和质点系内一切内力所做的功 $\sum A_{内}$ 之和，即

$$\sum_i A_i = \sum A_{外} + \sum A_{内}$$

于是，式(2-45)又可以改写成

$$\sum A_{外} + \sum A_{内} = E_{k2} - E_{k1} \tag{2-46}$$

式(2-46)是质点系动能定理的另一数学表达式，它表明质点系的动能增量，等于作用于质点系各质点的外力和内力做功之和。

在质点系内部，内力总是成对出现的，且每一对内力都满足牛顿第三定律，故作用在质点系内所有质点上的一切内力的矢量和恒等于零，但是应该注意的是，质点系内所有内力做功之和并不一定为零，因此可以改变系统的总动能。

例如，两个彼此相互吸引的质点 M_1，M_2 组成一个质点系，如图 2-15 所示，M_1 作用于 M_2 的力为 $\boldsymbol{F}_{21}$，M_2 作用于 M_1 的力为 $\boldsymbol{F}_{12}$，显然，这一对内力的矢量和 $\boldsymbol{F}_{21}+\boldsymbol{F}_{12}=0$，但 M_1，M_2 相向移动时，这两个力都做正功，即这里一对内力做功的和并不为零，可见内力做功的总和一般并不为零，又如炮弹爆炸后，弹片向各处飞散，它们的总动能显然比爆炸前增加了，这就是内力(火药的爆炸力)对各弹片做正功的结果，再如在荡秋千时，人靠内力做功使人和秋千组成系统的动能增大，秋千越荡越高，所有这些都是内力做功的总和不等于零的常见例子。因此，在应用质点系动能定理分析力学问题时，外力的功和内力的功都需考虑在内，因为外力和内力的功都可以改变质点系的动能。

图 2-15　内力作用

2.3.4　势能

1. 保守力与非保守力

我们在讨论重力、万有引力和弹性力做功时，发现它们具有一个共同的重要特点——重力、万有引力和弹性力的功均只与质点的始末位置有关，而与质点所经过的具体路径无关，这种性质的力称为**保守力**。

根据保守力做功与路径无关可以得出，沿任一闭合路径保守力做功为零。因此，保守力定义的数学表达式可表示为

$$A = \oint_L \boldsymbol{F} \cdot \mathrm{d}\boldsymbol{r} = 0 \tag{2-47}$$

然而，并非所有的力都具有做功和具体路径无关这一特点，如常见的摩擦力，它所做的功就与路径有关。因此，我们把凡是做功不仅与质点始末位置有关，而且与具体路径有关的力称为**非保守力**。显然，非保守力沿闭合路径做功不为零。摩擦力就是非保守力。

2. 势能

在前面的讨论中已经指出，保守力的功与质点运动的路径无关，仅取决于相互作用的两物体初态和终态的相对位置。如重力、万有引力、弹簧力做的功，其值分别为

$$A_{重}=-(mgz_2-mgz_1)$$

$$A_{引}=-\left[\left(-G\frac{Mm}{r_2}\right)-\left(G\frac{Mm}{r_1}\right)\right]$$

$$A_{弹}=-\left(\frac{1}{2}kx_2^2-\frac{1}{2}kx_1^2\right)$$

可以看出，保守力做功的结果总是等于一个由相对位置决定的函数增量的负值。而功总是与能量的改变量相联系的。因此，上述由相对位置决定的函数必定是某种能量的函数形式，现将其称为势能函数，用 E_p 表示。

若以 E_{p2} 和 E_{p1} 分别表示两质点在末位置和初始位置时体系的势能，则它们之间的保守力所做的功与势能的关系可表示为

$$A=-(E_{p2}-E_{p1})=-\Delta E_p \tag{2-48}$$

式(2-48)表示保守体系内质点由初始位置移动到末位置过程中，其间的保守力所做的功等于该体系势能的减少(或势能增量的负值)，这一结论显然也适用于多质点组成的保守体系。

式(2-48)定义的只是势能之差，而不是势能函数本身，为了定义势能函数，可以将式(2-48)的定积分改写为不定积分，即

$$E_p=-\int \boldsymbol{F}_{保}\cdot \mathrm{d}\boldsymbol{r}+c \tag{2-49}$$

式中，c 是一个由系统零势能位置决定的积分常数。

式(2-49)表明只要已知一种保守力的力函数，即可求出与之相关的势能函数。例如，已知万有引力的力函数为 $\boldsymbol{F}=-G\dfrac{mM}{r^2}\boldsymbol{e}_r$，那么与万有引力相对应的势能函数形式为

$$E_p=-\int -G\frac{mM}{r^2}\boldsymbol{e}_r\cdot \mathrm{d}\boldsymbol{r}+c=-G\frac{mM}{r}+c$$

当 $r\to\infty$ 时，$E_{p引}=0$，则 $c=0$。即取无穷远处为引力势能零点时，引力势能函数为

$$E_{p引}=-G\frac{mM}{r} \tag{2-50}$$

可以证明，若取地面为重力势能零点，则重力势能函数为

$$E_{p重}=mgz \tag{2-51}$$

若取弹簧自然伸长处为坐标原点和弹性势能零点，则弹性势能函数为

$$E_{p弹}=\frac{1}{2}kx^2 \tag{2-52}$$

有关势能的几点讨论如下：

(1) 势能具有相对性。即保守体系在任一给定位置的势能值都与势能零点的选取有关，势能零点理论上可以任意选取，不过为了研究问题方便，通常引力势能的零点取在无限远处，弹性势能的零点取在弹簧的平衡位置处，但是势能差是绝对的、确定的，它与参考系和

势能零点的选取均无关。

(2) 势能属于整个质点系。势能是由体系内各个质点间的保守力作用而产生的,因此它是属于整个质点系的。势能实质上是一种相互作用能,严格来说,单独谈单个质点的势能没有意义。我们常将地球和物体这一系统的重力势能说成物体的势能,这仅是习惯的说法。

2.3.5　功能原理和机械能守恒定律

1. 质点系的功能原理

由质点系动能定理式(2-45),有

$$\sum A_{外} + \sum A_{内} = E_{k2} - E_{k1}$$

一般情况下,质点系内部既存在保守内力,也存在非保守内力,因此,内力所做功 $\sum A_{内}$ 也可以分为保守内力所做的功 $\sum A_{保内}$ 和非保守内力所做功 $\sum A_{非保内}$ 两部分,于是上式又可写成

$$\sum A_{外} + \sum A_{保内} + \sum A_{非保内} = E_{k2} - E_{k1} \tag{2-53}$$

考虑到一切保守内力做功之和等于该质点系势能增量的负值,有

$$\Delta E_p = E_{p2} - E_{p1} = -\sum A_{保内}$$

式中,E_{p1},E_{p2} 分别为质点系处于始末位置时的势能,将上式代入式(2-53)得

$$\begin{aligned}\sum A_{外} + \sum A_{非保内} &= (E_{k2} + E_{p2}) - (E_{k1} + E_{p1}) \\ &= \Delta E_k + \Delta E_p = \Delta E\end{aligned} \tag{2-54}$$

令 $E = E_k + E_p$ 表示系统的**机械能**,则 $E_{k1} + E_{p1}$ 和 $E_{k2} + E_{p2}$ 分别表示质点系的始末状态的机械能。式(2-54)表示外力和非保守内力所做功之和等于质点系机械能的增量,这就是**质点系的功能原理**。

2. 机械能守恒定律

由式(2-54)知,若 $\sum A_{外} + \sum A_{非保内} > 0$,则质点系的机械能增加。若 $\sum A_{外} + \sum A_{非保内} < 0$,则质点系的机械能减少。若 $\sum A_{外} + \sum A_{非保内} = 0$,则质点系始末态的机械能保持不变。仅当外力和非保守内力都不做功或其元功的代数和为零时,质点系内各质点间动能和势能可以相互转换,但它们的总和(即总机械能)保持不变。这就是质点系的机械能守恒定律。

在实际问题中,机械能守恒的条件是无法严格满足的,这是因为物体运动时,总要受到空气阻力和摩擦力等非保守力的作用,并始终做功。因此系统的机械能要改变,但是当摩擦力等非保守内力的功同系统的机械能相比可忽略不计时,仍可用机械能守恒定律来处理问题。

需要特别指出的是,机械能守恒定律只适用于惯性参考系,且物体的位移、速度必须相对同一惯性参考系。

3. 能量守恒定律

对一个封闭系统来说,系统内的各种形式的能量可以相互转换,也可以从系统的一部分转移到另一部分,但无论发生何种变化,能量既不能产生也不能消失,能量总和总是一个常

量，这就是能量守恒定律。

能量守恒定律是从大量事实中综合归纳出来的结论，可以适用于任何变化的过程，不论是机械的、热的、电磁的、原子和原子核的、化学的以至生物的过程等，它是自然界具有最大普适性的基本定律之一。

在能量守恒定律中，系统的能量是不变量、守恒量。系统内的能量在发生转换时，常用功来量度。在机械运动范围内，功是机械能变化的唯一量度，同时必须指出的是，绝不能把功和能看成是等同的，功总是和系统能量的改变和转换过程相联系，而能量则只和系统的状态有关，是系统的函数。

例 2-9 如图 2-16 所示，一轻绳跨过一个定滑轮，两端分别拴有质量为 m 及 M 的物体，M 离地面的高度为 h，若滑轮质量及摩擦力不计，m 与桌面的摩擦力也不计，开始时两物体均为静止，求 M 落到地面时的速率 v_1（m 始终在桌面上）。若物体 m 与桌面的静止摩擦因数及动摩擦因数均为 μ，结果如何？

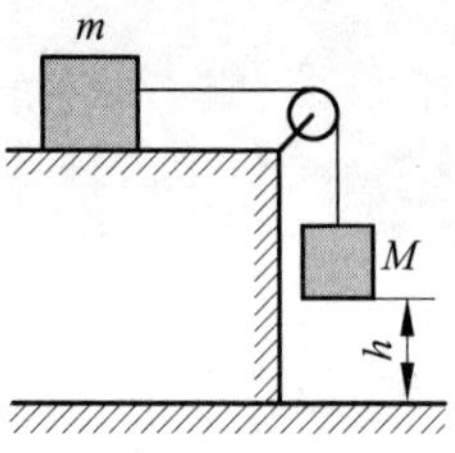

图 2-16 例 2-9 图

解 以 m 和 M 及地球作为系统，在整个下落过程中，这个系统外力做功之和等于零，也没有非保守内力做功，系统的机械能守恒。设物体开始下落时为状态 A，M 落到地面前的瞬间为状态 B，取地面为重力势能零点，根据系统的机械能守恒，状态 A 时机械能 Mgh 与状态 B 时机械能 $\left(\frac{1}{2}mv^2+\frac{1}{2}Mv_1^2\right)$ 两态相等，即

$$\frac{1}{2}mv^2+\frac{1}{2}Mv_1^2=Mgh$$

式中，v 和 v_1 分别为状态 B 时两物体的运动速率，由于下落时两物体的运动速率相同，即

$$v=v_1$$

所以

$$v_1=\sqrt{\frac{2Mgh}{M+m}}$$

如果物体 m 与桌面有摩擦，那么对于上述所取的系统，这个摩擦力做的功可视为系统的外力负功（若将桌面看作地球的一部分，则摩擦力为非保守内力），根据功能原理得

$$-mg\mu h=\frac{1}{2}mv^2+\frac{1}{2}Mv_1^2-Mgh$$

$$v_1=\sqrt{\frac{2(M-m\mu)gh}{M+m}}$$

由上式可以看出，当 $M\ll m\mu$ 时，M 将保持静止不会下落。

例 2-10 如图 2-17 所示，一劲度系数 k 的弹簧上端固定，下端挂一质量为 m 的物体，先用手托住，使弹簧保持原长，设 x 轴向下为正，取弹簧原长处为坐标原点 O。

(1) 若将物体托住而缓慢放下，达到静止时，弹簧的最大伸长量 x_1 是多少？

(2) 若将物体突然放手，物体到达最低位置时，弹簧的伸长 x_2 是多少？

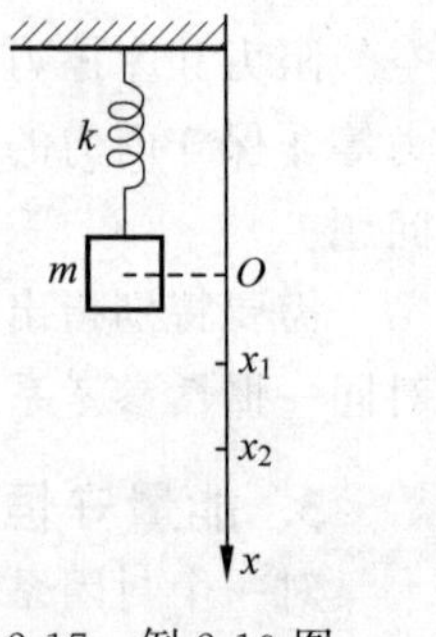

图 2-17 例 2-10 图

解　取物体，弹簧和地球为系统。

(1) 由于是缓慢放下，物体在整个下落过程中，可以近似认为是受力平衡的，到达平衡位置时静止，物体受到向下的重力和向上的弹簧的弹性力作用，且

$$mg - kx_1 = 0$$

所以

$$x_1 = \frac{mg}{k}$$

(2) 若突然放手，系统在物体下落的过程中外力做功和非保守力内力做功都为零，系统机械能守恒，设弹簧原长处为重力势能和弹性势能的零点，且此时物体静止，因此，该状态系统的机械能为零，到达最低位置这一状态时，弹性势能为$\frac{1}{2}kx_2^2$，重力势能为$-mgx_2$，动能为零，根据机械能守恒，两个状态机械能相等，即

$$\frac{1}{2}kx_2^2 - mgx_2 = 0$$

所以

$$x_2 = \frac{2mg}{k}$$

2.4　质点的角动量和角动量守恒定律

在前面讨论质点运动时，一般用速度来描述质点的运动状态。当产生机械运动量的传递和转移时，又引进了动量来描述质点的运动状态，并进而导出动量守恒定律。然而，当我们讨论质点绕空间某定点转动时，仅仅用动量来描述状态是不够的。本节将引进描述机械运动的又一个物理量——**角动量**。角动量是从动力学角度描述质点或质点系转动状态的物理量。和动量一样，角动量也是由于它的守恒性而被发现的。例如，行星绕太阳运动，行星的动量是时刻变化的，但行星绕太阳的角动量在运动过程中却保持不变。因此，大到天体、星系，小到微观粒子，角动量都扮演着重要的角色。角动量守恒定律也是自然界最普遍的守恒定律之一。

为了研究质点绕空间固定点的转动问题，首先引入力对某固定点的力矩的概念，然后再引入角动量的概念。

2.4.1　力对参考点的力矩

如图 2-18 所示，质点在某一时刻位于 P 点，相对于参考点 O 的位置矢量为 $\boldsymbol{r}$，受力 $\boldsymbol{F}$。定义力 $\boldsymbol{F}$ 对参考点 O 的力矩 $\boldsymbol{M}$ 等于位置矢量 $\boldsymbol{r}$ 和力 $\boldsymbol{F}$ 的矢积，即

$$\boldsymbol{M} = \boldsymbol{r} \times \boldsymbol{F} \tag{2-55}$$

力矩的大小为

$$M = Fr\sin\alpha \tag{2-56}$$

式中，α 为 $\boldsymbol{r}$ 与 $\boldsymbol{F}$ 的夹角。

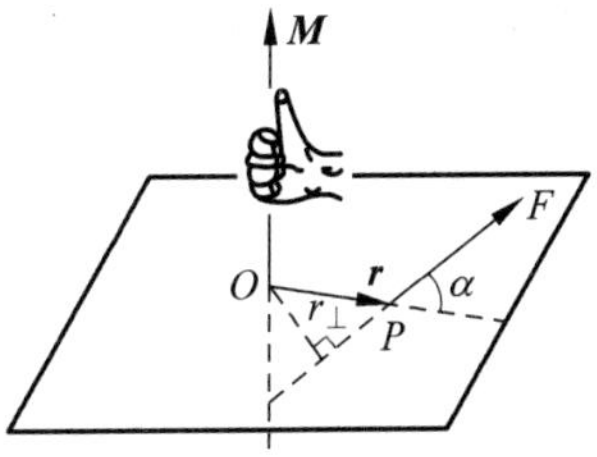

图 2-18　力矩的大小和方向

力矩的方向可用右手螺旋法则确定，$\boldsymbol{M}$ 的方向垂直于 $\boldsymbol{r}$ 和 $\boldsymbol{F}$ 所确定的平面。

在国际单位制中，力矩的单位是 N·m。

如果一个物体所受力的作用线恒通过某一固定点，这种力称为有心力，这个固定点称为力心。当考察有心力相对于力心的力矩时，因为力 $\boldsymbol{F}$ 与径矢 $\boldsymbol{r}$ 共线，$\sin\alpha=0$，则有心力对力心的力矩恒为零。

由力矩的定义式(2-55)可以看出，力矩 $\boldsymbol{M}$ 与径矢 $\boldsymbol{r}$ 有关，也就是与参考点 O 的选取有关。对于同一个力 $\boldsymbol{F}$，选取的参考点不同，力矩 $\boldsymbol{M}$ 的大小和方向都会不同，因此，一般在画图时总是把力矩 $\boldsymbol{M}$ 画在参考点 O 上，而不是在点 P 上，如图 2-18 所示。

当质点受到 n 个力，如 $\boldsymbol{F}_1,\boldsymbol{F}_2,\cdots,\boldsymbol{F}_n$ 同时作用时，则 n 个力对参考点 O 的力矩为

$$\begin{aligned}\boldsymbol{M}&=\boldsymbol{r}\times\boldsymbol{F}=\boldsymbol{r}\times(\boldsymbol{F}_1+\boldsymbol{F}_2+\cdots+\boldsymbol{F}_n)\\&=\boldsymbol{r}\times\boldsymbol{F}_1+\boldsymbol{r}\times\boldsymbol{F}_2+\cdots+\boldsymbol{r}\times\boldsymbol{F}_n\\&=\boldsymbol{M}_1+\boldsymbol{M}_2+\cdots+\boldsymbol{M}_n\end{aligned}\tag{2-57}$$

式(2-57)表明，合力对参考点的力矩等于各分力对同一参考点力矩的矢量和。

2.4.2 质点定点角动量

从一参考点来考察质点的转动时，发现质点与参考点的距离会发生变化，质点与参考点连线扫过角度也是随时间的变化而变化。于是，为了描述质点相对于某一参考点的转动，我们引入角动量的概念，角动量又称动量矩。

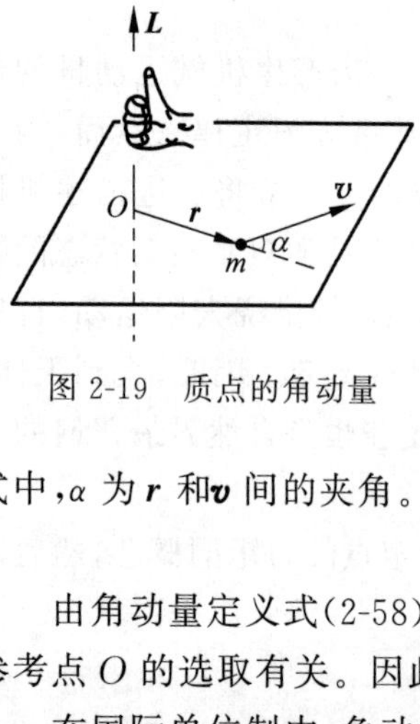

图 2-19 质点的角动量

如图 2-19 所示，设一质量为 m 的质点以速度 $\boldsymbol{v}$（即动量为 $\boldsymbol{p}=m\boldsymbol{v}$）运动，其相对于固定参考点 O 的位矢为 $\boldsymbol{r}$。我们定义质点相对于参考点的角动量为

$$\boldsymbol{L}=\boldsymbol{r}\times\boldsymbol{p}=\boldsymbol{r}\times m\boldsymbol{v}\tag{2-58}$$

质点的角动量 $\boldsymbol{L}$ 是矢量，它是 $\boldsymbol{r}$ 和 $\boldsymbol{p}$ 的矢积，因此，它垂直于 $\boldsymbol{r}$ 和 $\boldsymbol{v}$（或 $\boldsymbol{p}$）所确定的平面，其指向由右手螺旋法则决定。根据矢积定义，$\boldsymbol{L}$ 的大小为

$$L=rmv\sin\alpha\tag{2-59}$$

式中，α 为 $\boldsymbol{r}$ 和 $\boldsymbol{v}$ 间的夹角。当质点做圆周运动时，质点对圆心点的角动量大小为

$$l=rmv=mr^2\omega\tag{2-60}$$

由角动量定义式(2-58)可知，质点的角动量与质点对参考点 O 的位矢有关，也就是与参考点 O 的选取有关。因此在讲述质点的角动量时，必须指明是对哪一个而言的。

在国际单位制中，角动量的单位是 $\mathrm{kg\cdot m^2/s}$（千克·米^2/秒）。

2.4.3 质点的角动量定理

设某质量为 m 的质点对参考点 O 的角动量为 $\boldsymbol{L}=\boldsymbol{r}\times\boldsymbol{p}=\boldsymbol{r}\times m\boldsymbol{v}$，对时间求导：

$$\frac{\mathrm{d}\boldsymbol{L}}{\mathrm{d}t}=\frac{\mathrm{d}}{\mathrm{d}t}(\boldsymbol{r}\times m\boldsymbol{v})=\boldsymbol{r}\times\frac{\mathrm{d}(m\boldsymbol{v})}{\mathrm{d}t}+\frac{\mathrm{d}\boldsymbol{r}}{\mathrm{d}t}\times m\boldsymbol{v}\tag{2-61}$$

由于

$$\boldsymbol{F}=\frac{\mathrm{d}(m\boldsymbol{v})}{\mathrm{d}t},\quad \boldsymbol{v}=\frac{\mathrm{d}\boldsymbol{r}}{\mathrm{d}t}\tag{2-62}$$

因此，式(2-61)可写成

$$\frac{\mathrm{d}\boldsymbol{L}}{\mathrm{d}t}=\boldsymbol{r}\times\boldsymbol{F}+\boldsymbol{v}\times m\boldsymbol{v} \tag{2-63}$$

根据矢积性质，$\boldsymbol{v}\times m\boldsymbol{v}$ 为零，而又因 $\boldsymbol{r}\times\boldsymbol{F}=\boldsymbol{M}$，于是式(2-63)又可写为

$$\boldsymbol{M}=\frac{\mathrm{d}\boldsymbol{L}}{\mathrm{d}t} \tag{2-64}$$

式(2-64)说明，质点对任一参考点的角动量对时间的变化率等于合力对该点的力矩。这就是质点角动量定理的微分形式。对其进行积分有

$$\int_{t_0}^{t}\boldsymbol{M}\mathrm{d}t=\boldsymbol{L}-\boldsymbol{L}_0 \tag{2-65}$$

式中，$\int_{t_0}^{t}\boldsymbol{M}\mathrm{d}t$ 称为合力矩的冲量矩(也称角冲量)，它等于相应时间内质点的角动量的增量。

关于质点角动量定理的两点说明如下：

(1) 质点角动量定理是从牛顿定律导出的，因而它只适用于惯性系。

(2) 力矩和角动量是相对于同一参考点的。

2.4.4　质点角动量守恒定律

由式(2-64)可知，若 $\boldsymbol{M}=\boldsymbol{0}$，则

$$\boldsymbol{L}=\text{常矢量} \tag{2-66}$$

即当质点所受合力对某固定参考点的力矩为零时，质点对该点的角动量保持不变，就是**质点的角动量守恒定律**。

合力矩等于零有两种情况：一种可能是合力 $\boldsymbol{F}=\boldsymbol{0}$；另一种可能是合力 $\boldsymbol{F}$ 作用线过参考点 O。例如，地球和其他行星绕太阳转动时，太阳可看作不动，而地球和其他行星所受太阳的引力是有心力(力心在太阳)，外力矩为零，因此，地球、行星对太阳的角动量守恒。又如带电微观粒子射到质量较大的原子核附近时，该粒子所受的电场力就是有心力(力心在原子核)，所以，微观粒子在与原子核的碰撞过程中对力心的角动量守恒。

由于角动量是矢量，当外力对定点的力矩不为零，但是其某一方向的分量为零时，则角动量在该方向上的分量守恒。

例 2-11　在光滑的水平桌面上，放着质量为 M 的木块，木块与一弹簧相连，弹簧的另一端固定在 O 点，弹簧的劲度系数为 k，设有一质量为 m 的子弹以初速度 $\boldsymbol{v}_0$ 垂直于 OA 射向 M 并嵌入木块内，如图 2-20 所示，弹簧原长为 l_0，子弹击中木块，木块 M 运动到 B 点的时刻，弹簧长度变为 l，此时 OB 垂直于 OA，求在 B 点时，木块的运动速度 $\boldsymbol{v}_2$。

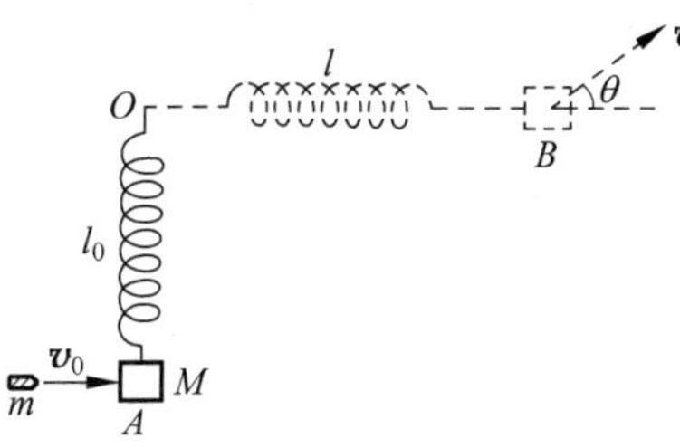

图 2-20　例 2-11 图

解　击中瞬间，在水平面内，子弹和木块组成的系统沿 $\boldsymbol{v}_0$ 方向动量守恒，若设 $\boldsymbol{v}_1$ 为子弹嵌入木块时的速率，即有

$$mv_0=(M+m)v_1$$

在 A 到 B 的过程中，外力不做功，非保守内力不做功，子弹、木块和弹簧组成的系统机械能守恒，A 态和 B 态机械能相等，即

$$\frac{1}{2}(M+m)v_1^2=\frac{1}{2}(M+m)v_2^2+\frac{1}{2}k(l-l_0)^2$$

在由 A 到 B 的过程中木块在水平面内只受到指向 O 点的弹性有心力，故木块对 O 的角动量守恒，设 v_2 与 OB 方向成 θ 角，则有

$$l_0(M+m)v_1=l(M+m)v_2\sin\theta$$

和上式联立，可求得

$$v_2=\sqrt{\left(\frac{mv_0}{M+m}\right)^2-\frac{k(l-l_0)^2}{M+m}}$$

$$\theta=\arcsin\frac{l_0mv_0}{l\sqrt{m^2v_0^2-k(l-l_0)^2(M+m)}}$$

2.4.5 质点系的角动量定理和角动量守恒定律

1. 质点系角动量定理

质点系对定点的角动量等于体系(系统)内各质点对该定点的角动量的矢量和，即

$$\boldsymbol{L}=\sum_{i=1}^{n}\boldsymbol{L}_i=\sum_{i=1}^{n}\boldsymbol{r}_i\times\boldsymbol{p}_i \tag{2-67}$$

对式(2-67)求导，并利用质点的角动量定理，得

$$\frac{\mathrm{d}\boldsymbol{L}}{\mathrm{d}t}=\sum_{i=1}^{n}\frac{\mathrm{d}\boldsymbol{L}_i}{\mathrm{d}t}=\sum_{i=1}^{n}\boldsymbol{r}_i\times\boldsymbol{F}_i+\sum_{i=1}^{n}\left(\boldsymbol{r}_i\times\sum_{j\neq i}^{n}\boldsymbol{f}_{ij}\right) \tag{2-68}$$

式中，$\boldsymbol{F}_i$ 为体系内的第 i 个质点受到的来自体系外的力；$\boldsymbol{f}_{ij}$ 为体系内第 j 个质点对该质点的内力。式(2-68)还可以写为

$$\frac{\mathrm{d}\boldsymbol{L}}{\mathrm{d}t}=\sum_{i=1}^{n}\boldsymbol{r}_i\times\boldsymbol{F}_i+\sum_{i=1}^{n}\left(\boldsymbol{r}_i\times\sum_{j\neq i}\boldsymbol{f}_{ij}\right)=\boldsymbol{M}_{外}+\boldsymbol{M}_n \tag{2-69}$$

其中

$$\boldsymbol{M}_{外}=\sum_{i=1}^{n}\boldsymbol{r}_i\times\boldsymbol{F}_i \tag{2-70}$$

它表示质点系所受的合外力矩，即各质点所受的外力矩的矢量和，而

$$\boldsymbol{M}_n=\sum_{i=1}^{n}\left(\boldsymbol{r}_i\times\sum_{j\neq i}\boldsymbol{f}_{ij}\right) \tag{2-71}$$

表示各质点所受的内力矩的矢量和。在质点系内，由于 i 和 j 两个质点间的内力 $\boldsymbol{f}_{ij}$ 和 $\boldsymbol{f}_{ji}$ 总是成对出现的，而且大小相等，方向相反，内力沿两质点的连线方向，所以，它们之间相互作用的力矩之和为

$$\boldsymbol{r}_i\times\boldsymbol{f}_{ij}+\boldsymbol{r}_j\times\boldsymbol{f}_{ji}=(\boldsymbol{r}_i-\boldsymbol{r}_j)\times\boldsymbol{f}_{ij}=\boldsymbol{0} \tag{2-72}$$

因此由式(2-71)表示的所有内力矩 $\boldsymbol{M}_n$ 之和为零。于是由式(2-69)可得出

$$\boldsymbol{M}_{外}=\frac{\mathrm{d}\boldsymbol{L}}{\mathrm{d}t} \tag{2-73}$$

式(2-73)表明，质点系对定点的角动量的时间变化率等于作用在体系上所有外力对该点的力矩之和。这就是质点系角动量定理的微分形式。对式(2-73)积分，可得质点系角动量定理的积分形式为

$$L - L_0 = \int_0^t M_{外}\, dt \tag{2-74}$$

质点系角动量定理指出,只有外力矩才会对体系的角动量变化有贡献。内力矩对体系角动量变化无贡献,但是对角动量在体系内部的分配是有作用的。

2. 质点系的角动量守恒定律

当 $\boldsymbol{M}_{外}=0$ 时,由式(2-74)可得

$$\boldsymbol{L} = \boldsymbol{L}_0 = 常矢量 \tag{2-75}$$

即质点系对该定点的角动量守恒。这就是质点系角动量守恒定律。

$\boldsymbol{M}_{外}=\boldsymbol{0}$ 有以下三种情况:①体系不受任何外力(即孤立体系);②所有的外力都通过参考点;③每个外力的力矩不为零,但外力矩的矢量和为零。

必须明确,质点系角动量守恒的条件是质点系所受外力矩的矢量和为零,但并不要求质点系所受的外力的矢量和为零。这说明质点系的角动量守恒时,质点系的动量却不一定守恒。

例 2-12 如图 2-21 所示,质量分别为 m_1 和 m_2 的两个小钢球固定在一个长为 a 的轻质硬杆的两端,杆的中点有一轴使杆可在水平面内自由转动,杆原来静止。另一小球质量为 m_3,以水平速度 $\boldsymbol{v}_0$ 沿垂直于杆的方向与 m_2 发生碰撞,碰后二者粘在一起。设 $m_1=m_2=m_3$,求杆转动的角速度。

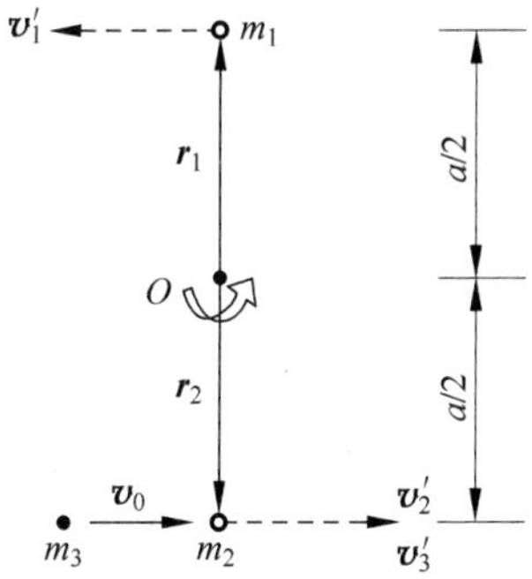

图 2-21　例 2-12 图

解　考虑这三个质点组成的系统。相对于杆的中点,在碰撞过程中合外力矩为零,因此,系统对 O 点的角动量守恒。设碰撞后杆转动的角速度为 ω,则碰撞后三质点的速率大小 $v_1'=v_2'=v_3'=\frac{1}{2}a\omega$。碰撞前,此系统的总角动量为 $m_3\boldsymbol{r}_2\times\boldsymbol{v}_0$。碰撞后,它们的总角动量 $m_3\boldsymbol{r}_2\times\boldsymbol{v}_3'+m_2\boldsymbol{r}_2\times\boldsymbol{v}_2'+m_1\boldsymbol{r}_1\times\boldsymbol{v}_1'$。考虑到这些叉积的方向相同,角动量守恒给出下列标量关系:

$$m_3 r_2 v_0 = m_3 r_2 v_3' + m_2 r_2 v_2' + m_1 r_1 v_1'$$

又因为

$$m_1 = m_2 = m_3,\quad r_1 = r_2 = \frac{1}{2}a,\quad v_1' = v_2' = v_3' = \frac{1}{2}a\omega$$

所以角速度为

$$\omega = \frac{2v_0}{3a}$$

本 章 小 结

1. 力的瞬时效应——牛顿定律

牛顿第一定律　　惯性和力的概念
　　　　　　　　惯性系定律

牛顿第二定律　　$\boldsymbol{F}=\dfrac{\mathrm{d}(m\boldsymbol{v})}{\mathrm{d}t}$　　当 m 为常量时,　$\boldsymbol{F}=m\boldsymbol{a}$

牛顿第三定律 $\boldsymbol{F}_{12}=-\boldsymbol{F}_{21}$

(1) 牛顿定律只适用于低速、宏观的情况,以及惯性系和质点模型

(2) 在具体运用时,要根据所选坐标系列分量式

(3) 要根据力函数的形式选用不同的方程形式:

① 若 $F=$常量,则取

$$\boldsymbol{F}=m\boldsymbol{a}$$

② 若 $F=F(v)$,则取

$$\boldsymbol{F}(v)=m\frac{\mathrm{d}\boldsymbol{v}}{\mathrm{d}t}$$

③ 若 $F=F(r)$,则取

$$\boldsymbol{F}(r)=m\frac{\mathrm{d}^2\boldsymbol{r}}{\mathrm{d}t^2}$$

要求掌握微积分处理变力作用下直线运动的能力。

2. 力的时间积累效应——动量定理

微分形式

$$\boldsymbol{F}=\frac{\mathrm{d}\boldsymbol{p}}{\mathrm{d}t}=\frac{\mathrm{d}(m\boldsymbol{v})}{\mathrm{d}t}$$

积分形式

$$\int_{t_1}^{t_2}\boldsymbol{F}\mathrm{d}t=\Delta(m\boldsymbol{v})$$

(1) 质点系的动量守恒:当系统所受合外力为零时

$$\sum_i m_i\boldsymbol{v}_i=\text{常矢量}$$

(2) 质心的概念:质心的位矢

$$\boldsymbol{r}_C=\frac{1}{m}\sum_i m_i\boldsymbol{r}_i$$

3. 力的空间积累效应——动能定理

(1) 功

$$A=\int_a^b\boldsymbol{F}\cdot\mathrm{d}\boldsymbol{r}$$

(2) 动能定理

$$\int_a^b\boldsymbol{F}\cdot\mathrm{d}\boldsymbol{r}=\Delta\left(\frac{1}{2}m\boldsymbol{v}^2\right)=\Delta E_\mathrm{k}$$

(3) 保守力

$$\oint_c\boldsymbol{F}_{\text{保}}\cdot\mathrm{d}\boldsymbol{r}\equiv 0$$

(4) 势能函数

$$E_\mathrm{p}=-\int\boldsymbol{F}_{\text{保}}\cdot\mathrm{d}\boldsymbol{r}+c$$

(5) 质点系的功能原理

$$A_{\text{外}}+A_{\text{内非}}=E_2-E_1$$

式中

$$E = E_k + E_p$$

(6) 机械能守恒。孤立的保守系统其机械能一定守恒；

若 $A_{外}=0, A_{内非}=0$，则

$$\sum_i (E_{ki} + E_{pi}) = 常量$$

阅读材料　科学家简介——牛顿

艾萨克·牛顿爵士(Sir Isaac Newton，1643—1727)，数学家、科学家和哲学家，同时是英国当时炼金术热衷者。他在 1687 年发表的《自然哲学的数学原理》里提出的万有引力定律以及他的牛顿运动定律是经典力学的基石。牛顿还和莱布尼茨各自独立地发明了微积分。他总共留下了 50 多万字的炼金术手稿和 100 多万字的神学手稿。

牛顿被誉为人类历史上最伟大的科学家之一。他的万有引力定律在人类历史上第一次把天上的运动和地上的运动统一起来，为日心说提供了有力的理论支持，使得自然科学的研究最终挣脱了宗教的枷锁。

牛顿发现了太阳光的颜色构成，还制作了世界上第一架反射望远镜。

1643 年 1 月 4 日，在英格兰林肯郡伍尔索普村的一个农民家庭里，牛顿诞生了。牛顿是一个早产儿，出生时只有 3 磅(约 1.361kg)重。接生婆和他的双亲都担心他能否活下来。谁也没有料到这个看起来微不足道的小生命会成为一位震古烁今的科学巨人，并且活到了 85 岁的高龄。

牛顿出生前三个月父亲便去世了。在他两岁时，母亲改嫁。从此牛顿便由外祖母抚养。11 岁时，母亲的后夫去世，牛顿才回到了母亲身边。大约从 5 岁开始，牛顿被送到公立学校读书，12 岁时进入中学。少年时的牛顿并不是神童，他资质平庸，成绩一般，但他喜欢读书，喜欢看一些介绍各种简单机械模型制作方法的读物，并从中受到启发，自己动手制作些奇奇怪怪的小玩意儿，如风车、木钟、折叠式提灯等。药剂师的房子附近正建造风车，小牛顿把风车的机械原理摸透后，自己也制造了一架小风车。推动他的风车转动的，不是风，而是动物。他将老鼠绑在一架有轮子的踏车上，然后在轮子的前面放上一粒玉米，刚好那地方是老鼠可望不可即的位置。老鼠想吃玉米，就不断地跑动，于是轮子不停地转动。他还制造了一个小水钟，每天早晨，小水钟会自动滴水到他的脸上，催他起床。

后来，迫于生活，母亲让牛顿停学在家务农。但牛顿对务农并不感兴趣，一有机会便埋首书卷。每次，母亲叫他同她的佣人一道上市场，熟悉做交易的生意经时，他便恳求佣人一个人上街，自己则躲在树丛后看书。有一次，牛顿的舅父起了疑心，就跟踪牛顿上市镇去，他发现他的外甥伸着腿，躺在草地上，正在聚精会神地钻研一个数学问题。牛顿的好学精神感动了舅父，于是舅父劝服了母亲让牛顿复学。牛顿又重新回到了学校，如饥似渴地汲取着书本上的营养。

牛顿 18 岁时进入剑桥大学，成为三一学院的减费生，靠为学院做杂务的收入支付学费。在这里，牛顿开始接触到大量自然科学著作，经常参加学院举办的各类讲座，包括地理、物理、天文和数学。牛顿的第一任教授伊萨克·巴罗是个博学多才的学者。这位学者独具慧

眼,看出了牛顿具有深邃的观察力、敏锐的理解力。于是将自己的数学知识,包括计算曲线图形面积的方法,全部传授给牛顿,并把牛顿引向了近代自然科学的研究领域。

后来,牛顿在回忆时说道:"巴罗博士当时讲授关于运动学的课程,也许正是这些课程促使我去研究这方面的问题。"

当时,牛顿在数学上很大程度是依靠自学。他学习了欧几里得的《几何原本》、笛卡儿的《几何学》、沃利斯的《无穷算术》、巴罗的《数学讲义》及韦达等许多数学家的著作。其中,对牛顿具有决定性影响的要数笛卡儿的《几何学》和沃利斯的《无穷算术》,它们将牛顿迅速引导到当时数学最前沿——解析几何与微积分。1664年,牛顿被选为巴罗的助手,第二年,剑桥大学评议会通过了授予牛顿大学学士学位的决定。

正当牛顿准备留校继续深造时,严重的鼠疫席卷了英国,剑桥大学因此而关闭,牛顿离校返乡。家乡安静的环境使得他的思想展翅飞翔,以整个宇宙作为其藩篱。这短暂的时光成为牛顿科学生涯中的黄金岁月,他的三大成就——微积分、万有引力、光学分析的思想就是在这时孕育成形的。可以说此时的牛顿已经开始着手描绘他一生大多数科学创造的蓝图。

随着科学声誉的提高,牛顿的政治地位也得到了提升。1689年,他当选为国会中的大学代表。作为国会议员,牛顿逐渐开始疏远给他带来巨大成就的科学。他不时表示出对以他为代表的领域的厌恶。同时,他把大量的时间花费在了和同时代的著名科学家如胡克、莱布尼茨等进行科学优先权的争论上。

晚年的牛顿在伦敦过着堂皇的生活,1705年他被安妮女王封为贵族。此时的牛顿非常富有,被普遍认为是生存着的最伟大的科学家。他担任英国皇家学会会长,在他任职的24年时间里,他以"铁拳"统治着学会。没有他的同意,任何人都不能被选举。

晚年的牛顿开始致力于对神学的研究,他否定哲学的指导作用,虔诚地相信上帝,埋头于写以神学为题材的著作。当他遇到难以解释的天体运动时,竟提出了"神的第一推动力"的谬论。他说"上帝统治万物,我们是他的仆人而敬畏他、崇拜他。"

1727年3月31日,艾萨克·牛顿逝世。同其他很多杰出的英国人一样,他被埋葬在了威斯敏斯特教堂。他的墓碑上镌刻着:让人们欢呼这样一位伟大的人类曾经在世界上存在。

在牛顿的全部科学贡献中,数学成就占有突出的地位。他数学生涯中的第一项创造性成果就是发现了二项式定理。据牛顿本人回忆,他是在1664年和1665年间的冬天,在研读沃利斯博士的《无穷算术》并试图修改他的求圆面积的级数时发现这一定理的。

微积分的创立是牛顿最卓越的数学成就。牛顿为解决运动问题,才创立这种和物理概念直接联系的数学理论的,牛顿称之为"流数术"。它所处理的一些具体问题,如切线问题、求积问题、瞬时速度问题以及函数的极大和极小值问题等,在牛顿前已经得到人们的研究了。但牛顿超越了前人,他站在了更高的角度,对以往分散的努力加以综合,将自古希腊以来求解无限小问题的各种技巧统一为两类普通的算法——微分和积分,并确立了这两类运算的互逆关系,从而完成了微积分发明中最关键的一步,为近代科学发展提供了最有效的工具,开辟了数学上的一个新纪元。

1707年,牛顿的代数讲义经整理后出版,定名为《普遍算术》。他主要讨论了代数基础及其(通过解方程)在解决各类问题中的应用。书中陈述了代数基本概念与基本运算,用大量实例说明了如何将各类问题化为代数方程,同时对方程的根及其性质进行了深入探讨,引出了方程论方面的丰硕成果，例如，他得出了方程的根与其判别式之间的关系，指出可以利用方程系数确定方程根的幂的和数，即“牛顿幂和公式”。

牛顿对解析几何与综合几何都有贡献。他在《解析几何》中引入了曲率中心，给出密切线圆（或称曲线圆）概念，提出曲率公式及计算曲线的曲率方法。并将自己的许多研究成果总结成专论《三次曲线枚举》，于 1704 年发表。此外，他的数学工作还涉及数值分析、概率论和初等数论等众多领域。

牛顿是经典力学理论理所当然的开创者。他系统地总结了伽利略、开普勒和惠更斯等人的工作，得到了著名的万有引力定律和牛顿运动三定律。

牛顿发现万有引力定律是他在自然科学中最辉煌的成就。那是在假期里，牛顿常常来到母亲的家中，在花园里小坐片刻。有一次，像以往常发生的那样，一个苹果从树上掉了下来。一个苹果的偶然落地，却是人类思想史的一个转折点，它使那个坐在花园里的人头脑开了窍，引起他的沉思：究竟是什么原因使一切物体都受到差不多总是朝向地心的吸引呢？牛顿思索着。终于，他发现了对人类具有划时代意义的万有引力。他认为太阳吸引行星，行星吸引行星，以及吸引地面上一切物体的力都是具有相同性质的力，还用微积分证明了开普勒定律中太阳对行星的作用力是吸引力，证明了任何一曲线运动的质点，若是半径指向静止或匀速直线运动的点，且绕此点扫过与时间成正比的面积，则此质点必受指向该点的向心力的作用，如果环绕的周期的平方与半径的立方成正比，则向心力与半径的平方成反比。牛顿还通过了大量实验，证明了任何两物体之间都存在着吸引力，总结出了万有引力定律：$F=G(m_1m_2/r^2)$（m_1 和 m_2 是两物体的质量，r 为两物体之间的距离）。在同一时期，雷恩、哈雷和胡克等科学家都在探索天体运动奥秘，其中以胡克较为突出，他早就意识到引力的平方反比定律，但他缺乏像牛顿那样的数学才能，不能得出定量的表示。

牛顿运动三定律是构成经典力学的理论基础。这些定律是在大量实验基础上总结出来的，是解决机械运动问题的基本理论依据。

1687 年，牛顿出版了代表作《自然哲学的数学原理》，这是一部力学的经典著作。牛顿在这部书中，从力学的基本概念（质量、动量、惯性、力）和基本定律（运动三定律）出发，运用他所发明的微积分这一锐利的数学工具，建立了经典力学的完整而严密的体系，把天体力学和地面上的物体力学统一起来，实现了物理学史上第一次大的综合。

在光学方面，牛顿也取得了巨大成果。他利用三棱镜试验了白光分解为有颜色的光，最早发现了白光的组成。他对各色光的折射率进行了精确分析，说明了色散现象的本质。他指出，由于对不同颜色的光的折射率和反射率不同，才造成物体颜色的差别，从而揭开了颜色之谜。牛顿还提出了光的“微粒说”，认为光是由微粒形成的，并且走的是最快速的直线运动路径。他的“微粒说”与后来惠更斯的“波动说”构成了关于光的两大基本理论。此外，他还制作了牛顿色盘和反射式望远镜等多种光学仪器。

牛顿的研究领域非常广泛，他在几乎每个他所涉足的科学领域都做出了重要的成绩。他研究过计温学，观测过水沸腾或凝固时的固定温度，研究过热物体的冷却律，还做过其他一些课题，这些课题几乎无人能及，只有在与他自己的主要成就相比较时，才显得逊色。

习 题

2.1 单项选择题

(1) 质量为 m 的小球在向心力作用下，在水平面内作半径为 R、速率为 $\boldsymbol{v}$ 的匀速圆周运动，如题2.1(1)图所示，小球自 A 点逆时针运动到 B 点的半周内，动量增量为(　　)

A. $2mv\boldsymbol{j}$　　B. $-2mv\boldsymbol{j}$　　C. $2mv\boldsymbol{i}$　　D. $-2mv\boldsymbol{i}$

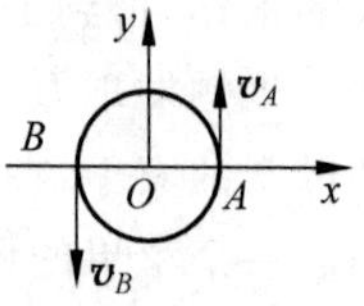

题2.1(1)图

(2) 一质点作匀速率圆周运动，那么(　　)。

A. 它的动量不变，对圆心的角动量也不变

B. 它的动量不变，对圆心的角动量不断改变

C. 它的动量不断改变，对圆心的角动量不变

D. 它的动量不断改变，对圆心的角动量也不断改变

(3) 质点在外力作用下运动时，下列说法中正确的是(　　)。

A. 外力的功为零，外力的冲量一定为零

B. 外力的冲量为零，外力的功一定为零

C. 外力的冲量不为零，外力的功也不为零

D. 外力的功不为零，外力的冲量不一定为零

(4) 选择正确答案：(　　)。

A. 物体的动量不变，则动能也不变

B. 物体的动能不变，则动量也不变

C. 物体的动量发生变化，则动能也一定不变

D. 物体的动能发生变化，则动量不一定变化

(5) 人造卫星绕地球作圆周运动，地球在椭圆的一个焦点上，则卫星的(　　)。

A. 动量不守恒，动能守恒

B. 动量守恒，动能不守恒

C. 角动量不守恒，动能也不守恒

D. 角动量守恒，动能不守恒

2.2 填空题

(1) 一个力 $\boldsymbol{F}$ 作用在质量为1.0kg的质点上，使之沿 x 轴运动，已知在此力作用下质点的运动方程为 $x=3t-4t^2+t^3$，在0～4s的时间间隔内，力 $\boldsymbol{F}$ 的冲量大小为 $I=$________；力 $\boldsymbol{F}$ 对质点所做的功为 $A=$________。

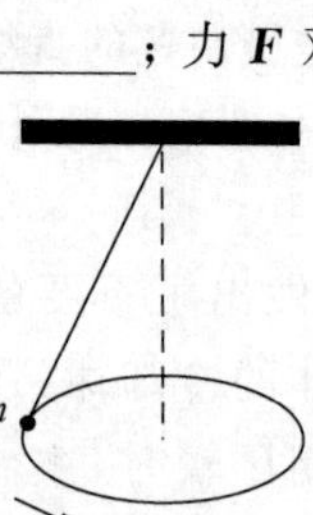

题2.2(2)图

(2) 如题2.2(2)图为一圆锥摆，质量为 m 的小球在水平面内以角速度 ω 匀速转动，在小球转动一周的过程中，小球动量增量的大小等于________，小球所受重力的冲量大小等于________，小球所受绳子拉力的冲量大小等于________。

(3) 一质量为 m 的物体，以初速度 $\boldsymbol{v}_0$ 从地面抛出，抛射角为 $\theta=30°$，如忽略空气阻力，则从抛出到刚要接触地面的过程中：①物体动量增量的大小为________；②物体动量增量的方向为________。

(4) 一质量为 m 的小球，在距地面一定高度处水平抛出，触地后反跳，在抛出 t 秒后，小

球又跳回原高度，速度仍沿水平方向，大小也与抛出时相同，则小球与地面碰撞过程中，地面给的冲量方向为________，大小为________。

(5) 一颗子弹在枪筒里前进时所受的合力大小为 $F=400-\dfrac{4\times10^5}{3}t$，子弹从枪口射出时的速率为 300m/s，假设子弹离开枪口时合力刚好为零，则子弹走完枪筒全长所用时间 $t=$________，子弹在枪筒中所受的冲量 $I=$________，子弹的质量 $m=$________。

2.3　计算题

(1) 一质点的运动轨迹如题 2.3(1)图所示，已知质点的质量为 20g，在 A、B 两位置处的速率都为 20m/s，v_A 与 x 轴成 45°，v_B 垂直于 y 轴，求质点由 A 到 B 点这段时间内，作用在质点上的总冲量。

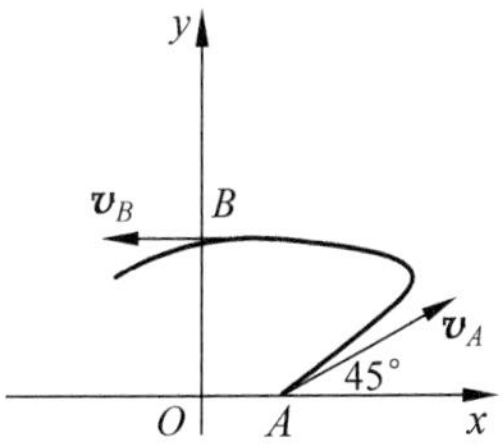

题 2.3(1)图

(2) 作用在质量为 10kg 的物体上的力为 $\boldsymbol{F}=(10+2t)\boldsymbol{i}$，式中 t 单位是 s。求 4s 后，该物体的动量和速度变化，以及力给予物体的冲量。

(3) 一质量为 m 的质点，在 Oxy 平面上运动，其位置矢量为 $\boldsymbol{r}=a\cos\omega t\boldsymbol{i}+b\sin\omega t\boldsymbol{j}$。求质点的动量及 $t=0\sim\dfrac{\pi}{2\omega}$时间内质点所受的合力的冲量和质点动量的改变量。

(4) 设 $\boldsymbol{F}_{合}=7\boldsymbol{i}-6\boldsymbol{j}$(N)。

①当一质点从原点运动到 $\boldsymbol{r}=-3\boldsymbol{i}+4\boldsymbol{j}+16\boldsymbol{k}$(m)时，求 $\boldsymbol{F}$ 所做的功。②如果质点到 $\boldsymbol{r}$ 处时需 0.6s，试求平均功率。③如果质点的质量为 1kg，试求动能的变化。

(5) 以铁锤将一铁钉击入木板，设木板对铁钉的阻力与铁钉进入木板内的深度成正比。在铁锤击第一次时，能将铁钉击入木板内 1cm，问击第二次时能进入多深？假定铁锤子两次击打铁钉时的速度相同。

(6) 设已知一质点(质量为 m)在其保守力场中位矢为 $\boldsymbol{r}$ 点的势能为 $E_p(r)=-\dfrac{k}{r^n}$，试求质点所受保守力的大小和方向。

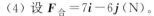

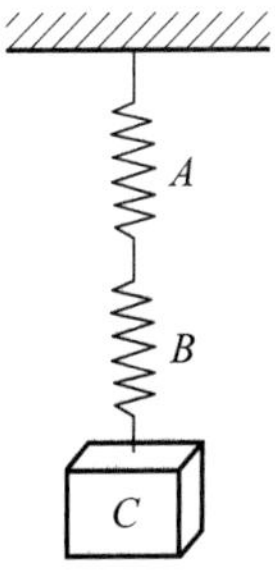

题 2.3(7)图

(7) 一根倔强系数为 k_1 的轻弹簧 A 的下端，挂一根倔强系数为 k_2 的轻弹簧 B，B 的下端又挂一重物 C，C 的质量为 m，如题 2.3(7)图所示，求这一系统静止时两弹簧的伸长量之比和弹性势能之比。

(8) ①试计算月球和地球对质量为 m 物体的引力相抵消的一点 P，与月球表面的距离是多少。地球质量 5.98×10^{24}kg，地球中心到月球中心的距离 3.84×10^8m，月球质量 7.35×10^{22}kg，月球半径 1.74×10^6m。②如果一个 1kg 的物体在距地球和月球均为无限远处势能为零，那么它在 P 点的势能为多少？

(9) 如题 2.3(9)图所示，一物体质量为 2kg，以初速率 $v_0=3$m/s，从斜面 A 点处下滑，它与斜面的摩擦力为 8N，到达 B 点压缩弹簧 20cm 后停止，然后又被弹回。求弹簧的倔强系数和物体第一次被弹回的最大高度。

(10) 质量为 M 的大木块具有半径为 R 的 1/4 弧形槽，如题 2.3(10)图所示，质量为 m 的小立方体从曲面顶端滑下，大木块放在光滑水平面上，二者都作无摩擦的运动，而且都从静止开始,求小木块脱离大木块时的速度。

(11) 一个小球与一质量相等的静止小球发生非对心弹性碰撞,如题 2.3(11)图所示,试证明碰撞后两小球的运动方向互相垂直。

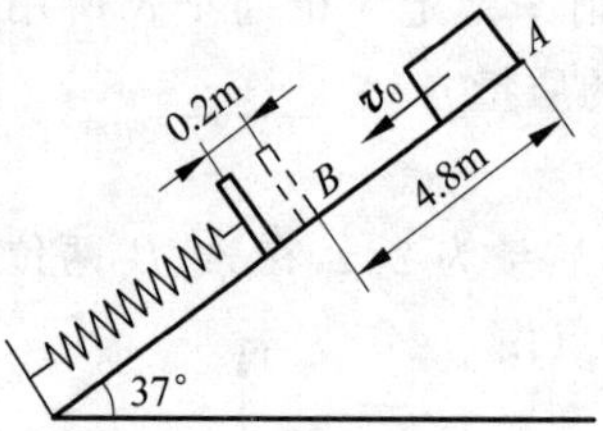

题 2.3(9)图

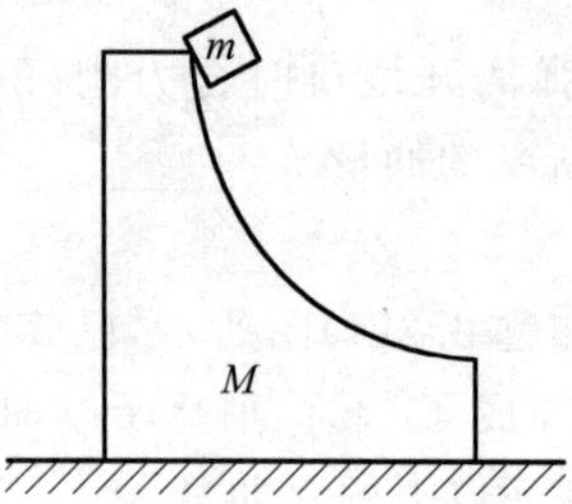

题 2.3(10)图

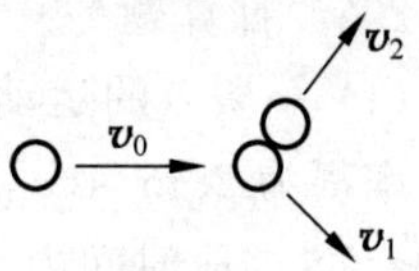

题 2.3(11)图

第3章 刚体力学

前面两章介绍了力学的基本概念和原理,如牛顿定律、冲量和动量、功和能等概念,以及动量、角动量和能量守恒定律。其中,这些概念和原理在多数情况下都是就质点提出而且应用于质点的。虽然曾提出过质点系为研究对象,但也只是讨论了少数几个质点的情形。

本章将要介绍一种特殊的质点系——刚体,讨论刚体所遵从的力学规律。它们实际上是前两章所讲的基本概念和原理在刚体上的应用。对于刚体,本章也只着重讨论定轴转动这种简单的情况,讨论转动惯量、力矩、刚体的动能和角动量等基本概念及基本规律。为研究更复杂的运动奠定基础。

3.1 刚体运动的描述

刚体是固体物件的理想化模型。任何固态物质都具有一定的形状和大小,并在受力作用时总是要发生或大或小的形状和体积的改变。如果在讨论一个固体的运动时,这种形状或体积的改变都很小,可以将其忽略不计。于是提出了"刚体"的理想模型。我们就把这个固体当作刚体处理。**刚体是在任何情况下形状和大小都不发生变化的力学研究对象**。

刚体可以看成由许多质点组成,每一个质点叫做刚体的一个"质元"。由于刚体不变形,各质元间距离不变,故刚体是质元间距离保持不变的质点系,称为"**不变质点系**"。既然刚体属于质点系,所以关于质点系的基本定理、基本定律就都可以应用于刚体。当然,由于刚体这一质点系有其特点,所以这些基本定律就表现为更适合于研究刚体运动的特殊形式。

3.1.1 刚体的平动

如何描述刚体的运动呢?刚体的运动形式是多种多样的,但不论是怎样复杂的运动都可以看作是由最基本的运动构成的。刚体最基本的运动形式是平动和定轴转动。

如果刚体在运动中,刚体内任意两点间的连线始终保持平行,那么这样的运动就叫平动,如图3-1所示。

在平动时,刚体内各质元的运动轨迹都一样,而且在同一时刻的速度和加速度都相等。因此在描述刚体的平动时,就可以用一点的运动来代表。通常就用刚体质心的运动来代表整个刚体的平动。

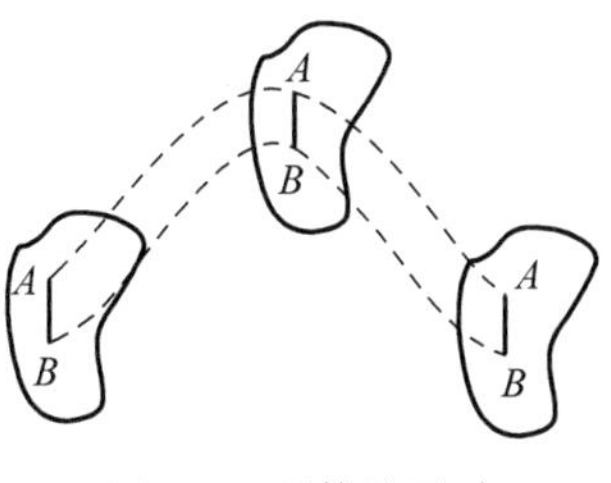

图3-1 刚体的平动

可见,根据质心的定义和质心运动定理,可以确定平动刚体的运动规律。

3.1.2 刚体的定轴转动

在刚体运动过程中,若刚体上各质元均围绕同一直线作圆周运动,且圆心都在该直线上,则这条直线称为**转动轴线**,简称**转轴**。如果转动轴线的位置和方向相对于某一参考系是固定的,则该转轴称为**固定轴**。这种运动就称为**绕固定轴转动**,简称**定轴转动**,如图3-2所示。

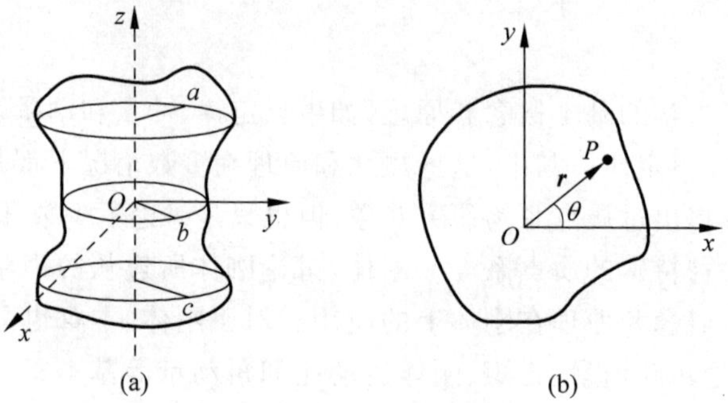

图3-2 刚体转动描述

显然,定轴转动是刚体转动的最简单、最基本的运动形式。

1. 角坐标和角位移

为了描述刚体定轴转动,建立坐标系 $Oxyz$,如图3-2(a)所示,坐标轴 z 与固定转轴重合。在刚体非转轴部分任取一些质元,如 a、b、c,分别过质元作 z 轴的垂线,由于各质元相对位置不变,所以相对于转轴而言,都具有相同的角量。因而,可用刚体上任一质元来描述刚体的转动。在刚体上任取一质元 P(可看成一质点),过该点截出一与转轴相垂直的平面 Oxy,该平面称为**转动平面**,如图3-2(b)表示。

设 P 点的位置矢量为 $\boldsymbol{r}$,因其大小不变,故其位置可由自 x 轴转向 $\boldsymbol{r}$ 的夹角 θ 来确定。$\boldsymbol{r}$ 在 Δt 时间内扫过的角度就是刚体(任一个质点)转过的角度。θ 称为绕定轴转动刚体的角坐标。规定自 x 轴逆时针转向 $\boldsymbol{r}$ 时,θ 为正;反之为负。当刚体绕固定轴转动时,其角坐标是时间的函数,即

$$\theta = \theta(t) \tag{3-1}$$

式(3-1)称为刚体绕定轴转动的运动学方程。它能够全面描述作定轴转动刚体的运动规律,由它可确定任意时刻刚体的运动状态。

假设 t 时刻,刚体的角坐标为 $\theta(t)$;经过 Δt 时间,刚体的角坐标变为 $\theta(t+\Delta t)$,刚体在 Δt 时间内的**角位移**为

$$\Delta\theta = \theta(t+\Delta t) - \theta(t) \tag{3-2}$$

由于角坐标是代数量,所以对有限大的 $\Delta\theta$,角位移也是代数量。对无限小的 $\Delta\theta$,角位移为矢量。当刚体逆时针转动时. 角位移为正,反之为负。

在国际单位制中,角坐标和角位移的单位都是弧度(rad)。

2. 角速度

为了描述刚体作定轴转动的快慢程度,定义刚体的角位移 $\Delta\theta$ 与发生这一角位移所用

的时间 Δt 之比，当 $\Delta t\to 0$ 时极限值为刚体 t 时刻的**瞬时角速度**，简称**角速度**，记作 ω，即

$$\omega=\lim_{\Delta t\to 0}\frac{\Delta\theta}{\Delta t}=\frac{\mathrm{d}\theta}{\mathrm{d}t} \tag{3-3}$$

即角速度等于角坐标对时间的导数。面对转轴观察，当 $\omega>0$ 时，刚体逆时针转动；$\omega<0$ 时，刚体顺时针转动。在国际单位制中，角速度的单位为 rad/s。工程技术上，常用每分钟的转数 n 来表示转动快慢。它与角速度的关系是

$$\omega=\frac{2\pi n}{60} \tag{3-4}$$

与质点运动学相似，已知初始位置，可以由角速度求出角坐标、角位移，根据式(3-3)，有

$$\theta=\theta_0+\int_0^t\omega\,\mathrm{d}t$$

$$\Delta\theta=\theta-\theta_0=\int_0^t\omega\,\mathrm{d}t$$

若是匀角速度转动，则有

$$\theta=\theta_0+\omega t$$

$$\Delta\theta=\theta-\theta_0=\omega t$$

这里需要说明，式(3-3)仅定义了角速度的大小，实际角速度是一矢量，它的方向由右手螺旋法则确定，如图 3-3 所示，把右手的拇指伸直，其余四指弯曲，使弯曲方向与刚体的转动方向一致，此时拇指所指的方向为角速度 ω 的方向。

对于刚体绕固定轴转动，它的转向仅有两种可能，逆时针方向或顺时针方向。因此角速度的方向也仅有两方向，即沿转轴向上或向下，故常用代数方法表示角速度。

图 3-3 右手螺旋关系

3. 角加速度

为了描述刚体角速度随时间变化的快慢程度，定义角速度增量 $\Delta\omega$ 与发生这一增量所用时间 Δt 之比，当 $\Delta t\to 0$ 时的极限值为刚体 t 时刻的**瞬时角加速度**，简称**角加速度**，记作 β，即

$$\beta=\lim_{\Delta t\to 0}\frac{\Delta\omega}{\Delta t}=\frac{\mathrm{d}\omega}{\mathrm{d}t} \tag{3-5}$$

即瞬时角加速度等于角速度对时间的导数。同理，角加速度也有正负之分。若角加速度的符号与角速度相同，刚体作加速转动；若符号相反，作减速转动。角加速度的单位在国际制中为 $\mathrm{rad/s^2}$。

当已知初始角速度时，可由角加速度求出角速度，即

$$\omega=\omega_0+\int_0^t\beta\,\mathrm{d}t$$

若是匀变速转动，则

$$\omega=\omega_0+\beta t$$

$$\theta=\theta_0+\omega_0 t+\frac{1}{2}\beta t^2$$

正像角速度是矢量一样，角加速度也是矢量。当刚体作定轴转动时，其角加速度也是沿着转轴的，故方向仅有两种可能：与角速度 ω 的方向相同或相反。这种情况下，我们用代数

量表示角加速度。

4. 转动角量与线量的关系

刚体作定轴转动时,其非轴上的所有质元都作圆周运动,如图3-2(b)所示,P点的线速度与角速度关系为

$$v = r\omega \tag{3-6}$$

P点的线加速度与角加速度关系为

$$a_t = r\beta, \quad a_n = r\omega^2 \tag{3-7}$$

例3-1 一条缆索绕过一定滑轮拉动一升降机(图3-4),滑轮半径$r=0.5$m,如果升降机从静止开始以加速度$a=0.4\text{m/s}^2$匀加速上升,求:

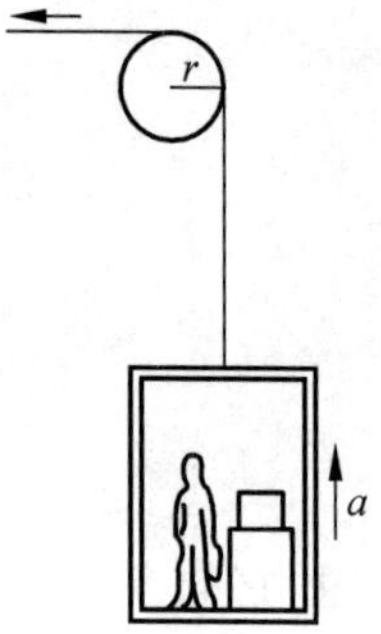

图3-4 例3-1图

(1) 滑轮的角加速度。

(2) 开始上升后,$t=5$s末滑轮的角速度。

(3) 在这5s内滑轮转过的角位移及转过的圈数。

解 (1) 由升降机的加速度和轮缘上一点的切向加速度相等,所以,根据式(3-7)可得滑轮的角加速度

$$a = a_t = r\beta$$

则

$$\beta = \frac{a}{r} = \frac{0.4}{0.5}\text{rad/s}^2 = 0.8\text{rad/s}^2$$

(2) 利用匀加速转动公式,因$\omega_0=0$,所以5s末滑轮的角速度为

$$\omega = \omega_0 + \beta t$$

$$\omega = (0 + 0.8 \times 5)\text{rad/s} = 4\text{rad/s}$$

(3) 利用公式$\theta=\theta_0+\omega_0 t+\frac{1}{2}\beta t^2$,得滑轮转过的角位移为

$$\Delta\theta = \theta - \theta_0 = \omega_0 t + \frac{1}{2}\beta t^2 = 10\text{rad}$$

与此相应的圈数是

$$n = \frac{\Delta\theta}{2\pi} \approx 1.6(\text{圈})$$

3.1.3 刚体的平面运动

前面讨论的是刚体作平动及定轴转动的运动规律,但在很多情况下刚体的转轴只是相对于刚体固定不动,但却相对于其他物体移动,同时刚体上所有质点还绕轴转动,例如车轮的滚动、方轮在链轨上的滚动等,如图3-5所示。

这些刚体的运动具有相同的特性,即刚体上各点均在平面内运动,且这些平面均与一固定面平行,这样的运动称为**平面运动**。

其特点是,刚体内垂直于固定平面的直线上的各点,运动状态都相同。根据此特点,可以利用与固定面平行的平面在刚体内截取一平面图形,此图形的位置一经确定,刚体的位置便确定了。

那么如何来分析刚体的平面运动呢?现有一三角形刚体ABC作平面运动,如图3-6所

示。假设其初始位置如图 3-6(a)所示，沿如图 3-6(b)所示的曲线经过 Δt 时间到达末位置。此过程可以通过以下方式实现：先将三角形 ABC 作平动运动到 $AB'C'$ 位置，然后绕过 A 点并与三角形面相垂直的转轴顺时针转动 θ 角。当然我们也可以将此刚体由初始位置作平动运动到 $A'BC'$，再绕过 B 点并与三角形平面相垂直的转轴顺时针转动 θ 角实现；或将此刚体作平动运动到 $A'B'C$，再以过 C 点并与三角形平面相垂直的转轴顺时针转动 θ 角实现。其中 A、B、C 称为**基点**，显然基点的选取是任意的。

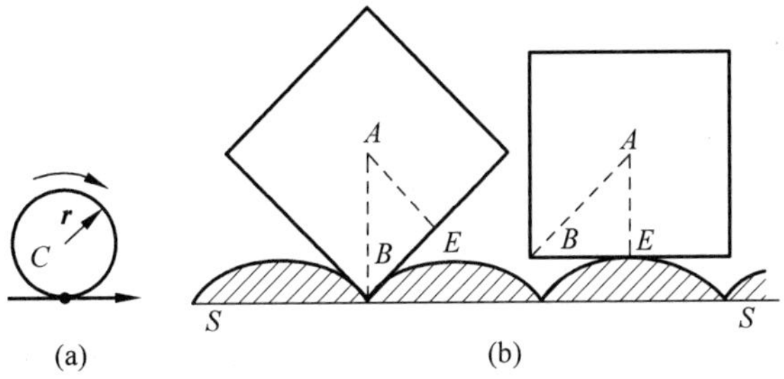

图 3-5　刚体的平面运动

(a) 圆柱体的滚动；(b) 方轮在链轨上的滚动

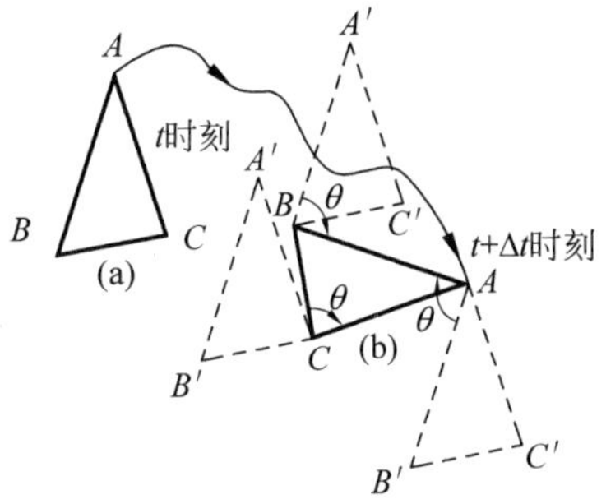

图 3-6　刚体平面运动

(a) 三角形刚体；(b) 三角形转动

由以上分析，我们可以得出结论：**刚体的平面运动视为随基点的平动与绕基点转动的合成**。

这里需要说明几点：

(1) 平动位移与基点选择有关，而转动角位移与基点的选择无关。

(2) 所谓绕基点的转动是指，绕过基点且垂直于平面图形的轴的转动，该轴不是固定轴，而是定向转轴。

(3) 若选取质心为基点，则**刚体平面平行运动为随质心的平动与绕质心转动的组合**。

以车轮滚动为例，假设行驶过程中汽车的车轮在水平面上作无滑动的滚动。站在地面上观察时，在垂直于轮轴的平面上，各点(轮轴上点除外)的运动状态都不相同，运动是复杂的。图 3-7 中实线代表了轮子边缘一点的运动轨迹，经过 Δt 的时间，该点由 P 运动到 P''，P 点的这一运动过程可看作是随轮轴(质心 C)平动到 P'，绕轮轴转动 θ 角后得到的。由此可见，轮子上任意点的运动可看作是随轮轴的平动与绕轮轴转动的合运动。

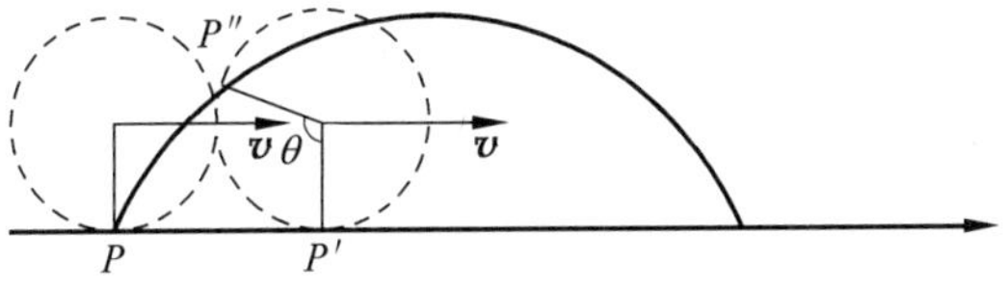

图 3-7　车轮无滑动滚动

3.2　刚体角动量、转动惯量、转动动能

第 2 章介绍了质点、质点系的角动量的概念，角动量在刚体转动研究中是一个十分重要的概念。既然刚体是特殊质点系，那么我们将借助质点、质点系的角动量推广到刚体的角动量。

3.2.1 刚体作定轴转动的角动量

为讨论刚体绕固定轴转动的角动量，我们将刚体看作是由质量元组成的质点系，首先研究刚体上任意选取一质量元的角动量，然后在此基础上，讨论整个刚体的角动量。

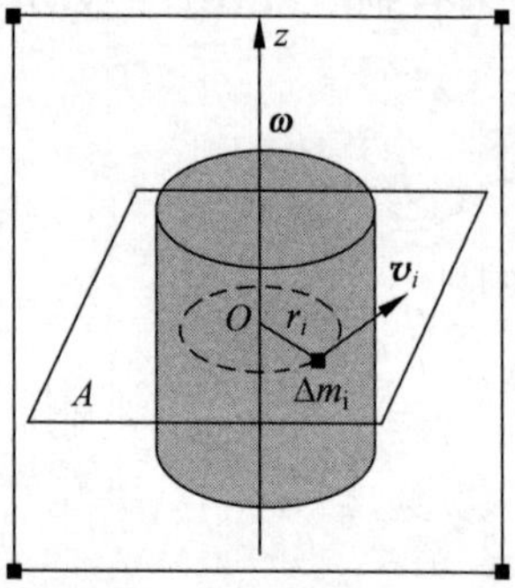

图 3-8 角动量矢量

如图 3-8 所示，刚体绕坐标轴 Oz 作定轴转动。刚体上任取一质量元 Δm_i，其与坐标原点 O 共面，且绕坐标原点 O 作圆周运动，其相对于坐标原点 O 的位置矢量为 $\boldsymbol{r}_i$。如果质点的速度为 $\boldsymbol{v}_i$，则该质量元相对于 O 点的角动量 $\boldsymbol{L}_i$ 为

$$\boldsymbol{L}_i = \boldsymbol{r}_i \times \Delta m_i \boldsymbol{v}_i \tag{3-8}$$

我们首先讨论质量元的角动量特点，根据右手螺旋关系，质点角动量的方向沿转轴向上，角动量的大小为

$$L_i = r_i \Delta m_i v_i \sin\alpha_i \tag{3-9}$$

式中，α_i 为质点位置矢量 $\boldsymbol{r}_i$ 与其速度 $\boldsymbol{v}_i$ 之间的夹角。

由于质量元作圆周运动，故 α_i 等于 90°。此时它的角动量大小为

$$L_i = r_i \Delta m_i v_i = \Delta m_i r_i^2 \omega \tag{3-10}$$

由于刚体作定轴转动，其质量元绕转轴转动的角速度都相同，故公式中用 ω 代替 ω_i，而且各质元的角动量方向都相同。

既然刚体可看成是由许多质点组成的，那么整个刚体统定轴的角动量为各质点对此轴角动量的矢量和，记作 $\boldsymbol{L}$，即

$$\boldsymbol{L} = \sum_{i=1} \boldsymbol{L}_i \tag{3-11}$$

由于各质量元的角动量方向相同，故其大小为

$$L = \sum_{i=1} L_i = \sum_{i=1} \Delta m_i r_i^2 \omega \tag{3-12}$$

3.2.2 刚体的转动惯量

式(3-12)中，$\sum \Delta m_i r_i^2$ 与刚体的形状、质量分布和转轴的位置有关，与刚体的运动状态无关，这个量称为刚体的**转动惯量**，即

$$J = \sum_{i=1} \Delta m_i r_i^2 \tag{3-13}$$

于是式(3-12)可写为

$$L = J\omega \tag{3-14}$$

式(3-14)与 $\boldsymbol{p} = m\boldsymbol{v}$ 相比较，转动惯量和角速度分别与质量和速度相比拟。这个转动惯量恰是对一定轴转动时转动惯性的量度。

转动惯量是标量，由它的定义式(3-13)可以看出，它与下列因素有关：第一，刚体的质量，当刚体形状与转轴位置确定后，刚体的质量越大，其转动惯量越大；第二，转轴的位置，刚体距转轴越远，其转动惯量越大；第三，质量相对转轴的分布，质量一定的刚体，它的质量分布距转轴越远，其转动惯量越大。

对于质量连续均匀分布的刚体有

$$J=\int_m r^2\,\mathrm{d}m \tag{3-15}$$

式中，r 为质量元 $\mathrm{d}m$ 到转轴的距离。

在国际单位制中，转动惯量的单位是 $\mathrm{kg\cdot m^2}$（千克·米^2）。

例 3-2 一质量为 m、长为 l 的均匀细杆，如图 3-9 所示，求它对通过杆的中心且垂直于杆的转轴的转动惯量。

解 根据已知条件可以求出杆的线密度 $\lambda=\dfrac{m}{l}$，如图 3-9 所示，建立坐标系 Oxy。在距转轴 x 处选一小质元 $\mathrm{d}m=\lambda\,\mathrm{d}x$，由式(3-15)得

$$J=\int_m r^2\,\mathrm{d}m=\int_{-\frac{l}{2}}^{\frac{l}{2}} x^2\lambda\,\mathrm{d}x=\frac{1}{12}ml^2$$

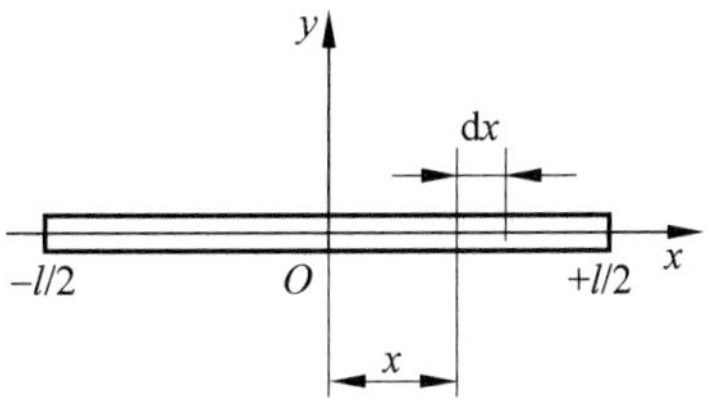

图 3-9 均匀细杆绕中心轴转动

若细杆过杆的一端且垂直于杆的轴线转动，其转动惯量为

$$J=\int_0^l x^2\lambda\,\mathrm{d}x=\frac{1}{3}ml^2$$

由以上计算过程可以看出，根据式(3-15)，应用定积分可计算出各种情况下刚体的转动惯量。

表 3-1 给出几种常见形状刚体的转动惯量。

表 3-1 几种常见形状刚体的转动惯量

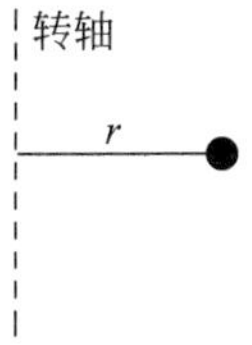	质点绕定轴的转动 $J=mr^2$	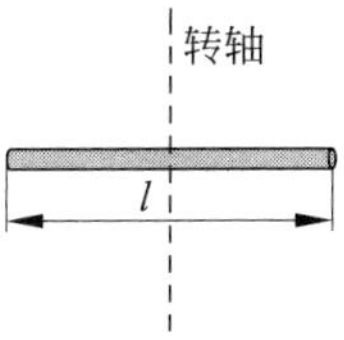	细杆对过中心且与杆垂直的轴线 $J=\frac{1}{12}ml^2$
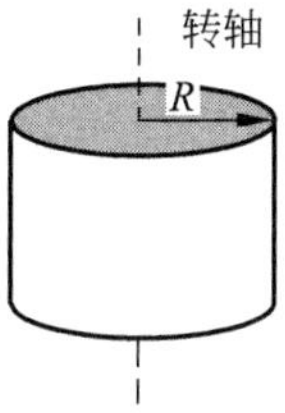	圆柱体对柱体轴线 $J=\frac{1}{2}mR^2$	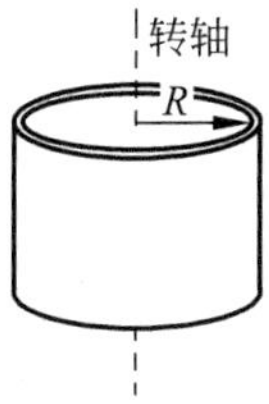	圆柱筒对柱体轴线 $J=mR^2$
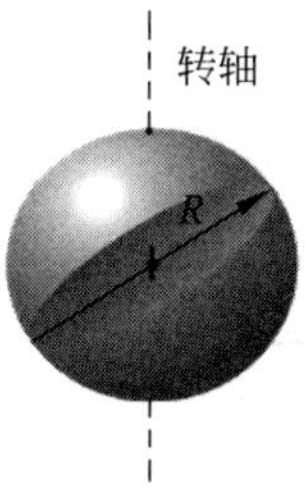	实球体对任意直径 $J=\frac{2}{5}mR^2$	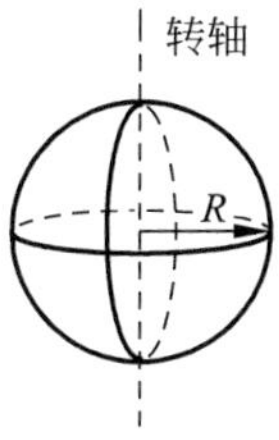	薄球壳对任意直径 $J=\frac{2}{3}mR^2$

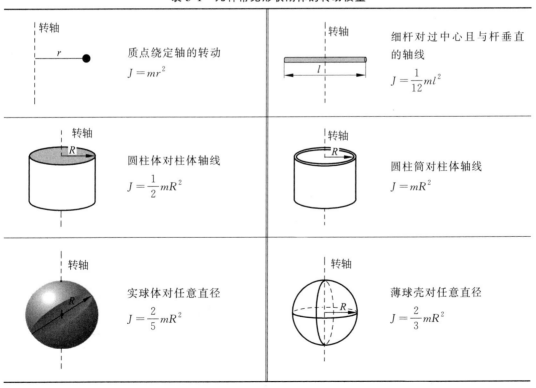

3.2.3 刚体的转动动能

设刚体以角速度 ω 作定轴转动,由于刚体的运动,必然具有动能,那么如何研究刚体定轴转动时的动能呢?

刚体上任取某一质量元,其质量为 m_i,距转轴的距离为 r_i,它作圆周运动的速率为 v_i,则该质量元的动能为

$$E_{ki}=\frac{1}{2}m_iv_i^2=\frac{1}{2}m_ir_i^2\omega^2$$

则刚体的转动动能为

$$E_k=\sum\frac{1}{2}m_ir_i^2\omega^2$$

而 $\sum m_ir_i^2$ 为刚体的转动惯量 J,因此

$$E_k=\frac{1}{2}J\omega^2 \tag{3-16}$$

即刚体绕定轴转动的转动动能等于刚体转动惯量与角速度平方的乘积的一半。显然,它与质点动能的形式非常相似。

3.3 刚体定轴转动定律

3.3.1 力矩

如图3-10(a)所示,O 为空间一参考点,$\boldsymbol{F}$ 为作用力,P 为受力质点。受力质点相对于 O 点的位置矢量为 $\boldsymbol{r}$。把受力质点相对于 O 点的位置矢量 $\boldsymbol{r}$ 与力矢量 $\boldsymbol{F}$ 的矢积 $\boldsymbol{M}$,称为**力 $\boldsymbol{F}$ 对于参考点 O 的力矩**,即

$$\boldsymbol{M}=\boldsymbol{r}\times\boldsymbol{F} \tag{3-17}$$

力对参考点的力矩是矢量,其大小为

$$M=Fr\sin\alpha$$

式中,α 为自 $\boldsymbol{r}$ 转向 $\boldsymbol{F}$ 的夹角。

力矩的方向:与 $\boldsymbol{r}$ 和 $\boldsymbol{F}$ 所在平面垂直,且构成右手螺旋关系,如图3-10(b)所示。力矩是一导出量,在国际单位制中,它的单位为N·m(牛·米)。

对于定轴转动(见图3-11)而言,若假设一刚体可绕通过 O 点并且垂直于纸平面的转轴旋转,作用在刚体上 P 点的力 $\boldsymbol{F}$ 在此平面内,则根据右手螺旋关系知:对于 O 点的力矩的

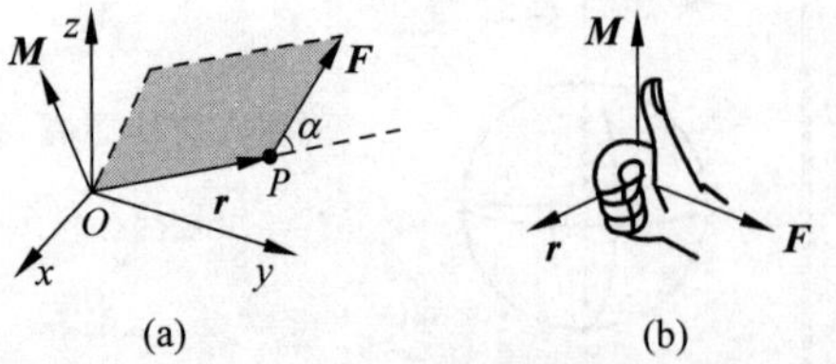

图3-10 力矩矢量

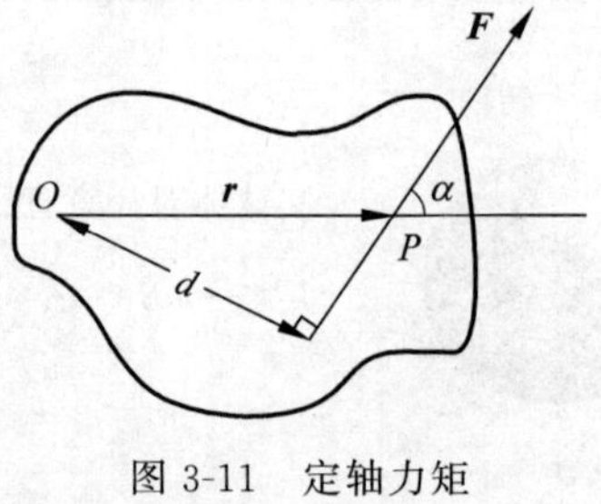

图3-11 定轴力矩

方向必然沿转轴方向(或向上或向下)。其大小为

$$M = Fr\sin\alpha$$

因 $d=r\sin\alpha$,d 是转轴到力 F 作用线的垂直距离,称为力对转轴的力臂,因此

$$M = Fd \tag{3-18}$$

若有几个力同时作用于一个刚体时,则有

$$\boldsymbol{M} = \boldsymbol{M}_1 + \boldsymbol{M}_2 + \cdots + \boldsymbol{M}_N \tag{3-19}$$

即它们的合力矩是各个力矩的矢量和。对于刚体绕固定轴转动的情况,因各力矩的方向都是沿转轴的,因此其合力矩大小为

$$M = M_1 + M_2 + \cdots + M_N \tag{3-20}$$

3.3.2　定轴转动的转动定律

当外力矩作用于绕固定轴转动的刚体时,刚体的转动状态将发生改变,即获得角加速度。那么力矩与角加速度之间满足什么关系呢？下面讨论力矩与角加速度之间的定量关系。

我们把刚体看成质点系,根据质点系角动量定理式(2-73)有

$$\boldsymbol{M}_{外} = \frac{\mathrm{d}\boldsymbol{L}}{\mathrm{d}t}$$

对于绕固定轴转动的刚体而言,其所受的外力矩矢量和、角动量矢量都是沿固定转轴的,即只有在转轴的分量。于是有

$$\begin{cases} M = \dfrac{\mathrm{d}L}{\mathrm{d}t} = \dfrac{\mathrm{d}(J\omega)}{\mathrm{d}t} \\ M = J\beta \end{cases} \tag{3-21}$$

式(3-21)表明,**刚体作定轴转动时,其角加速度与它所受的合外力矩成正比,与刚体的转动惯量成反比**,这个关系称为刚体的**定轴转动定律**。它的形式和作用类似于质点力学中的牛顿第二定律,是解决刚体定轴转动问题的基本动力学方程。

例 3-3　如图 3-12(a)所示,质量为 m_A 的物体 A 静止在光滑水平面上,它和不计质量的绳索相连接,此绳索跨过一半径为 R、质量为 m_C 的圆柱形滑轮 C,并系在另一质量为 m_B 的物体 B 上,B 铅直悬挂。圆柱形滑轮可绕其几何中心轴转动。当圆柱体转动时,绳索相对滑轮没有滑动,滑轮与轴承间的摩擦力略去不计。

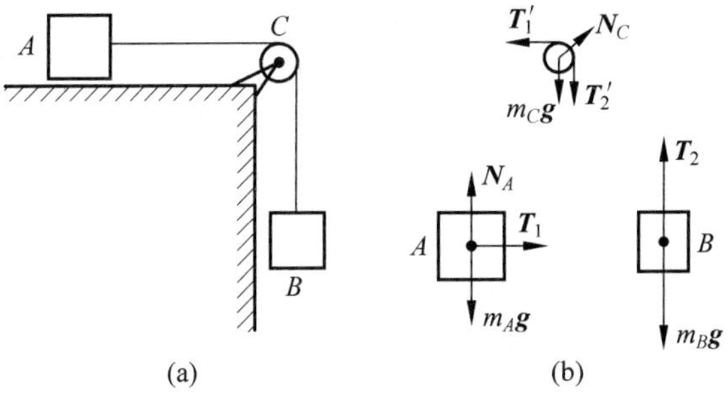

图 3-12　例 3-3 图

求这两物体的线加速度为多少,水平和铅直两端绳索的拉力为多少。

解 受力情况分析如图3-12(b)所示。选地面为参考系。物体 A,B 都作平动,其中 A 向右运动,B 向下运动;而 C 沿顺时针方向作定轴转动。

对于作平动物体的 A 和 B,应用牛顿第二定律列方程:

$$T_1 = m_A a \tag{1}$$

$$m_B g - T_2 = m_B a \tag{2}$$

对于作定轴转动的物体 C,应用转动定理

$$T'_2 R - T'_1 R = J\beta \tag{3}$$

运动过程中,由于绳索相对于滑轮没有滑动,所以平动物体的加速度和转动物体的角加速度之间有如下关系成立:

$$a = R\beta \tag{4}$$

根据牛顿第三定律和题中的辅助条件得

$$T'_1 = T_1,\quad T'_2 = T_2 \tag{5}$$

解以上方程组,可以得到

$$a = \frac{m_B g}{m_A + m_B + \frac{1}{2}m_C}$$

$$T_1 = \frac{m_A m_B g}{m_A + m_B + \frac{1}{2}m_C}$$

$$T_2 = \frac{m_B g\left(m_A + \frac{1}{2}m_C\right)}{m_A + m_B + \frac{1}{2}m_C}$$

3.4 刚体定轴转动的动能定理

3.4.1 力矩的功

在质点力学中,我们曾经学习了功的概念:一个受到外力作用的质点,如果在力的方向上发生了一段位移,这个力就对质点做了功。同样的道理,在刚体的定轴转动过程中,如果力矩的作用使刚体发生了一定的角位移,这个力矩也要做功。

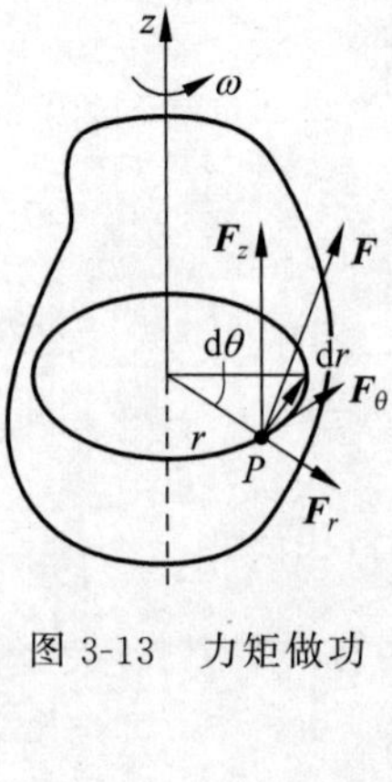

图3-13 力矩做功

如图3-13所示,在坐标系 $Oxyz$ 中,z 为转动轴,它与转动面垂直。设 $\boldsymbol{F}$ 为作用在刚体上的力,力的作用点到转轴的距离为 r,当刚体运动了一个微小角位移 $\mathrm{d}\theta$ 时,力的作用点相应地经过了弧长 $\mathrm{d}s = r\mathrm{d}\theta$。力 $\boldsymbol{F}$ 在这一过程中所做的功为

$$\mathrm{d}A = \boldsymbol{F}\cdot\mathrm{d}\boldsymbol{r} = F_\theta\,|\,\mathrm{d}\boldsymbol{r}\,| = F_\theta\mathrm{d}s = F_\theta r\mathrm{d}\theta$$

因为力 $\boldsymbol{F}$ 对转轴的力矩 $M = F_\theta r$ 所以

$$\mathrm{d}A = M\mathrm{d}\theta \tag{3-22}$$

式(3-22)中,$\mathrm{d}A$ 表示 M 在角位移 $\mathrm{d}\theta$ 内所做的元功。可见,力矩做功

本质就是力做功。

如果刚体经历一个过程，它的角坐标由 θ_1 变为 θ_2，则力矩的功为

$$A=\int_{\theta_1}^{\theta_2} M\mathrm{d}\theta \tag{3-23}$$

3.4.2 动能定理

设刚体在合外力矩 $\boldsymbol{M}$ 的作用下转动了一微小的角位移 $\mathrm{d}\theta$，则在此过程中合外力矩所做元功为

$$\mathrm{d}A=M\mathrm{d}\theta$$

根据转动定理

$$M=J\beta=J\frac{\mathrm{d}\omega}{\mathrm{d}t}$$

假设在一段时间内，合外力矩做功的结果使刚体的角速度由 ω_0 变为 ω，则做功为

$$A=\int\mathrm{d}A=\int_{\theta_0}^{\theta} J\frac{\mathrm{d}\omega}{\mathrm{d}t}\mathrm{d}\theta=J\int_{\omega_0}^{\omega}\omega\mathrm{d}\omega=\frac{1}{2}J\omega^2-\frac{1}{2}J\omega_0^2 \tag{3-24}$$

式(3-24)称为刚体定轴转动的动能定理，即在**刚体的定轴转动过程中，作用于刚体合外力矩的功等于刚体转动动能的增量**。

例 3-4　质量为 m、长为 l 的均匀细杆，可绕一过 O 端的水平轴在铅直面内转动，如图 3-14 所示。求棒在竖直位置时的角速度。

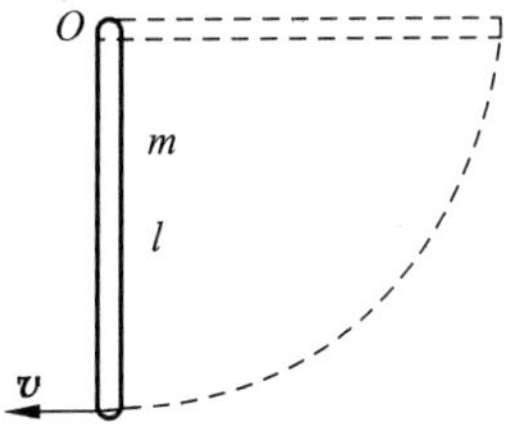

图 3-14　细杆定轴转动

解　解法 1：利用动能定理解题

假设细杆在重力作用下由水平位置开始加速转动，当转过 θ 时，重力的力矩为 $mg\frac{l}{2}\cos\theta$，重力的力矩做功为

$$A=\int_{\theta_0}^{\theta} M\mathrm{d}\theta=\int_0^{\frac{\pi}{2}} mg\frac{l}{2}\cos\theta\mathrm{d}\theta=\frac{1}{2}mgl$$

再由动能定理式(3-24)，有

$$A=\frac{1}{2}J\omega^2-\frac{1}{2}J\omega_0^2$$

即

$$\frac{1}{2}mgl=\frac{1}{2}J\omega^2-0$$

其中，转动惯量 $J=\frac{1}{3}ml^2$，代入上式解得

$$\omega=\sqrt{\frac{3g}{l}}$$

解法 2：利用转动定理解题

当转过 θ 时，重力的力矩为 $mg\frac{l}{2}\cos\theta$，根据转动定理得

$$mg\frac{l}{2}\cos\theta=J\frac{\mathrm{d}\omega}{\mathrm{d}t}$$

两边同乘以 ω

$$mg\omega\frac{l}{2}\cos\theta=J\omega\frac{\mathrm{d}\omega}{\mathrm{d}t},\quad mg\frac{l}{2}\cos\theta\frac{\mathrm{d}\theta}{\mathrm{d}t}=J\omega\frac{\mathrm{d}\omega}{\mathrm{d}t}$$

于是

$$\int_0^{\frac{\pi}{2}}mg\frac{l}{2}\cos\theta\mathrm{d}\theta=\int_0^{\omega}J\omega\mathrm{d}\omega$$

$$\omega=\sqrt{\frac{3g}{l}}$$

3.4.3 定轴转动的机械能守恒定律

与质点系一样,刚体在重力、弹性力等保守力作用下作定轴转动,在具有转动动能的同时,也具有势能。**刚体作定轴转动的转动动能与势能之和,称为刚体定轴转动的机械能**。

由于刚体形状大小都不发生改变,各质元间距离保持不变,刚体内任何一对作用力与反作用力做功之和为零,即刚体内一切内力做功之和等于零。刚体作定轴转动时,根据质点系的功能原理,有

$$A_{\text{非保守力}}=\Delta E_{\mathrm{k}}+\Delta E_{\mathrm{P}}=\Delta E \tag{3-25}$$

刚体所受非保守力做功的总和等于系统机械能的增量。在计算机械能时,要考虑刚体的转动动能、弹性势能和重力势能。

若非保守力对刚体做功总和为零,即式(3-25)左端为零,则系统的机械能保持不变。**刚体在定轴转动过程中,如果只有保守力做功,系统的机械能守恒,称为刚体定轴转动的机械能守恒定律**。

当选取地球和刚体为系统时,可引入刚体的重力势能。刚体的重力势能就是刚体各质元重力势能的总和,其值为

$$E_{\mathrm{P}}=\sum_i\Delta m_i g h_i$$

若刚体质心的高度为 h_{c},则有 $h_{\mathrm{c}}=\frac{1}{m}\sum_i\Delta m_i h_i$,所以

$$E_{\mathrm{P}}=mgh_{\mathrm{c}}$$

刚体与地球系统的重力势能,等于刚体的质量集中于质心时系统所具有的势能。

若刚体在作定轴转动时仅有重力做功,则刚体的重力势能和转动动能相互转化,但总和不变,即

$$E=E_{\mathrm{k}}+E_{\mathrm{P}}=\frac{1}{2}J\omega^2+mgh_{\mathrm{c}}=\text{常量} \tag{3-26}$$

3.5 刚体定轴转动的角动量定理和角动量守恒定律

3.5.1 刚体定轴转动的角动量定理

刚体可视为间距不变的质点系的组合,由于刚体定轴转动时,刚体上每一点都以相同的角速度作圆周运动,如图3-15所示,则其中任一质点 m_i,距转轴的距离为 r_i,对 Oz 轴的角

动量为

$$L_i = m_i v_i r_i = m_i r_i^2 \omega$$

方向与 ω 方向一致，为图 3-15 中沿 z 轴正向。则刚体对 Oz 轴的角动量为

$$\boldsymbol{L} = \sum_i L_i = \sum_i m_i r_i^2 \boldsymbol{\omega} = \left(\sum_i m_i r_i^2\right) \boldsymbol{\omega} = J\boldsymbol{\omega} \qquad (3\text{-}27)$$

由上式可知，**刚体对某固定轴的角动量等于刚体对此转轴的转动惯量与角速度的乘积。角动量也称为动量矩。**角动量 $\boldsymbol{L}$ 为矢量，$\boldsymbol{L}$ 的方向与$\boldsymbol{\omega}$ 方向一致。刚体角动量 $\boldsymbol{L}=J\boldsymbol{\omega}$ 与质点的动量 $\boldsymbol{p}=m\boldsymbol{v}$ 形式类似。

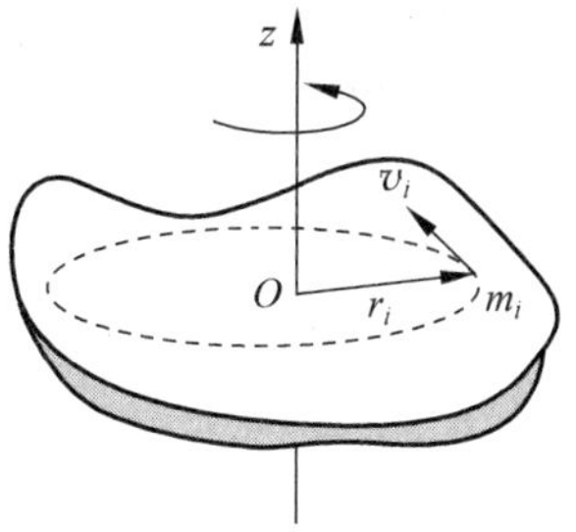

图 3-15 刚体的定轴转动

将 $\boldsymbol{L}=J\boldsymbol{\omega}$ 对时间 t 求一阶导数，有 $\frac{\mathrm{d}\boldsymbol{L}}{\mathrm{d}t}=J\frac{\mathrm{d}\boldsymbol{\omega}}{\mathrm{d}t}+\frac{\mathrm{d}J}{\mathrm{d}t}\boldsymbol{\omega}$ 。

对刚体的定轴转动，刚体对定轴的转动惯量为一常量，$\frac{\mathrm{d}J}{\mathrm{d}t}=0$，又$\boldsymbol{\alpha}=\frac{\mathrm{d}\boldsymbol{\omega}}{\mathrm{d}t}$，再运用转动定律，所以有

$$\frac{\mathrm{d}\boldsymbol{L}}{\mathrm{d}t} = J\frac{\mathrm{d}\boldsymbol{\omega}}{\mathrm{d}t} = J\boldsymbol{\alpha} = \boldsymbol{M}$$

即

$$\boldsymbol{M} = \frac{\mathrm{d}\boldsymbol{L}}{\mathrm{d}t} \quad 或 \quad \boldsymbol{M}\mathrm{d}t = \mathrm{d}\boldsymbol{L} \qquad (3\text{-}28)$$

作用于刚体的合外力矩，等于刚体的角动量对时间的变化率——刚体定轴转动角动量定理的微分形式。

式(3-28)对时间积分，得

$$\int_{t_1}^{t_2} \boldsymbol{M}\mathrm{d}t = \int_{t_1}^{t_2} \mathrm{d}\boldsymbol{L} = \boldsymbol{L}_2 - \boldsymbol{L}_1 \qquad (3\text{-}29\mathrm{a})$$

式中 $\int_{t_1}^{t_2}\boldsymbol{M}\mathrm{d}t$ 为在 $t_1 \sim t_2$ 时间间隔内，合外力矩在时间上的积累效果，称刚体所受的冲量矩。式(3-29a)说明，**作用在刚体上的合外力矩的冲量矩等于刚体角动量的增量——刚体定轴转动角动量定理的积分形式。**

对定轴转动，力矩和角动量均可看成代数量。若刚体在 t_1 和 t_2 时刻的角速度分别为 ω_1 和 ω_2，则

$$\int_{t_1}^{t_2} M\mathrm{d}t = \int_{t_1}^{t_2} \mathrm{d}L = J\omega_2 - J\omega_1 \qquad (3\text{-}29\mathrm{b})$$

3.5.2 角动量守恒定律

若物体所受的合外力矩为零，即 $M=0$，由式(3-29b)可得

$$J\omega = 常量 \qquad (3\text{-}30)$$

上式表明，**当物体所受的合外力矩为零时，物体的角动量保持不变，这一结论称为角动量守恒定律。**

若一个物体系统由几个刚体组成，且其中各刚体都绕同一轴转动，则在系统所受的合外力矩为零，即 $M_{外}=0$ 的情况下，有 $\sum_i (J_i\omega_i)=常量$。这时角动量可在系统内部各刚体间

传递,而系统对转轴的总角动量保持不变。

由于角动量定理可由转动定律推出,因而角动量定理和角动量守恒定律也只在惯性系中成立。所以在角动量定理和角动量守恒定律中所涉及的每一个角速度都是相对于同一个惯性系的。另外,角动量定理和角动量守恒定律中力矩 M,转动惯量 J,角动量 L,角速度 ω 都是对同一转轴而言的。

在日常生活中,利用角动量守恒定律的例子是很多的,例如舞蹈演员、溜冰运动员等在旋转的时候,如图 3-16 所示,往往先将双臂张开旋转,然后,迅速将双臂靠拢身体,使自己对身体中央竖直轴的转动惯量迅速减小,因而旋转速度加快,要停下来的时候,又把双臂张开,增大转动惯量,减小旋转速度,平稳停下。

例 3-5 一长为 $2l$、质量为 m' 的匀质细棒,可绕棒中点的水平轴 O 在竖直面内转动,开始时棒静止在水平位置,一质量为 m 的小球以速度 u 垂直下落在棒的端点,设小球与棒作弹性碰撞,求碰撞后小球的回跳速度 v 及棒转动的角速度 ω。如图 3-17 所示。

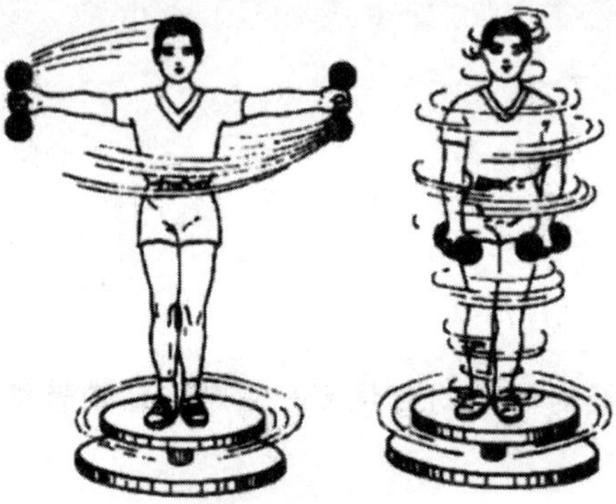

图 3-16 角动量守恒的演示实验

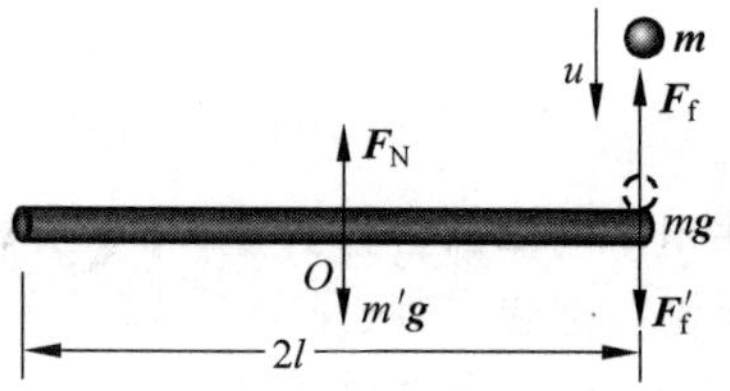

图 3-17 例 3-5 图

解 以小球和棒组成的系统为研究对象。取小球和棒碰撞中间的任一状态分析受力,棒受重力 $m'\boldsymbol{g}$ 和轴对棒的支撑力 $\boldsymbol{F}_N$ 作用,但对轴 O 的力矩均为零;棒虽受小球重力 $m\boldsymbol{g}$ 作用,但比起碰撞时小球与棒之间的碰撞冲力,可以忽略。

因此可以认为棒和小球组成的系统所受的对轴 O 的合外力矩为零,则系统对轴 O 的角动量守恒。

取垂直纸面向里为角动量 L 正向,系统初态角动量为 mul,终态角动量为 $J\omega - mvl$,则有

$$mul = J\omega - mvl$$

$$J = \frac{1}{12}m'(2l)^2 = \frac{1}{3}m'l^2$$

因为弹性碰撞,根据机械能守恒,有

$$\frac{1}{2}mu^2 = \frac{1}{2}mv^2 + \frac{1}{2}J\omega^2$$

联立上面三个式子,可解得

$$v = \frac{m' - 3m}{m' + 3m}u, \quad \omega = \frac{6m}{(m' + 3m)l}u$$

例 3-6　用于测量子弹速度的冲击摆如图 3-18 所示，其中，质量为 m' 的沙箱看作质点，均质细杆质量为 m，长为 l，可绕水平轴 O 在竖直平面内转动，沙箱铰接于杆的端点，现有质量为 m_0 的子弹以一定速度击中沙箱质心部位后与沙箱一起运动，细杆最大摆角为 θ，求子弹的速度 v_0（忽略轴间摩擦）。

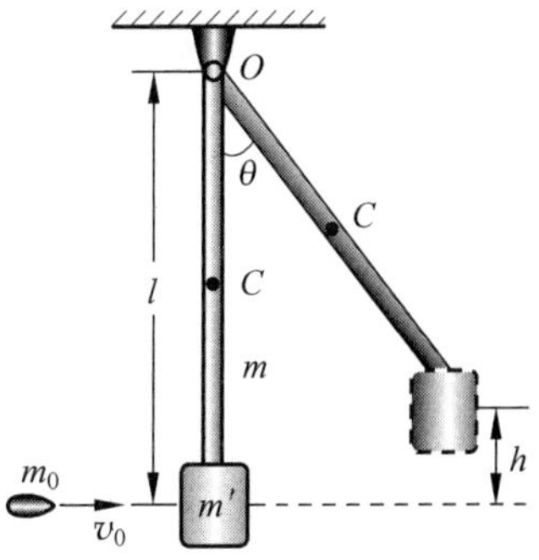

图 3-18　例 3-6 图

解　子弹射入摆中使摆获得角速度 ω，设摆尚未摆动，在这阶段中，子弹和细杆、沙箱组成的系统所受的重力，以及轴 O 给杆的作用力虽是外力，但它们均通过转轴，所以外力矩为零，系统角动量守恒。

$$m_0 v_0 l = (J_{子弹} + J_{沙箱} + J_{杆})\omega = \left(m_0 l^2 + m' l^2 + \frac{1}{3} l^2\right)\omega$$

$$\omega = \frac{m_0 v_0}{\left(m_0 + m' + \frac{1}{3}\right) l}$$

子弹留在沙箱中一起摆动，从竖直位置摆至 θ 角，该过程中外力对子弹、沙箱和地球组成的系统做功为零，故机械能守恒。若设沙箱处在最低位置时为势能零点，有

$$\frac{1}{2}\left(m_0 l^2 + m' l^2 + \frac{1}{3} l^2\right)\omega^2 = (m_0 + m') g l (1 - \cos\theta) + \frac{mgl}{2}(1 - \cos\theta)$$

代入已求得的 ω，得

$$v_0 = \frac{1}{m_0}\sqrt{2gl(1 - \cos\theta)\left(m_0 + m' + \frac{m}{2}\right)\left(m_0 + m' + \frac{m}{3}\right)}$$

3.6　刚体平面平行运动的动力学

由 3.1 节可知，刚体平面平行运动可以看成是随基点的平动和绕过基点的轴的转动。在动力学问题中，通常取质心为基点，则刚体的平面平行运动＝质心的平动＋绕质心轴的转动，此时可运用曾学过的质心运动定理和绕质心轴转动的动量矩定理，得刚体平面平行运动动力学方程。

3.6.1　基本动力学方程

假设刚体所受外力的矢量和为 $\boldsymbol{F}$，其质心加速度为 $\boldsymbol{a}_C$，则刚体质心的运动定理可表示为

$$\boldsymbol{F} = m\boldsymbol{a}_C \tag{3-31}$$

刚体绕过质心轴转动时，转动定律为

$$M = J\beta \tag{3-32}$$

式中，M 是刚体所受的对过质心转轴的合外力矩；β 是刚体绕转轴转动的角加速度；J 是刚体对质心轴的转动惯量。

3.6.2　刚体平面平行运动的动能及动能定理

根据柯尼希定理,有

$$E_k = \sum \frac{1}{2} m_i v_i'^2 + \frac{1}{2} m v_C^2$$

式中,$\sum \frac{1}{2} m_i v_i'^2$ 是质点系中各质点相对于质心的动能;$\frac{1}{2} m v_C^2$ 是质点系质心的动能。

对于刚体,有

$$E_k = \frac{1}{2} J\omega^2 + \frac{1}{2} m v_C^2 \tag{3-33}$$

动能定理:

$$A = \frac{1}{2} J\omega^2 + \frac{1}{2} m v_C^2 \tag{3-34}$$

例 3-7　如图 3-19 所示,固定斜面倾角为 θ、质量为 m、半径为 R 的均质圆柱体顺斜面向下作无滑滚动,求圆柱体质心的加速度 a_C 及斜面作用于柱体的摩擦力 F。

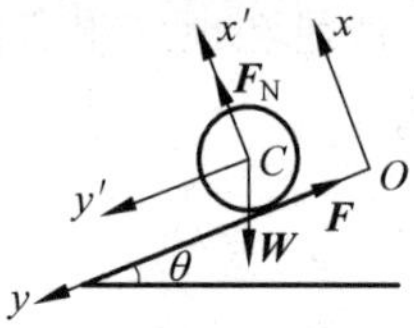

图 3-19　例 3-7 图

解　根据质心运动定理

$$\boldsymbol{F}_N + \boldsymbol{W} + \boldsymbol{F} = m\boldsymbol{a}_C$$

y 轴上投影

$$W\sin\theta - F = m a_C$$

对质心轴的转动定理

$$FR = J\beta = \frac{1}{2} m R^2 \beta$$

无滑滚动

$$a_C = R\beta$$

解方程组得

$$a_C = \frac{2}{3} g\sin\theta,\quad F = \frac{1}{3} mg\sin\theta$$

3.6.3　滚动摩擦

刚体在地面滚动时,物体与地面接触部分将产生形变。这种形变可能产生于物体上,也可能产生于接触的地面,也可能两者均存在,这主要取决于物体和地面的刚性程度。

假设物体是刚性的,而地面与物体接触时将发生形变。当物体滚动时,地面支持它的力不再通过质心,而是偏于质心的前方,如图 3-20 所示。于是支持力与重力不再平衡,而是组成力偶。这一力偶使物体滚动角速度减小,于是物体会越滚越慢,最后停止滚动。这个力偶的力矩称为滚动摩擦力矩。

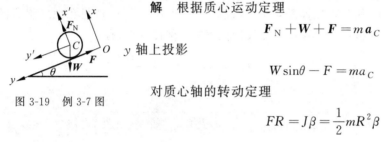

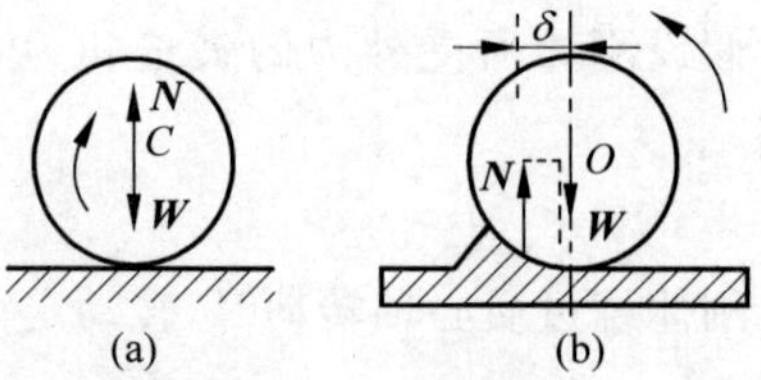

图 3-20　滚动摩擦

(a) 物体与地面都无形变;(b) 地面产生形变

*3.7　刚体的进动

本节介绍一种刚体的转动轴不固定的情况。如图 3-21 所示，一个飞轮(实验室中常用一个自行车轮)的转轴的一端做成球形，放在一根固定竖直杆顶上的凹槽内。先让飞轮的转轴保持水平，如果这时松手，飞轮在重力作用下当然要下落；如果使飞轮绕自身的对称轴高速旋转起来(这种旋转叫**自旋**)，当松手后，飞轮则出乎意料地并不下落，此时它的转轴会在水平面内以 O 点为中心转动起来。这种高速自旋的刚体的轴在空间转动的现象叫进动。

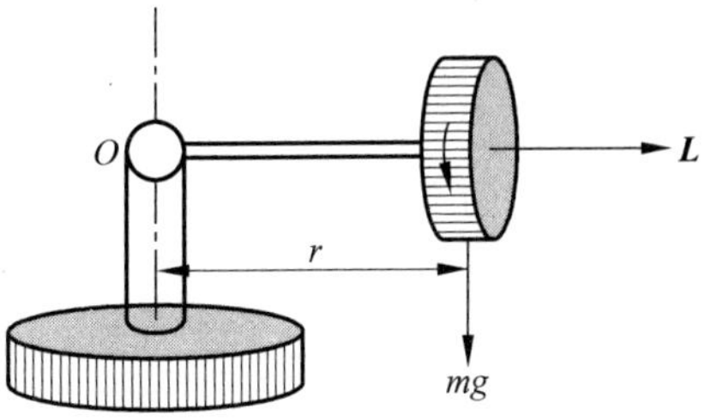

图 3-21　自旋与进动

为什么飞轮的自旋轴不下落而转动呢？这可以用角动量定理式(3-25)加以解释。根据式(3-25)，可得出在 $\mathrm{d}t$ 时间内飞轮对支点的自旋角动量矢量 $\boldsymbol{L}$ 的增量为

$$\mathrm{d}\boldsymbol{L}=\boldsymbol{M}\mathrm{d}t$$

式中，$\boldsymbol{M}$ 为飞轮所受的对支点的外力矩。

在飞轮轴为水平的情况下，以 m 表示飞轮的质量，则这一力矩的大小为

$$M=mgr$$

在图 3-21 所示的时刻，对支点的力矩方向是水平向左，于是可知自旋角动量的增量 $\mathrm{d}\boldsymbol{L}$ 也是水平向左。也就是自旋轴的方向，不会向下倾斜，而是要水平向左偏转，就形成了自旋轴的转动。我们把刚体绕自身对称轴高速自旋，其自旋轴在空间转动的运动，称为进动。这就是说进动现象正是自旋的物体在外力矩的作用下沿外力矩方向改变其角动量矢量的结果。

在图 3-21 中，由于飞轮所受的力矩的大小不变，方向总是水平地垂直于 $\boldsymbol{L}$，所以进动是匀速的。在 $\mathrm{d}t$ 时间内自旋轴转过的角度为

$$\mathrm{d}\theta=\Omega\mathrm{d}t$$

而相应的角速度 Ω，叫进动角速度。如何计算进动角速度呢？我们利用下式：

$$|\mathrm{d}L|=L\mathrm{d}\theta=L\Omega\mathrm{d}t$$

又因

$$\mathrm{d}L=M\mathrm{d}t$$

所以有

$$\Omega=\frac{M}{L}$$

常见的进动实例是陀螺的进动。在不旋转时，陀螺就静止在地面上；当使它绕自己的对称轴高速旋转时，即使轴线已倾斜，它也不会倒下来。陀螺的这种进动也是重力矩作用的结果，虽然这时重力的方向与陀螺轴线的方向并不垂直。

本章小结

1. 刚体运动学

(1) 平动特点：具有相同的线量。

(2) 定轴转动。

① 特点：具有相同的角量。

② 角速度

$$\omega=\frac{\mathrm{d}\theta}{\mathrm{d}t},\quad \Delta\theta=\theta-\theta_0=\int_0^t \omega\,\mathrm{d}t$$

③ 角加速度

$$\beta=\frac{\mathrm{d}\omega}{\mathrm{d}t},\quad \omega=\omega_0+\int_0^t \beta\mathrm{d}t$$

④ 对于匀变速转动

$$\omega=\omega_0+\beta t$$

$$\theta=\theta_0+\omega_0 t+\frac{1}{2}\beta t^2$$

(3) 平面平行运动。

运动分解：视为随基点的平动与绕基点的转动。

2. 刚体定轴转动的动力学

(1) 转动惯量：

$$J=\sum_{i=1} m_i r_i^2$$

对于连续分布的情况，有

$$J=\int_m r^2\mathrm{d}m$$

物理意义：刚体作定轴转动时转动惯性的量度。

(2) 力矩。

力对某点

$$\boldsymbol{M}=\boldsymbol{r}\times\boldsymbol{F}$$

对转轴

$$M=Fd$$

力矩做功

$$A=\int_{\theta_0}^{\theta} M\mathrm{d}\theta$$

(3) 转动定律：

$$\boldsymbol{M}=J\boldsymbol{\beta}$$

(4) 动能定理：

$$A=\int \mathrm{d}A=\frac{1}{2}J\omega^2-\frac{1}{2}J\omega_0^2$$

(5) 角动量定理及其守恒定律。

① 角动量定理：

$$\boldsymbol{M}=\frac{\mathrm{d}\boldsymbol{L}}{\mathrm{d}t}$$

② 角动量守恒定律：

$$\boldsymbol{M}=\boldsymbol{0},\quad \boldsymbol{L}=\text{常量}$$

阅读材料　地球的进动和章动

地球不仅公转和自转，也像陀螺那样产生进动。地球呈旋转椭球状，赤道与黄道又成一定夹角，离太阳远近不同处所受引力状况不同。如图3-22所示，地球 A、B 两部分所受的力分别为 $\boldsymbol{F}_A$ 和 $\boldsymbol{F}_B$，由于地球的公转和自转，造成两者大小不同，这种不对称性使得太阳以及月球对地球的引力的合力并不通过地球的质心，从而对地球的质心产生力矩作用。此力矩即保证地球的公转，又使地球的自转轴发生进动。其方向是自东向西转，地球自转加速度 ω 与旋进角速度 Ω 夹角与黄道面和赤道面夹角相同，即23.5°；旋进周期约为26000年，地球自转角速度矢量指向的恒星是北极星。由于地球旋进，北极星会发生变化，当前的北极星为小熊座 α 星，5000年前是天龙座 α 星，5000年后则为仙王座 α 星。不难想到，地球的旋进会改变人们在地面上见到的星空，另外地球的旋进还使春分点、秋分点移动，这现象叫"岁差"。

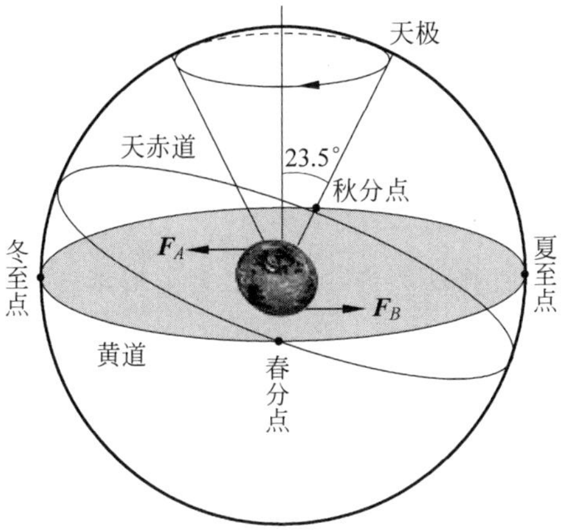

图3-22　地球自转与公转

另外，由于实际上太阳和月球到地球的距离是不断改变的，因此，除地球自转轴的旋进以外，还作更复杂的运动，即旋进角速度矢量和自转角速度矢量的夹角发生周期性的变化，这一运动称为"**章动**"。章动是很多振幅周期不同的分振动的合成，主要振动成分的周期为18.6年，幅度为6.211″。岁差和章动的共同影响，使得真天极绕着黄极在天球上描绘出一条波状曲线。

习　题

3.1　单项选择题

(1) 南北极的冰块融化，理论上对地球的自转的影响是(　　)。

A. 无影响　　B. 使之变慢　　C. 使之变快　　D. 无法确定

(2) 圆柱体在水平面上作无滑动滚动时，速度为零的点是(　　)。

A. 接地点　　B. 质心　　C. 最上端点　　D. 边缘上的点

(3) 运动员沿平直线路骑自行车时，自行车踏板的运动是(　　)。

A. 平动　　B. 定轴转动　　C. 平面运动　　D. 定点转动

(4) 一个有固定轴的刚体受两个力的作用,当这两个力的合力为零时,它们对轴的合力矩(　　)。

A. 也为零　　B. 不为零　　C. 不一定为零　　D. 无法确定

(5) 假定时钟的指针为质量均匀的矩形薄片,分针长而细,时针短而粗,两者具有相同的质量,则时针的(　　)。

A. 转动惯量大　　B. 转动动能大　　C. 角动量小　　D. 角速度大

(6) 旋转的芭蕾舞演员要加快旋转时,总是把两臂收拢,旋转加快时,转动动能将(　　)。

A. 不变　　B. 变大　　C. 变小　　D. 不能确定

3.2 填空题

(1) 质量是物体________的量度,刚体的转动惯量是刚体________的量度。

(2) 刚体是在任何情况下其________和________都不发生变化的力学研究对象。

(3) 若刚体所受外力矢量和为零,则该刚体的质心将________或作________运动。

(4) 刚体作定轴转动时,其转动惯量与________位置、________大小、________分布有关。

(5) 地球上各不同纬度处因地球的自转,其角速度的大小________,线速度的大小________,法向加速度指向________。

(6) 一滑冰者开始自转时,其动能为$\frac{1}{2}J_0\omega_0^2$,当她将手臂收回时,其转动惯量由J_0减少为$\frac{1}{3}J_0$,则她的动能将变为________。

(7) 一个系统动量守恒,角动量________一定守恒。(填"是"或"否")

(8) 一个系统角动量守恒,动量________一定守恒。(填"是"或"否")

3.3 计算题

(1) 设地球绕日作圆周运动。求地球自转和公转的角速度为多少,估算地球赤道上的一点因地球自转具有的线速度和向心加速度。

(2) 汽车发动机的转速在12s内由1200r/min增加到3000r/min。

① 假设转动时匀加速转动,求角加速度。

② 在此时间内,发动机转了多少转?

(3) 某发动机飞轮在时间间隔t内的角位移为$\theta=at+bt^3-ct^4$(θ单位为rad;t单位为s),求t时刻的加速度和角加速度。

(4) 质量为m、长为l的均质杆,其B端放在桌上,A端用手支住,如题3.3(4)图所示。突然释放A端,在此瞬时,求:

① 杆A端的加速度。

② B端所受的力。

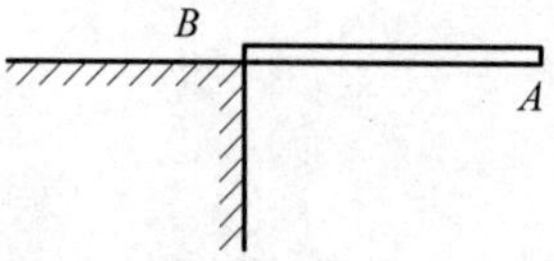

题3.3(4)图

(5) 一转动系统的转动惯量为$J=8.0\text{kg}\cdot\text{m}^2$,转速为$\omega=41.9\text{rad/s}$,如题3.3(5)图所示,两制动闸瓦对轮的正压力都是392N,闸瓦与轮缘间的摩擦系数为$\mu=0.4$,轮的半径为$r=0.4\text{m}$。求:

① 从开始制动到静止所需时间。

② 在此时间内，轮转了多少圈。

(6) 均质杆的质量为 m，长为 L，一端为光滑的支点。最初处于水平位置，释放后杆向下摆动，如题 3.3(6)图所示。求：

① 杆摆到竖直位置时，其下端点的线速度。

② 杆在此位置时，杆对支点的作用力。

(7) 水平面内有一静止的长为 l，质量为 m 的细棒，可绕通过棒一端 O 点的竖直轴旋转。今有一质量为 $m/2$，速率为 v 的子弹在水平面内沿棒的垂直方向射击棒的中点，子弹穿出时速率减为 $v/2$，当棒转动后，设棒上各点单位长度受到的阻力正比于该点的速率(比例系数为 k)，如题 3.3(7)图所示。求：

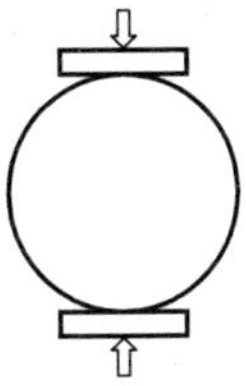

题 3.3(5)图

题 3.3(6)图

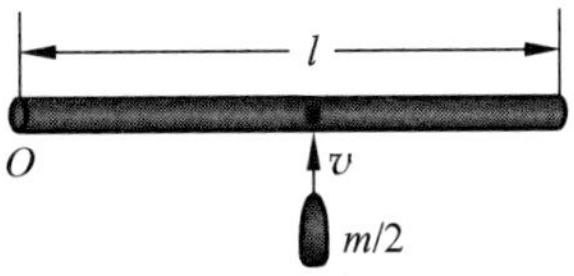

题 3.3(7)图

① 子弹击穿瞬时，棒的角速度 ω_0 为多少？

② 当棒以 ω 转动时，受到的阻力矩 M_f 为多少？

③ 棒角速度从 ω_0 变为 $\omega_0/2$ 时，经历的时间为多少？

(8) 质量为 m_0，长为 l 的均匀细棒，可绕垂直于棒一端的水平轴 O 无摩擦地转动，它原来静止在平衡位置上，现有一质量为 m 的弹性小球飞来，正好在棒的下端与棒垂直地相撞。相撞后，棒从平衡位置处摆动到最大角度 30°处，如题 3.3(8)图所示。试求：

① 设此碰撞为弹性碰撞，计算小球的初速度 v_0。

② 相撞时，小球受到多大的冲量？

(9) 在工程上，两飞轮常用摩擦啮合器使他们以相同的转速一起转动。如题 3.3(9)图所示，A 和 B 两飞轮的轴杆在同一中心线上。A 轮的转动惯量为 $10\text{kg}\cdot\text{m}^2$，B 轮的转动惯量为 $20\text{kg}\cdot\text{m}^2$。开始时 A 轮的转速为 $600\text{r}\cdot\text{min}^{-1}$，B 轮静止。C 为摩擦啮合器。求：①两轮啮合后的转速。②在啮合过程中，两轮的机械能有何变化？

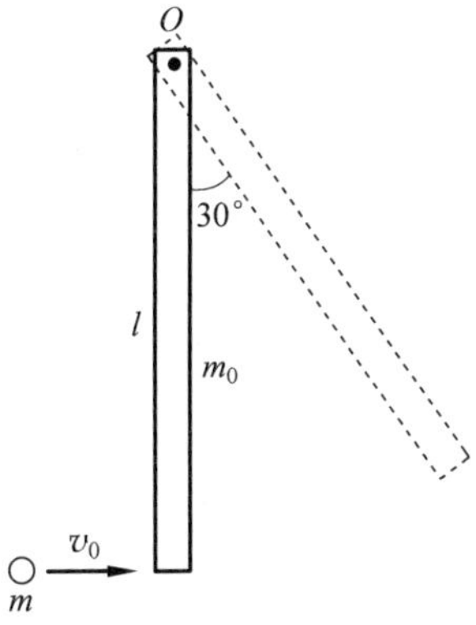

题 3.3(8)图

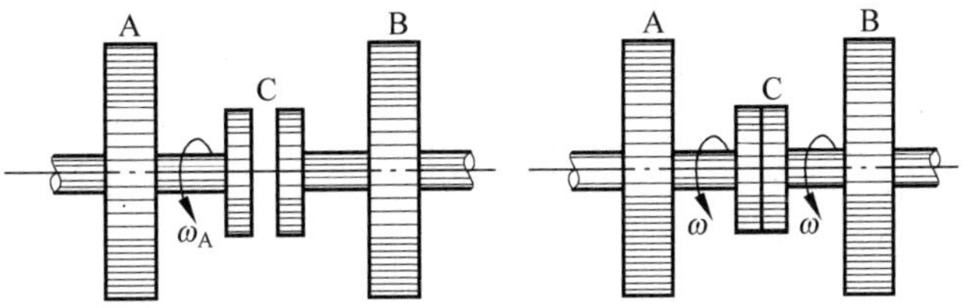

题 3.3(9)图

第4章 狭义相对论

狭义相对论和广义相对论建立以来，已经过去了很长时间，它经受住了实践和历史的考验，是人们普遍承认的真理。相对论对于现代物理学的发展和现代人类思想的发展都有巨大的影响。相对论从逻辑思想上统一了经典物理学，使经典物理学成为一个完美的科学体系。狭义相对论在狭义相对性原理的基础上统一了牛顿力学和麦克斯韦电动力学两个体系，指出它们都服从狭义相对性原理，都是对洛伦兹变换协变的，牛顿力学只不过是物体在低速运动下很好的近似规律。相对论严格地考察了时间、空间、物质和运动这些物理学的基本概念，给出了科学而系统的时空观和物质观，从而使物理学在逻辑上成为完美的科学体系。狭义相对论给出了物体在高速运动下的运动规律，并提示了质量与能量相当，给出了质能关系式。这两项成果对低速运动的宏观物体并不明显，但在研究微观粒子时却显示了极端的重要性。因为微观粒子的运动速度一般都比较快，有的接近甚至达到光速，所以粒子物理学离不开相对论。质能关系式不仅为量子理论的建立和发展创造了必要的条件，而且为原子核物理学的发展和应用提供了根据。

4.1 狭义相对论的两个基本假设

4.1.1 牛顿时空观

力学是研究物体相对位置变化的学科，对位置及其变化的描述离不开空间和时间，那么，对空间和时间，人们是怎样认识的呢？牛顿认为，空间和时间都是绝对的，是与物体及其运动无关的。关于空间，他认为："绝对空间，就其本性而言，是与外界任何事物无关而永远是相同的和不动的。"关于时间，牛顿认为："绝对的、真正的和数学的时间自身在流逝着，而且由于其本性而在均匀地与任何外界事物无关地流逝着。"这就是牛顿的绝对时空观。对时间和空间的这种认识，就意味着对空间的量度是与参考系无关的，而对时间的量度也是与参考系无关的，即同样两点间的距离不论是在哪个惯性系中测量都是一样的，而同样的前后两件事之间的时间间隔也不会因惯性系的不同而不同。

事件是在空间某一点和时间某一时刻发生的某一现象(例如：两粒子相撞)。事件通过发生地点和发生时刻来描述，即一个事件用四个坐标来表示(x,y,z,t)。

如图4-1所示，有两个惯性系S，S'，相应坐标轴平行，S'相对S以$\boldsymbol{v}$沿x'正向匀速运动，$t=t'=0$时，O与O'重合。

现在考虑P点发生的一个事件：S系观察者测出这一事件时空坐标为(x,y,z,t)，S'系观察者测出这一事件时空坐标为(x',y',z',t')，按经典力学观点，可得到两组坐标关系为

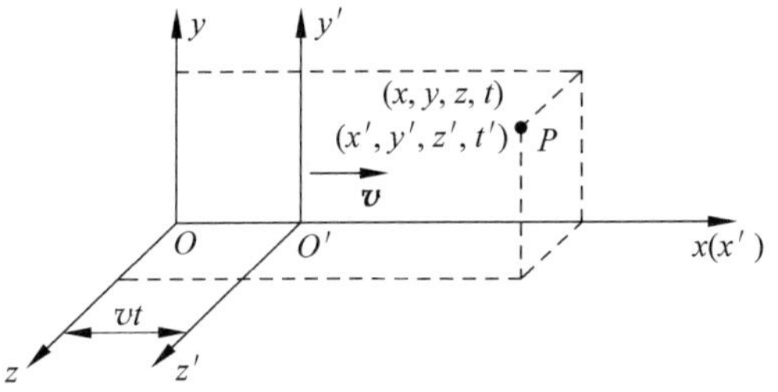

图 4-1 伽利略坐标变换

$$\begin{cases} x' = x - vt \\ y' = y \\ z' = z \\ t' = t \end{cases} \tag{4-1}$$

并将 v 换成 $-v$，则得其逆变换式为

$$\begin{cases} x = x' + vt \\ y = y' \\ z = z' \\ t = t' \end{cases}$$

这正是我们熟悉的伽利略变换，这一变换是绝对时空观的直接反映，而绝对时空观直接导致了这一变换。式(4-1)是伽利略变换及逆变换公式。

1. 时间间隔的绝对性

设有两个事件 P_1，P_2，在 S 系中测得发生时刻分别为 t_1，t_2；在 S'系中测得发生时刻分别为 t_1'，t_2'。在 S 系中测得两事件发生时间间隔为 $\Delta t = t_2 - t_1$，在 S'系测得两事件发生的时间间隔为 $\Delta t' = t_2' - t_1'$。因为 $t_1' = t_1$，$t_2' = t_2$，所以 $\Delta t' = \Delta t$。

此结果表示，在经典力学中无论从哪个惯性系来测量两个事件的时间间隔，所得结果是相同的，即时间间隔是绝对的，与参照系无关。

2. 空间间隔的绝对性

设一棒，静止在 S'系中，沿 x'轴放置，在 S'系中测得棒两端的坐标为 x_1'，x_2'($x_2' > x_1'$)，棒长为 $l' = x_2' - x_1'$，在 S 系中同时测得棒两端坐标分别为 x_1，x_2($x_2 > x_1$)，则棒长为 $l = x_2 - x_1 = (x_2' - vt) - (x_1' - vt) = x_2' - x_1'$，即 $l' = l$。

此结果表示在不同惯性系中测量同一物体长度，所得长度相同，即空间间隔是绝对的，与参照系无关。

上述结论是经典时空观(绝对时空观)的必然结果，它认为时间和空间是彼此独立的、互不相关的、并且独立于物质和运动之外的(不受物质或运动影响的)某种东西。

3. 力学相对性原理

力学中讲过，牛顿定律适用的参照系称为惯性系，凡是相对惯性系作匀速直线运动的参照系都是惯性系。也就是说，牛顿定律对所有这些惯性系都适用，或者说牛顿定律在一切惯性系中都具有相同的形式，这可以表述如下：力学现象对一切惯性系来说，都遵从同样的规律,或者说,在研究力学规律时一切惯性系都是等价的。这就是力学相对性原理。这一原理在实验基础上总结出来的。

下面我们可以看到,物体的加速度对伽利略变换是不变的。由伽利略变换,对等式两边求关于对时间的导数,可得

$$\begin{cases} v'_x = v_x - v \\ v'_y = v_y \\ v'_z = v_z \end{cases} \quad \text{或} \quad \begin{cases} v_x = v'_x + v \\ v_y = v'_y \\ v_z = v'_z \end{cases} \tag{4-2}$$

(注意 $t'=t$,$\mathrm{d}t'=\mathrm{d}t$)

式(4-2)是伽利略变换下的速度变换公式。

在式(4-2)两边再对时间求导数,有

$$\begin{cases} a'_x = a_x \\ a'_y = a_y \\ a'_z = a_z \end{cases} \tag{4-3}$$

式(4-3)表明:从不同的惯性系所观察到的同一质点的加速度是相同的,或说成:物体的加速度对伽利略变换是不变的。进一步可知,牛顿第二定律对伽利略变换是不变的。

4.1.2 迈克耳孙-莫雷实验

由于经典力学认为时间和空间都是与观测者的相对运动无关,是绝对不变的,所以可以设想,在所有惯性系中,一定存在一个与绝对空间相对静止的参照系,即绝对参照系。但是,力学的相对性原理表明,所有的惯性系对力学现象都是等价的,因此不可能用力学方法来判断不同惯性系中哪一个是绝对静止的。那么能不能用其他方法(如电磁方法)来判断呢?

1856年麦克斯韦提出电磁场理论时,曾预言了电磁波的存在,并认为电磁波将以 3×10^8 m/s 的速度在真空中传播,由于这个速度与光的传播速度相同,所以人们认为光是电磁波。当1888年赫兹在实验室中制造出电磁波以后,光作为电磁波的一部分,在理论上和实验上就完全确定了。传播机械波需要介质,因此,在光的电磁理论发展初期,人们认为光和电磁波也需要一种弹性介质。19世纪的物理学家们称这种介质为以太,他们认为以太充满整个空间,即使真空也不例外,他们认为在远离天体范围内,这种以太是绝对静止的,因而可用它来作为绝对参照系。根据这种看法,如果能借助某种方法测出地球相对于以太的速度,作为绝对参照系的以太也就被确定了。在历史上,确实曾有许多物理学家做了很多实验来寻求绝对参照系,但都没得出预期的结果。其中最著名的实验是1881年迈克耳孙所做的探测地球在以太中运动速度的实验,以及后来迈克耳孙和莫雷在1887年所做的更为精确的实验。

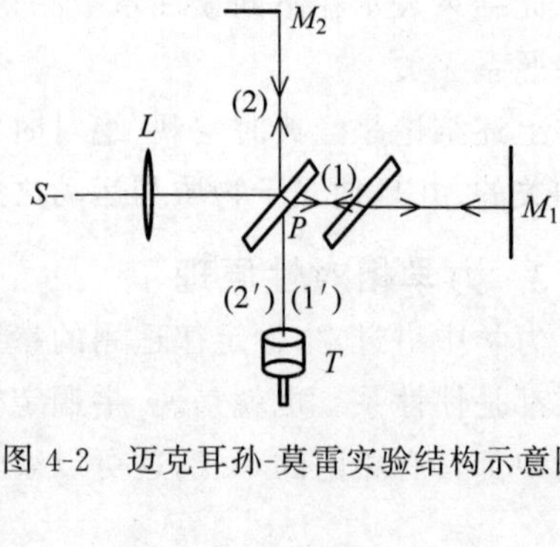

图4-2 迈克耳孙-莫雷实验结构示意图

实验装置如图4-2所示,它就是对光波进行精密测量的迈克耳孙干涉仪。整个装置可绕垂直于图面的轴线转动,并保持 $PM_1=PM_2=L$ 固定不

变。设地球相对于绝对参照系的运动自左向右，速度为$\boldsymbol{v}$ 。

（1）光从 $P\to M_1$ 再从 $M_1\to P$ 所用时间为

$$t_1=\frac{L}{c-v}+\frac{L}{c+v}=\frac{2Lc}{c^2-v^2}=\frac{\frac{2L}{c}}{1-\frac{v^2}{c^2}}$$

$$\approx\frac{2L}{c}\left[1+\frac{v^2}{c^2}+\frac{v^4}{c^4}+\cdots\right]=\frac{2L}{c}\left(1+\frac{v^2}{c^2}\right),\quad v\ll c$$

（2）光从 $P\to M_2$ 再从 $M_2\to P$（见图 4-3 和图 4-4）所用时间。设光从 $P\to M_2$ 时，对仪器的速度为$\boldsymbol{v}_1$，对以太的速度为 $\boldsymbol{c}_1$，设光从 $M_2\to P$ 时，对仪器的速度为$\boldsymbol{v}_2$，对以太的速度为 $\boldsymbol{c}_2$，可以得到 $v_1=v_2=\sqrt{c^2-v^2}$。所以光从 $P\to M_2\to P$ 所用时间为

$$t_1=\frac{L}{v_1}+\frac{L}{v_2}=\frac{2L}{v_1}=\frac{\frac{2L}{c}}{\sqrt{1-v^2/c^2}}\approx\frac{2L}{c}\left(1+\frac{v^2}{2c^2}\right)$$

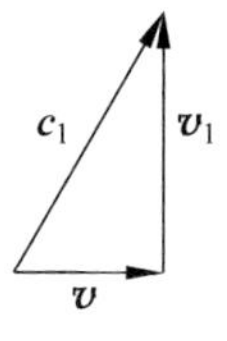

图 4-3　光从 $P\to M_2$

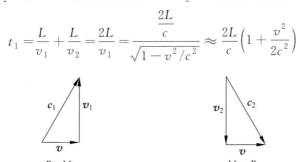

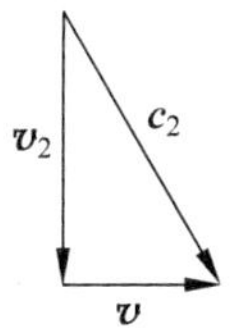

图 4-4　光从 $M_2\to P$

从 S' 系来看（地球上或仪器上），P 点发出的光到达望远镜的时间差为

$$\Delta t=t_1-t_2=\frac{2L}{c}\left(1+\frac{v^2}{c^2}\right)-\frac{2L}{c}\left(1+\frac{v^2}{2c^2}\right)=\frac{Lv^2}{c^3}$$

于是，两束光光程差为 $\delta=c\Delta t=\dfrac{Lv^2}{c^2}$。若把仪器旋转 90°，则前、后两次的光程差为 $2\delta=\dfrac{2Lv^2}{c^2}$。在此过程中，$T$ 中应有 $\Delta N=\dfrac{2\delta}{\lambda}=\dfrac{2Lv^2}{\lambda c^2}$条条纹移过某参考线。式中，$\lambda$、$c$ 均为已知，如能测出条纹移动的条数 ΔN，即可由上式算出地球相对以太的绝对速度 v，从而就可以把以太作为绝对参照系了。

在迈克耳孙-莫雷实验中，L 约为 10m，光波波长为 500nm，再把地球公转速度即 4.3×10^4 m/s 代入，则得 $\Delta N=0.4$。因为迈克耳孙干涉仪式非常精细，它可以观察到$\dfrac{1}{100}$的条纹移动，因此，迈克耳孙和莫雷应当毫无困难地观察到有 0.4 条条纹移动。但是，他们没有观察到这个现象，迈克耳孙的实验结果，对试图寻求作为绝对参照系的以太，结果十分令人失望。

结论：①迈克耳孙实验否定了以太的存在；②迈克耳孙实验说明了地球上光速沿各个方向都是相同的（此时 $\delta=0$，所以无条纹移动）；③迈克耳孙实验就其初衷来说是一次失败的实验。1907 年迈克耳孙因相关贡献成为美国第一个诺贝尔物理学奖获得者。

4.1.3 爱因斯坦假设

1905年,爱因斯坦发表了一篇关于狭义相对论的论文,提出了两个基本假设。

假设1 相对性原理

物理学规律在所有惯性系中都是相同的,或物理学定律与惯性系的选择无关,所有的惯性系都是等价的。

此假设肯定了一切物理规律(包括力、电、光等)都应遵从同样的相对性原理,可以看出,它是力学相对性原理的推广。它也间接地指明了,无论用什么物理实验方法都找不到绝对参照系。

假设2 光速不变原理

在所有惯性系中,测得真空中光速均有相同的量值 c。它与经典结果恰恰相反,用它能解释迈克耳孙-莫雷实验。

狭义相对论的这两个基本假设虽然非常简单,但却根本和人们已经习以为常的经典时空观及经典力学体系不相容。确认两个基本假设,就必须彻底摒弃绝对时空观念,修改伽利略坐标变换和力学定律等,使之符合狭义相对论的相对性原理及光速不变原理的要求。另一方面应注意到,伽利略变换和牛顿力学定律是在长期实践中被证明是正确的,因此它们应该是新的坐标变换式和新的力学定律在一定条件下的近似。

尽管狭义相对论的某些结论可能会使初学者感到难以理解,但是几十年来大量实验表明,依据上述两个基本假设建立起来的狭义相对论,确实比经典理论更真实、更全面、更深刻地反映了客观世界的规律。

4.2 爱因斯坦时空观

本节将从洛伦兹变换出发,讨论长度、时间和同时性等基本概念。从所得结果,可以更清楚地认识到,狭义相对论对经典的时空观进行了一次十分深刻的变革。

4.2.1 同时相对性

按牛顿力学,时间是绝对的,因而同时性也是绝对的,这就是说,在同一个惯性系 S 中观察的两个事件是同时发生的,在惯性系 S' 看来也是同时发生的。但按相对论,正如长度和时间不是绝对的一样,同时性也不是绝对的。下面讨论此问题。

如前面所取的坐标系 S 和 S',在 S' 系中发生两个事件,时空坐标为 (x_1',t_1'),(x_2',t_2'),此两个事件在 S 系中的时空坐标为 (x_1,t_1),(x_2,t_2),当 $t_1'=t_2'=t_0'$ 时,则在 S' 中是同时发生的,在 S 系看来此两个事件发生的时间间隔为

$$\Delta t=t_2-t_1=\gamma\left(t_2'+\frac{v}{c^2}x_2'\right)-\gamma\left(t_1'+\frac{v}{c^2}x_1'\right)=\gamma\left[(t_2'-t_1')+\frac{v}{c^2}(x_2'-x_1')\right]$$

若 $t_2'=t_1'$,$x_1'\neq x_2'$,则 $\Delta t=\gamma\dfrac{v}{c^2}(x_2'-x_1')\neq 0$,即 S 上测得此两个事件一定不是同时发生的。式中,$\gamma=\dfrac{1}{\sqrt{1-\beta^2}}$,$\beta=\dfrac{v}{c}$。

若 $t_2'=t_1'$,$x_1'=x_2'$,则 $\Delta t=0$,即 S 上测得此两个事件一定是同时发生的。

若 $t'_2 \neq t'_1$，$x'_1 \neq x'_2$，则 Δt 是否为零不一定，即 S 上测得此两个事件是否同时发生不一定。

显然，在一个惯性系同一地点发生的两个同时事件，对其他惯性系都是同时的，也就是说，同地发生的事件，“同时性”具有绝对意义。产生“同时性”的相对性原因是，光在不同惯性系中具有相同的速率和光的速率是有限的。“同时性”的相对性是狭义相对论时空观的核心，也是狭义相对论时空观与绝对时空观的原则区别所在。

4.2.2　长度收缩

“同时性”具有相对性，那么长度测量是否也具有相对性呢？

同前，取惯性系 S 和 S'，有一杆静止在 S' 系中的 x' 轴上（见图 4-5），在 S' 上测得杆长 $l_0 = x'_2 - x'_1$；在 S 上测得杆长 $l = x_2 - x_1$（x_2、x_1 均在 t 时刻测得）。

$$x'_2 = \gamma(x_2 - vt)$$

$$x'_1 = \gamma(x_1 - vt)$$

$$x'_2 - x'_1 = \gamma(x_2 - x_1)$$

即

$$l_0 = \gamma l \tag{4-4}$$

$$l = \frac{l_0}{\gamma} = l_0\sqrt{1 - \frac{v^2}{c}}$$

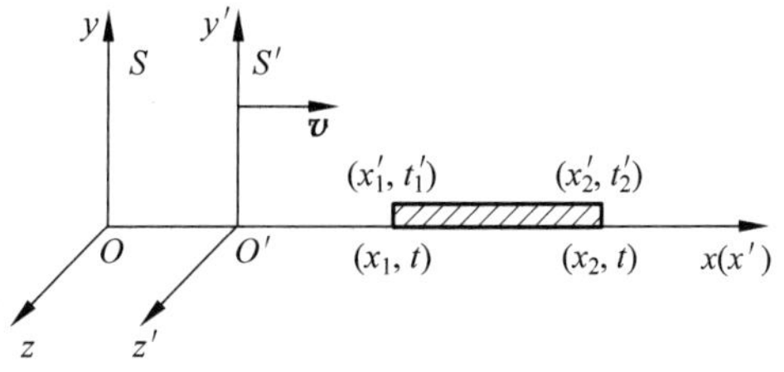

图 4-5　长度测量示意图

相对观察者静止时物体的长度称为静止长度或固有长度（这里 l_0 为固有长度）。相对于观察者运动的物体，在运动方向的长度比相对观察者静止时物体的长度短了。在各惯性系中测量同一尺长，以原长为最长，这一现象称为长度收缩。

应当注意，长度缩短是纯粹的相对论效应，并非物体发生了形变或者发生了结构性质的变化。在狭义相对论中，所有惯性系都是等价的，所以在 S 系中 x 轴上静止的杆，在 S' 上测得的长度也短了。相对论长度收缩只发生在物体运动方向上（因为 $y' = y$，$z' = z$）。$v \ll c$ 时，$l = l_0$，即为经典情况。

例 4-1　如图 4-6 所示，有两把静止长度相同的米尺，A_1A_2 和 B_1B_2，尺长方向均与惯性系 S 的 x 轴平行，两尺相对 S 系沿尺长方向以相同的速率 v 匀速地相向而行。试指出下列各种情况下两尺各端相重合的时间次序。

（1）在与 A_1A_2 尺固连的参照系上测量。

（2）在与 B_1B_2 尺固连的参照系上测量。

（3）在 S 系上测量。

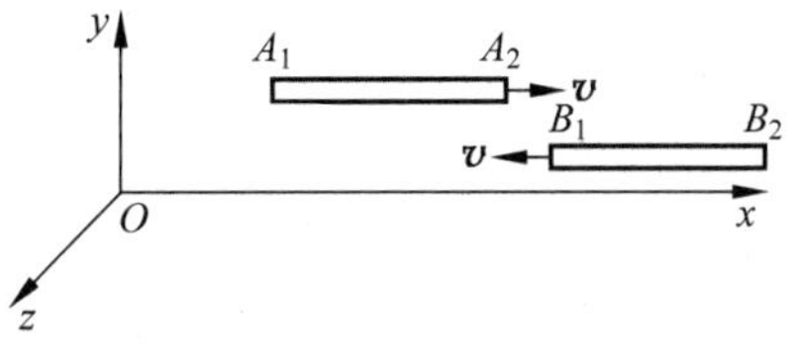

图 4-6　例 4-1 图

解 (1) 此时,测得 B 尺长度缩短了,所以结果如下:A_2B_1,A_2B_2,A_1B_1,A_1B_2。

(2) 此时,测得 A 尺长度缩短了,所以结果如下:A_2B_1,A_1B_1,A_2B_2,A_1B_2。

(3) 此时,测得 A 尺、B 尺长度均缩短了,缩短的长度一样,所以结果如下:A_2B_1,$\begin{matrix}A_2B_2\\A_1B_1\end{matrix}$(同时),$A_1B_2$。

例 4-2 如图 4-7 所示,有惯性系 S 和 S',S' 相对于 S 以速率 v 沿 x 轴正向运动。$t=t'=0$ 时,S 与 S' 的相应坐标轴重合,有一固有长度为 1m 的棒静止在 S' 系的 x'-y' 平面上,在 S' 系上测得与 x' 轴正向夹角为 θ'。在 S 系上测量时:

(1) 棒与 x 轴正向夹角为多少?

(2) 棒的长度为多少?

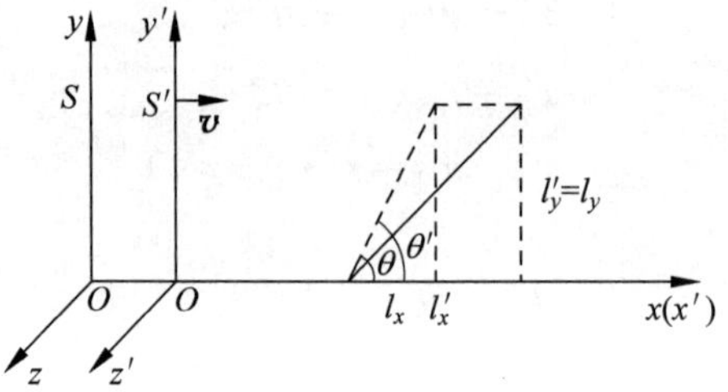

图 4-7 例 4-2 图

解 (1) 设 l_x、l_y 为在 S 上测得的杆长在 x、y 方向的分量,l'_x、l'_y 为在 S' 上测得的杆长在 x'、y' 方向的分量。

$$\tan\theta=\frac{l_y}{l_x}=\frac{l'_y}{l'_x\sqrt{1-\frac{v^2}{c^2}}}=\tan\theta'\frac{1}{\sqrt{1-\frac{v^2}{c^2}}}$$

取反三角函数,可以得到

$$\theta=\arctan\left(\frac{1}{\sqrt{1-\frac{v^2}{c^2}}}\tan\theta'\right)$$

(2) $l=\sqrt{l_x^2+l_y^2}=\sqrt{l_x'^2\left(1-\frac{v^2}{c^2}\right)+l_y'^2}=\sqrt{1\cdot\cos^2\theta'\left(1-\frac{v^2}{c^2}\right)+1\cdot\sin^2\theta'}=\sqrt{1-\frac{v^2}{c^2}\cos^2\theta'}$

长度缩短只发生在运动方向上。

4.2.3 时间延缓(或运动钟变慢)

"同时性"具有相对性,长度测量也具有相对性,那么时间间隔测量是否随惯性系的不同而不同,即也具有相对性呢?

在与前面相同的 S 和 S' 系中,讨论时间膨胀问题。设在 S' 中同一地点不同时刻发生两个事件(如,自 S' 中某一坐标 x'_0)处沿 y 竖直上抛物体,之后又落回抛射处,那么抛出的时刻和落回抛出点的时刻分别对应两个事件,时空坐标为(x'_0,t'_1),(x'_0,t'_2),时间间隔为 $\Delta t'=t'_2-t'_1$。在 S 系上测得两个事件的时空坐标为(x_1,t_1),(x_2,t_2)($x_2=x_1$,因为 S'

在运动)。在 S 上测得此两事件发生的时间间隔为

$$\Delta t = t_2 - t_1 = \gamma\left(t'_2 + \frac{v}{c^2}x'_0\right) - \gamma\left(t'_1 + \frac{v}{c^2}x'_0\right) = \gamma(t'_2 - t'_1) = \gamma\Delta t' = \frac{\Delta t'}{\sqrt{1-\frac{v^2}{c^2}}}$$

即

$$\Delta t = \frac{\Delta t'}{\sqrt{1-\frac{v^2}{c^2}}} \tag{4-5}$$

相对观察者静止时测得的时间间隔为静时间间隔或固有时间。由式(4-5)可知,相对于事件发生地点作相对运动的惯性系 S 中测得的时间比相对于事件发生地点为静止的惯性系 S' 中测得的时间要长。换句话说,一时钟由一个与它作相对运动的观察者来观察时,就比由与它相对静止的观察者观察时走得慢。这一现象称为时间延缓效应。

狭义相对论中,将在一个惯性系中测得的、发生在该惯性系中同一地点的两个事件之间的时间间隔称为原时,这里的 τ_0 显然为原时。时间延缓效应还可表述为:在不同惯性系中测量给定的两个事件之间的时间间隔,测得的结果以原时最短。

时间延缓效应还可陈述为,运动时钟走的速率比静止时钟走的速率要慢,实际上,对 S 系的观测者来说,静止在 S'系中的时钟 C 是运动的,他认为运动时钟 C 比在惯性系中的时钟 C'和 C''走得要慢。

应当注意,时间延缓效应是相对的,也就是说,对 S'系的观测者来说,静止于 S 系中的时钟是运动的,因此相对于自己系中的时钟走得要慢。

时间延缓效应表明,时间间隔的测量具有相对性。

时间延缓效应还表明,事件发生地的空间距离将影响不同惯性系上的观测者对时间间隔的测量,也就是说,空间间隔和时间间隔是紧密联系着的。因此,它与时钟结构无关,是时空本身固有的性质,这也是狭义相对论时空观与经典时空观的区别所在。

可以得出以下结论:

(1) 时间膨胀纯粹是一种相对论效应,时间本身的固有规律(例如,钟的结构)并没有改变。

(2) 在 S 系中测得 S'系中的钟慢了,同样在 S'系中测得 S 系中的钟也慢了。这是相对论的结果。

(3) $v \ll c$ 时,$\Delta t = \Delta t'$为经典结果。这表明,绝对时间概念只不过是狭义相对论的时间概念在低速情况下的近似。

4.3 洛伦兹变换

4.3.1 洛伦兹坐标变换

根据狭义相对论两条基本原理,导出新时空关系(爱因斯坦的假设否定了伽利略变换,所以要导出新的时空关系)。

设有一静止惯性参照系 S,另一惯性系 S'沿 x'轴正向相对 S 以 v 匀速运动,$t = t' = 0$

时,相应坐标轴重合。一事件 P 在 S、S' 上的时空坐标 (x,y,z,t) 与 (x',y',z',t') 变换关系如何(见图 4-8)?

1. 用相对性原理求出变换关系式

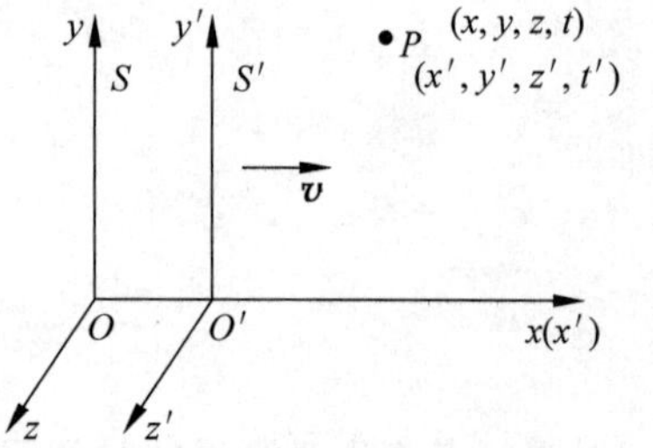

图 4-8 洛伦兹坐标变换

S 原点的坐标为

$$\begin{cases} x=0(S\text{ 系中测}) \\ x'=-vt'(S'\text{ 系中测}) \end{cases} \quad \text{即} \quad \begin{cases} x=0 \\ x'+vt'=0 \end{cases}$$

因为 x 与 $x'+vt'$ 同时为零,所以可写成:$x=k(x'+vt')^m$。

因为两组时空坐标是对一事件而言的,所以它们应有一一对应关系,即要求它们之间为线性变换,$m=1$,即

$$x=k(x'+vt') \tag{4-6}$$

同理有

$$x'=k'(x+vt) \tag{4-7}$$

根据相对性原理,对等价的惯性系而言,式(4-6)、式(4-7)除 $v\rightarrow v'$ 外,它们应有相同形式,即要求 $k'=k$,则有

$$\begin{cases} x=k(x'+vt') \\ x'=k(x-vt) \end{cases} \tag{4-8}$$

解式(4-8)有

$$t'=kt+\frac{1-k^2}{kv}x \tag{4-9}$$

得到

$$\begin{cases} x'=k(x-vt) \\ y'=y \\ z'=z \\ t'=t \end{cases} \tag{4-10}$$

2. 用光速不变原理求 k 值

$t=t'=0$ 时,一光信号从原点沿 Ox 轴前进,信号到达坐标为

$$\begin{cases} x=ct(S\text{ 系中测}) \\ x'=ct'(S'\text{ 系中测}) \end{cases} \quad (c\text{ 不变}) \tag{4-11}$$

将式(4-11)代入式(4-8)得

$$\begin{cases} ct=k(ct'+vt')=k(c+v)t' \\ ct'=k(ct-vt)=k(c-v)t \end{cases}$$

上述两式两边相乘得

$$c^2tt'=k^2(c^2-v^2)tt'$$

$$k=\sqrt{\frac{c^2}{c^2-v^2}}=\frac{1}{\sqrt{1-\frac{v^2}{c^2}}}=\frac{1}{\sqrt{1-\beta^2}} \quad \left(\beta=\frac{v}{c}\right)$$

将 k 代入式(4-10)中，得

$$\begin{cases} x' = \dfrac{x + vt}{\sqrt{1-\beta^2}} \\ y' = y \\ z' = z \\ t' = \dfrac{t - \dfrac{v}{c^2}x}{\sqrt{1-\beta^2}} \end{cases} \tag{4-12}$$

式(4-12)就是满足两个基本假设的洛伦兹坐标和时间变换式。其逆变换式为

$$\begin{cases} x = \dfrac{x' + vt'}{\sqrt{1-\beta^2}} \\ y = y' \\ z = z' \\ t = \dfrac{t' + \dfrac{v}{c^2}x'}{\sqrt{1-\beta^2}} \end{cases}$$

需要指出，在洛伦兹变换中，时间坐标与空间坐标有密切联系，再次表明时空是不可分割的。狭义相对论的这一论断，在当时很难为人们理解和接受。

下面就洛伦兹变换式做一些有意义的讨论：

(1) 在式(4-12)中，时间坐标与空间坐标是密切相关的，因而时间的测量与空间的测量也是密不可分的；而在伽利略变换中，时间和空间是毫无关系的。

(2) 因为时空坐标都是实数，所以 $\sqrt{1-\beta^2}=\sqrt{1-\dfrac{v^2}{c^2}}$ 为实数，要求 $v \leqslant c$。v 代表选为参考系的任意两个物理系统的相对速度。可知，物体的速度上限为 c，$v > c$ 时洛伦兹变换无意义。

(3) $\dfrac{v}{c} \ll 1$ 时，有

$$\begin{cases} x' = x - vt \\ y' = y \\ z' = z \\ t' = t \end{cases} \quad 或 \quad \begin{cases} x = x' + vt \\ y = y' \\ z = z' \\ t = t' \end{cases}$$

即洛伦兹变换变为伽利略变换，$v \ll c$ 称为经典极限条件。

迄今为止，所有实验都直接或间接地证实了洛伦兹变换的正确性。

4.3.2　相对论速度变换

由洛伦兹坐标变换公式，在 S、S' 系中测某一质点在某一瞬时的速度为

S 系中

$$\begin{cases} v_x = \dfrac{\mathrm{d}x}{\mathrm{d}t} \\ v_y = \dfrac{\mathrm{d}y}{\mathrm{d}t} \\ v_z = \dfrac{\mathrm{d}z}{\mathrm{d}t} \end{cases}$$

S'系中

$$x' = \gamma(x - vt)$$
$$y' = y$$
$$z' = z$$
$$t' = \gamma\left(t - \frac{v}{c^2}x\right)$$

变形得到

$$\begin{cases} \mathrm{d}x' = \gamma(\mathrm{d}x - v\mathrm{d}t) \\ \mathrm{d}y' = \mathrm{d}y \\ \mathrm{d}z' = \mathrm{d}z \\ \mathrm{d}t' = \gamma\left(\mathrm{d}t - \dfrac{v}{c^2}\mathrm{d}x\right) \end{cases}$$

由此可以推出相对论速度变换式为

$$\begin{cases} v'_x = \dfrac{\mathrm{d}x'}{\mathrm{d}t'} = \dfrac{\gamma(\mathrm{d}x - v\mathrm{d}t)}{\gamma\left(\mathrm{d}t - \dfrac{v}{c^2}\mathrm{d}x\right)} = \dfrac{\dfrac{\mathrm{d}x}{\mathrm{d}t} - v}{1 - \dfrac{v}{c^2}\dfrac{\mathrm{d}x}{\mathrm{d}t}} = \dfrac{v_x - v}{1 - \dfrac{v}{c^2}v_x} \\ v'_y = \dfrac{\mathrm{d}y'}{\mathrm{d}t'} = \dfrac{\mathrm{d}y}{\gamma\left(\mathrm{d}t - \dfrac{v}{c^2}\mathrm{d}x\right)} = \dfrac{\dfrac{\mathrm{d}y}{\mathrm{d}t}}{\gamma\left(1 - \dfrac{v}{c^2}\dfrac{\mathrm{d}x}{\mathrm{d}t}\right)} = \dfrac{v_y}{\gamma\left(1 - \dfrac{v}{c^2}v_x\right)} \\ v'_z = \dfrac{\mathrm{d}z'}{\mathrm{d}t'} = \dfrac{\mathrm{d}z}{\gamma\left(\mathrm{d}t - \dfrac{v}{c^2}\mathrm{d}x\right)} = \dfrac{\dfrac{\mathrm{d}z}{\mathrm{d}t}}{\gamma\left(1 - \dfrac{v}{c^2}\dfrac{\mathrm{d}x}{\mathrm{d}t}\right)} = \dfrac{v_z}{\gamma\left(1 - \dfrac{v}{c^2}v_x\right)} \end{cases} \tag{4-13}$$

及逆变换为

$$\begin{cases} v_x = \dfrac{v'_x + v}{1 + \dfrac{v}{c^2}v'_x} \\ v_y = \dfrac{v'_y}{\gamma\left(1 + \dfrac{v}{c^2}v'_x\right)} \\ v_z = \dfrac{v'_z}{\gamma\left(1 + \dfrac{v}{c^2}v'_x\right)} \end{cases}$$

当$\frac{v}{c}\ll 1$时，即$\gamma\to 1$，得到

$$\begin{cases}v'_x=v_x-v\\ v'_y=v_y\\ v'_z=v_z\end{cases}$$

或逆变换

$$\begin{cases}v_x=v'_x+v\\ v_y=v'_y\\ v_z=v'_z\end{cases}$$

洛伦兹变换过渡为伽利略变换，这再次说明，牛顿绝对时空观只是相对论时空观在低速下的近似。

例 4-3　试求下列情况下，光子 A 与 B 的相对速度：

(1) A、B 反向而行(见图 4-9)。

(2) A、B 相向而行(见图 4-10)。

(3) A、B 同向而行(见图 4-11)。

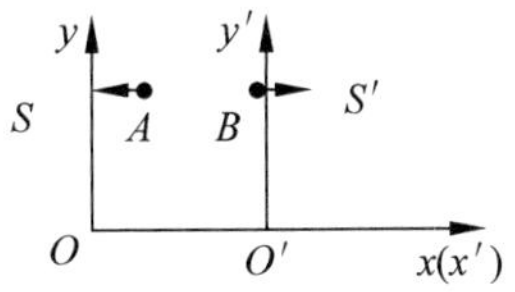

图 4-9　光子 A 与 B 反向而行

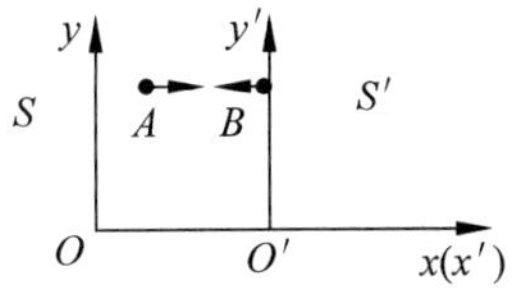

图 4-10　光子 A 与 B 相向而行

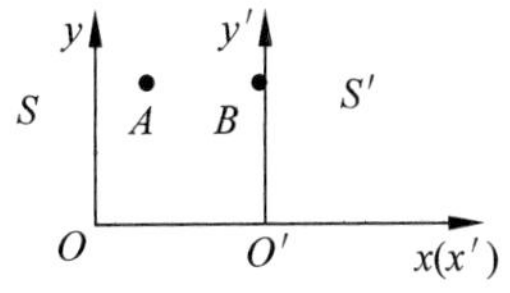

图 4-11　光子 A 与 B 同向而行

解　如图 4-9 所示，取 S 系为实验室坐标系，其为与 B 固连的坐标系，S、S'相应的坐标轴平行，$x(x')$轴与 A、B 运动方向平行。

(1) $\begin{cases}v=v_B=c\\ v_A=-c\end{cases}$，　$v'_A=\dfrac{v_A-v}{1-\dfrac{vv_A}{c^2}}=\dfrac{-c-c}{1-\dfrac{c(-c)}{c^2}}=-c$

(2) $\begin{cases}v=v_B=-c\\ v_A=c\end{cases}$，　$v'_A=\dfrac{v_A-v}{1-\dfrac{vv_A}{c^2}}=\dfrac{c-(-c)}{1-\dfrac{(-c)c}{c^2}}=c$

(3) $\begin{cases}v=v_B=c\\ v_A=c\end{cases}$

$$v'_A=\frac{v_A-v}{1-\dfrac{vv_A}{c^2}}=\frac{c-v}{1-\dfrac{v}{c}}=\lim_{v\to c}\frac{c-v}{1-\dfrac{v}{c}}=\lim_{v\to c}\frac{\dfrac{\mathrm{d}(c-v)}{\mathrm{d}v}}{\dfrac{\mathrm{d}}{\mathrm{d}t}\left(1-\dfrac{v}{c}\right)}=\lim_{v\to c}\frac{-1}{-\dfrac{1}{c}}=c$$

上述结果是光速不变原理的必然结果。

4.4　相对论动力学基础

由牛顿力学可知，动力学中的物理量保证了与之相关的物理规律在伽利略变换下的不变性，现在我们看到，伽利略变换不过是洛伦兹变换在低速下的近似，因此一个正确的物理

量必须保证与之相关的物理规律在洛伦兹变换下的不变性。如果某一物理量不能满足这一点,就必须对它进行重新定义。

4.4.1 质量与速度的关系

理论上可以证明,以速率 v 运动的物体,其质量为

$$m=\frac{m_0}{\sqrt{1-\frac{v^2}{c^2}}} \tag{4-14}$$

式中,m_0 为相对观察者静止时测得的质量,称为静止质量; m 为物体以速率 v 运动时的质量。

说明:

(1) 物体质量随它的速率增加而增加,这与经典力学不同(质量随速度增加的关系,早在相对论出现之前,就已经从β射线的实验中观察到了,近年在高能电子实验中,可以把电子加速到只比光速小 $1/(3\times10^{10})$,这时电子质量达到静止质量的四万倍)。

(2) 当物体运动速率 $v\rightarrow c$ 时,$m\rightarrow\infty(m_0\neq0)$,这就是说,实物体不能以光速运动,它与洛伦兹变换是一致的。

(3) 当 $v\ll c$ 时,$m=m_0$,与经典情况一致。

4.4.2 相对论力学中的质量与动量

在牛顿力学中,质点的动量定义为质点的质量与质点的速度的乘积,而质量是一个与速度无关的常量,在这里,用 m_0 表示,那么在经典力学中质点的动量可写成 $\boldsymbol{p}=m_0\boldsymbol{v}$ 。可以证明,按这一定义,在洛伦兹变换下动量守恒定律不再对所有的惯性系成立,故必须对动量做出新的定义。在狭义相对论中,定义动量仍具有经典力学中的形式,即 $\boldsymbol{p}=m\boldsymbol{v}$,这里的$\boldsymbol{v}$仍是物体的速度,但这里的 m 不再是一个与速度无关的常量,而是一个与速度大小有关的量,称之为相对论性质量,它与$\boldsymbol{v}$ 的关系为

$$\boldsymbol{p}=m\boldsymbol{v}=\frac{m_0}{\sqrt{1-\frac{v^2}{c^2}}}\boldsymbol{v} \tag{4-15}$$

式中,m_0是物体在它静止的参考系中的质量,称之为静止质量。可以证明,这样定义的动量及质量是满足狭义相对论原理的,并且可以看出,当 $v\ll c$ 时,式(4-15)即变为经典的动量公式 $\boldsymbol{p}=m_0\boldsymbol{v}$ 。

4.4.3 质量与能量的关系

1. 相对论中动能

设质点受力 $\boldsymbol{F}$,在 $\boldsymbol{F}$ 作用下位移为 ds,依动能定理有

$$\begin{aligned}\mathrm{d}E_\mathrm{k}&=\boldsymbol{F}\cdot\mathrm{d}\boldsymbol{s}=\frac{\mathrm{d}(m\boldsymbol{v})}{\mathrm{d}t}\cdot\mathrm{d}\boldsymbol{s}=\mathrm{d}(m\boldsymbol{v})\cdot\boldsymbol{v}\\&=m\mathrm{d}\boldsymbol{v}\cdot\boldsymbol{v}+\mathrm{d}m\boldsymbol{v}\cdot\boldsymbol{v}=m\mathrm{d}\boldsymbol{v}\cdot\boldsymbol{v}+v^2\mathrm{d}m=mv\mathrm{d}v+v^2\mathrm{d}m\end{aligned}$$

$$=\frac{m_0}{\sqrt{1-\frac{v^2}{c^2}}}\cdot \mathrm{d}m\left(1-\frac{v^2}{c^2}\right)^{\frac{3}{2}}\cdot\frac{c^2}{m_0}+v^2\mathrm{d}m=c^2\left(1-\frac{v^2}{c^2}\right)\mathrm{d}m+v^2\mathrm{d}m=c^2\mathrm{d}m$$

质点沿任一路径静止开始运动到某点处时，有

$$\int_0^{E_k}\mathrm{d}E_k=\int_0^S\boldsymbol{F}\cdot\mathrm{d}\boldsymbol{s}=\int_{m_0}^{m}c^2\mathrm{d}m$$

$$E_k=c^2(m-m_0)$$

可见物体动能等于 mc^2 与 m_0c^2 之差，所以 mc^2 与 m_0c^2 有能量的含义。爱因斯坦从这里引入古典力学中从未有过的独特见解，把 m_0c^2 称为物体的静止能量 E_0，把 mc^2 称为物体总能量 E，即

$$\begin{cases}E_0=m_0c^2\\E=mc^2\end{cases}\tag{4-16}$$

$$E_k=E-E_0=mc^2-m_0c^2\tag{4-17}$$

即

物体动能 = 总能量 − 静止能量

2. 质能关系式

$$E=mc^2\tag{4-18}$$

式(4-18)称为质能关系式。

质量和能量都是物质的重要性质，质能关系式给出了它们之间的联系，说明任何能量的改变同时有相应的质量的改变($\Delta E=c^2\Delta m$)，而任何质量改变的同时，有相应的能量的改变，两种改变总是同时发生的。绝不能把质能关系式错误地理解为“质量转化为能量”或“能量转化为质量”。

$$E_k=(m-m_0)c^2=\left(\frac{1}{\sqrt{1-\frac{v^2}{c^2}}}-1\right)m_0c^2$$

$$=\left[\left(1+\frac{1}{2}\left(\frac{v}{c}\right)^2+\frac{3}{8}\left(\frac{v}{c}\right)^4+\cdots\right)-1\right]m_0c^2$$

$$=\left[\left(1+\frac{1}{2}\frac{v^2}{c^2}\right)-1\right]m_0c^2=\frac{1}{2}m_0v^2\quad(v\ll c)\quad(\text{经典情况})$$

4.4.4 动量与能量之间的关系

已知

$$E=mc^2=\frac{m_0c^2}{\sqrt{1-\frac{v^2}{c^2}}},\quad p=mv=\frac{m_0v}{\sqrt{1-\frac{v^2}{c^2}}}$$

可以得到

$$E^2-p^2c^2=m_0^2c^4$$

变形得到

$$E^2=p^2c^2+m_0^2c^4 \tag{4-19}$$

式(4-19)为能量与动量的关系式。这就是说,对于没有静质量的粒子,它一旦出现,便以光速运动下去,不会停止。我们知道,光子便是静质量为零、速度为光速的微观粒子,中微子也是这样的粒子。

4.4.5　光子情况

光子静止质量为零$\left(\text{由 } m=\dfrac{m_0}{\sqrt{1-\dfrac{v^2}{c^2}}}\text{ 可得出}\right)$,光子的能量为 $E=h\nu$,得到

$$m=\frac{E}{c^2}=\frac{h\nu}{c^2}$$

$$p=\frac{E}{c}=\frac{h\nu}{c}=\frac{h}{\lambda}$$

式中,h 为普朗克常量。

例 4-4　一原子核相对于实验室以 $0.6c$ 运动,在运动方向上向前发射一电子,电子相对于核的速率为 $0.8c$,当实验室中测量时,求:

(1) 电子速率;

(2) 电子质量;

(3) 电子动能;

(4) 电子的动量大小。

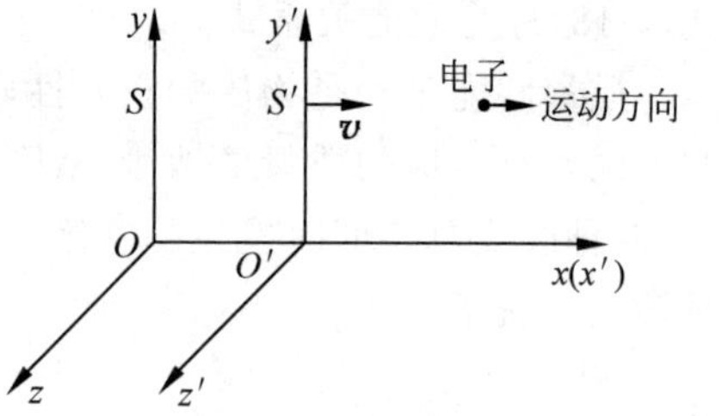

图 4-12　例 4-4 图

解　S 系固连在实验室上,S' 系固连在原子核上,S、S' 系相应坐标轴平行。x 轴正向取在沿原子核运动方向上。

(1) $\begin{cases} v=0.6c \\ v_x'=0.8c \end{cases}$

$$v_x=\frac{v'_x+v}{1+\dfrac{vv'_x}{c}}=\frac{0.6c+0.8c}{1+\dfrac{0.6c\times0.8c}{c^2}}=\frac{35}{37}c\approx0.946c$$

(2) $m=\dfrac{m_0}{\sqrt{1-\dfrac{v_x^2}{c^2}}}=\dfrac{m_0}{\sqrt{1-\dfrac{35^2}{37^2}\dfrac{c^2}{c^2}}}=\dfrac{37}{12}m_0$

(3) $E_\mathrm{k}=E-E_0=mc^2-m_0c^2=\dfrac{37}{12}m_0c^2-m_0c^2=\dfrac{25}{12}m_0c^2$

(4) $p=mv=\dfrac{37}{12}m_0v_x=\dfrac{37}{12}m_0\cdot\dfrac{35}{37}c=\dfrac{35}{12}m_0c$

本章讨论了狭义相对论的时空观和相对论力学的一些重要结论,可以看出相对论揭示

了时间和空间以及时空与运动物质之间的深刻联系，带来了时空观念的一次深刻变革，使物理学的根本观念以及物理理论发生了深刻的变化，相对论已被大量的科学实验所证实，是当代科学技术的基础，随着科学技术的发展，其深远影响将会更加明显起来。

本章小结

1. 两个基本假设

(1) 物理学规律在所有惯性系中都是相同的，物理学定律与惯性系的选择无关，所有的惯性系都是等价的。

(2) 光速不变原理：在所有惯性系中，测得真空中光速均有相同的量值 c。

2. 洛伦兹变换

$$x'=\frac{x+vt}{\sqrt{1-\beta^2}}$$

$$y'=y$$

$$z'=z$$

$$t'=\frac{t-\frac{v}{c^2}x}{\sqrt{1-\beta^2}}=\gamma\left(t-\frac{v}{c^2}x\right)$$

其中
$$\beta=\frac{v}{c},\quad \gamma=\frac{1}{\sqrt{1-\beta^2}}$$

3. 狭义相对论的时空观

(1) 同时的相对性：$\Delta t=\gamma\left[(t_2'-t_1')+\frac{v}{c^2}(x_2'-x_1')\right]$。

(2) 运动的长度缩短：$l=\frac{l_0}{\gamma}=l_0\sqrt{1-\frac{v^2}{c}}$。

(3) 运动的时钟变慢：$\Delta t=\frac{\Delta t'}{\sqrt{1-\frac{v^2}{c^2}}}$。

4. 几个重要的动力学关系

(1) 质量和速度关系：$\boldsymbol{p}=m\boldsymbol{v}=\frac{m_0}{\sqrt{1-v^2/c^2}}\boldsymbol{v}$。

(2) 质量和能量关系：$E=mc^2$。

(3) 动量与能量的关系：$E^2=p^2c^2+m_0^2c$。

5. 速度变换关系

$$v_x=\frac{v_x'+v}{1+\frac{v}{c^2}v_x'},\quad v_y=\frac{v_y'}{\gamma\left(1+\frac{v}{c^2}v_x'\right)},\quad v_z=\frac{v_z'}{\gamma\left(1+\frac{v}{c^2}v_x'\right)}$$

阅读材料 爱因斯坦

1. 生平

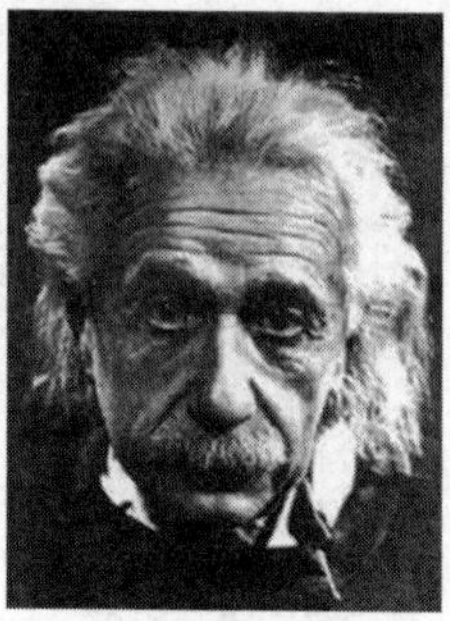

爱因斯坦(A. Albert Einstein,1879—1955)是20世纪最伟大的自然科学家之一,物理学革命的旗手。1879年3月14日生于德国乌尔姆一个经营电器作坊的小业主家庭。一年后,随全家迁居慕尼黑。父亲和叔父在那里合办一个为电站和照明系统生产电机、弧光灯和电工仪表的电器工厂。在担任工程师的叔父等人的影响下,爱因斯坦较早地受到科学和哲学的启蒙。

1894年,他的家迁到意大利米兰,继续在慕尼黑上中学的爱因斯坦因厌恶德国学校窒息自由思想的军国主义教育,自动放弃学籍和德国国籍,只身去米兰。1895年他转学到瑞士阿劳市的州立中学;1896年进苏黎世联邦工业大学师范系学习物理学,1900年毕业。由于他落拓不羁的性格和独立思考的习惯,为教授们所不满,大学一毕业就失业,两年后才找到固定职业。1901年取得瑞士国籍。1902年被伯尔尼瑞士专利局录用为技术员,从事发明专利申请的技术鉴定工作。他利用业余时间开展科学研究,于1905年在物理学三个不同领域中取得了历史性成就,特别是狭义相对论的建立和光量子论的提出,推动了物理学理论的革命。同年,以论文《分子大小的新测定法》取得苏黎世大学的博士学位。1908年兼任伯尔尼大学编外讲师,从此他才有缘进入学术机构工作。1909年离开专利局任苏黎世大学理论物理学副教授。1911年任布拉格德语大学理论物理学教授,1912年任母校苏黎世联邦工业大学教授。1914年,应M.普朗克和W.能斯特的邀请,回德国任威廉皇帝物理研究所所长兼柏林大学教授,直到1933年。回到德国不到四个月,第一次世界大战爆发,他投入公开的和地下的反战活动。他经过8年艰苦的探索,于1915年最后建成了广义相对论。他所作的"光线经过太阳引力场要弯曲"的预言,于1919年由英国天文学家A.S.爱丁顿等人的日全食观测结果所证实,全世界为之轰动,爱因斯坦和相对论在西方成了家喻户晓的名词,同时也招来了德国和其他国家的沙文主义者、军国主义者和排犹主义者的恶毒攻击。1933年1月,纳粹攫取德国政权后,爱因斯坦是科学界的首要迫害对象,幸而当时他在美国讲学,未遭毒手。3月,他回到欧洲后避居比利时,9月9日发现有准备行刺他的盖世太保跟踪,后转到英国,10月转到美国普林斯顿,任新建的高级研究院的教授,直至1945年退休。1940年他取得美国国籍。

1939年,他获悉铀核裂变及其链式反应的发现,在匈牙利物理学家L.西拉德的推动下,上书罗斯福总统,建议研制原子弹,以防德国占先。第二次世界大战结束前夕,美国在日本两个城市上空投掷原子弹,爱因斯坦对此强烈不满。战后,为开展反对核战争的和平运动和反对美国国内法西斯危险,进行了不懈的斗争。1955年4月18日因主动脉瘤破裂逝世于普林斯顿。遵照他的遗嘱,不举行任何丧礼,不筑坟墓,不立纪念碑,骨灰撒在永远对人保密的地方,为的是不使任何地方成为圣地。

2. 科学贡献

1）早期工作

爱因斯坦的科学生涯开始于 1900 年冬天，当时他正处于大学毕业后的失业痛苦之中。1900—1904 年，他每年都写出一篇论文，发表于德国《物理学杂志》。开头两篇是关于液体表面和电解的热力学，力图给化学以力学的基础。后发现此路不通，转而研究热力学的力学基础，独立于 J. W. 吉布斯 1901 年的工作，提出统计力学的一些基本理论，1902—1904 年间的 3 篇论文都属于这一领域。1902 年的论文就是要从力学定律和概率运算推导出热平衡理论和热力学第二定律。1904 年的论文认真探讨了统计力学所预测的涨落现象，发现能量涨落（或体系的热稳定性）取决于玻耳兹曼常数。他不仅把这一结果用于力学体系和热现象，而且大胆地用于辐射现象得出辐射能的涨落公式，从而导出维恩位移定律。涨落现象的研究，使他于 1905 年在辐射理论和分子运动论两个方面同时作出重大突破。

2）1905 年的奇迹

1905 年，爱因斯坦在科学史上创造了一个史无先例的奇迹。这一年他写了 6 篇论文，在 3 月到 9 月这半年中，利用在专利局每天 8 小时工作以外的业余时间，在三个领域作出了四个有划时代意义的贡献。

（1）光量子论。爱因斯坦 1905 年 3 月写的论文《关于光的产生和转化的一个推测性的观点》，把普朗克 1900 年提出的量子概念扩展到光在空间中的传播，提出光量子假说，认为对于时间平均值（即统计的平均现象），光表现为波动，而对于瞬时值（即涨落现象），光则表现为粒子。这是历史上第一次揭示了微观客体的波动性和粒子性的统一，即波粒二象性。以后的物理学发展表明：波粒二象性是整个微观世界的最基本的特征。这篇论文还把 L. 玻耳兹曼提出的“一个体系的熵是它的状态的概率的函数”命名为“玻耳兹曼原理”。在论文的结尾，他用光量子概念轻而易举地解释了光电现象，推导出光电子的最大能量同入射光的频率之间的关系。这一关系 10 年后才由 R. A. 密立根予以实验证实。“由于他的光电效应定律的发现”，爱因斯坦获得了 1921 年的诺贝尔物理学奖。

（2）分子运动论。1905 年 4 月、5 月和 12 月，爱因斯坦写了三篇关于液体中悬浮粒子运动的理论。这种运动系英国植物学家 R. 布朗于 1827 年首先发现，称为布朗运动。爱因斯坦当时的目的是要通过观测由分子运动的涨落现象所产生的悬浮粒子的无规运动，来测定分子的实际大小，以解决半个多世纪来科学界和哲学界争论不休的原子是否存在的问题。三年后，法国物理学家 J. B. 佩兰以精密的实验证实了爱因斯坦的理论预测。这使当时最坚决反对原子论的德国化学家、“唯能论”的创始者 F. W. 奥斯特瓦尔德于 1908 年主动宣布：“原子假说已成为一种基础巩固的科学理论。”

（3）狭义相对论。1905 年 6 月，爱因斯坦写了一篇开创物理学新纪元的长论文《论动体的电动力学》，完整地提出狭义相对性理论。这是他 10 年酝酿和探索的结果，这一理论在很大程度上解决了 19 世纪末出现的古典物理学的危机，推动了整个物理学理论的革命。为了克服新实验事实同旧理论体系之间的矛盾，以洛伦兹为代表的老一辈物理学家采取修补漏洞的办法，提出名目众多的假设，结果使旧理论体系更是捉襟见肘。爱因斯坦则认为，出路在于对整个理论基础进行根本性的变革。他从自然界的统一性的信念出发，考察了这样的问题：牛顿力学领域中普遍成立的相对性原理（力学定律对于任何惯性系是不变的），为什么在电动力学中却不成立？而根据 M. 法拉第的电磁感应实验，这种不统一性显然不是现象所固有的,问题一定在于古典物理理论基础。他吸取了经验论哲学家D.休谟对先验论的批判和E.马赫对I.牛顿的绝对空间与绝对时间概念的批判,从考察两个在空间上分隔开的事件的"同时性"问题入手,否定了没有经验根据的绝对同时性,进而否定了绝对时间、绝对空间,以及"以太"的存在,认为传统的空间和时间概念必须加以修改。他把伽利略发现的力学运动的相对性这一具有普遍意义的基本实验事实,提升为一切物理理论都必须遵循的基本原理;同时又把所有"以太漂移"实验所显示的光在真空中总是以一确定速度传播这一基本事实提升为原理。要使相对性原理和光速不变原理同时成立,不同惯性系的坐标之间的变换就不可能再是伽利略变换,而应该是另一种类似于洛伦兹于1904年发现的那种变换。事实上,爱因斯坦当时并不知道洛伦兹1904年的工作,而且两人最初所提出的变换形式只有在v/c的一次幂上才是一致的;现在所说的洛伦兹变换,实质上是指爱因斯坦的形式。对于洛伦兹变换,空间和时间长度不再是不变的,但包括麦克斯韦方程组在内的一切物理定律却是不变(即协变)的。原来对伽利略变换是协变的牛顿力学定律,必须加以改造才能满足洛伦兹变换下的协变性。这种改造实际上是一种推广,是把古典力学作为相对论力学在低速运动时的一种极限情况。因此,力学和电磁学也就在运动学的基础上统一起来。

(4) 质能相当性。1905年9月,爱因斯坦写了一篇短文《物体的惯性同它所含的能量有关吗?》,作为相对论的一个推论,揭示了质量和能量的相当性,并由此解释了放射性元素(如镭)之所以能释放出大量能量的原因。质能相当性是原子核物理学和粒子物理学的理论基础,也为20世纪40年代实现核能的释放和利用开辟了道路。

3) 量子论的进一步发展

爱因斯坦的光量子论的提出,遭到几乎所有老一辈物理学家的反对,甚至连最初提出量子概念并第一个热情支持狭义相对论的普朗克,直至1913年还坚持认为这是爱因斯坦的一个"失误"。尽管如此,爱因斯坦还是孤军奋战,坚持不懈地发展量子理论。1906年他把量子概念扩展到物体内部的振动上,基本上说明了低温条件下固体的比热容同温度间的关系。1912年他把光量子概念用于光化学现象,建立了光化学定律。1916年他发表了一篇综合了量子论发展成就的论文《关于辐射的量子理论》,提出关于辐射的吸收和发射过程的统计理论,从N.玻尔1913年的量子跃迁概念,推导出普朗克的辐射公式。论文中提出的受激发射概念,为20世纪60年代蓬勃发展起来的激光技术提供了理论基础。在光量子论所揭示的波粒二象性概念的启发下,于1923年L.V.德布罗意提出物质波理论。这一理论首先得到爱因斯坦的热情支持。不仅如此,当1924年他收到印度青年物理学家S.玻色关于光量子统计理论的论文时,立即把它译成德文推荐发表,并且把这一理论同物质波概念结合起来,提出单原子气体的量子统计理论。这就是关于整数自旋粒子所服从的玻色-爱因斯坦统计(见量子统计法)。受爱因斯坦这项工作的启迪,E.薛定谔把德布罗意波推广到束缚粒子,于1926年建立了波动力学(见表象理论、量子力学)。因此美国物理学家A.派斯认为,"爱因斯坦不仅是量子论的三元老(指普朗克、爱因斯坦和N.玻尔)之一,而且是波动力学唯一的教父。"M.玻恩也认为,"在征服量子现象这片荒原的斗争中,他是先驱",也是"我们的领袖和旗手"。

4) 广义相对论的探索

狭义相对论建立后,爱因斯坦并不感到满足,力图把相对性原理的适用范围推广到非惯性系。他从伽利略发现的引力场中一切物体都具有同一加速度(即惯性质量同引力质量相等)这一古老实验事实找到了突破口,于 1907 年提出了等效原理:“引力场同参照系,相当的加强度在物理上完全等价。”并且由此推论:在引力场中,钟要走得快,光波波长要变化,光线要弯曲。在这一年,他大学时的老师、著名几何学家 H. 闵可夫斯基提出狭义相对论的四维空间表示形式,为相对论进一步发展提供了有用的数学工具,可惜爱因斯坦当时并没有认识到它的价值而加以利用。

5) 继续探索的曲折历程

等效原理的发现,被爱因斯坦认为是他一生最愉快的思索,但以后的工作却十分艰苦,并且走了很多的弯路。1911 年,他根据等效原理和惠更斯原理,推算出光线经过太阳附近的偏转值为 0.83″。1912 年初,他分析了刚性转动圆盘,意识到在引力场中欧几里得几何并不严格有效。同时他还发现:洛伦兹变换不是普适的,需要寻求更普遍的变换关系;为了保证能量-动量守恒,引力场方程必须是非线性的;等效原理只对无限小区域有效。他意识到大学时学过的高斯曲面理论对建立引力场方程可能会有用,但由于不熟悉这套数学工具,一时无从下手。

1912 年 10 月,他离开布拉格回到苏黎世母校工作。在他的同班同学、当时在母校任数学教授的 M. 格罗斯曼的帮助下,爱因斯坦学习了黎曼几何和 G. 里奇与 T. 勒维-契维塔的绝对微分学(即张量分析)。经过一年的奋力合作,他们于 1913 年发表了重要论文《广义相对论纲要和引力理论》,提出了引力的度规场理论。在这里,用来描述引力场的不是标量,而是度规张量,即要用 10 个引力势函数来确定引力场。这首次把引力和度规结合起来,使黎曼几何获得实在的物理意义。可是他们当时得到的引力场方程只对线性变换是协变的,还不具有广义相对性原理所要求的任意坐标变换下的协变性。这是由于爱因斯坦当时不熟悉张量运算,错误地认为,只要坚持守恒定律,就必须限制坐标系的选择,为了维护因果性原理,不得不放弃普遍协变的要求。

6) 科学成就的第二个高峰

1915—1917 年的三年是爱因斯坦科学成就的第二个高峰时期,类似于 1905 年,他也在三个不同领域中分别取得了历史性成就。除了 1915 年最后建成的被公认为是人类思想史中最伟大的成就之一的广义相对论以外,1916 年在辐射量子论方面又作出了如前所述的重大突破,1917 年又开创了现代科学的宇宙学。

(1) 广义相对论的建成。放弃普遍协变要求的失误,使爱因斯坦继续走了两年多的弯路,直到 1915 年 7 月以后对此失误才逐渐有所认识。回到普遍协变的要求后,1915 年 10 月到 11 月,他集中精力探索新的引力场方程,于 11 月 4 日、11 日、18 日和 25 日一连向普鲁士科学院提交了 4 篇论文。在第一篇论文中他得到了满足守恒定律的普遍协变的引力场方程(见广义相对论),但加了一个不必要的限制,那就是只允许幺模变换。第三篇论文中,根据新的引力场方程,推算出光线经太阳表面所发生的偏折应当是 1.7″,比以前的值大一倍;同时还推算出水星近日点每 100 年的剩余进动值是 43s,同观测结果完全一致,完满地解决了 60 多年来天文学的一大难题,这给爱因斯坦以极大的鼓舞。1915 年 11 月 25 日的论文《引力的场方程》中,他放弃了对变换群的不必要限制,建立了真正普遍协变的引力场方程,宣告“广义相对论作为一种逻辑结构终于完成了”。与此同时,德国数学家 D. 希尔伯特于 1915 年 11 月 20 日在格丁根也独立地得到了普遍协变的引力场方程。1916 年春天,爱因斯坦写了一篇总结性的论文《广义相对论的基础》;同年底,又写了一本普及性小册子《狭义与广义相对论浅说》。

(2) 引力波。爱因斯坦于1916年3月完成广义相对论的总结以后,6月研究引力场方程的近似积分,发现一个力学体系变化时必然发射出以光速传播的引力波。他指出,原子中没有辐射的稳定轨道的存在,无论从电磁观点还是从引力观点来看,都是神秘的,因此,"量子论不仅要改造麦克斯韦电动力学,而且也要改造新的引力理论"。当年秋天,当他回到量子辐射问题时,就本着这一意图提出自发跃迁和受激跃迁概念,并给出普朗克辐射公式的新推导。引力波的存在曾引起一些科学家的异议,爱因斯坦后来多次对它的存在和性质进行探讨。由于引力波强度太弱,难以检测,长期未引起人们注意。20世纪60年代开始,检测引力波的实验逐渐形成热潮,但都没有达到检测所要求的最低精度。通过对1974年发现的射电脉冲双星PSR1913+16的周期变化进行了4年的连续观测,1979年宣布间接证实了引力波的存在。

(3) 宇宙学的开创。1917年,爱因斯坦用广义相对论的结果来研究整个宇宙的时空结构,发表了开创性论文《根据广义相对论对宇宙学所作的考查》。论文分析了"宇宙在空间上是无限的"这一传统观念,指出它与牛顿引力理论和广义相对论引力论都是不协调的;事实上,人们无法为引力场方程在空间无限远处给出合理的边界条件。他认为,可能的出路是把宇宙看作是一个"具有有限空间(三维的)体积的自身闭合的连续区"。以科学论据推论宇宙在空间上是无界的,这在人类历史上是一个大胆的创举,使宇宙学摆脱了纯粹猜测性的思辨,进入现代科学领域,是宇宙观的一次革命。根据当时天文观测到的星的速度都很小这一事实,爱因斯坦认为物质的分布是准静态的,为了保证这一条件,他在引力场中引进了一个未知的普适常数(宇宙学项)。在这期间,与爱因斯坦频繁通信的荷兰天文学家W.德西特提出平均物质密度为零的另一种宇宙模型。1922年,苏联物理学家A.A.弗里德曼指出宇宙学项是没有必要的,由此,从爱因斯坦原来的结果就直接得出物质密度不为零的膨胀宇宙模型。当时爱因斯坦并不赞同,但一年后公开撤回自己错误的批评意见,承认弗里德曼的理论是正确的。由于1929年河外星系光谱线红移的发现,宇宙膨胀理论得到了有力的支持,1946年以后它又发展成为大爆炸宇宙学,是迄今最成功的宇宙学理论。

(4) 对统一场论的漫长艰难的探索。广义相对论建成后,爱因斯坦依然感到不满足,要把广义相对论再加以推广,使它不仅包括引力场,也包括电磁场,就是说要寻求一种统一场的理论。他认为这是相对论发展的第三个阶段,它不仅要把引力场和电磁场统一起来,而且要把相对论和量子论统一起来,为量子物理学提供合理的理论基础。他希望在试图建立的统一场论中能够得到没有奇点的解,可用来表示粒子,也就是试图用场的概念来解释物质结构和量子现象。最初的统一场论是数学家H.韦耳于1918年把通常的四维黎曼几何加以推广而得到的。对此,爱因斯坦表示赞赏,但指出,这一理论所给出的线索不是不变量,而与它过去的历史有关,这同一切氢原子都有同样光谱的事实相抵触。接着,数学家T.F.E.卡鲁查于1919年试图用五维流形来达到统一场论,得到了爱因斯坦的高度赞扬。1922年,爱因斯坦完成的第一篇统一场论的论文就是关于卡鲁查理论的。1925年以后,爱因斯坦全力以赴地去探索统一场论。开头几年他非常乐观,以为胜利在望;后来发现困难重重,感觉到现有数学工具不够用;1928年以后转入纯数学的探索。他尝试着用各种方法,有时用五维表示,有时用四维表示,但都没有取得具有真正物理意义的结果。

在1925—1955年这30年中,除了关于量子力学的完备性问题、引力波以及广义相对论的运动问题以外，爱因斯坦几乎把他全部的科学创造精力都用于统一场论的探索。1937年，在与两个助手的合作下，他从广义相对论的引力场方程推导出运动方程，进一步揭示了空间-时间、物质、运动之间的统一性，这是广义相对论的重大发展，也是爱因斯坦在科学创造活动中所取得的最后一个重大成果。可是在统一场论方面，他始终没有成功。他碰到过无数次失败，但从不气馁，每次都满怀信心地从头开始。由于他远离了当时物理学研究的主流，独自去进攻当时没有条件解决的难题，再加上他在量子力学的解释问题上同当时占主导地位的哥本哈根学派针锋相对，因此，与 20 年代的处境相反，他晚年在物理学界非常孤立。可是他依然无所畏惧，毫不动摇地走他自己所认定的道路去探索真理，一直到临终前一天，他还在病床上准备继续他的统一场论的数学计算。他在 1948 年就意识到，“我完成不了这项工作，它将被遗忘，但是将来会被重新发现。”历史的发展没有辜负他，20 世纪 70 年代和 80 年代一系列实验有力地支持了电弱统一理论，统一场论的思想以新的形式显示出它的生命力，为物理学未来的发展提供了一个大有希望的前景。

7）热心于社会正义和人类和平事业的世界公民

爱因斯坦在科学思想上的贡献，在历史上只有 N. 哥白尼、牛顿和 C. R. 达尔文可以与之媲美。可是爱因斯坦并不把自己的注意力限于自然科学领域，同时以极大的热忱关心社会，关心政治。他深刻体会到科学思想的成果对社会产生怎样的影响，一个知识分子对社会应负的责任。他说：“人只有献身于社会，才能找出那实际上是短暂而有风险的生命的意义。”“一个人的真正价值首先取决于他在什么程度上和在什么意义上从自我解放出来。”他爱憎分明，有强烈的是非感和社会责任感。1933 年他与刚上台的纳粹进行斗争时，他的挚友 M. von 劳厄劝他采取克制态度，他斩钉截铁地回答：“试问，要是 G. 布鲁诺、B. 斯宾诺莎、伏尔泰和 A. von 洪堡也都这样想，这样行事，那么我们的处境会怎样呢？我对我说过的话没有一个字感到后悔，而我相信我的行为是在为人类服务。”像他这样在自然科学创造上有划时代贡献，在对待社会政治问题上又如此严肃、热情的，历史上几乎没有先例。

他一贯反对侵略战争，反对军国主义和法西斯主义，反对民族压迫和种族歧视，为人类进步和世界和平进行不屈不挠的斗争。1914 年第一次世界大战爆发时，德国有 93 个科学文化界名流联名发表宣言，为德国的侵略罪行辩护，爱因斯坦则在一份针锋相对的仅有 4 人赞同的反战宣言上签了名，随后又积极参加地下反战组织“新祖国同盟”的活动。

由于大学时受到社会民主主义思潮的影响，他对 1917 年俄国十月革命和 1918 年德国十一月革命都热情支持。他对马克思和列宁始终怀着深挚的敬意，认为他们都是为社会正义而自我牺牲的典范。他多次把马克思和斯宾诺莎并提，认为他们都是热爱正义和理性这一犹太民族优秀传统的体现者。他赞扬列宁是一位有“完全自我牺牲精神、全心全意为实现社会正义而献身的人”，“是人类良心的维护者和再造者”。

第一次世界大战后，他致力于恢复各国人民相互谅解的活动，曾对国际联盟的成立、美法两国“非战公约”（即“凯洛格-白里安公约”）的签订，以及 1932 年国际裁军会议都抱着极大的幻想，为之奔走呼喊，结果，幻想一个个破灭。1933 年纳粹的得逞，使他改变了反对一切战争和暴力的绝对和平主义态度，号召各国人民起来与纳粹进行殊死的武装斗争。他的这一转变遭到许多和平主义者（包括他所尊敬的法国作家罗曼·罗兰）的责备，有人甚至骂他为“变节分子”和“叛徒”。出于对法西斯的憎恨，西班牙内战时他同情并支持西班牙民主政府，对 1938 年的慕尼黑会议极为不满，这也促使他于 1939 年建议罗斯福抢在德国之前研制原子弹。

第二次世界大战后，原子弹成为美国新殖民主义者的讹诈工具，是悬在人类头上的极大危险。他向全世界人民大声疾呼，要尽全力来防止核战争。他领导组织“原子科学家非常委员会”，出刊《原子科学家公报》。他逝世前7天签署的《罗素-爱因斯坦宣言》，是当代反核战争和平运动的重要文献。战后冷战时期，美国国内反动势力抬头，对外实行侵略政策和战争政策，对内制造法西斯恐怖，公然侵犯公民权利和学术自由。为击退这股猖獗一时的法西斯逆流，爱因斯坦于1953年公开号召美国知识分子“必须准备坐牢和经济破产”，“必须为祖国的文明幸福而牺牲个人的幸福”，“否则，我国知识分子所应当得到的，绝不会比那个为他们准备着的奴役好多少”。

爱因斯坦关心受纳粹残杀的犹太人的命运。1952年，以色列政府曾请他出任以色列总统，被谢绝。他始终强调以色列同阿拉伯各国之间应“发展健康的睦邻关系”。

他对水深火热中的旧中国劳动人民的苦难寄予深切同情。“九一八”事变后，他一再向各国呼吁，用联合的经济抵制的办法制止日本对华军事侵略。1936年，沈钧儒、邹韬奋、史良等“七君子”因主张抗日被捕，他热情参与了正义的营救和声援。

爱因斯坦对资本主义社会一直持清醒的批评态度，他说“对个人的摧残，我认为是资本主义的最大祸害”，“资本主义社会里经济的无政府状态是这种祸害的真正根源”，“要消灭这些严重祸害，只有一条道路，那就是建立社会主义经济”。但他认为“计划经济还不就是社会主义，计划经济本身还可能伴随着对个人的完全奴役”，“需要对于行政权力能够确保有一种民主的平衡力量”。

8）富有哲学探索精神的唯理论思想家

爱因斯坦的科学成就和社会政治活动都同他的哲学思想密切相关。他从小对自然现象有强烈好奇心，爱好哲学思考。12岁通过阅读通俗科学书籍，接受了传统的自然科学唯物论思想。13岁就读过康德的《纯粹理性批判》。1902—1905年间同两个青年朋友每晚一道读斯宾诺莎、休谟、J. S. 弥耳、马赫、J. H. 彭加勒等人的著作，并热烈讨论自然科学哲学问题。这一活动，他们戏称为“奥林比亚科学院”，直接推动了爱因斯坦的科学创造，使他能比当时大部分物理学家站得更高、看得更远。他说：“物理学的当前困难，迫使物理学家比其前辈更深入地去掌握哲学问题。”他还曾对人说过：“与其说我是物理学家，不如说我是哲学家。”他70岁生日时，一批知名学者为他出版了一本文集，书名就是《阿尔伯特·爱因斯坦：哲学家－科学家》。

他的哲学思想主要受到三方面的影响。首先是如列宁所说的作为一个严肃的科学家所必然具有的自然科学唯物论(爱因斯坦称为“实在论”)的传统。这可以由爱因斯坦在纪念J. C. 麦克斯韦时所说的话为代表：“相信有一个离开知觉主体而独立的外在世界，是一切自然科学的基础。”

其次是他终生景仰并作为自己人生榜样的斯宾诺莎的唯理论思想。这主要是相信自然界的统一性和合理性，相信人的理性思维能力。他多次宣称他信仰“斯宾诺莎的上帝”，这个上帝实质上就是自然界和物质。他把斯宾诺莎的“对上帝的理智的爱”，即求得对自然界的统一性和规律性的理解，奉为自己生活的最高目标。在爱因斯坦看来，斯宾诺莎的唯理论同自然科学唯物论是完全一致的，正如他自己所说：“科学研究能破除迷信，因为它鼓励人们根据因果关系来思考和观察事物。在一切较高级的科学工作的背后，必定有一种关于世界的合理性或者可理解性的信念。"作为唯理论标志的自然界统一性的思想，显然是他探索科学真理和创建相对论的指导思想。

第三方面的影响来自休谟和马赫的经验论和他们的批判精神(爱因斯坦称之为"怀疑的经验论")。休谟要求一切在传统上被认为是先验的东西都回到经验基础上来，这是哲学史上的重大突破。马赫对牛顿的绝对空间概念的批判，也给爱因斯坦很大启发。由于爱因斯坦采用过马赫的语言(如"思维经济"等)，在苏联和中国曾长期把他当作马赫主义者来批判。事实上，在哲学基本问题的立场上，爱因斯坦所采取的态度同马赫是相反的。他们对待原子论的对立态度就是明证。广义相对论的建立，使他更远离了马赫哲学。他中肯地指出：马赫的认识论"不可能产生任何有生命的东西，它只能消灭有害的虫豸"；随着休谟的批判，"产生了一种致命的'对形而上学(指本体论的研究——引用者)的恐惧'，它已经成为现代经验哲学推理的一种疾病"。但是他吸收了经验论的精华，用来改造斯宾诺莎的极端唯理论，清除了它的先验成分，强调"唯有经验才能判定真理"；"一切关于实在的知识，都是从经验开始，又终结于经验"。这也就加强了斯宾诺莎的唯理论中的唯物论成分。

爱因斯坦的唯理论思想不仅强烈地反映在他一生的科学研究中，也明显地贯穿在他的人生观、社会观、道德观、教育观和宗教观中。像斯宾诺莎一样，他也把这种思想"用于人类的思想、感情和行动上去"。这种思想，使他崇尚理性，相信人类的进步，努力使科学造福于人类，把真、善、美融为一体。

由于爱因斯坦坚持唯理论的唯物论，他对实证论(包括操作论)思潮采取抵制态度。1927 年开始关于量子力学的解释问题同以 N. 玻尔为首的哥本哈根学派之间的长期激烈争论，就是基于这样的认识。他把对方的观点归于实证论，认为它必然导致唯我论。他是把统计理论用于量子物理学的先驱，但他对统计性的量子力学感到不满足，认为这只是过渡性的、不完备的，不能为量子理论的进一步发展提供理论出发点。他深信"上帝不是在掷骰子"。他感觉到他的"科学本能"同当时理论物理学界流行的哲学倾向格格不入；他虽然孤单，但依然信心十足，且常用德国启蒙思想家 G. E. 莱辛的名言来自勉："对真理的追求要比对真理的占有更为可贵。"爱因斯坦的一生，也正是这种永不故步自封的对真理的探索精神的体现。

习　题

4.1　单项选择题

(1) 在狭义相对论中，下列说法中哪些是正确的？(　　)

① 一切运动物体相对于观察者的速度都不能大于真空中的光速。

② 质量、长度、时间的测量结果都是随物体与观察者的相对运动状态而改变的。

③ 在一惯性系中发生于同一时刻、不同地点的两个事件在其他一切惯性系中也是同时发生的。

④ 惯性系中的观察者观察一个与他作匀速相对运动的时钟时，会看到这一时钟比与他相对静止的相同的时钟走得慢些。

A. ①,③,④　　　　B. ①,②,④

C. ①,②,③　　　　D. ②,③,④

(2) 两个惯性系 S 和 S',沿 x (x')轴方向作匀速相对运动,相对速度为 u。设在 S' 系中某点先后发生两个事件,用静止于该系的钟测出两事件的时间间隔为 τ_0,而用固定在 S 系的钟测出这两个事件的时间间隔为(　　)。又在 S' 系 x' 轴上放置一静止于该系且长度为 l_0 的细杆,从 S 系测得此杆的长度为 l,则(　　)。

A. $\tau<\tau_0$; $l<l_0$　　B. $\tau<\tau_0$; $l>l_0$

C. $\tau>\tau_0$; $l>l_0$　　D. $\tau>\tau_0$; $l<l_0$

(3) 一火箭的固有长度为 L,相对于地面作匀速直线运动的速度为 v_A,火箭上有一个人从火箭的后端向火箭前端上的一个靶子发射一颗相对于火箭的速度为 v_2 的子弹。在火箭上测得子弹从射出到击中靶的时间间隔是(c 表示真空中光速)(　　)。

A. $\dfrac{L}{v_1+v_2}$　　B. $\dfrac{L}{v_2}$

C. $\dfrac{L}{v_1-v_2}$　　D. $\dfrac{L}{v_1\sqrt{1-(v_1/c)^2}}$

(4) 质子在加速器中被加速,当其动能为静止能量的4倍时,其质量为静止质量的(　　)。

A. 4倍　　B. 5倍　　C. 6倍　　D. 8倍

(5) 有一直尺固定在 K' 系中,它与 Ox' 轴的夹角 $\theta'=45°$,如果 K' 系以匀速度沿 Ox 方向相对于 K 系运动,K 系中观察者测得该尺与 Ox 轴的夹角为(　　)。

A. 大于45°

B. 小于45°

C. 等于45°

D. 当 K' 系沿 Ox 正方向运动时大于45°,而当 K' 系沿 Ox 负方向运动时小于45°

4.2　填空题

(1) 设 S' 系以速率 $v=0.6c$ 相对于 S 系沿 xx' 轴运动,且在 $t=t'=0$ 时,$x=x'=0$。

① 若有一事件,在 S 系中发生于 $t=2.0\times10^{-7}$ s,$x=50$m 处,则该事件在 S' 系中发生时刻为________。

② 如有另一事件在 S 系中发生于 $t=3.0\times10^{-7}$ s,$x=10$m 处,在 S' 系中测得这两个事件的时间间隔为________。

(2) 设有两个参考系 S 和 S',它们的原点在 $t=t'=0$ 时重合在一起。有一事件,在 S' 系中发生在 $t'=8.0\times10^{-8}$ s,$x'=60$m,$y'=0$,$z'=0$ 处。若 S' 系相对于 S 系以速率 $v=0.6c$ 沿 xx' 轴运动,求该事件在 S 系中的时空坐标 $x=$________; $y=$________; $z=$________; $t=$________。

(3) 一门宽为 a。今有一固有长度为 l_0($l_0>a$)的水平细杆,在门外贴近门的平面内沿其长度方向匀速运动,若站在门外的观察者认为此杆的两端可同时被拉进此门,则该杆相对于门的运动速率 u 至少为________。

(4) 设想有一粒子以 $0.050c$ 的速率相对实验室参考系运动,此粒子衰变时发射一个电子,电子的速率为 $0.80c$,电子速度的方向与粒子运动方向相同,则电子相对实验室参考系的速度为________。

(5) 已知 μ 子的静止能量为105.7MeV,平均寿命为 2.2×10^{-8} s。试问动能为150MeV的 μ 子的速度 v 是________; 平均寿命是________。

4.3　计算题

(1) 固定在惯性系 K'中的刚性棒沿 x'轴放置，长度 $L_0=x'_2-x'_1$。由 K 系(K'系相对于 K 系沿正 x 方向以匀速 v 运动)观测者测得棒长是 $L=x_2-x_1$，那么 L 和 L_0 的关系可由下列式子推得：

根据洛伦兹变换 $x_1=\dfrac{x'_1+vt'}{\sqrt{1-(v/c)^2}}$，$x_2=\dfrac{x'_2+vt'}{\sqrt{1-(v/c)^2}}$，得 $x_2-x_1=\dfrac{x'_2-x'_1}{\sqrt{1-(v/c)^2}}$，即

$$L=\frac{L_0}{\sqrt{1-(v/c)^2}}$$

显然这个结果与动尺缩短的相对论结论是矛盾的，请改正。

(2) 在惯性系 S 中，某事件 A 发生在 x_1 处，2.0×10^{-6}s 后，另一事件 B 发生在 x_2 处，已知 $x_2-x_1=300$m。问：

① 能否找到一个相对 S 系作匀速直线运动的参照系 S'，使在 S'系中，两事件发生于同一地点？

② 在 S'系中，上述两事件之间的时间间隔为多少？

(3) 在 S 系中有一长为 l_0 的棒沿 x 轴放置，并以速率 u 沿 xx'轴运动。若有一 S'系以速率 v 相对 S 系沿 xx'轴运动，试问在 S'系中测得此棒的长度为多少？

(4) 观测者甲和乙分别静止于两个惯性参照系 K 和 K'中，甲测得在同一地点发生的两个事件的时间间隔为 4s，而乙测得这两个事件的时间间隔为 5s，求：

① K'相对于 K 的运动速度。

② 乙测得这两个事件发生的地点的距离。

(5) 若一电子的总能量为 5.0MeV，求该电子的静能、动能、动量和速率。

(6) 一艘宇宙飞船的船身固有长度为 $L_0=90$m，相对于地面以 $v_0=0.8c$ (c 为真空中光速)的速度在一观测站的上空飞过。问：

① 观测站测得飞船的船身通过观测站的时间间隔是多少？

② 宇航员测得船身通过观测站的时间间隔是多少？

(7) ① 在速度 v 满足什么条件时，粒子的动量等于非相对论动量的 2 倍？

② v 满足什么条件的粒子的动能等于它的静能？

第2篇 电 磁 学

电磁学是电学与磁学的统称，是研究电磁现象的规律和应用的科学，是物理学中的一个重要部分，是电工学和无线电电子学的基础。研究对象包括静电现象、磁现象、电流现象、电磁感应、电磁辐射和电磁场等。磁现象和电现象本质上是紧密联系在一起的，变化的磁场能够激发电场，变化的电场也能够激发磁场。

从 1785 年库仑定律的建立开始，其后通过泊松、高斯等人的研究形成了静电场（以及静磁场）的（超距作用）理论。伽伐尼于 1786 年发现了电流，后伏特、欧姆、法拉第等人发现了关于电流的定律。1820 年，奥斯特发现了电流的磁效应，一两年内，毕奥、萨伐尔、安培、拉普拉斯等做了进一步定量的研究。1831 年，法拉第发现了著名的电磁感应现象，并提出了场和力线的概念，进一步揭示了电与磁的联系。在这样的基础上，麦克斯韦集前人之大成，再加上他极富创见性的关于感应电场和位移电流的假说，建立了以一套方程组为基础的完整、宏观的电磁场理论。

迈克尔·法拉第

（Michael Faraday，1791—1867 年）

詹姆斯·克拉克·麦克斯韦

（James Clerk Maxwell，1831—1879 年）

第5章　真空中的静电场

5.1　电荷和库仑定律

5.1.1　电荷的种类

公元前约585年希腊学者泰勒斯观察到用布摩擦过的琥珀能吸引轻微物体。"电"(electricity)这个词就是来源于希腊文"琥珀"。我国战国时期《韩非子》中有关于"司南"的记载。

英国的威廉·吉尔伯特在1600年出版的《论磁、磁体和地球作为一个巨大的磁体》一书中描述了对电现象所做的研究,把琥珀、金刚石、蓝宝石、硫磺、树脂等物质摩擦后会吸引轻小物体的作用称为"电性",也正是他创造了"电"这个词。吉尔伯特第一次明确区分了以前常被人混在一起的电和磁这两种吸引。他指出这两种吸引之间有明显的差异。

在很早的时候,人们就发现了用毛皮或者丝绸摩擦过的琥珀能够吸引羽毛、头发等轻小物体。后来发现,这种现象并不是琥珀所独有的,如用毛皮摩擦过的硬橡胶棒和用丝绸摩擦过的玻璃棒也能吸引轻小物体。物体有了这种吸引轻小物体的性质,就说物体带了电,或有了电荷(electric charge),带电的物体叫带电体。电荷是一个基本概念,是基本粒子的一个性质,它不能存在于这些粒子之外。使物体带电叫做起电,用摩擦方法使物体带电叫做摩擦起电。

人们在研究不同电荷间相互作用时发现,用毛皮摩擦过的硬橡胶棒互相排斥,用丝绸摩擦过的玻璃棒也互相排斥,而硬橡胶棒与玻璃棒则彼此吸引。这就说明硬橡胶棒与玻璃棒所带的电荷是不同的。实验证明,无论用什么方法起电,所带的电荷或者与毛皮摩擦过的硬橡胶棒所带电荷相同,或者相反。因此,**自然界中只存在两种电荷:同种电荷互相排斥,异种电荷互相吸引**。为了统一起见,我们沿袭这样的约定:用丝绸摩擦的玻璃棒带正电,用毛皮摩擦的硬橡胶棒带负电。

带电体所带电荷的多少称为**电量**,通常用字母Q或者q表示。在国际单位制中,电量的单位为库仑,用字母C表示。正电荷电量取正值,负电荷电量取负值。

构成实物的许多基本粒子都是带电的,如质子带正电,电子带负电,而中子不带电。一切物质都是由大量原子构成,原子又是由带正电的原子核和带负电的电子组成。通常,同一个原子中的正负电量相等,因此在正常情况下表现电中性。若物体由于某些原因(如摩擦、受热或化学变化等)而失去一部分电子,就带正电;若得到额外的电子,就带负电。用丝绸摩擦玻璃棒,玻璃棒就失去电子而带正电,丝绸得到电子而带负电。

5.1.2 电荷的量子性

实验证明,电荷的电量不是任意值,总是以一个基本单元的整数倍出现,即

$$q=ne,\quad n=\pm 1,\pm 2,\pm 3,\cdots$$

这个基本单元 e 称为**元电荷**,它等于一个电子所带的电量,其近似值为 $e=1.602\times 10^{-19}$C。电荷的这种只能取分立的、不连续量值的特性称为**电荷的量子性**。

本书大部分内容讨论的是电磁现象的宏观规律,而且宏观物理所带电量为元电荷的许多倍。在这种情况下,我们从平均效果考虑,通常认为电荷在物体上是连续分布的,而忽略电荷量子性所带来的微观起伏。

5.1.3 电荷守恒定律

实验证明,对于没有与外界进行电荷交换的系统,其所带正负电荷的代数和在任何物理过程中保持不变,这就是电荷守恒定律(Law of conservation of electric charge)。

电荷守恒定律是物理学的基本定律之一。在宏观的物理化学变化过程中,电荷既不能创生,也不能消灭;它只能从一个物体转移到另一个物体(或从物体某一部分转移到物体另一部分)。例如玻璃棒与丝绸相互摩擦,它们将分别带有正电荷和负电荷,正负电荷代数和为零。

近代物理研究证明,在微观粒子的相互作用过程中,电荷是产生和消灭的,但仍然遵从电荷守恒定律。如原子核的放射性衰变和正负电子对的湮灭过程:

$$^{238}_{92}\mathrm{U}\longrightarrow {}^{234}_{90}\mathrm{Th}+{}^{4}_{2}\mathrm{He}$$

$$e^-+e^+\longrightarrow \gamma+\gamma$$

5.2 库仑定律、电场与电场强度

5.2.1 库仑定律

电荷之间存在着相互作用,在发现电现象的两千多年的长时间内,人们对电的认识仍然局限在定性的初级阶段。这是由于当时仪器的精确度不够高,而静电荷之间的相互作用又比较弱,很难对电现象进行精确的定量描述。

最早的定量研究是在18世纪末,是研究静止电荷之间的相互作用力,即**静电力**。实验发现,真空中两个静止带电体之间的相互作用力,不仅和两个带电体的电量、距离有关,而且与它们的大小、形状以及电荷在带电体上的分布有关。当带电体的线度在所讨论的问题中远小于其他距离和长度时,带电体的大小、形状以及电荷在带电体上的分布对它们之间的相互作用力的影响非常小,可以忽略不计。这种带电体称为**点电荷**(point charge)。点电荷只是一个为讨论问题方便而引入的理想概念,是一个重要的物理模型,这一点与研究力学时引入质点的概念相似。

法国物理学家库仑通过实验总结出真空中两个静止点电荷间的相互作用,我们称之为**库仑定律**(Coulomb's law),因此静电力又称为库仑力。库仑定律的文字表述如下:**真空中两个静止点电荷之间的相互作用力的大小与两电荷电量的乘积成正比,与两电荷间距离的**

平方成反比,作用力的方向在两电荷连线上。同种电荷之间为斥力,异种电荷之间为引力。

如图 5-1 所示,两个点电荷所带电量分别为 q_1 和 q_1,$\boldsymbol{F}_{12}$ 代表 q_1 给 q_2 的力,则有

$$\boldsymbol{F}_{12}=k\frac{q_1q_2}{r_{12}^2}\boldsymbol{e}_{r_{12}} \tag{5-1}$$

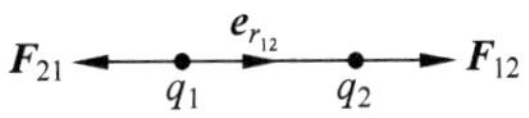

图 5-1　库仑定律

式中,r_{12} 为两者之间的距离,$\boldsymbol{r}_{12}$ 为 q_1 指向 q_2 的位置矢量,$\boldsymbol{e}_{r_{12}}$ 为 $\boldsymbol{r}_{12}$ 方向相同的单位矢量;k 为比例常量。

库仑力是自然界中的一种基本相互作用力,与电荷间距离的平方成反比,电磁学的某些基本规律与平方反比律有关。平方反比律的精确性不断经历着实验的考验,至今仍是某些物理学家关注的问题之一。

通常情况下,引入另外一个常量 ε_0 来代替 k,即

$$k=\frac{1}{4\pi\varepsilon_0}$$

式中,ε_0 是物理学中一个基本物理常量,称为真空中的介电常量。这样,真空中的库仑定律写成

$$\boldsymbol{F}_{12}=\frac{1}{4\pi\varepsilon_0}\frac{q_1q_2}{r_{12}^2}\boldsymbol{e}_{r_{12}}$$

在国际单位制(SI)中,有

$$k=8.99\times10^9\,\mathrm{N\cdot m^2/C^2},\quad \varepsilon_0=8.85\times10^{-12}\,\mathrm{C^2/(N\cdot m^2)}$$

在库仑定律表示式中引入真空介电常量和“4π”因子的做法,称为单位制的有理化。单位制有理化的结果虽然使库仑定律的数学形式变得复杂了些,但却使以后经常用的电磁学规律的数学形式中不出现“4π”因子,因而变得简单些。电磁学单位制有理化的优越性读者在今后的学习中会逐步体会到。

实验证明,点电荷在空气中的作用力和在真空中的作用力相差极小,也就是空气的介电常量与真空介电常量相差极小,故真空中的库仑定律在空气中仍可应用。

需要注意的是,库仑定律只适用于点电荷之间。库仑定律是关于静电场的定律,适用于场源电荷静止、受力电荷运动的情况,但不适用于运动电荷对静止电荷的作用力。静止的电荷所受到的由运动电荷激发的电场产生的电场力不遵守库仑定律,因为运动电荷除了激发电场外,还要激发磁场,这将在后面磁场部分介绍。

5.2.2　库仑定律的叠加原理

库仑定律给出了真空中两个静止点电荷之间相互作用力的规律。当考虑两个以上的点电荷、一般带电体之间的相互作用时,就必须补充另外一个实验事实:当空间中存在两个以上的点电荷时,任意两个点电荷之间的作用力不受其他电荷存在的影响,按照力的叠加原理,**任一点电荷所受的合力等于所有其他点电荷单独作用于该电荷的库仑力的矢量和**,称为**库仑力的叠加原理或静电场的叠加原理**。

如图 5-2(a)所示,除检验电荷 q_0 以外,空间中存在 n 个点电荷构成的点电荷系,由静电场的叠加原理,检验电荷 q_0 受到的总的静电场作用力等于其他各个点电荷单独作用在 q_0 上的静电场的作用力矢量和,即

$$\boldsymbol{F}=\sum_{i=1}^{n}\boldsymbol{F}_{i0}$$

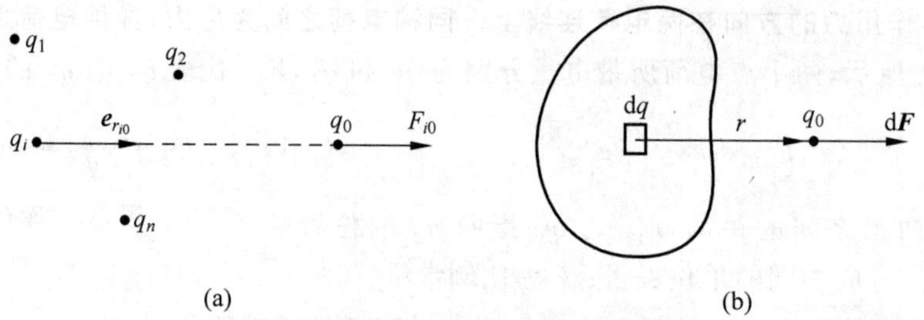

图 5-2　库仑定律的叠加原理

(a) 点电荷系对 q_0 的作用力；(b) 带电体对 q_0 的作用力

将库仑定律代入，有

$$\boldsymbol{F}=\sum_{i=1}^{n}\frac{1}{4\pi\varepsilon_0}\frac{q_iq_0}{r_{i0}^2}\boldsymbol{e}_{r_{i0}} \tag{5-2}$$

电荷连续分布的带电体对点电荷的作用力也可根据库仑定律的叠加原理求解。如图 5-2(b)所示，把带电体分成无限多个电荷元 $\mathrm{d}q$，每个电荷元可以当成一个点电荷。根据这样的原理，任意带电体系都可以看成是点电荷系。电荷元 $\mathrm{d}q$ 与检验电荷 q_0 之间的静电力 $\mathrm{d}\boldsymbol{F}$ 遵守库仑定律：

$$\mathrm{d}\boldsymbol{F}=\frac{1}{4\pi\varepsilon_0}\frac{q_0\mathrm{d}q}{r^2}\boldsymbol{e}_r \tag{5-3}$$

根据叠加原理，带电体对点电荷 q_0 的作用力等于所有电荷元对 q_0 作用力的矢量和。因此，点电荷 q_0 受到的静电力为

$$\boldsymbol{F}=\frac{q_0}{4\pi\varepsilon_0}\int\frac{\mathrm{d}q}{r^2}\boldsymbol{e}_r \tag{5-4}$$

式(5-4)的积分区间是整个带电体。原则上，利用库仑定律和叠加原理，可以求解任意带电体之间的静电场力。根据电荷在带电体不同的分布情况，上式中电荷元 $\mathrm{d}q$ 有不同的表达形式。

如果电荷分布在一定空间体积内，电荷体密度为 $\rho\left(\text{单位体积内的电量},\rho=\lim\limits_{\Delta V\to 0}\frac{\Delta q}{\Delta V}=\frac{\mathrm{d}q}{\mathrm{d}V}\right)$，则电荷元的电量为

$$\mathrm{d}q=\rho\mathrm{d}V$$

如果电荷分布在一个空间曲面上，电荷面密度为 $\sigma\left(\text{单位面积内的电量},\sigma=\lim\limits_{\Delta s\to 0}\frac{\Delta q}{\Delta s}=\frac{\mathrm{d}q}{\mathrm{d}s}\right)$，则电荷元的电量为

$$\mathrm{d}q=\sigma\mathrm{d}s$$

如果电荷分布在一条空间曲线上，电荷线密度为 $\lambda\left(\text{单位长度曲线上的电量},\lambda=\lim\limits_{\Delta l\to 0}\frac{\Delta q}{\Delta l}=\frac{\mathrm{d}q}{\mathrm{d}l}\right)$，则电荷元的电量为

$$\mathrm{d}q=\lambda\mathrm{d}l$$

应该指出的是，绝对不可轻易地认为静电力的叠加原理是理所当然的，或是看成是可以

由力的叠加原理推导出来的。静电力的叠加原理是由实验总结出来的,在宏观范围内未发现失效,但对诸如原子或亚原子范围非常小的距离范围时,则不成立。库仑定律在 $10^{-17}\sim10^{17}$ m 范围内是精确的。

5.2.3　电场和电场强度

库仑定律只说明了两点电荷之间相互作用力的定量关系,却无法解释电荷之间的相互作用力是如何发生和传递的。深入分析这种力与经典力学中其他力(如弹力、张力)的差别,对掌握电磁理论具有重要的意义。

围绕这个问题,历史上发生过很长时间的争论。一种是“超距作用”观点,认为静电力的传递无需媒介传递,超越空间直接地、瞬时地发生;另一种观点认为,电场作用是一种近距作用。例如,我们推桌子时,通过手和桌子直接接触,把力作用在桌子上。这种力的作用发生在直接接触的物体之间,是通过一种充满在空间的弹性媒介——以太来传递的。

近代物理的研究证明,上述两种观点都是错误的。大量实验证明,物件间电磁相互作用不是超距发生的,以太是不存在的。电磁力是通过一种称为“场”的特殊物质发生的。在物理学中,“场”是指物质的一种特殊形态。实物和场是物质的两种存在形态,它们具有不同的性质、特征和不同的运动规律。场的物质性表现在场是一种客观实在,不依赖人们的意识而存在着,为人们的意识所反映,而且与实物一样,场也有质量、能量、动量和角动量。正是场与实物间的相互作用,才导致了实物间的相互作用。

电荷周围存在的场称为**电场**。凡是有电荷的地方,四周就存在着电场,即任何电荷都在自己周围的空间激发电场;而电场的基本性质是:它对于处在其中的任何电荷都有作用力,称为电场力。因此,电荷与电荷之间是通过电场发生相互作用的。相对观察者静止的带电体激发的电场称为**静电场**,静电场对电荷的作用力,称为**静电场力**。

根据电场的重要性质——对置于其中的电荷有力的作用,在电场中引入电荷来测量电场对它的作用力,该电荷称为**检验电荷**。检验电荷必须满足两个条件:一是检验电荷所带的正电荷 q_0 足够小,所以把它引入被测电场中,不会影响原电场的分布;二是它的线度很小,可以视为点电荷,这样才可以研究电场中各点的性质。

研究的结果表明,把检验电荷放在电场中任一给定点(称为场点)处,它所受的力 $\boldsymbol{F}$ 与它所带电荷 q_0 的比值 $\dfrac{\boldsymbol{F}}{q_0}$ 只与检验电荷所在的位置有关,而与检验电荷的大小无关,即只是位置的函数,这一函数从力的方面反映了电场本身所具有的客观性质。

定义**检验电荷在某点所受的电场力 $\boldsymbol{F}$ 与它所带电荷 q_0 的比值**为该点的**电场强度**,即

$$\boldsymbol{E}=\frac{\boldsymbol{F}}{q_0} \tag{5-5}$$

由定义可知,电场强度的单位由力 $\boldsymbol{F}$ 和电荷 q_0 决定,在国际单位制中,为 N/C(牛/库)。电场强度是用来表示电场的强弱和方向的物理量,是一个矢量。**电场中某点的电场强度在数值上等于放在该点的单位正电荷所受的力,电场强度的方向规定为正电荷在该点所受电场力的方向。**

在电场的空间中任何一点都定义了一个电场强度矢量 $\boldsymbol{E}$,因此电场强度矢量 $\boldsymbol{E}$ 是一个空间点函数,即 $\boldsymbol{E}=\boldsymbol{E}(\boldsymbol{r})$。一般 $\boldsymbol{E}$ 的大小和方向随场点位置的不同而不同。如果电场处各

点的电场强度 $\boldsymbol{E}$ 的数值相等,方向相同,这样的"场"称为**均匀场**。

根据电场强度的定义,如果已知电场中任一点的场强 $\boldsymbol{E}$,则放在该点的电荷 q 所受的力为

$$\boldsymbol{F}=q\boldsymbol{E} \tag{5-6}$$

下面介绍一个重要的物理模型——电偶极子。实际生活多见的电偶极子体系是具有偶极矩的电介质分子,这将在第6章介绍。如图5-3所示,两个相距很近(距离为 l)的等量异号点电荷 $+q$ 和 $-q$ 组成的系统称为**电偶极子**(electric dipole)。连接两电荷的直线称为**电偶极子的轴**。定义电偶极子的轴矢量,用 $\boldsymbol{l}$ 表示,其大小为电偶极子的轴的长度,方向由 $-q$ 指向 $+q$。很明显,电偶极子在均匀电场中受到的总的电场力为零,但受到力矩的作用。

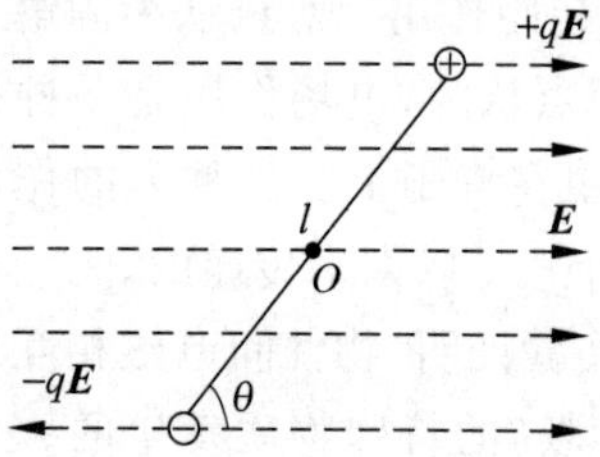

图5-3 均匀电场中的电偶极子

例5-1 电偶极子两个点电荷电量分别为 $+q$ 和 $-q$,轴矢量为 $\boldsymbol{l}$,求此电偶极子在均匀电场 $\boldsymbol{E}$ 中所受的力矩 $\boldsymbol{M}$。

解 如图5-3所示,设电偶极子的轴 $\boldsymbol{l}$ 与电场强度 $\boldsymbol{E}$ 的夹角为 θ。在均匀电场中,点电荷 $+q$ 和 $-q$ 在场中所受的力的大小相等、方向相反,即

$$F_{+}=F_{-}=qE$$

点电荷 $+q$ 和在场中所受的电场力对电偶极子中心的力臂大小相等,都等于 $\dfrac{l}{2}\sin\theta$,产生的力矩方向相同(垂直纸面向里),大小都等于

$$M_{+}=M_{-}=F\,\frac{l}{2}\sin\theta=qE\,\frac{l}{2}\sin\theta$$

因此,电偶极子所受的总力矩的大小为

$$M=M_{+}+M_{-}=qlE\sin\theta$$

方向垂直纸面向里。

由上式可知,电偶极子在均匀电场中所受的力矩只与每个点电荷所带电量 q 和二者的距离 l 的乘积有关。例如,q 增大一倍而 l 减少一半,电偶极子所受的力矩不变。这表明,可以将 q 与 l 的乘积看成是一个整体,为描述电偶极子的一个物理量。定义电量 q 与轴矢量 $\boldsymbol{l}$ 的乘积为**电偶极矩**,即

$$\boldsymbol{p}=q\boldsymbol{l} \tag{5-7}$$

因此,电偶极子在均匀电场中所受力矩的矢量表达式为

$$\boldsymbol{M}=\boldsymbol{p}\times\boldsymbol{E} \tag{5-8}$$

电偶极子在均匀电场中,在力矩的作用下要发生转动,一直转到电偶极子的轴与外电场的方向一致时,力矩为零。此时,电偶极子处于稳定平衡。如果外电场不均匀,除受力矩外,电偶极子还要受到平移作用。

下面根据电场强度的定义式来探讨点电荷电场的电场强度。

如图5-4所示,A 点与点电荷 q 相距 r,A 点电场是由点电荷 q 产生的,因此点电荷 q 称为场源电荷。假设 A 处有检验电荷 q_0,根据库仑定律,检验电荷 q_0 受力为 $\boldsymbol{F}$,即

$$\boldsymbol{F}=\frac{1}{4\pi\varepsilon_0}\frac{qq_0}{r^2}\boldsymbol{e}_r$$

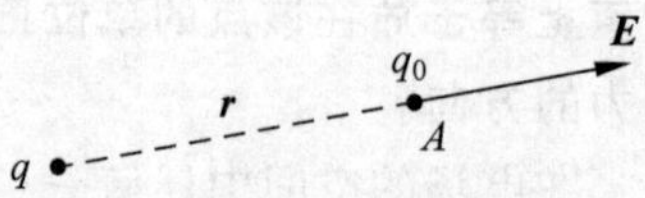

图5-4 点电荷的电场强度

根据电场强度的定义，与点电荷 q 相距 r 处 A 点的电场强度为

$$\boldsymbol{E}=\frac{\boldsymbol{F}}{q_0}=\frac{1}{4\pi\varepsilon_0}\frac{q}{r^2}\boldsymbol{e}_r \tag{5-9}$$

式中，$\boldsymbol{e}_r$ 为指向 A 点的单位矢量。

点电荷电场的电场强度具有以下特点：

(1) 电场强度的大小只与场点到场源电荷的距离 r 有关，即以场源电荷为球心的任一球面上各点的场强大小相等。通常称这样的电场为球对称的。

(2) 电场强度的方向沿着以场源电荷为中心的矢量 $\boldsymbol{e}_r$：若 $q>0$，则电场强度与 $\boldsymbol{e}_r$ 同向；若 $q<0$，则电场强度与 $\boldsymbol{e}_r$ 反向。

(3) 电场强度与场点到场源电荷的距离的平方成反比；当场点到场源电荷的距离无限大时，电场强度的大小趋于零。所以，在距离场源电荷很远处，可以认为场强为零。

5.2.4　电场强度的计算

根据库仑定律和电场强度的定义式可以计算电场强度，这时需要考虑电荷分布。

1. 点电荷系的电场

根据静电场的叠加原理，对于 n 个点电荷构成的点电荷系，检验电荷 q_0 受到的静电场为

$$\boldsymbol{E}=\frac{\sum\limits_{i=1}^{n}\boldsymbol{F}_{0i}}{q_0}=\sum_{i=1}^{n}\frac{\boldsymbol{F}_{0i}}{q_0}$$

式中，$\dfrac{\boldsymbol{F}_{0i}}{q_0}$是电荷 q_i 单独存在时在 q_0 处产生的电场强度 $\boldsymbol{E}_i$，所以，上式可以写成

$$\boldsymbol{E}=\sum_{i=1}^{n}\boldsymbol{E}_i \tag{5-10}$$

式(5-10)表明：**在 n 个点电荷产生的电场中某点的电场强度等于各个点电荷单独存在时在该点产生的电场强度的矢量和**。这个结论称为**电场强度的叠加原理**。

将点电荷的场强公式(5-9)代入式(5-10)，可得点电荷系的电场强度公式为

$$\boldsymbol{E}=\sum_{i=1}^{n}\frac{1}{4\pi\varepsilon_0}\frac{q_i}{r_i^2}\boldsymbol{e}_{r_i} \tag{5-11}$$

例 5-2　电偶极子正负电荷中心为坐标原点 O，所考虑场点与 O 点的距离为 r 远大于电偶极子的轴的长度 $l(r\gg l)$。求：

(1) 电偶极子在它轴线延长线上一点 A 的 $\boldsymbol{E}_A$。

(2) 电偶极子在它轴线中垂线上一点 B 的 $\boldsymbol{E}_B$。

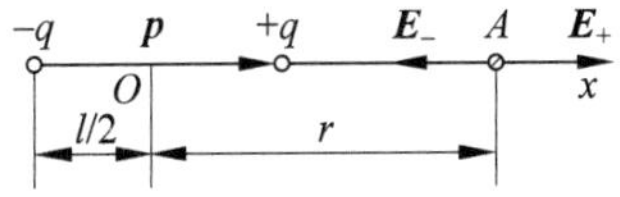

图 5-5　电偶极子轴线延长线上的电场

解　(1) 如图 5-5 所示，设 A 点到 O 点的距离为 r。设点电荷 $+q$ 和 $-q$ 在 A 点产生的电场强度分别为 $\boldsymbol{E}_+$ 和 $\boldsymbol{E}_-$，由电场强度的叠加原理，A 点的电场强度 $\boldsymbol{E}_A$ 为 $+q$ 和 $-q$ 在此处产生的电场的叠加，即

$$\boldsymbol{E}_A=\boldsymbol{E}_++\boldsymbol{E}_-$$

设$+q$和$-q$到A点的距离分别为r_+和r_-，则

$$E_+=\frac{q_0}{4\pi\varepsilon_0}\frac{1}{r_+^2}=\frac{q_0}{4\pi\varepsilon_0}\frac{1}{\left(r-\frac{l}{2}\right)^2}$$

$$E_-=\frac{q_0}{4\pi\varepsilon_0}\frac{1}{r_-^2}=\frac{q_0}{4\pi\varepsilon_0}\frac{1}{\left(r+\frac{l}{2}\right)^2}$$

$\boldsymbol{E}_+$和$\boldsymbol{E}_-$的方向在同一条直线上，但方向相反，故A点的电场强度大小为

$$E_A=E_+-E_-=\frac{q_0}{4\pi\varepsilon_0}\left[\frac{1}{\left(r-\frac{l}{2}\right)^2}-\frac{1}{\left(r+\frac{l}{2}\right)^2}\right]$$

$$=\frac{q_0}{4\pi\varepsilon_0}\cdot\frac{\left(r+\frac{l}{2}\right)^2-\left(r-\frac{l}{2}\right)^2}{\left(r-\frac{l}{2}\right)^2\left(r+\frac{l}{2}\right)^2}$$

$$=\frac{q}{4\pi\varepsilon_0}\cdot\frac{2l}{r^3\left(1-\frac{l}{2r}\right)^2\left(1+\frac{l}{2r}\right)^2}$$

由于$r\gg l$，有

$$E_A=\frac{2ql}{4\pi\varepsilon_0 r^3}=\frac{2p}{4\pi\varepsilon_0 r^3}$$

电场强度的方向与电偶极矩的方向一致，上式写成矢量式为

$$\boldsymbol{E}_A=\frac{2\boldsymbol{p}}{4\pi\varepsilon_0 r^3}$$

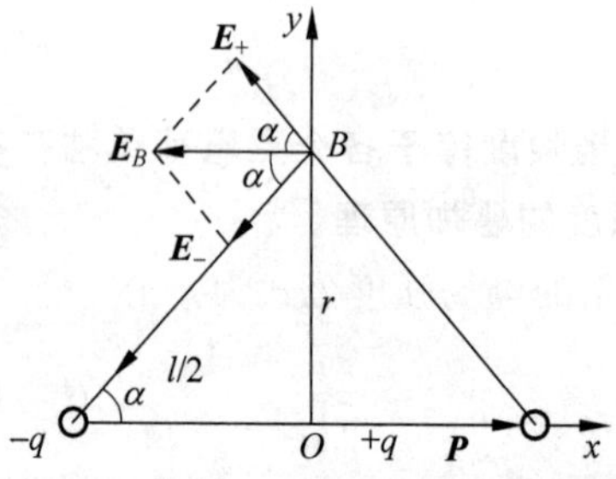

图 5-6 电偶极子轴线中垂线上的电场

(2) 如图 5-6 所示，B点的电场强度$\boldsymbol{E}_B$为$+q$和$-q$在此处产生的电场的叠加，即

$$\boldsymbol{E}_B=\boldsymbol{E}_++\boldsymbol{E}_-$$

$+q$和$-q$在B点所产生的场强的大小相等，即

$$E_+=E_-=\frac{q}{4\pi\varepsilon_0\left(r^2+\frac{l^2}{2^2}\right)}$$

但两者方向不同，根据平行四边形法则，B点的电场强度$\boldsymbol{E}_B$方向沿x轴负方向。设$\boldsymbol{E}_+$和$\boldsymbol{E}_-$与x轴负方向的夹角为α，则$\boldsymbol{E}_B$在x轴的分量为

$$E_{Bx}=-(E_+\cos\alpha+E_-\cos\alpha)$$

$$=-2E_+\cos\alpha$$

$$=-2\cdot\frac{q}{4\pi\varepsilon_0\left(r^2+\frac{l^2}{4}\right)}\cdot\frac{\frac{l}{2}}{\sqrt{r^2+\frac{l^2}{4}}}$$

$$=\frac{-ql}{4\pi\varepsilon_0\left(r^2+\frac{l^2}{4}\right)^{\frac{3}{2}}}$$

由于 $r\gg l$，有

$$E_{Bx}=\frac{-ql}{4\pi\varepsilon_0 r^3}=\frac{-p}{4\pi\varepsilon_0 r^3}$$

写成矢量式为

$$\boldsymbol{E}_B=\boldsymbol{E}_{Bx}=-\frac{\boldsymbol{p}}{4\pi\varepsilon_0 r^3}$$

由上面的讨论，可以看出电偶极子的电场及电偶极子在场中所受的力矩，都与电偶极矩 $\boldsymbol{p}$ 有关。

2. 电荷连续分布

如图 5-7 所示，如果产生电场的电荷是连续分布的，由于任意带电体都可以看出由点电荷系构成，把带电体分成无限多个电荷元 $\mathrm{d}q$。每个 $\mathrm{d}q$ 都可以看成点电荷，在 P 点产生的场强为

$$\mathrm{d}\boldsymbol{E}=\frac{1}{4\pi\varepsilon_0}\frac{\mathrm{d}q}{r^2}\boldsymbol{e}_r \tag{5-12}$$

则整体在所考察点 P 点的电场强度为

$$\boldsymbol{E}=\int\mathrm{d}\boldsymbol{E}=\frac{1}{4\pi\varepsilon_0}\int\frac{\mathrm{d}q}{r^2}\boldsymbol{e}_r \tag{5-13}$$

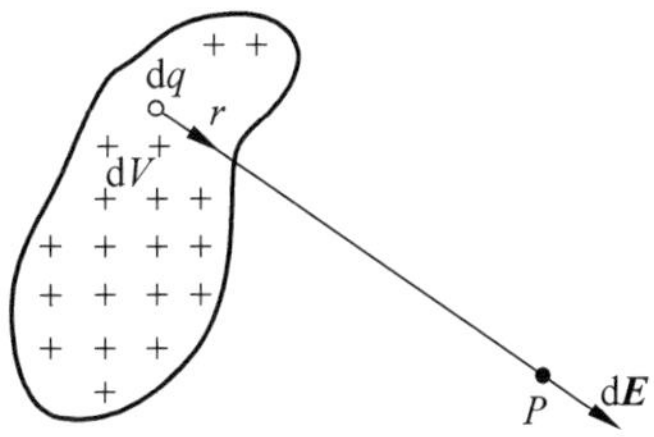

图 5-7 电荷的连续分布的电场

式中，积分遍及电荷存在的区域。下面给出几个计算连续带电体电场的例子。

例 5-3 一根带电直细棒，如果仅考虑离棒的距离比棒的截面尺寸大得多的地方的电场，则该带电直细棒可看成一条带电直线。如图 5-8 所示，求长度为 l、电荷线密度为 λ 的均匀带电直线外任一点的场强。

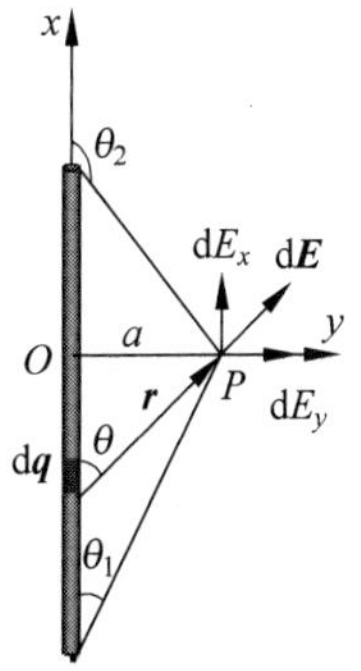

图 5-8 均匀带电直细棒的电场

解 设 P 点与直线的垂直距离为 a，以垂足 O 为原点，建立坐标系。在直线上任取一长度为 $\mathrm{d}x$ 的电荷元，其电量为

$$\mathrm{d}q=\lambda\,\mathrm{d}x$$

设 $\mathrm{d}x$ 到 P 点的位置矢量为 $\boldsymbol{r}$，单位矢量为 $\boldsymbol{e}_r$，则电荷元 $\mathrm{d}q$ 在 P 点产生的场强为

$$\mathrm{d}\boldsymbol{E}=\frac{\mathrm{d}q}{4\pi\varepsilon_0 r^2}\boldsymbol{e}_r$$

设 $\mathrm{d}\boldsymbol{E}$ 与 x 轴正方向夹角为 θ，沿两个轴方向的分量分别为 $\mathrm{d}E_x$ 和 $\mathrm{d}E_y$，根据三角关系，有

$$\mathrm{d}E_x=\mathrm{d}E\cos\theta=\frac{\lambda\,\mathrm{d}x}{4\pi\varepsilon_0 r^2}\cos\theta$$

$$\mathrm{d}E_y=\mathrm{d}E\sin\theta=\frac{\lambda\,\mathrm{d}x}{4\pi\varepsilon_0 r^2}\sin\theta$$

由几何关系知，x 和 θ 并不是独立的，统一变量，有

$$x=-a\cot\theta,\quad dx=a\csc^2\theta d\theta,\quad r^2=a^2+x^2=a^2\csc^2\theta$$

代入 dE_x 和 dE_y 并积分,得到 P 点的总场强 $\boldsymbol{E}$ 在两个轴上的分量为

$$E_x=\frac{\lambda}{4\pi\varepsilon_0 a}\int_{\theta_1}^{\theta_2}\cos\theta d\theta=\frac{\lambda}{4\pi\varepsilon_0 a}(\sin\theta_2-\sin\theta_1)$$

$$E_y=\frac{\lambda}{4\pi\varepsilon_0 a}\int_{\theta_1}^{\theta_2}\sin\theta d\theta=\frac{\lambda}{4\pi\varepsilon_0 a}(\cos\theta_1-\cos\theta_2)$$

P 点的总场强 $\boldsymbol{E}$ 的大小为

$$E_P=\sqrt{E_x^2+E_y^2}$$

设 $\boldsymbol{E}$ 与 x 轴正方向的夹角为 α,则

$$\alpha=\arctan\frac{E_y}{E_x}$$

讨论:(1) 在直线的中垂线上,有

$$\sin\theta_2-\sin\theta_1=0$$

$$\cos\theta_1-\cos\theta_2=\frac{2l}{\sqrt{4a^2+l^2}}$$

故

$$E_x=0$$

$$E_y=\frac{\lambda}{4\pi\varepsilon_0 a}\int_{\theta_1}^{\theta_2}\sin\theta d\theta=\frac{\lambda l}{2\pi\varepsilon_0 a\sqrt{4a^2+l^2}}$$

因此,在直线的中垂线上,均匀带电直线的电场方向与直线垂直。

(2) 对于靠近直线的一点,即 $l\gg a$,有

$$E=\frac{\lambda}{2\pi\varepsilon_0 a}$$

此时可将直线看作无限长,因此可以说,**无限长均匀带电直线附近电场强度与距离成反比**。

(3) 对于远离棒一点,即 $l\ll a$,有

$$E=\frac{\lambda l}{4\pi\varepsilon_0 a^2}=\frac{q}{4\pi\varepsilon_0 a^2}$$

式中,$q=\lambda l$ 为带电直线所带的总电量。**带电量为 q 的带电直线在无限远处的电场相当于一个点电荷 q 的电场**,此结果可以帮助理解点电荷的含义。

例 5-4 试计算均匀带电圆环轴线上任一给定点 P 处的场强,设圆环半径为 R,圆环所带电量为 q,P 点与环心的距离为 x。

解 如图 5-9 所示,将圆环分割成无限多个电荷元,每个电荷元所带的电量为 dq。设 dq 到 P 点的距离为 r,则 dq 在 P 点产生的场强为 $d\boldsymbol{E}$ 的大小为

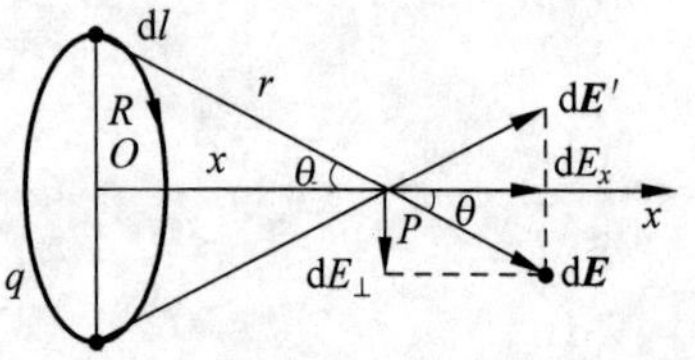

图 5-9 均匀带电圆环轴线上的电场

$$dE=\frac{1}{4\pi\varepsilon_0}\frac{dq}{r^2}$$

设 dE 与 x 轴的夹角为 θ,将 dE 分解为与 x 轴平行和垂直的分量 dE_x 和 $dE_\perp$,则 dE_x 大小为

$$dE_x=\frac{1}{4\pi\varepsilon_0}\frac{dq}{r^2}\cos\theta$$

在与 dq 对称的位置选取电荷元 dq'，在 P 点产生场强为 $d\boldsymbol{E}'$。$d\boldsymbol{E}$ 与 $d\boldsymbol{E}'$ 在 P 点产生的合场强沿 x 轴。根据整体的对称性，整个圆环在 P 点产生的场强也沿 x 轴，因此

$$E=E_x=\int dE_x=\int\frac{1}{4\pi\varepsilon_0}\frac{dq}{r^2}\cos\theta=\frac{1}{4\pi\varepsilon_0}\frac{q}{r^2}\cos\theta$$

由几何关系 $\cos\theta=\frac{x}{r}$，$r=\sqrt{x^2+R^2}$，有

$$E=\frac{1}{4\pi\varepsilon_0}\frac{qx}{(x^2+R^2)^{3/2}}$$

讨论：(1) $\boldsymbol{E}$ 的方向由 q 的正负决定。q 为正，$\boldsymbol{E}$ 指向 x 轴正方向；q 为负，$\boldsymbol{E}$ 指向 x 轴负方向。

(2) 在远离圆环的位置，即 $x\gg R$，$E\approx\frac{q}{4\pi\varepsilon_0 x^2}$，可将圆环视为点电荷。

(3) 在圆环的中心，即 $x=0$，$E=0$，即**均匀带电圆环在中心处场强为零**。在无限远处，即 $x\to\infty$，仍有 $E=0$，即无限远处的场强为零。因此，场强大小存在极大值。令 $\frac{dE}{dx}=0$，求得 $x=\frac{R}{\sqrt{2}}$，场强极大值为

$$E_{max}=\frac{Rq}{4\sqrt{2}\pi\varepsilon_0\left(\frac{3R^2}{2}\right)^{\frac{3}{2}}}=\frac{q}{6\sqrt{3}\pi\varepsilon_0R^2}$$

例 5-5　如图 5-10 所示，半径为 R 的均匀带电圆盘，电荷面密度为 σ，计算轴线上与盘心相距 x 的 P 点的场强。

解　x 轴在圆盘轴线上，取电荷元为半径为 r、宽度为 dr 的圆环，带电量为 dq，有

$$dq=2\pi r\sigma dr$$

由上题结果可知，dq 在 P 点产生的场强沿 x 轴方向，大小为

$$dE_x=\frac{x\,dq}{4\pi\varepsilon_0(x^2+r^2)^{\frac{3}{2}}}$$

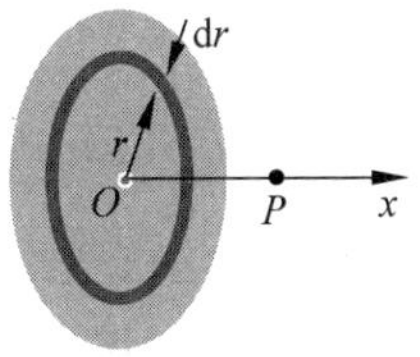

图 5-10　均匀带电圆盘轴线上的电场

将 dq 代入上式得

$$dE_x=\frac{\sigma}{2\varepsilon_0}\cdot\frac{xr\,dr}{(x^2+r^2)^{\frac{3}{2}}}$$

由于各圆环产生的场强的方向都相同且沿 x 轴方向，整个圆盘在 P 点产生场强为

$$E_x=\int dE_x=\int_0^R\frac{\sigma}{2\varepsilon_0}\cdot\frac{xr\,dr}{(x^2+r^2)^{\frac{3}{2}}}$$

$$=\frac{\sigma}{2\varepsilon_0}\left(1-\frac{x}{\sqrt{x^2+R^2}}\right)$$

计算结果表明,电场强度 $\boldsymbol{E}$ 的方向与盘面垂直,大小为

$$E=\frac{\sigma}{2\varepsilon_0}\left(1-\frac{x}{\sqrt{x^2+R^2}}\right)$$

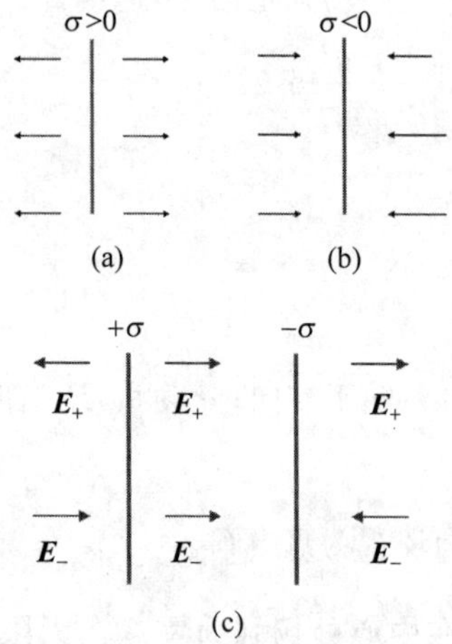

图 5-11　无限大带电薄平板的电场

讨论:(1) $x\ll R$ 时,$E=\frac{\sigma}{2\varepsilon_0}$,为均匀电场,方向与带电平板垂直。**无限大均匀带电平板的电场强度为均匀电场,大小与电荷面密度成正比。**

如图 5-11(a)和(b)所示,若平板带正电,场强方向指向平板;若带负电,场强方向指向平板。如图 5-11(c)所示,将两块带等量异号电荷的无限大平板平行放置,面密度为 σ 时,两板内侧场强为

$$E=E_A+E_B=\frac{\sigma}{2\varepsilon_0}+\frac{\sigma}{2\varepsilon_0}=\frac{\sigma}{\varepsilon_0}$$

两板外侧场强为

$$E=E_A-E_B=0$$

两块带等量异号电荷的无限大平板的电场只存在于两板之间。

(2) $x\gg R$ 时,有

$$\begin{aligned}E_x&=\frac{\sigma}{2\varepsilon_0}\left(1-\frac{x}{\sqrt{x^2+R^2}}\right)\\&=\frac{\sigma}{2\varepsilon_0}\left[1-\left(1+\frac{R^2}{x^2}\right)^{-\frac{1}{2}}\right]\end{aligned}$$

由于 $x\gg R$,$\frac{R^2}{x^2}\to 0$,级数展开,得$\left(1+\frac{R^2}{x^2}\right)^{-\frac{1}{2}}\approx 1-\frac{1}{2}\frac{R^2}{x^2}$,因此

$$E=\frac{\sigma}{2\varepsilon_0}\left[1-\left(1-\frac{R^2}{2x^2}\right)\right]=\frac{q}{4\pi\varepsilon_0 x^2}$$

式中,$q=\sigma\pi R^2$ 为圆盘面所带总电量。上式表明,**远离带电平板处的电场相当于电荷集中于盘心的点电荷在该处产生的电场**,带电平板可看成点电荷。

5.3　电通量与高斯定理

5.3.1　电场线

为了形象地描述电场,通常引入电场线的概念。利用电场线能够比较直观地看出电场中各点场强的分布概况。

因为电场中各点的场强都有确定的方向,所以我们可以在电场中作一系列曲线(或直线),使曲线上每一点的切线方向与该点的电场强度方向一致,这样做出的曲线称为**电场线**(见图 5-12)。

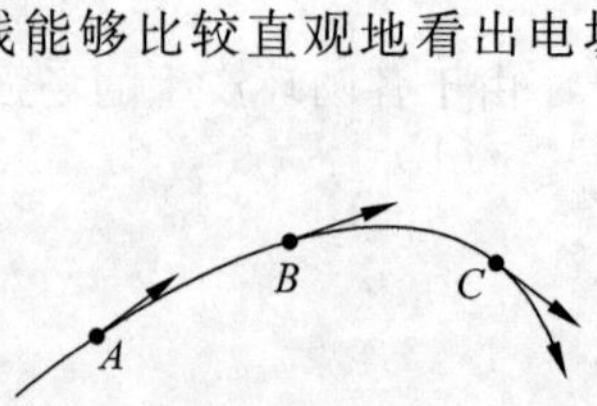

图 5-12　电场中的一条电场线

由此看出，电场线反映了它所通过的每一点的场强的方向，也可以说电场线给出了放在线上各点处的正电荷受力的方向。但要注意，电场线并不是电荷在电场中的运动轨迹。为了使电场线不仅能表示场强的方向，而且能同时表示场强的大小，这里引入电场线密度的概念。

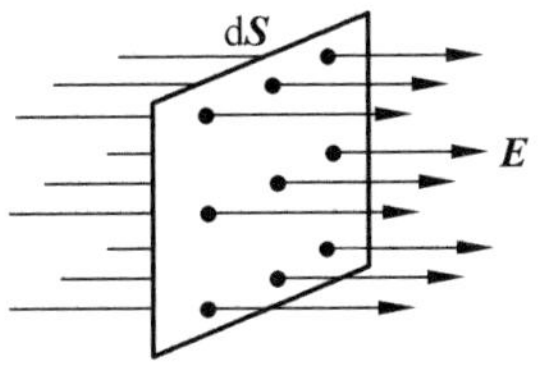

图 5-13　电场线密度

如图 5-13 所示，在电场中附近任一点取一面元 d$\boldsymbol{S}$，其方向与该点场强的方向一致。由于 d$\boldsymbol{S}$ 非常小，可认为在 d$\boldsymbol{S}$ 面内是均匀场，并规定通过 d$\boldsymbol{S}$ 有 dN 条电场线，使

$$\frac{\mathrm{d}N}{\mathrm{d}S}=E \tag{5-14}$$

式中，$\frac{\mathrm{d}N}{\mathrm{d}S}$称为**电场线密度**。即规定：**通过垂直于场强方向的面积元的电场线密度等于电场强度的大小**。

如图 5-14 所示，按照上述规定做出的几种典型电荷分布对应的电场线图，可以看出电场线具有以下性质：

（1）电场线起自正电荷（或来自无穷远），止于负电荷（或伸向无穷远）。在没有电荷的地方不中断。

（2）两条电场线在无电荷处不相交。

（3）电场线不形成闭合曲线。

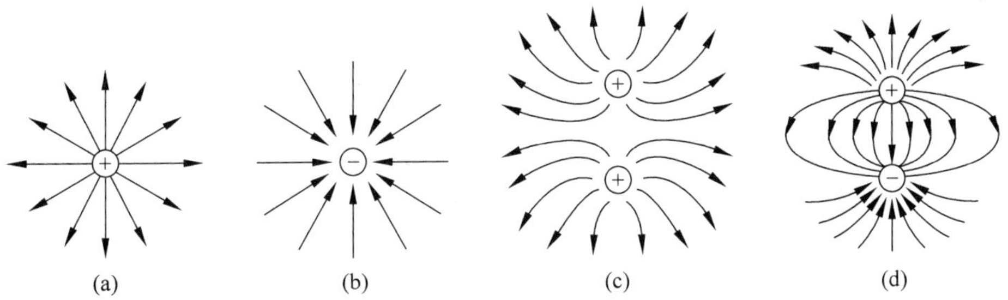

图 5-14　典型电荷分布的电场线

（a）正电荷；（b）负电荷；（c）两个等值正电荷；（d）两个等值异号电荷

应该注意，电场中并不真有这些电场线存在，只是为了形象化地描绘电场而假想的一些曲线。

5.3.2　电场强度通量（电通量）

通过电场中某一个面的电场线总数称为通过这个面的电场强度通量，简称电通量，用 Φ_e 表示，单位为韦伯（Wb）。

由电场线的定义得到，穿过与电场垂直的面元 d$\boldsymbol{S}$ 的通量 dΦ_e 为

$$\mathrm{d}\Phi_e=E\,\mathrm{d}S$$

如图 5-15 所示，当所取的面元 d$\boldsymbol{S}$ 与该处场强 $\boldsymbol{E}$ 方向不相同时，应考虑面元 d$\boldsymbol{S}$ 在垂直于 $\boldsymbol{E}$ 方向上的投影面积 dS'。设

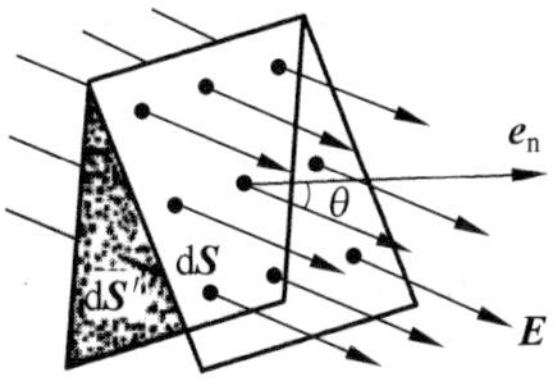

图 5-15　电通量

$\boldsymbol{e}_n$ 为面元 d$\boldsymbol{S}$ 法线方向的单位矢量，与 d$\boldsymbol{S}$ 的夹角为 θ，面元 d$\boldsymbol{S}'$与 $\boldsymbol{E}$ 垂直，有 $dS'=dS\cos\theta$，故通过面元 d$\boldsymbol{S}'$的电通量为

$$d\Phi'_e = E dS' = E dS\cos\theta$$

由图 5-15 可以看出，通过面元 d$\boldsymbol{S}$ 和 d$\boldsymbol{S}'$的电场线的根数相等，因此通过面元 d$\boldsymbol{S}$ 和 d$\boldsymbol{S}'$的电通量也相等，即通过面元 d$\boldsymbol{S}$ 的电通量为

$$d\Phi_e = d\Phi'_e = E dS\cos\theta$$

写成矢量式为

$$d\Phi_e = \boldsymbol{E}\cdot d\boldsymbol{S} \tag{5-15}$$

对于场中任一有限面(曲面或平面)，场一般是不均匀的，要计算穿过它的电通量，必须先把它分成无限多个面元 dS，每个面元上的场可看成均匀场，按式(5-16)算出穿过每一面元的电通量，然后用积分法就可算出穿过该有有限面的总电通量，即

$$\Phi_e = \int_S \boldsymbol{E}\cdot d\boldsymbol{S} = \int_S E\cos\theta dS \tag{5-16}$$

式中，θ 为电场强度方向与面元法线的夹角。

电通量是标量，只有正、负，为代数叠加，电通量的正、负是由面元的法线和电场强度方向的夹角 θ 决定。

如图 5-15 所示，对非闭合曲面，面元法线 $\boldsymbol{e}_n$ 正方向可以有两个，但是各面元的法线矢量 $\boldsymbol{e}_n$ 应指向曲面的同一侧。

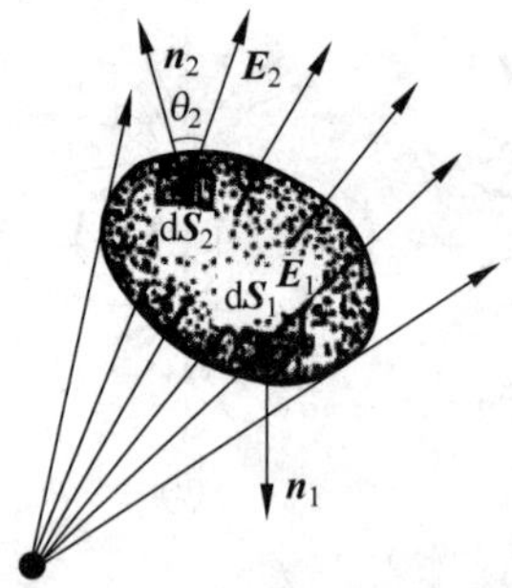

图 5-16 通过闭合曲面的电通量

如图 5-16 所示，如果场中有一封闭曲面，通常规定：面元 d$\boldsymbol{S}$ 的法线正方向指向曲面的外侧。这时，穿过曲面上各个面元的电通量 $d\Phi_e$ 就可能有正有负，在面元 d$\boldsymbol{S}_1$ 处，电场线从外向曲面里穿进，$\theta>90°$，所以 $d\Phi_e$ 为负；在面元 d$\boldsymbol{S}_2$ 处，电场线从面里向外穿出，$\theta<90°$，所以 $d\Phi_e$ 为正。闭合曲面上的总电通量在数值上等于穿出的电场线根数减去穿进的电场线根数。于是穿过整个闭合曲面的电通量为

$$\Phi_e = \oint_S \boldsymbol{E}\cdot d\boldsymbol{S} = \oint_S E\cos\theta dS \tag{5-17}$$

5.3.3 真空中的高斯定理

静电场是由静止电荷激发的，这个场又可以用电场线的方向和电场线的数目(电通量)来描述，所以电通量必与电荷有联系，它们之间的关系可由高斯定理说明。

真空中的高斯定理表述如下：**在真空中通过任意闭合曲面的电通量等于该曲面所包围的一切电荷的代数和除以 ε_0**。用公式表述为

$$\oint_S \boldsymbol{E}\cdot d\boldsymbol{S} = \frac{1}{\varepsilon_0}\sum q_{内} \tag{5-18}$$

高斯定理中闭合曲面称为高斯面。下面通过库仑定律和场强叠加原理，分几种情况来证明高斯定理。

1）以点电荷 q 为球心的任意球面上的电通量

如图 5-17(a)所示，q 为正点电荷，S 是以 q 为中心以任意 r 为半径的球面，S 上任一点处电场强度 $\boldsymbol{E}$ 的大小为

$$E=\frac{q}{4\pi\varepsilon_0 r^2}$$

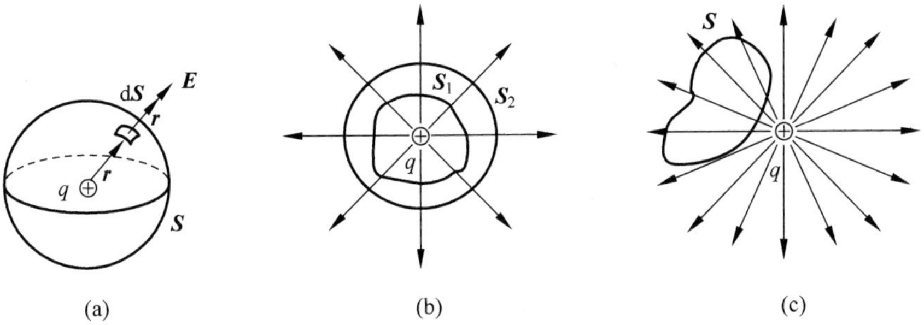

图 5-17　电场的高斯定理

很明显，球面上任一点的场强的大小相等。在 $\boldsymbol{S}$ 上任意选取面元 $\mathrm{d}\boldsymbol{S}$，由于点电荷的场具有球对称性，场强的方向都沿 $\boldsymbol{r}$ 的方向，处处与 $\mathrm{d}\boldsymbol{S}$ 的法线方向相同，即 $\boldsymbol{E}$ 与 $\mathrm{d}\boldsymbol{S}$ 的夹角 $\theta=0$，可求出通过这个球面的电通量为

$$\begin{aligned}\Phi_{\mathrm{e}}&=\oint_S \boldsymbol{E}\cdot\mathrm{d}\boldsymbol{S}=\oint_S\frac{q}{4\pi\varepsilon_0 r^2}\cos0^\circ\mathrm{d}S\\&=\oint_S\frac{q}{4\pi\varepsilon_0 r^2}\mathrm{d}S=\frac{q}{4\pi\varepsilon_0 r^2}\oint_S\mathrm{d}S\\&=\frac{q}{4\pi\varepsilon_0 r^2}4\pi r^2=\frac{q}{\varepsilon_0}\end{aligned}$$

由上可看出，不论球面的半径多大，穿过它的电通量都为 $\frac{q}{\varepsilon_0}$，电荷向周围发出了 $\frac{q}{\varepsilon_0}$ 条电场线。若点电荷电量为负，即 $-q$，它所产生的场强与正电荷相反，则通过这个球面的电通量为 $\Phi_{\mathrm{e}}=-\frac{q}{\varepsilon_0}$。高斯定理仍然成立。

以点电荷 q 为球心的任意球面上的电通量为 $\frac{q}{\varepsilon_0}$。

2）包围点电荷 q 的任意闭合曲面上的电通量

如图 5-17(b)所示，做一个以 $+q$ 为中心、任意形状的闭合曲面 S_1。为了求出穿过 S_1 的电通量，以 $+q$ 为中心做一个闭合曲面 S_2。由于通过 S_1 和 S_2 的电场线数目相等，通过它们的电通量也相等，由上边的公式可知电通量为 $\Phi_{\mathrm{e}}=\frac{q}{\varepsilon_0}$。因此，通过 S_1 的电场强度通量为 $\Phi_{\mathrm{e}}=\oint_{S_1}\boldsymbol{E}\cdot\mathrm{d}\boldsymbol{S}=\frac{q}{\varepsilon_0}$。

包围点电荷 q 的任意闭合曲面上的电通量为 $\frac{q}{\varepsilon_0}$。

3) 不包围点电荷 q 的任意闭合曲面上的电通量

如图 5-17(c)所示，此时，进入 S 面内的电场线必穿出 S 面，即穿入与穿出 S 面的电场线数相等，故通过 S 面的电通量为零。即

$$\Phi_e = \oint_S \boldsymbol{E} \cdot d\boldsymbol{S} = 0$$

因此，S 外电荷对 Φ_e 无贡献。

闭合曲面外的电荷对闭合曲面上的电通量没有贡献。

4) 点电荷系情况

如果闭合面内包有 n 个点电荷，其中有正、有负。根据场强的叠加原理，任一点场强为

$$\boldsymbol{E} = \sum_{i=1}^{n} \boldsymbol{E}_i$$

通过某一闭合曲面电场强度通量为

$$\Phi_e = \oint_S \boldsymbol{E} \cdot d\boldsymbol{S} = \oint_S \sum_{i=1}^{n} \boldsymbol{E}_i \cdot d\boldsymbol{S}$$

$$= \sum_{i=1}^{n} \oint_S \boldsymbol{E}_i \cdot d\boldsymbol{S} = \frac{1}{\varepsilon_0} \sum_{i=1}^{n} q_i$$

即

$$\Phi_e = \frac{1}{\varepsilon_0} \sum q_{内}$$

由此可得到**真空中的高斯定理**：

$$\Phi_e = \oint_S \boldsymbol{E} \cdot d\boldsymbol{S} = \frac{1}{\varepsilon_0} \sum q_{内} \tag{5-19}$$

在真空中通过任意闭合曲面的电通量等于该曲面所包围的一切电荷的代数和除以 ε_0。 式(5-19)为高斯定理数学表达式，高斯定理中闭合曲面称为高斯面。

如果闭合曲面内的电荷是连续分布的，把带电体分成无限多个电荷元 dq，可以看作一个特殊的点电荷系，那么高斯定理仍然成立。设电荷体密度为 ρ，**真空中的高斯定理**的数学表达式为

$$\Phi_e = \oint_S \boldsymbol{E} \cdot d\boldsymbol{S} = \frac{1}{\varepsilon_0} \oint_V \rho dV \tag{5-20}$$

高斯定理是电磁场理论的基本理论之一，它表明：

(1) 通过闭合曲面的电通量与闭合曲面所包围的所有电荷的代数和之间的关系，即闭合曲面的总场强的电通量只与曲面所包围的电荷有关，但与曲面内电荷的分布无关。

(2) 闭合面外的电荷对总通量无贡献，但闭合曲面上的电场强度却是与曲面内外所有电荷相联系的，是共同激发的结果。

(3) 若闭合曲面内存在正(负)电荷，则通过闭合曲面的电通量为正(负)，表明有电场线从面内(面外)穿出(穿入)；若闭合曲面内没有电荷，则通过闭合曲面的电通量为零，意味着

有多少电场线穿入就有多少电场线穿出，说明在没有电荷的区域内电场线不会中断；若闭合曲面内电荷的代数和为零，则有多少电场线进入面内终止于负电荷，就会有相同数目的电场线从正电荷发出穿出面外。可见，高斯定理说明正电荷是发出电场线的源头，负电荷是电场线终止会聚的归宿，这说明，**静电场是有源场，这是静电场的基本性质之一**。

(4) 高斯定理与库仑定律并不是互相独立的规律，而是用不同形式表示的电场与源电荷关系的同一客观规律：库仑定律把场强和电荷直接联系起来，而高斯定理将场强的通量和某一区域内的电荷联系在一起；高斯定理的应用范围比库仑定律更广泛：库仑定律只适用于静电场，而高斯定理不仅适用于静电场，也适用于变化的电场。

5.3.4 高斯定理应用

高斯定理的重要应用之一就是求场强。在某些场强对称分布的问题中，用高斯定理求场强比直接从定义用积分法求场强方便很多。高斯定理中，S 是任意曲面，在数学上计算出任意曲面的电通量有时候是非常复杂甚至难以完成的，因此能够直接应用高斯定理计算出场强 $\boldsymbol{E}$，要求电荷分布具有某种对称性，继而产生的电场也具有某种对称性。

场强分布的对称性应包括大小和方向两个方面。典型情况有三种：①球对称性，如点电荷，均匀带电球面或球体等；②轴对称性，如无限长均匀带电直线，无限长均匀带电圆柱或圆柱面，无限长均匀带电同轴圆柱面；③面对称性，如均匀带电无限大平面或平板。

下面的几个例子代表了应用高斯定理求解具有典型对称性电场的几种情况。

1. 球对称情况下高斯定理的应用

例 5-6　一均匀带电球面(见图 5-18)，半径为 R，电荷为 $+q$，求球面内外任一点场强。

解　由题意知，电荷分布是球对称的，产生的电场是球对称的。电场强度 $\boldsymbol{E}$ 在以 O 为球心任意球面上的各点的大小都相等，方向沿半径向外。

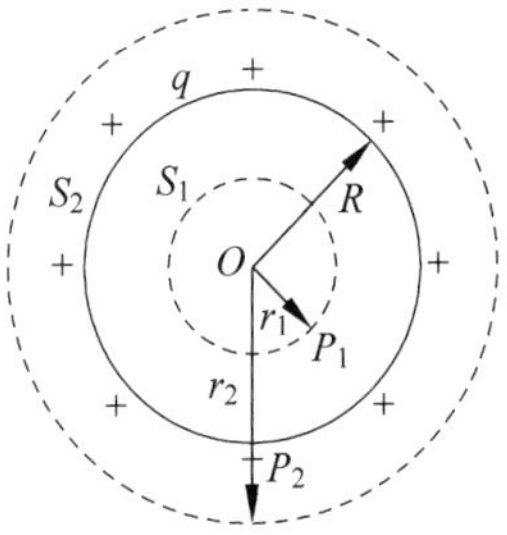

图 5-18　均匀带电球面

1) 球面内任一点 P_1 的场强

以 O 为圆心，通过 P_1 点做半径为 r_1 的球面 S_1 为高斯面，高斯定理为

$$\Phi_e = \oint_S \boldsymbol{E} \cdot d\boldsymbol{S} = \frac{1}{\varepsilon_0} \sum q_{内}$$

由电场的对称性计算得到

$$\begin{aligned}\Phi_e &= \oint_S \boldsymbol{E} \cdot d\boldsymbol{S} = \oint_S E\cos 0 dS \\ &= \oint_S E dS = E\oint_S dS \\ &= E \cdot 4\pi r_1^2\end{aligned}$$

高斯面 S_1 所包围电荷的代数和为零，即

$$\sum q_{内} = 0$$

所以有 $E \cdot 4\pi r_1^2 = 0$，故

$$E=0$$

即均匀带电球面内任一点 P_1 场强为零。

需要注意的是,不是每个面元上电荷在球面内产生的场强为零,而是所有面元上电荷在球面内产生场强的矢量和为零。非均匀带电球面在球面内任一点产生的场强也不一定为零。

2) 球面外任一点的场强

以 O 为圆心,通过 P_2 点以半径 r_2 做一球面 S_2 作为高斯面,由高斯定理有

$$E\cdot 4\pi r_2^2=\frac{1}{\varepsilon_0}q$$

得到球面外一点的电场强度为

$$E=\frac{q}{4\pi\varepsilon_0 r^2}$$

场强的方向沿半径方向向外。

这样,我们得到均匀带电球面内外场强为

$$E=\begin{cases}0, & r<R\\ \dfrac{q}{4\pi\varepsilon_0 r^2}, & r>R\end{cases}$$

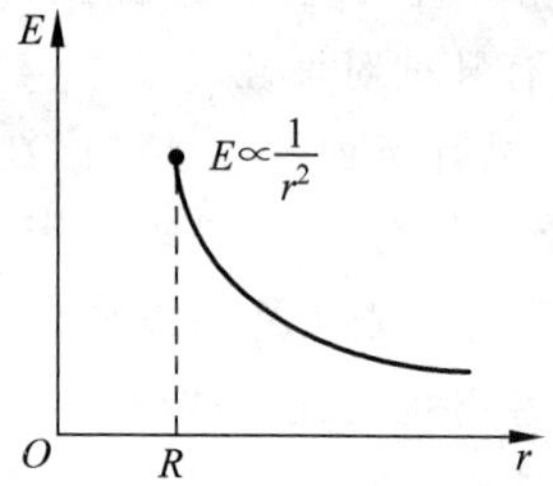

图 5-19 均匀带电球面的电场分布

场强与距离的关系可用图 5-19 表示,**均匀带电球面内部场强处处为零,外部场强与电荷全部集中在球心处的点电荷产生的场强相同。**

例 5-7 有均匀带电的球体(见图 5-20),半径为 R,电量为 $+q$,求球内外场强。

解 由题意知,电荷分布是球对称的,产生的电场是球对称的。场强 $\boldsymbol{E}$ 在以 O 为球心任意球面上的各点的大小都相等,方向沿半径向外。

1) 球内任一点 P_1 的场强

以 O 为圆心,通过 P_1 点做半径为 r_1 的球面 S_1 为高斯面,高斯定理为: $\Phi_e=\oint_{S_1}\boldsymbol{E}\cdot d\boldsymbol{S}=\frac{1}{\varepsilon_0}\sum q_{内}$ 由电场的对称性计算得到

$$\begin{aligned}\Phi_e&=\oint_{S_1}\boldsymbol{E}\cdot d\boldsymbol{S}=\oint_{S_1}E\cos0^\circ dS\\&=\oint_{S_1}E\,dS=E\oint_{S_1}dS\\&=E\cdot 4\pi r_1^2\end{aligned}$$

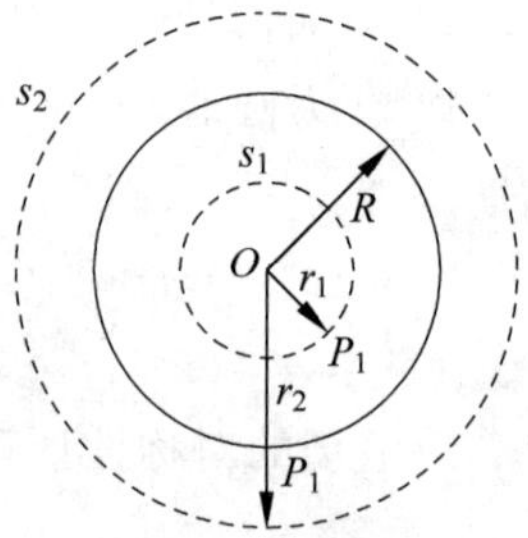

图 5-20 均匀带电球体

高斯面 S_1 所包围电荷的代数和为

$$\sum q_{内}=\frac{q}{\frac{4}{3}\pi R^3}\cdot\frac{4}{3}\pi r_1^3=\frac{q}{R^3}r_1^3$$

所以有

$$E\cdot 4\pi r_1^2=\frac{q}{\varepsilon_0 R^3}r_1^3$$

故

$$E=\frac{q}{4\pi\varepsilon_0 R^3}r_1$$

均匀带电球面内任一点 P_1 场强与半径成正比，方向沿半径向外。

2）球外任一点 P_2 的电场

以 O 为球心，过 P_2 点做半径为 r_2 的球形高斯面 S_2，高斯定理为

$$\Phi_e=\oint_{S_2}\boldsymbol{E}\cdot d\boldsymbol{S}=\frac{1}{\varepsilon_0}\sum q_{内}$$

由此有

$$E\cdot 4\pi r_2^2=\frac{1}{\varepsilon_0}q$$

故

$$E=\frac{q}{4\pi\varepsilon_0 r_2^2}$$

均匀带电球面内任一点 P_1 场强与半径的平方成正比，方向沿半径向外。

因此，我们得到均匀带电球体与球心相距为 r 处的电场强度为

$$E=\begin{cases}\dfrac{q}{4\pi\varepsilon_0 R^3}r, & r\leqslant R\\[2ex] \dfrac{q}{4\pi\varepsilon_0 r^2}, & r>R\end{cases}$$

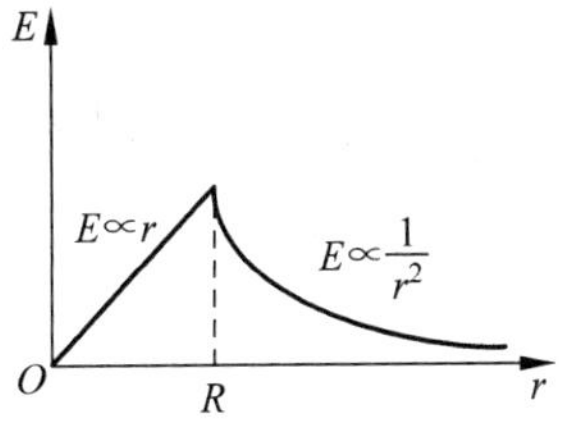

图 5-21 均匀带电球体的电场分布

场强与距离的关系可用图 5-21 表示，均匀带电球体内部场强与 r 成正比，球体外部场强与电荷全部集中在球心处的点电荷产生的场强一样。

2. 轴对称情况下高斯定理的应用

例 5-8 一无限长均匀带电直线，电荷线密度为 $+\lambda$，求直线外任一点场强。

解 由题意知，这里的电场是关于直线轴对称的，电场强度的方向垂直于直线。在以直线为轴的任一圆柱面上的各点场强大小是等值的。如图 5-22 所示，以直线为轴线，过考察点 P 做半径为 r、高为 h 的圆柱高斯面 S，包含上底为 S_1、下底为 S_2，侧面为 S_3。

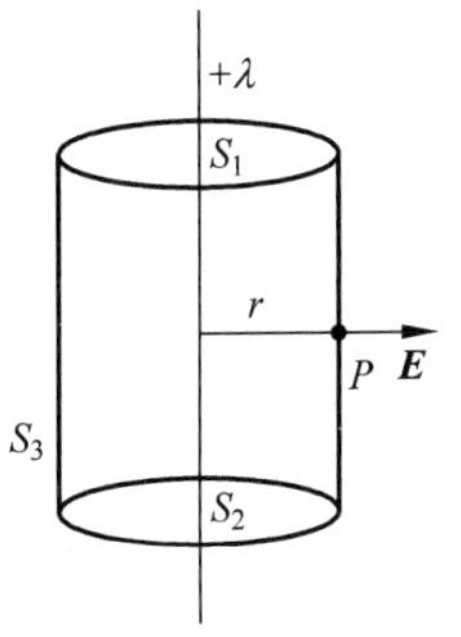

图 5-22 无限长均匀带电直线的电场

高斯定理为

$$\Phi_e=\oint_{S}\boldsymbol{E}\cdot d\boldsymbol{S}=\frac{1}{\varepsilon_0}\sum q_{内}$$

通过高斯面的电通量为分别通过 S_1、S_2 和 S_3 电通量的和，即

$$\oint_S\boldsymbol{E}\cdot d\boldsymbol{S}=\oint_{S_1}\boldsymbol{E}\cdot d\boldsymbol{S}+\oint_{S_2}\boldsymbol{E}\cdot d\boldsymbol{S}+\oint_{S_3}\boldsymbol{E}\cdot d\boldsymbol{S}$$

在 S_1 和 S_2 上，各面元 $d\boldsymbol{S}$ 与 $\boldsymbol{E}$ 的夹角为 $90°$，故前两项积分为零。

在 S_3 上,$\boldsymbol{E}$ 与 $\mathrm{d}\boldsymbol{S}$ 方向一致,且 E 的大小处处相等,因此

$$\oint_S \boldsymbol{E}\cdot \mathrm{d}\boldsymbol{S}=0+0+E\cdot 2\pi rh=E\cdot 2\pi rh$$

高斯面 S 包围电荷的代数和为

$$\sum q_{\text{内}}=\lambda h$$

根据高斯定理,有

$$E\cdot 2\pi rh=\frac{1}{\varepsilon_0}\lambda h$$

得到

$$E=\frac{\lambda}{2\pi\varepsilon_0 r}$$

由于 $\lambda>0$,$\boldsymbol{E}$ 的方向由带电直线指向考察点;若 $\lambda<0$,则 $\boldsymbol{E}$ 的方向由考察点指向带电直线。

3. 面对称情况下高斯定理的应用

例 5-9 无限大均匀带电平面(见图 5-23),电荷面密度为 $+\sigma$,求平面外任一点场强。

解 由题意知,平面产生的电场是关于平面两侧对称的,场强方向垂直于平面,距平面距离相同的任意两点处的电场强度 $\boldsymbol{E}$ 的大小相等。

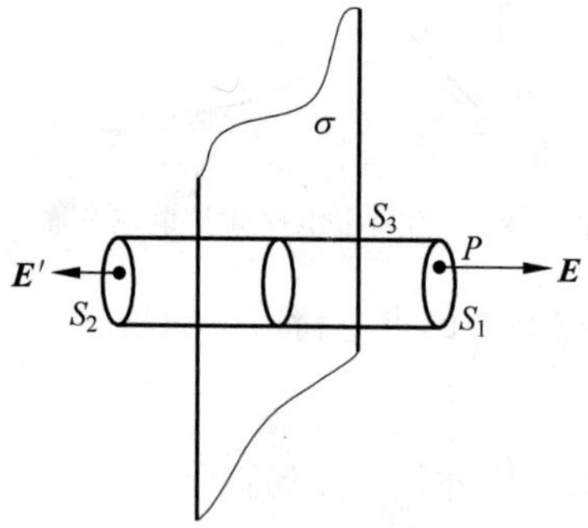

图 5-23 无限大带电薄平板的电场

设 P 为考察点,过 P 点做一底面平行于带电平面且对称的圆柱形高斯面,右端面为 S_1,左端面为 S_2,侧面为 S_3,高斯定理为

$$\Phi_{\mathrm{e}}=\oint_S \boldsymbol{E}\cdot \mathrm{d}\boldsymbol{S}=\frac{1}{\varepsilon_0}\sum q_{\text{内}}$$

在此,有

$$\oint_S \boldsymbol{E}\cdot \mathrm{d}\boldsymbol{S}=\oint_{S_1} \boldsymbol{E}\cdot \mathrm{d}\boldsymbol{S}+\oint_{S_2} \boldsymbol{E}\cdot \mathrm{d}\boldsymbol{S}+\oint_{S_3} \boldsymbol{E}\cdot \mathrm{d}\boldsymbol{S}$$

在 S_3 上的各面元 $\mathrm{d}\boldsymbol{S}$ 与 $\boldsymbol{E}$ 的夹角为 $90°$,故第三项积分为零。

在 S_1、S_2 上各面元 $\mathrm{d}\boldsymbol{S}$ 与 $\boldsymbol{E}$ 夹角为 $0°$,且在 S_1、S_2 上 $\boldsymbol{E}$ 的大小不变,有

$$\begin{aligned}\oint_S \boldsymbol{E}\cdot \mathrm{d}\boldsymbol{S}&=\int_{S_1} E\mathrm{d}S+\int_{S_2} E\mathrm{d}S=E\int_{S_1}\mathrm{d}S+E\int_{S_2}\mathrm{d}S\\&=ES_1+ES_2=2ES_1\end{aligned}$$

高斯面包围电荷的代数和为

$$\sum q_{\text{内}}=\sigma S_1$$

$$E\cdot 2S_1=\frac{1}{\varepsilon_0}\cdot \sigma S_1$$

即

$$E=\frac{\sigma}{2\varepsilon_0}\text{(均匀电场)}$$

由于 $\sigma>0$,电场强度 $\boldsymbol{E}$ 垂直带电平面并指向考察点;若 $\sigma<0$,则 $\boldsymbol{E}$ 由考察点指向

平面。

均匀带电的无限大平面板产生的场强大小与场点到平面的距离无关，为均匀电场，正是电荷分布的对称性决定了电场的对称性。

用高斯定理可以计算具有强对称性场的场强，整体不具有对称性，但局部具有对称性的电荷分布的电场，可以分别用高斯定理求出场强再叠加。

根据高斯定理计算场强时，解题步骤一般如下：

(1) 先根据电荷分布的对称性，分析场强分布的对称性。

(2) 适当选取无厚度的几何面作为高斯面。选取的原则是：待求场强的场点必须在高斯面上；使高斯面的各个部分或者与 $\boldsymbol{E}$ 垂直，或者与 $\boldsymbol{E}$ 平行；与 $\boldsymbol{E}$ 垂直的那部分高斯面上各点的场强应相等；高斯面的形状应是最简单的几何面。

(3) 分别计算通过高斯面的电通量 $\Phi_e=\oint_S \boldsymbol{E}\cdot d\boldsymbol{S}$ 和包围的电荷 $\sum q_{内}$。

(4) 最后由高斯定理 $\Phi_e=\oint_S \boldsymbol{E}\cdot d\boldsymbol{S}=\frac{1}{\varepsilon_0}\sum q_{内}$ 求出场强的大小，并给出方向。

5.4　静电场的环路定理及电势与电势能

5.4.1　静电场的环路定理

静电场的另一重要性质是在静电场中，电场力做功与电荷移动路径无关。下面以点电荷为例，给出证明。

如图 5-24 所示，点电荷 q 固定于某处，另一检验电荷 q_0 在 q 产生的电场中从点 a 经任意路径 L 移动到点 b。在 L 上任取微小位移元 $d\boldsymbol{l}$，该处场强为 $\boldsymbol{E}$，则电场力对 q_0 所做的元功为

$$dA=\boldsymbol{F}\cdot d\boldsymbol{l}=q_0\boldsymbol{E}\cdot d\boldsymbol{l}=q_0 E\,dl\cos\theta$$

式中，θ 为场强 $\boldsymbol{E}$ 与位移元 $d\boldsymbol{l}$ 的夹角。

设由 q 所在位置到 $d\boldsymbol{l}$ 处的位置矢量为 $\boldsymbol{r}$，由几何关系，$dr=dl\cos\theta$，因此

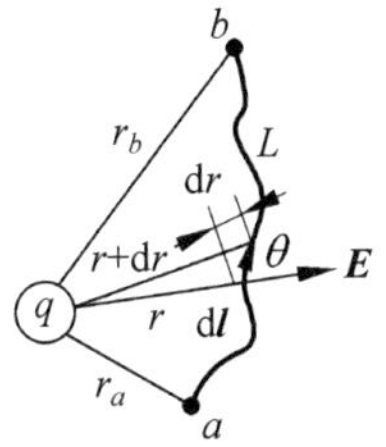

图 5-24　静电场力的功

$$dA=q_0 E\,dr$$

将点电荷的场强公式代入上式，有

$$dA=\frac{q_0 q}{4\pi\varepsilon_0 r^2}dr$$

设点 a 和 b 的位置矢量分别为 $\boldsymbol{r}_a$ 和 $\boldsymbol{r}_b$，则在电荷 q_0 从点 a 经任意路径 L 移动到点 b 时，电场力做的总功为

$$A=\int dA=\int_{r_a}^{r_b}\frac{q_0 q}{4\pi\varepsilon_0 r^2}dr=\frac{q_0 q}{4\pi\varepsilon_0}\left(\frac{1}{r_a}-\frac{1}{r_b}\right)$$

在点电荷电场中，电场力对检验电荷所做的功，只取决于检验电荷 q_0 及其始末位置，与路径无关。

上述结论，对任何带电体系产生的静电场都适用。因为任何带电体系都可看成由许多

个点电荷组成的,所以带电体系的总电场是各个点电荷产生的场强的矢量和。既然每一个点电荷的电场力对 q_0 所做的功都与路径无关,所以总电场的电场力对 q_0 所做的功,也应有同样的结论,即:**在真空中,检验电荷在任何静电场中移动时,电场力做功只与检验电荷电量的大小及其起点和终点的位置有关,而与路径无关**。可见,静电场是保守力场。

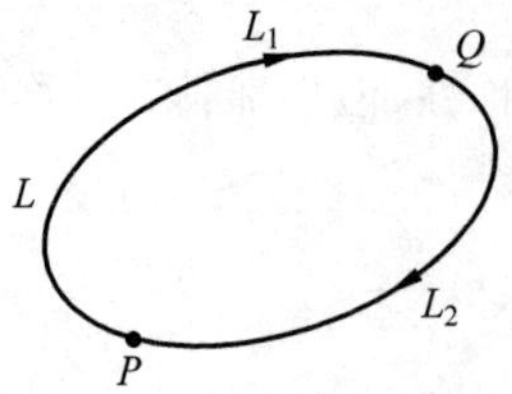

图 5-25 静电场的环路定理

静电场做功与路径无关这一特性可以表示成另一种形式。如图 5-25 所示,在任意静电场中,考虑检验电荷 q_0 沿闭合路径 L 一周静电场所做的功。在 L 上任取两点 P 和 Q,它们把 L 分成两部分 L_1 和 L_2。电场力所做的功为

$$\begin{aligned}A &= q_0\oint_L \boldsymbol{E}\cdot\mathrm{d}\boldsymbol{l}\\ &= q_0\int_{P(L_1)}^{Q}\boldsymbol{E}\cdot\mathrm{d}\boldsymbol{l} + q_0\int_{Q(L_2)}^{P}\boldsymbol{E}\cdot\mathrm{d}\boldsymbol{l}\\ &= q_0\int_{P(L_1)}^{Q}\boldsymbol{E}\cdot\mathrm{d}\boldsymbol{l} - q_0\int_{P(-L_2)}^{Q}\boldsymbol{E}\cdot\mathrm{d}\boldsymbol{l}\end{aligned}$$

式中,$-L_2$ 表示沿 L_2 的反方向。由于静电场所做的功与路径无关,只与始末位置有关,故

$$q_0\int_{P(L_1)}^{Q}\boldsymbol{E}\cdot\mathrm{d}\boldsymbol{l} = q_0\int_{P(-L_2)}^{Q}\boldsymbol{E}\cdot\mathrm{d}\boldsymbol{l}$$

所以有

$$A = q_0\oint_L \boldsymbol{E}\cdot\mathrm{d}\boldsymbol{l} = 0 \tag{5-21}$$

式(5-21)表明,**静电场力沿任意闭合回路一周所做的功为零。这个结论与静电场做的功与路径无关,只与始末位置有关的结论是等价的。**

式(5-21)中的检验电荷电量 q_0 为常量,故

$$\oint_L \boldsymbol{E}\cdot\mathrm{d}\boldsymbol{l} = 0 \tag{5-22}$$

式(5-22)表明:**静电场中,场强任意闭合回路的积分为零**。这个结论称为**静电场的环路定理**,是静电场的基本性质之一。

5.4.2 电势能和电势

前面介绍过,任何做功与路径无关的力都称为保守力,具有这种性质的力场称为保守力场,在保守力场中可以引入势能的概念,势能是位置的函数。并且,保守力所做的功等于势能的减小。由上面的结论可知,静电力为保守力,静电场是保守力场,可以引入静电势能的概念。

1. 电势能

电势能用 W 表示,用检验电荷 q_0 在静电场 $\boldsymbol{E}$ 中从 P 点移到 Q 点,电场力做功 A 作为检验电荷在 P、Q 两点处电势能改变的量度,即

$$A_{PQ} = q_0\int_P^{(0)}\boldsymbol{E}\cdot\mathrm{d}\boldsymbol{l} = W_{PQ} = W_P - W_Q = -(W_Q - W_P) \tag{5-23}$$

式中,W_P 和 W_Q 分别表示 q_0 在 P 点和 Q 点的电势能,即静电场做功等于电势能的减少。

电势能单位为焦耳(J)。需要注意的是，电势能为电场和检验电荷所共有，它是检验电荷与电场之间的相互作用能，电势能的量值只有相对意义，它与**电势能零点**的选择有关。电势能零点选定以后，P 点的电势能为

$$W_P = q_0\int_P^{(0)} \boldsymbol{E}\cdot \mathrm{d}\boldsymbol{l} \tag{5-24}$$

即：**电势能等于电荷从场点移动到电势能零点电场力对电荷所做的功**。

从理论上讲，电势能零点可以任意选取，但实际上当场源电荷为有限带电体时，通常选取无限远处为电势能零点，这是因为这样选取使得电势能表达式最为简单；在实际问题中往往选大地作为电势能零点，这与选无限远处为电势能零点并不矛盾，因为无限远处与大地是连为一体的。总之，电势能零点的选取以方便、简单、实用为准。不过无限带电体激发电场的电势不能选无限远处为电势零点，其原因是"无限带电体"对无限远处来讲不再是"无限带电体"，而且其计算结果将是发散的。这一点从后面的例子可以看到。

2. 电势

电势能是电荷与电场组成的系统所共有的，不仅与电场有关，而且还与检验电荷有关。因此，不能用电势能来描述电场的固有性质。此前，从静电场力的表现引入了场强这一物理量来描述静电场，这里从静电场力做功的表现来阐述电势这一物理量来描述静电场的性质。

1) 电势

由电势能的定义：$W_P = q_0\int_P^{(0)} \boldsymbol{E}\cdot \mathrm{d}\boldsymbol{l}$ 可知，电势能与检验电荷电量 q_0 的比值与 q_0 无关，可以描述电场的性质，故将其定义为**电势(electric potential)**。静电场中某点 P 的电势为

$$U_P = \frac{W_P}{q_0} = \int_P^{(0)} \boldsymbol{E}\cdot \mathrm{d}\boldsymbol{l} \tag{5-25}$$

电势也称电位，是标量，单位为伏特(V)。与电势能类似，电势也是一个相对量，其数值与参考点的选择有关。电势为零的点称为电势零点，其选取和电势能零点的选取一样，这里不再赘述。**电场中某点 P 的电势是单位正电荷从场点 P 移动到电势零点的过程中，电场力做的功**。

2) 电势差

在实际应用中，重要的不是电场中某点的电势数值，而是某两点 P、Q 在电场中的电势差，也称为 P、Q 两点间的电压，和电势的单位相同。即

$$U_{PQ} = U_P - U_Q = \int_P^{(0)} \boldsymbol{E}\cdot \mathrm{d}\boldsymbol{l} - \int_Q^{(0)} \boldsymbol{E}\cdot \mathrm{d}\boldsymbol{l} = \int_P^{Q} \boldsymbol{E}\cdot \mathrm{d}\boldsymbol{l} \tag{5-26}$$

即，**静电场中两点 P、Q 的电势差等于单位正检验电荷从点 P 移到点 Q 时电场力所做的功**。

若已知 U_{PQ}，则把电荷 q 从点 P 移到点 Q 时静电场力所做的功为

$$A_{PQ} = qU_{PQ} = q\int_P^{Q} \boldsymbol{E}\cdot \mathrm{d}\boldsymbol{l} \tag{5-27}$$

5.4.3　电势的计算和电势的叠加原理

1. 点电荷电场中的电势

设场源电荷为点电荷 q，选取无限远处的电势为零。由于电场力做功与路径无关，选取沿径矢 $\boldsymbol{r}$ 的方向至无限远处为积分路径，距离 q 为 r 处 P 点的电势为

$$U_P=\int_P^{\infty}\boldsymbol{E}\cdot\mathrm{d}\boldsymbol{l}=\int_r^{\infty}\frac{1}{4\pi\varepsilon_0}\frac{q}{r^2}\boldsymbol{e}_r\cdot\mathrm{d}\boldsymbol{r}=\int_r^{\infty}\frac{1}{4\pi\varepsilon_0}\frac{q}{r^2}\mathrm{d}r=\frac{q}{4\pi\varepsilon_0 r} \tag{5-28}$$

此为点电荷的电势公式。可见,当 $q>0$ 时,电势 $U_P>0$,即电势为正,离点电荷 q 越远,电势越低,在无限远处,电势为零,是在正电荷的电场中的电势最小值。当 $q<0$ 时,电势 $U_P<0$,即电势为负,离点电荷 q 越远,电势越高,在无限远处,电势为零,是在负电荷的电场中的电势最大值。

2. 电势的叠加原理

前面我们讲过电场的叠加原理,电势也符合叠加原理。任意带电体系都可以看成是点电荷系。设空间中存在 n 点电荷,电荷 q_i 单独存在时在 P 点产生的电场强度 $\boldsymbol{E}_i$,P 点的电场强度为

$$\boldsymbol{E}=\sum_{i=1}^{n}\boldsymbol{E}_i$$

因此,P 点的电势为

$$U_P=\int_A^{\infty}\boldsymbol{E}\cdot\mathrm{d}\boldsymbol{l}=\int_A^{\infty}\sum_{i=1}^{n}\boldsymbol{E}_i\cdot\mathrm{d}\boldsymbol{l}=\sum_{i=1}^{n}\int_A^{\infty}\boldsymbol{E}_i\cdot\mathrm{d}\boldsymbol{l}=\sum_{i=1}^{n}U_i=\sum_{i=1}^{n}\frac{q_i}{4\pi\varepsilon_0 r_i} \tag{5-29}$$

点电荷的电势叠加原理可以表述如下:

在点电荷系的电场中,任意一点的电势等于每个点电荷单独存在时,在该点产生的电势的代数和。

因为任何一个带电体都可以认为是微小点电荷组成的。依据这种理念,将求和变为积分,**连续带电体激发的电场的电势如下**:

$$U_P=\int_q\frac{\mathrm{d}q}{4\pi\varepsilon_0 r} \tag{5-30}$$

3. 电势的计算方法和例子

已知场源电荷或者电场分布,可以求空间的电势分布,其方法有两种。

1) 定义法

若空间中电场分布已知或者容易求得,可以应用电势定义式(5-25),采用电场强度线积分法来求电势。

例 5-10 求均匀带电为 q、半径为 R 的球面的电势 U 分布。

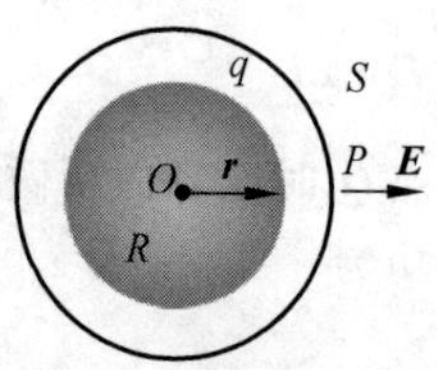

图 5-26 均匀带电球壳的电势

解 如图 5-26 所示,设 P 点是任意一点,离球心的距离为 r。由电荷分布可知,电场沿径向。选择同心球面为高斯面,由高斯定理求得均匀带电球面的场强分布为

$$E=\begin{cases}0, & r<R\\ \dfrac{q}{4\pi\varepsilon_0 r^2}, & r>R\end{cases}$$

选择无穷远处为电势零点 $U_{\infty}=0$,根据电势定义,沿径向积分,可以得到电势。这需要区分 P 点在球面内和球面外两种情况。

在球面内,即 $r\leqslant R$,由于球面内外的场强表达式不同,积分要分两段,即

$$U=\int_r^{\infty}\boldsymbol{E}\cdot \mathrm{d}\boldsymbol{r}=\int_r^R 0\mathrm{d}r+\int_R^{\infty}\frac{q}{4\pi\varepsilon_0 r^2}\mathrm{d}r=\frac{q}{4\pi\varepsilon_0 R}$$

在球面外，即 $r>R$ 时，有

$$U=\int_r^{\infty}\boldsymbol{E}\cdot \mathrm{d}\boldsymbol{r}=\int_r^{\infty}\frac{q}{4\pi\varepsilon_0 r^2}\mathrm{d}r=\frac{q}{4\pi\varepsilon_0 r}$$

结果表明，球面内各点电势相等，并等于球面上的电势。球面外场点电势分布与总电量 q 集中于球心处的点电荷的电势相同。

例 5-11　无限大的均匀带电平面(见图 5-27)，电荷面密度为 σ。试求电势分布。

解　如图 5-27 所示，设 P 点在平面外，与平面的垂直距离为 r_P。根据高斯定理，很容易求得无限大的均匀带电平面的电场为均匀电场，即

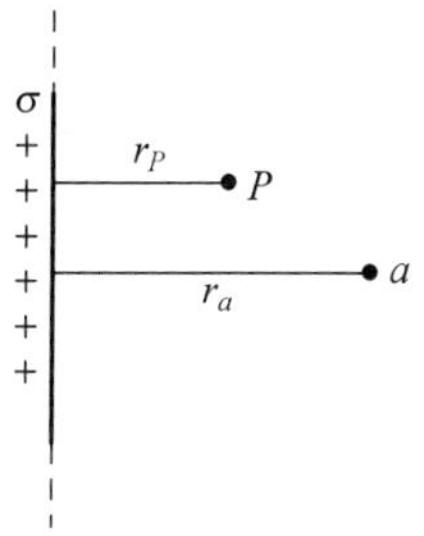

图 5-27　无限长均匀带电平面的电势

$$E=\frac{\sigma}{2\varepsilon_0}$$

如电势零点选在无限远处，即 $U_{\infty}=0$。

根据电势定义，则点 P 的电势为

$$U_P=\int_{r_P}^{\infty}\boldsymbol{E}\cdot \mathrm{d}\boldsymbol{r}$$

若沿垂直于平面的方向积分，则点 P 的电势为

$$U_P=\int_{r_P}^{\infty}\boldsymbol{E}\cdot \mathrm{d}\boldsymbol{r}=\int_{r_P}^{\infty}\frac{\sigma}{2\varepsilon_0}\mathrm{d}r\rightarrow\infty$$

若沿平行于平面的方向积分，则点 P 的电势为

$$U_P=\int_{r_P}^{\infty}\boldsymbol{E}\cdot \mathrm{d}\boldsymbol{r}=0$$

这两个结果显然都不合理，而且相互矛盾。上述两种情况出现矛盾的原因是电荷无限分布而选择无穷远为电势零点。“无限大带电平面”是指带电平面的线度远大于平面到场点的距离，而“无穷远处”是指场点到带电平面的距离远大于带电平面的线度，二者是矛盾的。因此，电荷无限分布，电势零点不能选在无限远处。

在平面外任意选取一点 a 作为电势零点 $U_a=0$，点 a 与平面的垂直距离为 r_a。根据电势定义，沿垂直于平面的方向积分，可以得到点 P 的电势为

$$U_P=\int_{r_P}^{r_a}\boldsymbol{E}\cdot \mathrm{d}\boldsymbol{r}=\int_{r_P}^{r_a}\frac{\sigma}{2\varepsilon_0}\mathrm{d}r=\frac{\sigma}{2\varepsilon_0}(r_a-r_P)$$

结果表明，**在与无限大的均匀带电平面平行的一系列平面上，电势都是相等的**。

2) 叠加法

若电场未知且不容易求出，而源电荷的分布是已知的，或者部分电荷分布的电势是已知的，则可以直接应用电势的叠加原理来求。

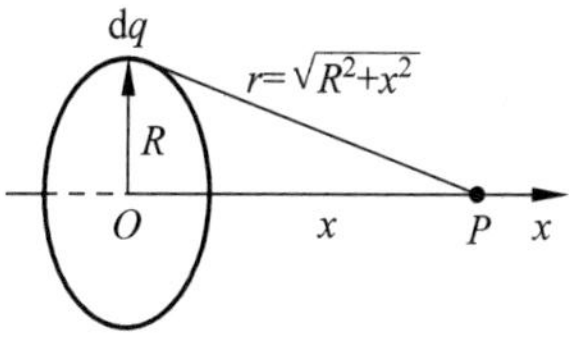

图 5-28　均匀带电圆环的电势

例 5-12　电荷 q 均匀分布在半径为 R 的细圆环(见图 5-28)上，求圆环轴线上距环心 x 处的点 P 的电势。

解　如图 5-28 所示，与前面计算电场时类似，将圆环分割成无限多个电荷元，每个电荷元所带的电量为 $\mathrm{d}q$。设到 $\mathrm{d}q$ 点 P 点的距离为 r。则 $\mathrm{d}q$ 产生的电场在点 P 的电势为

$$dU_P = \frac{dq}{4\pi\varepsilon_0 r}$$

积分得到均匀分布细圆环在轴线上点。激发的电势为

$$U_P = \int \frac{dq}{4\pi\varepsilon_0 r} = \frac{q}{4\pi\varepsilon_0 r} = \frac{q}{4\pi\varepsilon_0 \sqrt{x^2 + R^2}}$$

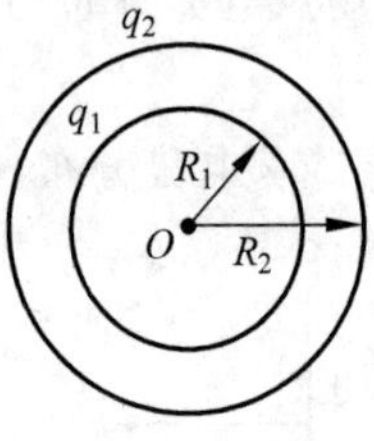

图 5-29　求均匀分布的同心球面的电势

例 5-13　两个均匀分布的同心球面，所带电量分别为 q_1 和 q_2，半径分别为 R_1 和 R_2(见图 5-29)。求空间中电势分布。

解　由电势的叠加原理，空间中的电势为两个带电球面在空间中产生电势的叠加。设内、外球面分别在空间中产生电势为 U_1 和 U_2，U_1 和 U_2 可由例 5-10 求出。空间中电势 U 为 U_1 和 U_2 的代数和，即

$U = U_1 + U_2$，故

当 $r \leqslant R_1$ 时，

$$U = U_1 + U_2 = \frac{q_1}{4\pi\varepsilon_0 R_1} + \frac{q_2}{4\pi\varepsilon_0 R_2}$$

当 $R_1 < r < R_2$ 时，

$$U = U_1 + U_2 = \frac{q_1}{4\pi\varepsilon_0 r} + \frac{q_2}{4\pi\varepsilon_0 R_2}$$

当 $r \geqslant R_2$ 时，

$$U = U_1 + U_2 = \frac{q_1 + q_2}{4\pi\varepsilon_0 r}$$

5.4.4　等势面及场强与电势的关系

1. 等势面

在静电场中引入电势可以使场强分布形象化，一般而言，静电场中的电势值是空间坐标的标量函数。为了形象地描述电场，将电势相等的点连接起来构成的曲面称为等势面。

如图 5-30 所示，在与点电荷距离相等的点处电势是相等的，这些点构成的曲面(虚线所示)是以点电荷为球心的球面。可以看出，点电荷电场中的等势面是一系列同心的球面，**电场线指向电势降低的方向**。电场线的疏密程度可以表示电场的强弱，也可以用等势面的疏密程度表示电场的强弱。**等势面越密的地方，场强也越大；越稀的地方，场强则越小**。

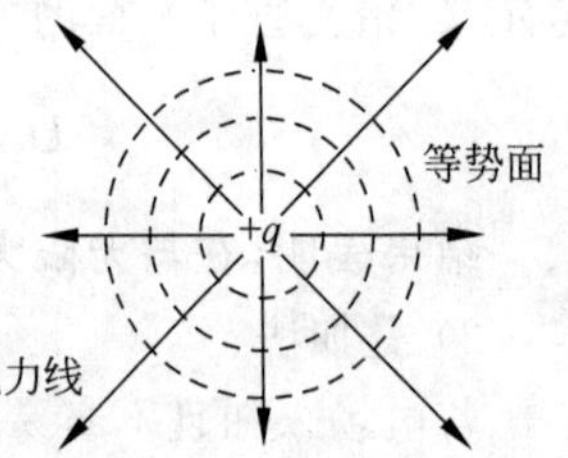

图 5-30　等势面

下面我们讨论静电场中等势面的性质。

(1) 等势面上移动电荷时电场力不做功。将检验电荷 q_0 在等势面上任意移动一微小路径 dl，电场力做功为 $dA = q_0 dU$。因为路径 dl 在等势面上，$dU = 0$，所以 $dA = 0$。这说明在等势面上移动电荷时电场力不做功。

(2) 电场线与等势面处处正交。由上面分析，检验电荷 q_0 在等势面上移动电场力做功为零，$dA = q_0 \boldsymbol{E} \cdot d\boldsymbol{l} = 0$。由于 q_0 不为零，且路径 $d\boldsymbol{l}$ 是任意的，所以 $\boldsymbol{E} \perp d\boldsymbol{l}$，即电场线与等

势面正交。

2. 场强与电势关系

电场强度 E 和电势 U 都是描述电场性质的物理量，前面给出了它们的定性关系，它们也存在定量关系。电势的定义式给出了二者积分关系，下面讨论微分关系。

如图 5-31 所示，设 A、B 为两个无限接近的等势面，其电势分别为 U、$U+\mathrm{d}U$，且 $\mathrm{d}U>0$。在等势面 A 上经过一点引一法线，其单位矢量为 $\boldsymbol{e}_\mathrm{n}$，并规定指向电势升高的地方为正，电场与等势面正交且指向电势降低的方向，因此场强 $\boldsymbol{E}$ 的方向与 $\boldsymbol{e}_\mathrm{n}$ 相反。由于 A、B 两个等势面无限接近，可认为 $\boldsymbol{e}_\mathrm{n}$ 也垂直于等势面 B。

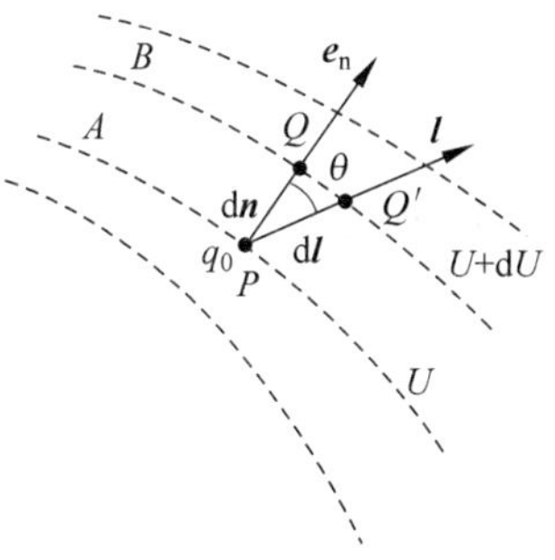

图 5-31　场强与电势关系

法线 $\boldsymbol{e}_\mathrm{n}$ 与两个等势面分别相交于点 P 和 Q。设单位正电荷从 P 点沿微小路径 $\mathrm{d}\boldsymbol{l}$ 移动到等势面 B 上的一点 Q'，$\mathrm{d}\boldsymbol{l}$ 与 $\boldsymbol{e}_\mathrm{n}$ 夹角为 θ，场强此 $\mathrm{d}\boldsymbol{l}$ 方向上的分量为 E_l。在此过程中，电场力做功为

$$\mathrm{d}A=q_0(U_P-U_{Q'})=q_0\boldsymbol{E}\cdot\mathrm{d}\boldsymbol{l}\text{，即}$$

$$-\mathrm{d}U=E\cos(\pi-\theta)\mathrm{d}l=-E\cos\theta\mathrm{d}l=E_l\mathrm{d}l$$

则

$$E_l=-\frac{\mathrm{d}U}{\mathrm{d}l}\tag{5-31}$$

式(5-31)表明，**电场中某点场强在任意方向上的分量等于电势在此方向上变化率的负值。**

在两个等势面上，电势差 $\mathrm{d}U$ 是相同的，但 $\mathrm{d}l$ 的长度不同，由上式可知，电势的空间变化率在不同方向是不同的。很显然，沿法线方向 $\boldsymbol{e}_\mathrm{n}$ 的距离 $\mathrm{d}n$ 最短，电势的空间变化率最大。几何关系有 $\mathrm{d}l=\mathrm{d}n/\cos\theta$，代入上式有

$$\frac{\mathrm{d}U}{\mathrm{d}l}=\frac{\mathrm{d}U}{\mathrm{d}n}\cos\theta$$

这是一个矢量的绝对值和它在某方向投影之间的关系。我们定义一个矢量，其大小为 $\dfrac{\mathrm{d}U}{\mathrm{d}n}$，方向指向电势升高的方向。这个矢量称为**电势梯度**。用符号表示为

$$\nabla U=\frac{\mathrm{d}U}{\mathrm{d}n}\boldsymbol{e}_\mathrm{n}$$

电势梯度在 $\boldsymbol{e}_\mathrm{n}$ 方向最大，因此场强在 $\boldsymbol{e}_\mathrm{n}$ 方向上的分量最大，为场强自身，因此

$$\boldsymbol{E}=-\nabla U\tag{5-32}$$

即在电场中任一点的电场强度矢量等于该点电势梯度矢量的负值，负号表示场强与电势梯度的方向相反。

若已知空间中电势分布，则可以根据上式直接求出电场。例如，在例 5-12 中，求出了电荷均匀分布细圆环上轴线 x 处的点 P 电势为

$$U_P=\frac{q}{4\pi\varepsilon_0\sqrt{x^2+R^2}}$$

对电势求梯度即可求出点 P 处的电场强度。由于 U_P 只与 x 有关，因此场强的方向沿

x 方向。场强大小为

$$E=-\frac{\mathrm{d}U_P}{\mathrm{d}x}=\frac{1}{4\pi\varepsilon_0}\frac{qx}{(x^2+R^2)^{3/2}}$$

与例 5-4 中直接应用电场叠加原理得到的结果是一致的。

本章小结

1. 库仑定律

两个点电荷之间的静电场：

$$\boldsymbol{F}_{12}=k\frac{q_1q_2}{r^2}\boldsymbol{e}_{r_{12}}$$

库仑定律叠加原理：

$$\boldsymbol{F}=\sum_{i=1}^{n}\frac{1}{4\pi\varepsilon_0}\frac{q_iq_0}{r_{i0}^2}\boldsymbol{e}_{r_{i0}}$$

电荷连续分布时：

$$\mathrm{d}\boldsymbol{F}=\frac{1}{4\pi\varepsilon_0}\frac{q_0\mathrm{d}q}{r^2}\boldsymbol{e}_r$$

2. 电场强度

电场强度定义：

$$\boldsymbol{E}=\frac{\boldsymbol{F}}{q_0}$$

(1) 点电荷的电场强度：

$$\boldsymbol{E}=\frac{\boldsymbol{F}}{q_0}=\frac{1}{4\pi\varepsilon_0}\frac{q}{r^2}\boldsymbol{e}_r$$

(2) 场强叠加定理：

点电荷系

$$\boldsymbol{E}=\sum_{i=1}^{n}\frac{1}{4\pi\varepsilon_0}\frac{q_i}{r_i^2}\boldsymbol{e}_{r_i}$$

电荷连续分布

$$\boldsymbol{E}=\int\mathrm{d}\boldsymbol{E}=\frac{1}{4\pi\varepsilon_0}\frac{\mathrm{d}q}{r^2}\boldsymbol{e}_r$$

3. 高斯定理

1) 电场线

电场线为电场中描述电场强度大小和方向的曲线簇。电场线非客观存在，是人为引入的辅助工具；其特点是：不中断、不闭合、不相交，密度与场强大小成正比。

2) 电通量

(1) 通过任意曲面的电通量为：$\Phi_\mathrm{e}=\int_S\mathrm{d}\Phi=\int_S E\mathrm{d}S\cos\theta=\int_S\boldsymbol{E}\cdot\mathrm{d}\boldsymbol{S}$。

(2) 对封闭曲面来说，$\Phi_\mathrm{e}=\oint\boldsymbol{E}\cdot\mathrm{d}\boldsymbol{S}$。

并且,对于封闭曲面,取其外法线矢量为正方向,即穿入为负、穿出为正。

3) 真空中高斯定理

真空中的高斯定理:在真空中通过任意闭合曲面的电通量等于该曲面所包围的一切电荷的代数和除以 ε_0,即有

$$\oint_S \boldsymbol{E}\cdot \mathrm{d}\boldsymbol{S}=\frac{1}{\varepsilon_0}\sum q_{内}$$

真空中高斯定理说明,**静电场是有源场,这是静电场的基本性质之一**。

4. 静电场的环路定理及电势和电势能

(1) 静电场的环路定理:$\oint_L \boldsymbol{E}\cdot \mathrm{d}\boldsymbol{l}=0$。

在静电场中,场强沿闭合路径的线积分等于零。

(2) 电势能:$W_P=q_0\int_P^{(0)}\boldsymbol{E}\cdot \mathrm{d}\boldsymbol{l}$。

(3) 电势:$U_P=\dfrac{W_P}{q_0}=\int_P^{(0)}\boldsymbol{E}\cdot \mathrm{d}\boldsymbol{l}$。

(4) 等势面:电势相等的点连接起来构成的曲面称为等势面。

(5) 场强与电势的关系:$\boldsymbol{E}=-\nabla U$。

阅读材料　静电场的应用

静电场在工农业生产与日常生活中有很多的应用。静电场应用是指利用静电感应、高压静电场的气体放电等效应和原理,实现多种加工工艺和加工设备。工业方面,在电力、机械、轻工、纺织、航空航天以及高技术领域有着广泛的应用。农业生产中,利用高压静电场处理植物种子或植株,可以提高产量和抗性。生活方面,静电场应用于治疗、空气除尘以及厨房抽油烟机等。可以说,静电场的应用与我们息息相关。

1. 静电喷涂

静电喷涂是利用静电吸附作用将聚合物涂料微粒涂敷在接地金属物体上,然后将其送入烘炉以形成厚度均匀的涂层。如图 5-32 所示,电晕放电电极使直径 5～30μm 的涂料粒子带电,在输送气力和静电力的作用下,涂料粒子飞向被涂物,粒子所带电荷与被涂物上的感应电荷之间的吸附力使涂料牢固地附在被涂物上。

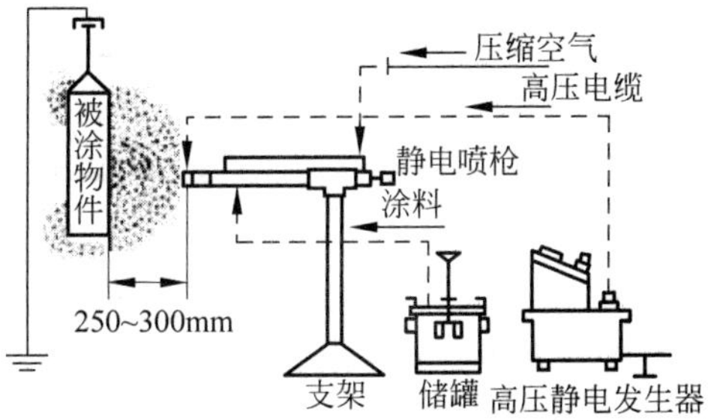

图 5-32　静电喷涂

涂料经喷嘴雾化后喷出,被雾化的涂料微粒通过枪口的极针或喷盘、喷杯的边缘时因接触而带电,当经过电晕放电所产生的气体电离时,将再一次增加其表面电荷密度。这些带负电荷的涂料微粒在静电场作用下,向导极性的工件表面运动,并被沉积在工件表面上形成均匀的涂膜。

2. 静电植绒

利用静电场作用力使绒毛极化并沿电场方向排列,同时被吸着在涂有黏合剂的基底上成为绒毛制品。其装置由两个平行板电极构成。其中下电极接地,并在其上放置基底材料和短纤维;上电极板施加高压直流电,两电极间形成强电场。目前主要产品类型有:纤维制品如地毯、坐垫、人造皮毛和印花绒布等;塑料制品如装饰布、保护用吸声布及富有表面弹性的制品等;金属制品有装饰材料、保护材料和隔热材料等;其他还有用于装饰的木制壳体和纸制壳体等。

3. 静电除尘和分选

静电除尘是利用静电场的作用,使气体中悬浮的尘粒带电而被吸附,并将尘粒从烟气中分离出来而将其去除。这是静电应用的主要方面,可用于各种工厂的烟气除尘,静电除尘装置的结构是:将棒状或丝状高压放电电极两端绝缘起来,并悬挂在接地平板集尘极之间或接地圆筒形集尘极的轴心上,在高压放电极上施加负高压,当达到电晕起始电压以上时,高压极表面就出现紫色的光点,同时发出嘶嘶声,含有粉尘或烟雾的气体通过时,粉尘及烟雾等粒子因负离子作用而直接带电,在电场作用下它们被吸附在集尘极并堆积起来,被净化的气体从中抽出。所堆积的粉尘,在敲打集尘极时脱落下来,加以清除。

4. 静电复印

利用光电导敏感材料在曝光时按影像发生电荷转移而存留静电潜影,经一定的干法显影、影像转印和定影而得到复制件。所用材料为非银感光材料。静电复印有直接法和间接法两种。前者将原稿的图像直接复印在涂敷氧化锌的感光纸上,又称涂层纸复印机;后者将原稿图像先变为感光体上的静电潜像,然后再转印到普通纸上,故又称普通纸复印机。按显影剂形态是干粉还是液体又可分为干式和湿式两类。目前世界各国生产的以干式间接法静电复印机为主。静电复印技术近年来得到了很大的发展,现代的静电复印机具有很高的复印速率,可扩印和缩印,也可复印彩色原件。它满足了现代社会对于信息记录和信息显示的需要。

5. 物理植保技术

静电场是植物生长发育必不可少的环境因素之一。有人试验用接地的金属网将生长期的植物罩起来,将自然静电场屏蔽,结果导致植物的光合作用受滞,新陈代谢作用显著降低,生长变慢,抗病能力下降。早在20世纪70年代,我国就开始有人利用人为高压静电场处理农作物种子,并取得了提高产量,增强作物抗严寒、抗病虫害等性能的良好效果。植物静电效应的试验研究并取得一定成果的主要有静电场处理植物种子和植株两个方面。

处理植物种子的静电场是由电晕线与金属板组成正负两极而产生的,在极板之间的空间形成一定强度的电场,并有离子雾产生。将植物种子平放在金属极板上,经过一定时间的"照射"处理,即可起到极化提高种子活力的作用。

植物的生长发育是自然静电场与磁场、引力场及阳光、空气、水分等诸多环境因素共同作用的结果。而处理植株的静电场一般是在地面上空架设金属线材的电晕线,电晕线的高度一般在0.5~2.0m之间,视植被高度而定,但要注意与植被最高处保持一定距离,以免烧坏植株顶部枝叶。由直流高压发生器供给电晕线 10～40kV 的电压，从而在电晕线与地面之间形成一个外加静电场，每天供电几小时，植株就生长在变化的静电场中。

静电场在高技术领域也得到一些应用，静电火箭发动机、静电轴承、静电透镜、静电场治疗等各个方面都有非凡的应用。

习　题

5.1　单项选择题

(1) 电场强度 $\boldsymbol{E}=\dfrac{\boldsymbol{F}}{q}$ 这一定义的适用范围是(　　)。

A. 点电荷产生的电场　　B. 静电场

C. 匀强电场　　D. 任何电场

(2) 下列说法正确的是(　　)。

A. 静电场中的任一闭合曲面 S，若有 $\oint_S \boldsymbol{E}\cdot \mathrm{d}\boldsymbol{S}=0$，则 S 面上的 E 处处为零

B. 若闭合曲面 S 上各点的场强均为零，则 S 面内未包围电荷

C. 通过闭合曲面 S 的总电通量，仅仅由 S 面内所包围的电荷提供

D. 闭合曲面 S 上各点的场强，仅仅由 S 面内所包围的电荷提供

(3) 静电场的环路定理 $\oint_L \boldsymbol{E}\cdot \mathrm{d}\boldsymbol{l}=0$ 说明静电场的性质是(　　)。

A. 电场线是闭合曲线　　B. 静电场力是非保守力

C. 静电场是有源场　　D. 静电场是保守场

(4) 关于电场强度与电势之间的关系，下列说法正确的是(　　)。

A. 在电场中，电场强度为零的点，电势必为零

B. 在电场中，电势为零的点，电场强度必为零

C. 在电势不变的空间，电场强度处处为零

D. 在电场强度不变的空间，电势处处为零

(5) 若将负电荷 q 从电场中的 a 点移到 b 点，如题 5.1(5) 图所示，则下述正确者是(　　)。

A. 电场力做负功

B. 电场强度 $E_a<E_b$

C. 电势能减少

D. 电势 $U_a<U_b$

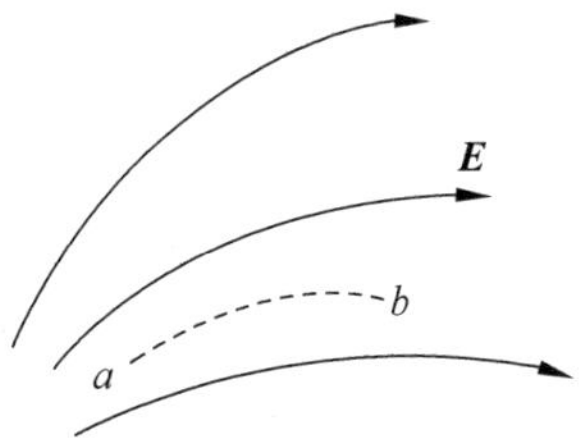

题 5.1(5)图

5.2　填空题

(1) 一点电荷 q 位于一立方体中心，立方体边长为 a，则通过立方体一面的电通量为________；若该点电荷移动到立方体的一个角顶上，则通过立方体每一面的通量为________和________。

(2) 描述静电场性质的两个物理量是________和________，它们的定义式分别是________和________。

(3) 题 5.2(3)图中曲线表示一种球对称性静电场的场强大小 E 的分布，r 表示离对称

中心的距离,这是由________产生的电场。

(4) 如题 5.2(4)图所示,在带电量为 q 的点电荷的静电场中,将一带电量为 q_0 的点电荷从 a 点经任意路径移动到 b 点,电场力所做的功 $A=$________。

(5) 如题 5.2(5)图所示,负电荷 Q 的电场中有 a,b 两点,则________点电场强度大,________点的电势高,一正电荷 q 置于 b 点,将此点电荷从 b 点移至 a 点,电势能将________(填"减少","增加"或"不变")。

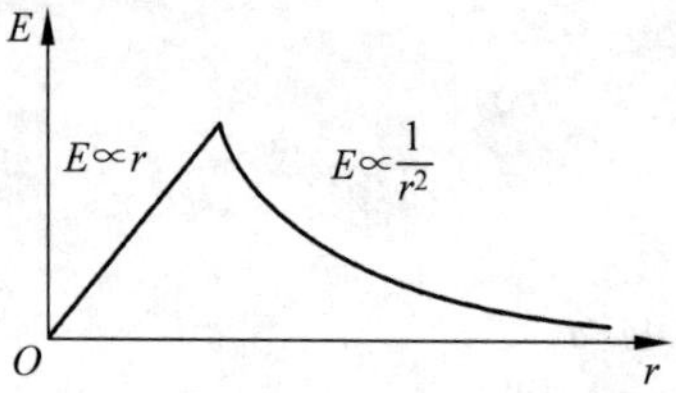

题 5.2(3)图

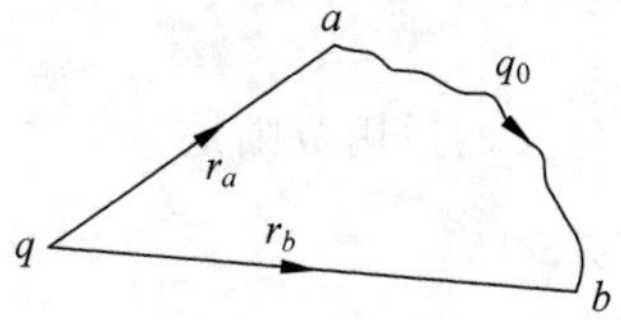

题 5.2(4)图

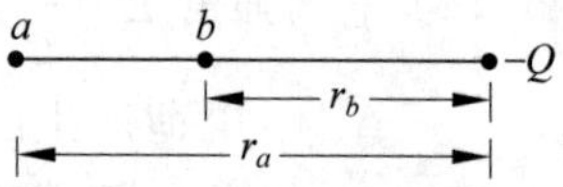

题 5.2(5)图

5.3 计算题

(1) 电荷为 $+q$ 和 $-2q$ 的两个点电荷分别置于 $x=1\text{m}$ 和 $x=-1\text{m}$ 处。一试验电荷置于 x 轴上何处,它受到的合力等于零?

(2) 如题 5.3(2)图所示,真空中一长为 L 的均匀带电细直杆,总电荷为 q,试求在直杆延长线上距杆的一端距离为 d 的 P 点的电场强度。

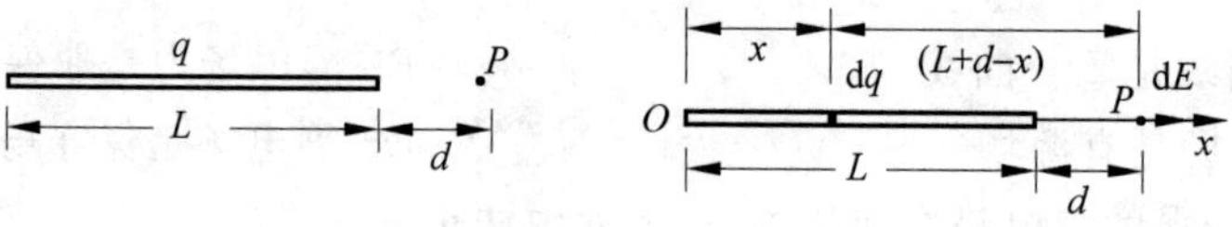

题 5.3(2)图

(3) 如题 5.3(3)图所示,一细棒被弯成半径为 R 的半圆形,其上半部分均匀分布有电荷 $+Q$,下半部分均匀分布电荷 $-Q$,求圆心 O 点的电场强度 $\boldsymbol{E}$。

(4) 真空中两条平行的"无限长"均匀带电直线相距为 a,其电荷线密度分别为 $+\lambda$ 和 $-\lambda$。试求:

① 在两直线构成的平面上,两线间任一点的电场强度(选 Ox 轴如题 5.3(4)图所示,两线的中点为原点);

② 两带电直线上单位长度之间的相互吸引力。

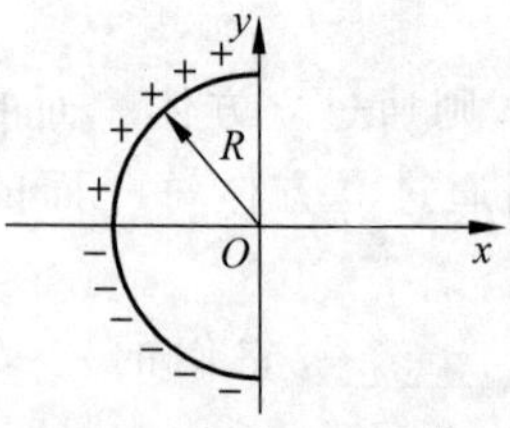

题 5.3(3)图

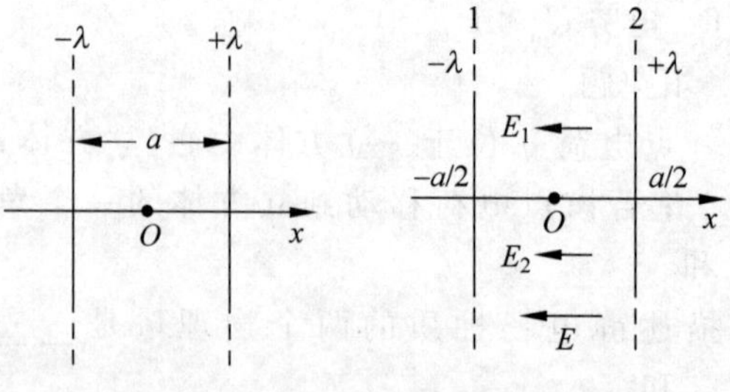

题 5.3(4)图

(5) 真空中一立方体形的高斯面，边长 $a=0.1\text{m}$，位于题 5.3(5)图所示位置。已知空间的场强分布为：$E_x=bx$，$E_y=0$，$E_z=0$。常量 $b=1000\text{N}/(\text{C}\cdot\text{m})$。试求通过该高斯面的电通量。

(6) 题 5.3(6)图中虚线所示为一立方形的高斯面，已知空间的场强分布为：$E_x=bx$，$E_y=0$，$E_z=0$。高斯面边长 $a=0.1\text{m}$，常量 $b=1000\text{N}/(\text{C}\cdot\text{m})$。试求该闭合面中包含的净电荷。(真空介电常数 $\varepsilon_0=8.85\times10^{-12}\ \text{C}^2/(\text{N}\cdot\text{m}^2)$)

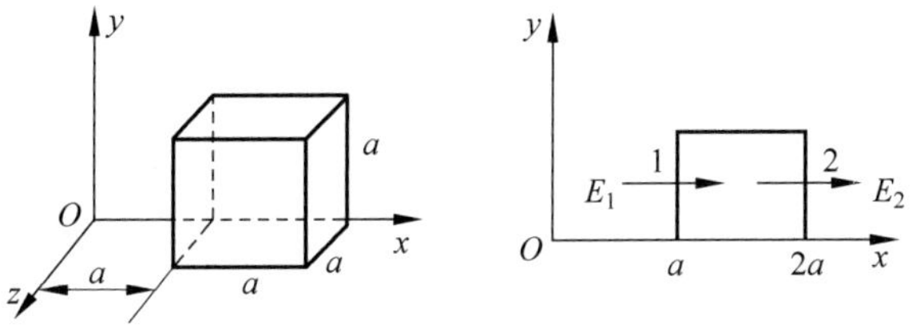

题 5.3(5)图

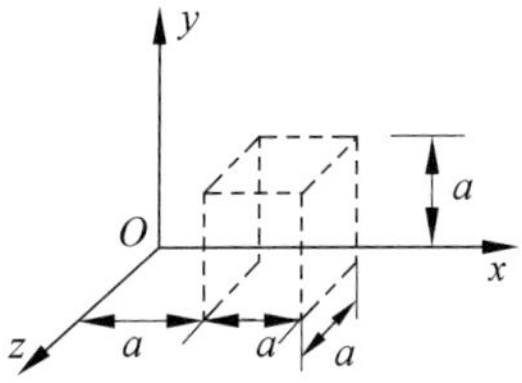

题 5.3(6)图

(7) 求总带电量为 Q、半径为 R 的均匀带电球体的电场分布，并画出 E-r 曲线。

(8) 两个无限长同轴圆筒半径分别为 R_1 和 R_2，单位长度带电量分别为 $+\lambda$ 和 $-\lambda$。求内筒内、两筒间及筒外的电场分布。

(9) 如题 5.3(9)图所示，两个点电荷 $+q$ 和 $-3q$，相距为 d。试求：

① 在它们的连线上电场强度为零的点与电荷为 $+q$ 的点电荷相距多远？

② 若选无穷远处电势为零，两点电荷之间电势 $U=0$ 的点与电荷为 $+q$ 的点电荷相距多远？

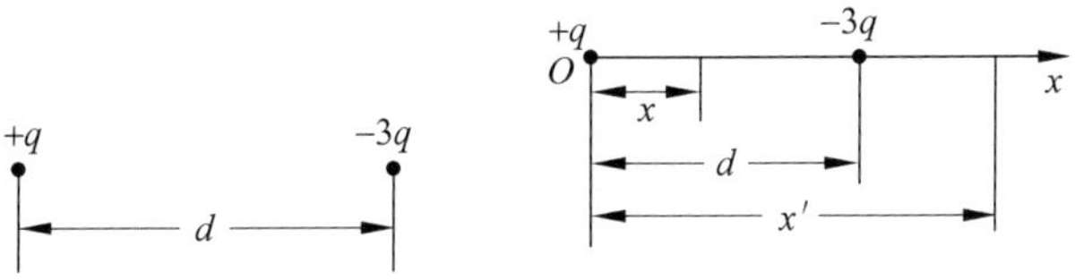

题 5.3(9)图

(10) 一球体内均匀分布着电荷体密度为 ρ 的正电荷，若保持电荷分布不变，在该球体挖去半径为 r 的一个小球体，球心为 O'，两球心间距离 $\overline{OO'}=d$，如题 5.3(10)图所示，求：

① 在球形空腔内，球心 O'处的电场强度 E；

② 在球体内 P 点处的电场强度 E。设 O'、O、P 三点在同一直径上，且 $\overline{OP}=d$。

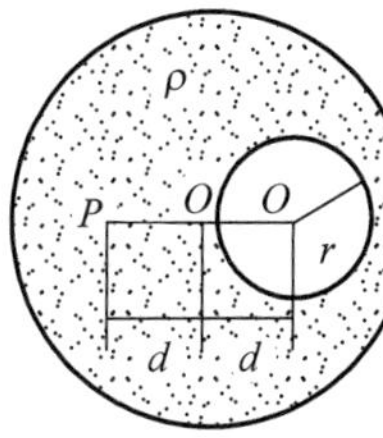

题 5.3(10)图

(11) 两均匀带电的无限长直共轴圆筒，内半径为 a，沿轴线单位长度的电量为 λ，外筒半径为 b，沿轴线单位长度的电量为 $-\lambda$，选取内筒电势为零。试求：

① 离轴线为 r 处的电势 V；

② 两筒的电势差。

(12) 两点电荷 $q_1=1.5\times10^{-8}\text{C}$，$q_2=3.0\times10^{-8}\text{C}$，相距 $r_1=42\text{cm}$，要把它们之间的距离变为 $r_2=25\text{cm}$，需做多少功？

(13) 如题5.3(13)图所示,在A,B两点处放有电量分别为$+q$,$-q$的点电荷,AB间距离为$2R$,现将另一正检验电荷q_0从O点经过半圆弧移到C点,求移动过程中电场力做的功。

(14) 一均匀带电细杆,长$l=15.0\text{cm}$,线电荷密度$\lambda=2.0\times10^{-7}\text{C/m}$,求:

① 细杆延长线上与杆的一端相距$a=5.0\text{cm}$处的电势;

② 细杆中垂线上与细杆相距$b=5.0\text{cm}$处的电势。

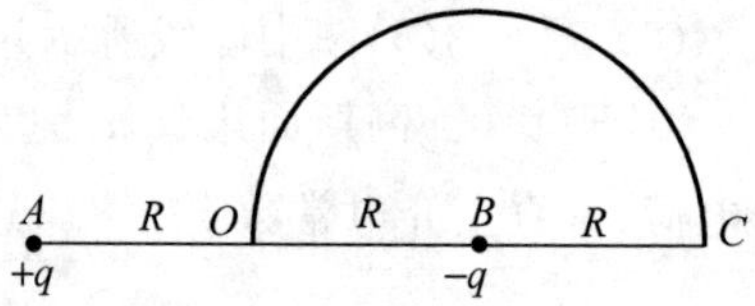

题5.3(13)图

(15) 两个同心球面,半径分别为10cm和30cm,小球均匀带有正电荷$1\times10^{-8}\text{C}$,大球均匀带有正电荷$1.5\times10^{-8}\text{C}$。求离球心分别为20cm、50cm时各点的电势。

第 6 章　静电场中的导体与电介质

第 5 章讨论了真空中的静电场，即空间除了给定的电荷外，在电场中不存在由分子、原子构成的其他物质。其实，在物质世界里.真空只不过是一种理想的情况，实际电场中总会有导体和电介质。导体和电介质是实物物质，静电场是另一种形态的物质，当它们处在同一空间时，就会产生相互作用，相互影响。本章将研究静电场和导体、电介质相互影响的规律，讨论导体和电介质的有关性质，最后讨论静电场的能量，从一个侧面来反映电场的物质性。

6.1　静电场中的导体

6.1.1　金属导体的电结构

物质按导电性能可分为导体、绝缘体（也叫电介质）和半导体三类。金属导体之所以能很好地导电，是由它本身的结构所决定的。从微观角度来看，金属导体原子是由可以在金属内自由运动的最外层价电子（称为**自由电子**）和按一定分布规则排列着的晶体点阵正离子组成，在导体不带电或无外电场作用时，整个导体呈电中性。

导体放到电场中都要受到电场的影响。同时，它们也反过来影响电场。本章将讨论这种相互影响的规律。实际上这些规律是静电场的一般规律在导体存在时的特殊应用。作为基础知识，本章的讨论只限于各向同性的均匀的金属导体与电场的相互影响。

6.1.2　静电感应

将导体放入场强为 $\boldsymbol{E}_0$ 的外电场中，导体内的自由电子将在外电场力作用下漂移运动，引起导体内的电荷重新分布，最终将在导体外表面产生等量异号的电荷，这种现象称为“**静电感应**”，如图 6-1 所示。在带电体附近的导体因静电感应在表面产生的电荷称为“**感应电荷**”。

如图 6-2 所示，感应电荷也会产生电场，称为附加电场，用 $\boldsymbol{E}'$ 来表示，与 $\boldsymbol{E}_0$ 方向相反。因此导体内的电场随之而变化，应为上述两种场强的矢量叠加，即

$$\boldsymbol{E}=\boldsymbol{E}_0+\boldsymbol{E}'$$

显然，导体中的自由电子将在 $\boldsymbol{E}_0$ 的作用下向图中的左方运动，使左端的自由电子不断增加，因而附加电场 $\boldsymbol{E}'$ 也随之增大，当附加电场与外电场达到平衡时，即 $\boldsymbol{E}=\boldsymbol{E}_0+\boldsymbol{E}'=\boldsymbol{0}$ 时，导体内部场强处处为零，导体内的自由电子将停止定向移动，导体上的电荷分布不再随时间变化。导体内部和表面都没有电荷的宏观定向运动的状态称为**导体的静电平衡状态**。

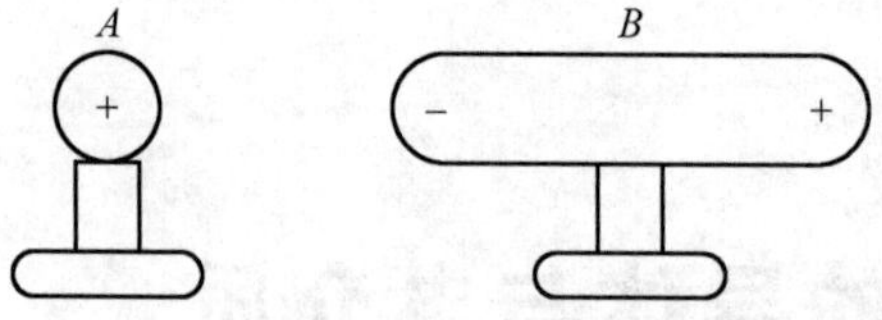

图 6-1　静电感应

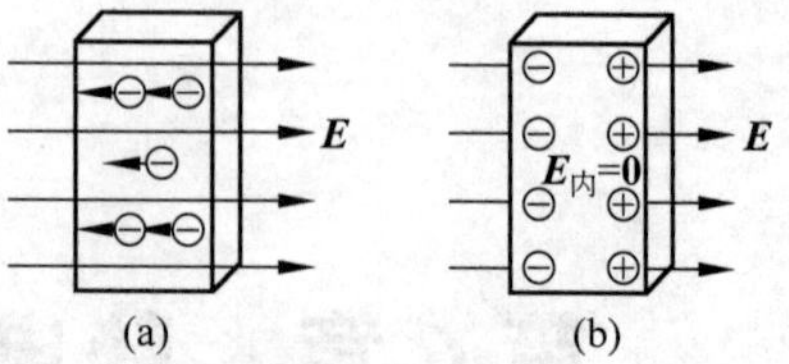

图 6-2　导体的静电平衡

(a) 自由电子定向运动；(b) 静电平衡状态

静电平衡条件：**导体内部任何一点处的电场强度为零；导体表面处电场强度的方向都与导体表面垂直。**

因为只要导体内部某处场强不为零，或者导体表面场强有切向分量，则该处自由电子受静电力的作用将作定向运动，就不是静电平衡。

由静电平衡条件，在导体内部，场强处处为零；在导体表面上，场强的切向分量为零。因此，导体内部及表面上任意两点 $\boldsymbol{P}$、$\boldsymbol{Q}$ 的电势差为 $U_{PQ}=\int_P^Q \boldsymbol{E}\cdot \mathrm{d}\boldsymbol{l}=0$。

静电平衡时，导体内部和表面的电势处处相等，导体是一个等势体，导体表面为等势面。

6.1.3　导体上的电荷分布

导体处于静电平衡状态时，既然没有电荷作定向运动，那么导体上的电荷就有确定的宏观分布。我们从导体的静电平衡条件出发，结合静电场的高斯定理以及电荷守恒来讨论静电平衡时导体上电荷分布的规律。

(1) 处于静电平衡的导体，其内部各处净电荷为零，电荷只能分布在导体的外表面。

导体内电荷具体的分布情况可根据静电平衡条件说明如下：如图 6-3 所示，设想在导体的内部任一闭合曲面，由于导体内部的场强处处为零，通过该闭合曲面的电场强度通量为零。由高斯定理可知，此闭合曲面内的静电荷也必为零。因为此闭合曲面是任意取的，所以整个导体内没有静电荷，电荷只能分布在导体表面。

如果带电导体内部有空腔存在，而在空腔内没有其他带电体。如图 6-4(a)所示，应用高斯定理，同样可以证明，静电平衡时，不仅导体内部没有净电荷，空腔的内表面也没有净电荷，电荷只能分布在导体外表面。

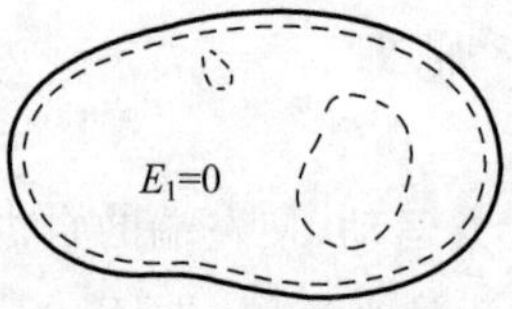

图 6-3　导体内电荷分布

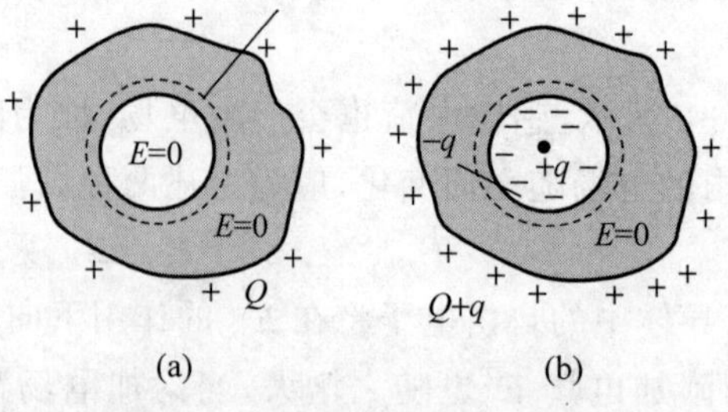

图 6-4　有空腔导体的电荷分布

(a) 空腔内无其他电荷；(b) 空腔内有点电荷

如果带电导体内部有空腔存在，且空腔内有电荷，如图 6-4(b)所示，导体电量为 Q，其内腔中有点电荷 $+q$，在导体内作一高斯面，同理可证明，高斯面内净电荷为 0。又因为此时导体内部无净电荷，而腔内有电荷 $+q$，因此腔内表面必有感应电荷 $-q$。即静电平衡时，腔内表面有感应电荷 $-q$，由电荷守恒外表面有感应电荷 $+q$，外表面电荷总量为 $Q+q$。

(2) 处于静电平衡的导体，其表面上各处的面电荷密度与此处紧邻处的电场强度的大小成正比。

下面应用高斯定理给出证明。

设在导体表面上某一面积元 ΔS(很小)上，电荷分布如图 6-5 所示，过 ΔS 边界作一闭合柱面 S，上下底 S_1、S_2 均与 ΔS 平行，S 侧面 S_3 与 ΔS 垂直，柱面的高很小，即 S_1 与 S_2 非常接近 ΔS，此柱面是关于 ΔS 对称的。S 作为高斯面，电通量为

$$\oint_S \boldsymbol{E} \cdot \mathrm{d}\boldsymbol{S} = \oint_{S_1} \boldsymbol{E} \cdot \mathrm{d}\boldsymbol{S} + \oint_{S_2} \boldsymbol{E} \cdot \mathrm{d}\boldsymbol{S} + \oint_{S_3} \boldsymbol{E} \cdot \mathrm{d}\boldsymbol{S} = ES_1 = E\Delta S$$

应用高斯定理，得到 $E\Delta S = \frac{1}{\varepsilon_0}\sigma\Delta S$，即

$$E = \frac{\sigma}{\varepsilon_0}$$

即导体表面附近，面电荷密度 σ 与此处紧邻处的电场强度的大小 E 成正比。

(3) 孤立导体表面上电荷密度大小与该处表面的曲率有关。若导体是孤立导体，根据实验，一个形状不规则的导体带电后，在表面上曲率越大的地方场强越强。由上面讲到的结果知，E 大的地方，σ 一定也很大，所以曲率大的地方电荷面密度大。反之，曲率小的地方 σ 也小，如图 6-6 所示。

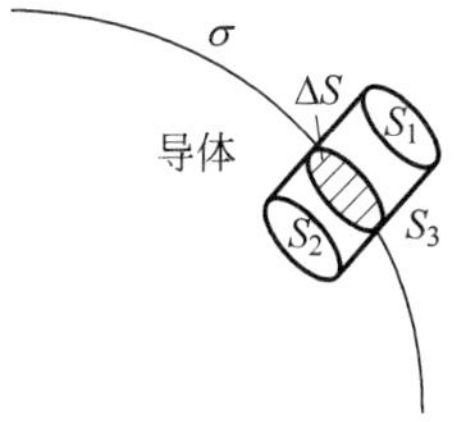

图 6-5　导体表面上电荷分布

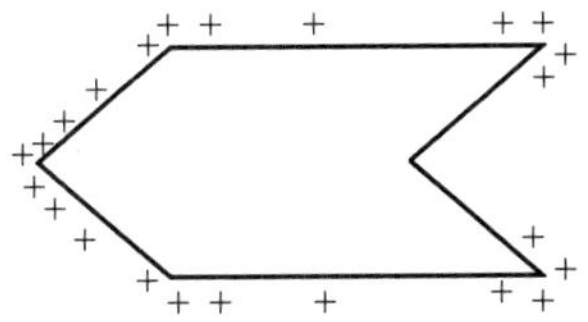

图 6-6　导体表面曲率对电荷分布影响

对于有尖端的带电导体，尖端处曲率很大，电荷面密度也很大，则导体表面邻近处场强也特别大。当场强超过空气的击穿场强时，就会产生空气被电离的放电现象，称为**尖端放电**。

避雷针就是应用尖端放电的原理，防止雷击对建筑物的破坏，避雷针的一端伸出在建筑物的上空，另一端通过较粗的导线接到埋在地下的金属板。由于避雷针尖端处的场强特别大，因而容易产生尖端放电。云层中的大部分电荷聚集在避雷针上，再通过导线引入大地，从而防止了雷击对建筑物的破坏，从这个意义上说，避雷针实际上是一个放电针。要使避雷针起作用，必须保证避雷针有足够的高度和良好的接地。一个接地通路损坏的避雷针，将更易使建筑物遭受雷击的破坏。在高压电气设备中，为了防止因尖端放电而引起的危险和电能的消耗，应采用表面光滑的较粗的导线，高压设备中的电极也要做成光滑的球状曲面。

6.1.4 静电屏蔽

在静电平衡状态下,不论是空心导体还是实心导体;不论导体本身带电多少,或者导体是否处于外电场中,必定为等势体,其内部场强为零。如图6-7(a)所示,放在空腔中的物体,就不会受到外电场的影响,所以空心导体球壳对于放在它的空腔内的物体有保护作用,使其内部电场不受外电场影响,这种现象称为**静电屏蔽**。

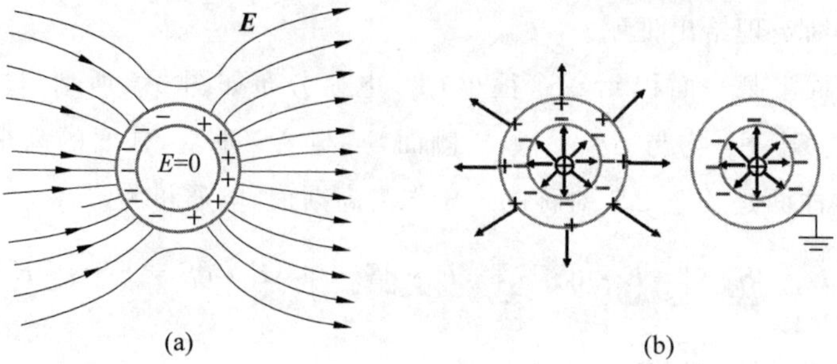

图6-7 静电屏蔽

如图6-7(b)所示,当导体空腔内有带电体时,由于静电感应,会使空腔内外分别感应出等量的异号电荷,导体外表面的感应电荷必然对导体外部的电场产生影响。如果将导体球接地,导体外表面的感应电荷会与大地中和,其电场便会消失。导体空腔内电荷对导体外部电场无影响,从效果上看,导体壳对空腔内电荷起到了屏蔽作用,使外部电场不受导体壳内包围电荷的影响,这种现象也称为静电屏蔽。

总之,一个接地的空腔导体可以隔离空腔导体内、外静电场的相互影响,这就是静电屏蔽的原理。在实际应用中,常用编织紧密的金属网来代替金属壳体。静电屏蔽应用很广泛,例如高压电气设备周围的金属栅网、电子仪器上的屏蔽罩等。

例 6-1 如图6-8所示,一个半径为 R_1 的导体小球,放在内外半径分别为 R_2 与 R_3 的导体球壳内。球壳与小球同心,设小球与球壳分别带有电荷 q 与 Q。求:

(1) 小球的电势 U_1,球壳内表面及外表面的电势 U_2 与 U_3。

(2) 小球与球壳的电势差。

(3) 若球壳接地,再求电势差。

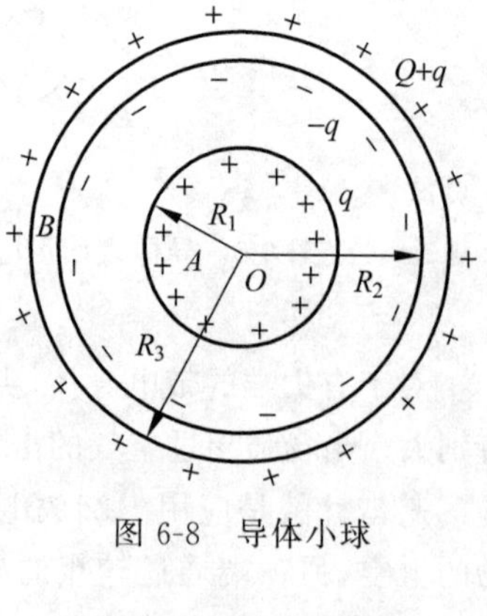

图6-8 导体小球

解 根据导体的静电平衡条件知,电荷 q 和 Q 只均匀分布在导体小球和球壳外表面。小球在球壳内表面和外表面分别感应出均匀分布的电荷 $-q$ 和 $+q$。故球壳内表面和外表面的电量分别为 $-q$ 和 $Q+q$。

(1) 由电荷分布求电势分布。

小球电势

$$U_1=\frac{1}{4\pi\varepsilon_0}\left(\frac{q}{R_1}-\frac{q}{R_2}+\frac{Q+q}{R_3}\right)$$

球壳内表面电势

$$U_2=\frac{1}{4\pi\varepsilon_0}\left(\frac{q}{R_2}-\frac{q}{R_2}+\frac{Q+q}{R_3}\right)=\frac{1}{4\pi\varepsilon_0}\frac{Q+q}{R_3}$$

球壳外表面电势

$$U_3=\frac{1}{4\pi\varepsilon_0}\left(\frac{q}{R_3}-\frac{q}{R_3}+\frac{Q+q}{R_3}\right)=\frac{1}{4\pi\varepsilon_0}\frac{Q+q}{R_3}$$

可以看出，球壳内外表面电势是相等的。

(2) 小球与球壳的电势差

$$U_1-U_2=\frac{1}{4\pi\varepsilon_0}\left(\frac{q}{R_1}-\frac{q}{R_2}\right)$$

(3) 若外球接地，则球壳外表面上的电荷消失，两球的电势分别为

$$U_1=\frac{1}{4\pi\varepsilon_0}\left(\frac{q}{R_1}-\frac{q}{R_2}\right)$$

$$U_2=U_3=0$$

故小球与球壳的电势差为

$$U_1-U_2=\frac{1}{4\pi\varepsilon_0}\left(\frac{q}{R_1}-\frac{q}{R_2}\right)$$

计算结果表明，不论外球接地与否，两球的电势差保持不变。

6.2　静电场中的电介质

电介质是指导电性能极差的物质，如通常情况下的橡胶、玻璃、塑料、油等。理想的电介质内部没有可以自由移动的电荷，但构成电介质的原子或分子(以下统称为分子)都是由带负电的电子和带正电的原子核组成的，它们都会受到电场的作用。电介质放入电场后，其电荷分布状态会发生变化，并反过来影响静电场。本节讨论电介质与静电场的相互作用，涉及的电介质只限于各向同性的材料。

6.2.1　介质的电结构

在静电平衡条件下，导体内部的场强处处为零，这是导体中有大量自由电荷的缘故。但是，在电介质中原子核和电子之间的引力相当大，所以电子都受原子核的束缚。即使在外电场作用下，电子一般也只能在原子内相对原子核作微小位移，而不像导体中的自由电子那样能够脱离原子而作宏观运动，所以电介质中几乎没有自由电荷，因此它的导电能力很差。为了突出电场与电介质相互影响的主要方面，在静电问题中常常忽略电介质的微弱导电性而把它看成理想的绝缘体。

从物质的电结构来看，每个分子都是由带负电的电子和带正电的原子核组成。一般来说，正、负电荷在分子中都不是集中于一点的，但在离开分子的距离比分子线度大得多的地方，分子中全部负电荷对于这些地方的影响将和一个单独的负电荷等效，这个等效负电荷的位置称为这个分子的负电荷中心。同样，每个分子的正电荷也有一个正电荷中心。

介质可分成两类。如图 6-9 所示，在一类电介质中，外电场不存在时，分子中的负电荷对称地分布在正电荷的周围，正、负电荷中心重合在一起，因此整个介质呈中性状态，这种分

子称为无极分子，这种电介质称为无极分子电介质，如 H_2、N_2、CO_2 和 CH_4 等。在另一类电介质中，分子中的负电荷相对正电荷分布不对称，所以在外电场不存在时，分子的正、负电荷中心不重合，但由于分子的热运动，电矩方向杂乱无章，所以整个介质仍呈现中性状态，这种分子称为有极分子，这种电介质称为有极分子电介质，如 SO_2、H_2O、NH_3 等。

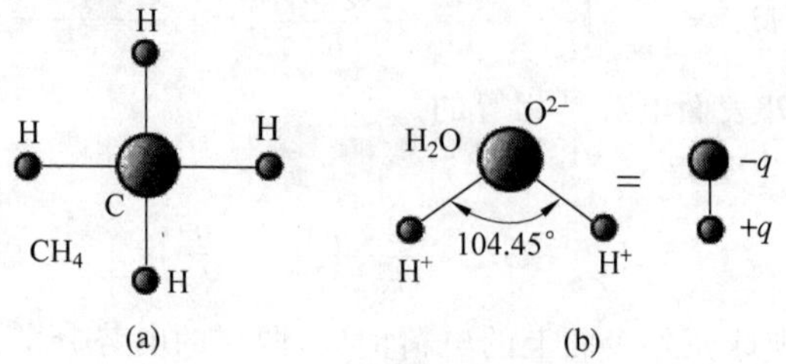

图 6-9 两类电介质分子

(a) 无极分子；(b) 有极分子

在第5章中介绍过电偶极子的概念。将构成介质的分子的正负电荷中心等效为两个点电荷，每个分子则可以等效为一个电偶极子。这样，无极分子的电偶极矩为零，有极分子的电偶极矩不为零。

6.2.2 电介质的极化

对于无极分子，在电场力的作用下，其正负电荷等效中心将发生一定的相对位移而形成电偶极子，如图 6-10(a)所示，在均匀介质内部正负电荷相消，而在两端出现未被抵消的正电荷或负电荷，这种在外电场作用下介质端部出现电荷的现象就叫**极化**。由于这些电荷不自由而被束缚在原子或分子上，所以极化产生的电荷称为**极化电荷或束缚电荷**。上述极化是因电荷中心位移引起的，所以称为**位移极化**。

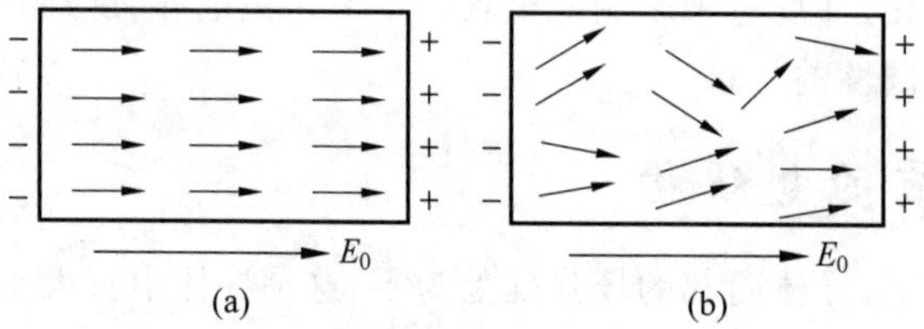

图 6-10 电介质的极化

(a) 位移极化；(b) 取向极化

需要注意的是，电介质产生的极化电荷与导体中的自由电荷不同，极化电荷不能离开电介质而转移到其他物体上，也不能在电介质中自由运动。由于电子的质量远小于原子核的质量，上述位移主要是电子的位移。另外，对于非均匀电介质或非均匀极化，电介质内部可能有极化电荷。

对于有极分子，在外电场的作用下，无外电场时，分子作无规则热运动，各分子的电偶极矩沿所有方向的概率相同。第5章中介绍过，电偶极子在电场中受到力矩的作用，当有外电场时，分子的固有电偶极矩受到外电场的力矩作用，使电偶极矩受沿外电场方向排列。如图 6-10(b)所示，当外电场的作用和热运动的作用达到平衡时，绝大多数分子的固有电矩的方向不同程度地和外电场方向一致。对于一块电介质的整体,等效于沿外电场方向的一端出现正极化电荷,逆外电场方向的一端出现负极化电荷,因此,也会发生极化现象。这种极化是因有极分子在外电场中的取向形成的,所以这种极化叫**取向极化**。

以上两种极化虽然微观机制不同,但宏观结果一样,都是在外场 $\boldsymbol{E}_0$ 作用下极化而产生了极化电荷,极化电荷产生附加的极化电场 $\boldsymbol{E}'$,且与 $\boldsymbol{E}_0$ 方向相反。由于$|\boldsymbol{E}|<|\boldsymbol{E}'|$,因此,总场强将减小,方向与外场相同,即

$$\boldsymbol{E}=\boldsymbol{E}_0+\boldsymbol{E}' \tag{6-1}$$

电介质极化强弱用电极化强度 $\boldsymbol{P}$ 来描述,定义为单位体积内分子电偶极矩 $\boldsymbol{p}$ 的矢量和,即

$$\boldsymbol{P}=\frac{\sum \boldsymbol{p}}{\Delta V} \tag{6-2}$$

实验证明,在各向同性介质中(注意以下各式都是在此条件下),电极化强度 $\boldsymbol{P}$ 与总场强 $\boldsymbol{E}$ 成正比,即

$$\boldsymbol{P}=\chi_e\varepsilon_0\boldsymbol{E} \tag{6-3}$$

式中,χ_e 为**介质的极化率**,是一个由介质本身性质决定的常数。

6.2.3 有介质的高斯定理

真空中的高斯定理为$\oint\boldsymbol{E}\cdot d\boldsymbol{S}=\frac{1}{\varepsilon_0}\sum q_0$。在电介质存在的电场中,任意闭合曲面包围的电荷除自由电荷$\sum q_i$ 外,还存在束缚电荷$\sum q'_i$,即

$$\oint\boldsymbol{E}\cdot d\boldsymbol{S}=\frac{1}{\varepsilon_0}\sum(q_i+q'_i) \tag{6-4}$$

式中,$\boldsymbol{E}$ 为总场强,由于介质中的束缚电荷难以测定,故需设法将$\sum q'_i$ 消去。

实验证明,在电场中,穿过任意闭合曲面的极化强度通量等于该闭合曲面内极化电荷总量的负值,即

$$\oint\boldsymbol{P}\cdot d\boldsymbol{S}=-\sum q'_i \tag{6-5}$$

联立式(6-4)和式(6-5),得出

$$\oint(\varepsilon_0\boldsymbol{E}+\boldsymbol{P})\cdot d\boldsymbol{S}=\sum q_i$$

为了研究方便而引入的一个辅助物理量,称为**电位移矢量 $\boldsymbol{D}$**,令

$$\boldsymbol{D}=\varepsilon_0\boldsymbol{E}+\boldsymbol{P} \tag{6-6}$$

这样便可得到更为普遍的介质中(包括真空介质)的高斯定理,即

$$\oint\boldsymbol{D}\cdot d\boldsymbol{S}=\sum q_i \tag{6-7}$$

它表明,穿过任意闭合曲面的电位移通量,等于这个闭合曲面内包围的自由电荷的代数和,而与极化(束缚)电荷和曲面外的自由电荷无关。

对于各向同性的电介质,由式(6-3)和式(6-6),有

$$\boldsymbol{D}=\varepsilon_0(1+\chi_e)\boldsymbol{E} \tag{6-8}$$

令 $\varepsilon_r=1+\chi_e$,$\varepsilon=\varepsilon_r\varepsilon_0$,则

$$D=\varepsilon_0\varepsilon_r E=\varepsilon E \tag{6-9}$$

式中,ε 和 ε_r 分别称为介质的介电常量和相对介电常数,都代表电介质本身的性质。另外,介电常量通常随温度和介质中传播的电磁波的频率而改变。

将式(6-7)和式(6-9)联立,可以得到

$$\oint \varepsilon_0\varepsilon_r \boldsymbol{E}\cdot \mathrm{d}\boldsymbol{S}=\sum q_i \tag{6-10}$$

式(6-10)表明了有电介质存在时的总场强 $\boldsymbol{E}$ 与自由电荷 $\sum q_i$ 的关系。虽然在式(6-10)里,束缚电荷并没有出现,但电介质对电场的影响,已经通过 $\varepsilon_r\boldsymbol{E}$ 反映了。真空中的 $\varepsilon_r=1$,当无介质时,式(6-10)就变成了真空中的高斯定理。

在求介质中的场强时,可以绕过很难得知的极化电荷 q' 所产生的极化电场 $\boldsymbol{E}'$,而直接由自由电荷 q 先求出电位移矢量 $\boldsymbol{D}$,进而再求出 $\boldsymbol{E}$。

例 6-2 一半径为 R、带电量为 Q 的金属球(见图 6-11),球外有一层均匀电介质组成的同心球壳,其内、外半径分别为 a,b,介质的相对介电常数为 ε_r,求电介质内部的电场强度。

解 运用介质中的高斯定理先求出 D,然后用 $D=\varepsilon E$ 求 E。

在介质内部,即 $a<r<b$,以半径为 r 的同心球面作高斯面,根据介质中的高斯定理,$\oint \boldsymbol{D}\cdot \mathrm{d}\boldsymbol{S}=\sum q_i$,即 $D\cdot 4\pi r^2=Q$,得到

$$D=\frac{Q}{4\pi r^2}$$

对均匀电介质,有 $D=\varepsilon E$,故

$$E=\frac{E}{\varepsilon}=\frac{Q}{4\pi\varepsilon r^2}=\frac{Q}{4\pi\varepsilon_r\varepsilon_0 r^2}$$

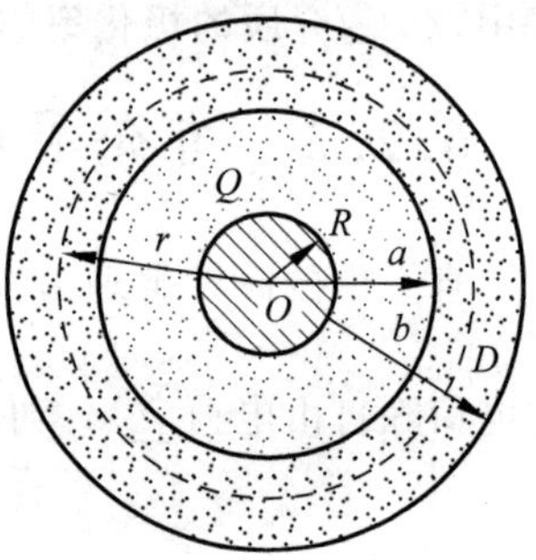

图 6-11 例 6-2 图

6.3 电容器及电容

电容器是一种电子设备中大量使用的电子元件之一,通常由两块金属电极之间夹一层绝缘电介质构成。任何两个彼此绝缘又相距很近的导体,组成一个电容器。当在两金属电极间加上电压时,电极上就会存储电荷,所以电容器是储能元件。电容是电容器的一个基本物理量,反映了电容器储存电荷和能量的本领。

6.3.1 孤立导体的电容

当一个导体远离其他导体和带电体时,称为孤立导体,是一种理想模型。实验表明,当一个孤立导体带有电量 Q 时,它的电势 U 总是与电量 Q 成正比。Q 与 U 的比值是一个常量,仅与导体的形状和尺寸有关,而与 Q 和 U 无关。这是孤立导体一个重要的性质。我们把孤立导体所带的电量 Q 与其电势 U 的比值称为孤立导体的电容,用 C 表示,即

$$C=\frac{Q}{U} \tag{6-11}$$

电容的国际单位为 F(法拉),1F=1C/V。电容 C 反映了该导体在给定电势 U 下储存电量能力的大小。其物理意义是使导体电势 U 由零开始升高一个单位所需电量。

取无限远处的电势为零，由定义知，孤立导体的电势为 $U=\dfrac{Q}{4\pi\varepsilon_0 R}$，故其电容为

$$C=4\pi\varepsilon_0 R$$

如若将星球看成孤立导体，由于半径较大，它们的电容也都比较大。如将地球看成一个导体球，地球的半径 $R\approx 6.4\times 10^6$ m，可求得其电容约为 $C_{地球}=7.1\times 10^{-4}$F。

6.3.2　电容器

实际的导体往往不是孤立的，当带电导体周围存在其他导体或带电体时，其电势 U 不仅与 Q 有关，而且与周围导体的位置、形状及带电量有关。也就是说，周围导体或带电体会影响导体的电容。

由于空心导体球壳内部电场不受外电场影响，可以设计一种导体组合来屏蔽外部导体的影响。如图 6-12 所示，一个封闭导体腔 B 包围导体 A，这样能保证两导体 A、B 之间的电势差 U_A-U_B 与电量 Q_A 间的正比关系不受周围其他导体或带电体的影响。这是一种特殊结构的**电容器**。

电容器的**电容**定义为任一极板带电量的绝对值 Q 与两极间电势差 ΔU 的绝对值的比值，即

$$C=\frac{Q}{\Delta U}=\frac{Q}{U_A-U_B} \tag{6-12}$$

式中，C 是电容器的电容值，A、B 为电容器的两极板；Q 为电容器一个极板带电量的绝对值；$\Delta U=U_A-U_B$ 为两极间电势差的绝对值。

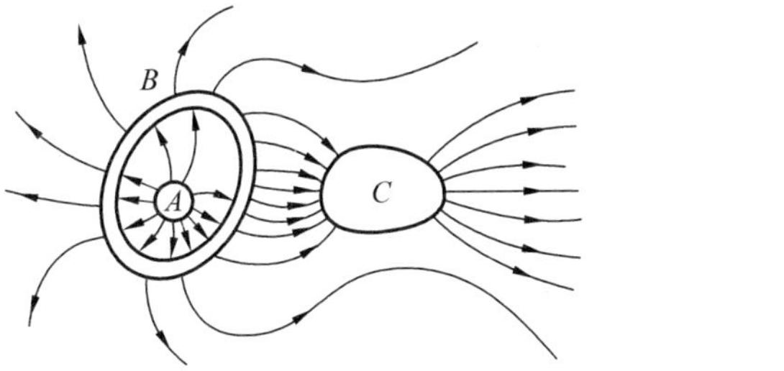

图 6-12　电容器

由电容的定义可以看出，在电压相同的条件下，电容越大的电容器，所储存的电量越多。这说明电容是反映电容器储存电荷本领大小的物理量。电容 C 与电容器带电情况无关，与周围其他导体和带电体无关，完全由电容器的尺寸、形状、相对位置和其间充填的介质等因素决定。

6.3.3　几种常见电容器的电容

在实际应用中，并不需要严格的静电屏蔽，只要求其他导体对两极板之间的电场分布的影响可以忽略不计。常见电容器按照形状分类有平行板容器、球形电容器和圆柱形电容器。这些简单电容器的电容可以很容易地计算出来。首先假设电容器的两极板分别带有电量 $+Q$ 和 $-Q$，由电荷分布计算两极板间电场强度的分布，再由电场强度的分布计算两极板之间的电势差 ΔU。最后根据电容器电容的定义 $C=\dfrac{Q}{\Delta U}$，计算出电容器的电容。

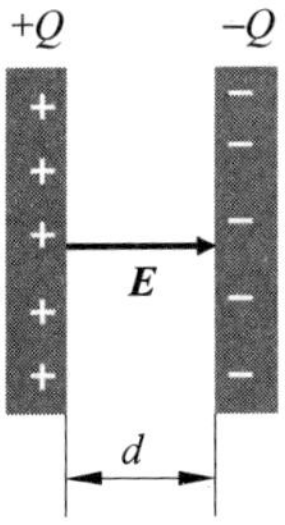

图 6-13　平行板电容器

1. 平行板电容器

如图 6-13 所示，两个平行放置的金属板作为电极，当它们之间的距离 d 远小于金属板的线度时，这两个金属板组成一个平行板电容器，设两极板的面积为 S，两极板之间为真空。设两极板带电量分别为 $+Q$ 和 $-Q$，两极板上电荷面密度分别为 $+\sigma$ 和 $-\sigma$。

它们产生的电场集中在两极板之间,且是均匀的(忽略边缘效应),则极板间的场强为

$$E=\frac{\sigma}{\varepsilon_0}=\frac{Q}{\varepsilon_0 S}$$

根据场强与电势差的关系,两极间电势差

$$\Delta U=\int \boldsymbol{E}\cdot \mathrm{d}\boldsymbol{r}=Ed=\frac{Qd}{\varepsilon_0 S}$$

根据电容器的电容的定义,可得真空中平行板电容器的电容为

$$C=\frac{Q}{\Delta U}=\frac{\varepsilon_0 S}{d}$$

2. 球形电容器

如图 6-14 所示,球形电容器是由半径分别为 R_A 和 R_B 的两个同心的导体球壳组成的。设两极板带电量分别为 $+Q$ 和 $-Q$,利用高斯定理,容易求得两球壳之间的场强为

$$E=\frac{Q}{4\pi\varepsilon_0 r^2},\quad R_A<r<R_B$$

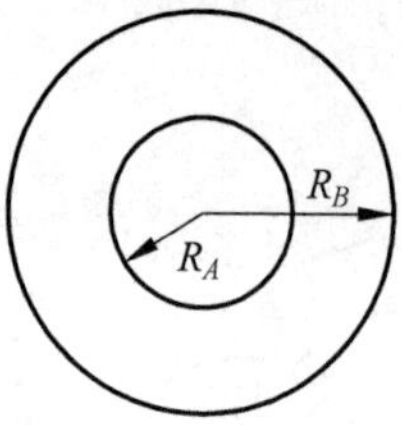

图 6-14 球形电容器

方向沿径向。根据场强与电势差的关系,两球壳之间的电势差为

$$\Delta U=\int_{R_A}^{R_B}\boldsymbol{E}\cdot \mathrm{d}\boldsymbol{r}=\frac{Q}{4\pi\varepsilon_0}\left(\frac{1}{R_A}-\frac{1}{R_B}\right)$$

根据电容器的电容的定义,可得真空中球形电容器的电容为

$$C=\frac{Q}{\Delta U}=\frac{4\pi\varepsilon_0 R_A R_B}{R_B-R_A}$$

当 $R_A\approx R_B=R$ 时,设 $d=R_B-R_A$,则 $C\approx\frac{4\pi\varepsilon_0 R^2}{d}=\frac{\varepsilon_0 S}{d}$($S$ 为极板面积,$S=4\pi r^2$),与平行板电容器一致。

当 $R_B\gg R_A$ 时,$C=4\pi\varepsilon_0 R_A$,即为孤立导体球的电容。

3. 圆柱形电容器

如图 6-15 所示,圆柱电容器是由半径分别为 R_A 和 R_B 的两个同心的导体圆柱面组成的。设圆柱面长度为 l,当 $l\gg(R_B-R_A)$时,可视为无限长圆柱面。设两圆柱面带电量分别为 $+Q$ 和 $-Q$,则电荷线密度为 $\lambda=\frac{Q}{l}$。利用高斯定理,容易求得两圆柱形极板之间的场强大小为

$$E=\frac{\lambda}{2\pi\varepsilon_0 r},\quad R_A<r<R_B$$

方向与圆柱面垂直。根据场强与电势差的关系,两极板之间的电势差为

$$\Delta U=\int_{R_A}^{R_B}\boldsymbol{E}\cdot \mathrm{d}\boldsymbol{r}=\frac{\lambda}{2\pi\varepsilon_0}\ln\frac{R_B}{R_A}=\frac{Q}{2\pi\varepsilon_0 l}\ln\frac{R_B}{R_A}$$

根据电容器的电容的定义,可得真空中圆柱形电容器的电容为

$$C=\frac{Q}{\Delta U}=\frac{2\pi\varepsilon_0 l}{\ln\frac{R_B}{R_A}}$$

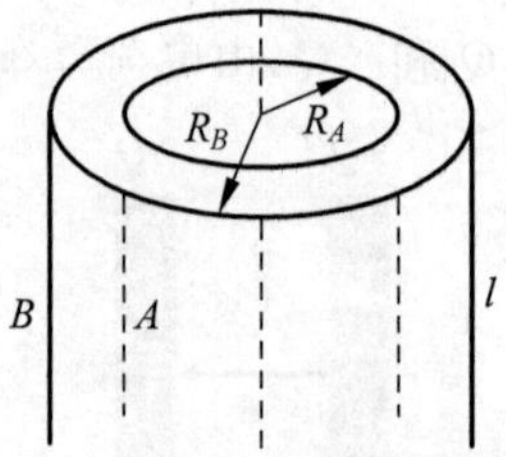

图 6-15 圆柱形电容器

6.3.4　电容器的串并联

电容器的性能规格中有两个主要指标：一是电容量；二是耐压值。耐压值是指安全使用时两极板所加的最大规定电压。如果超过最大规定电压，电容器中的电介质有被击穿的危险，电介质击穿后就失去了绝缘性质，电容就损坏了。在实际工作中，如果一个电容器的标称容量或耐压能力不符合要求，可以把几个电容器并联或串联起来使用。

1. 并联

如图 6-16 所示，将每一个电容器的一个极板接到一个共同点 A，另一个极板接到另一个共同点 B，称这些电容器为并联。并联的每个电容器两端的电压都相等。n 个不同的电容器并联时，设每一个电容器上的电压为 U，由电容的定义可知，各电容器上的电量为

$$Q_1=C_1U,\quad Q_2=C_2U,\quad \cdots,\quad Q_n=C_nU$$

并联的各电容器上的电量与其电容成正比。若用一个电容器等效并联电容器组，则该电容器上的电量为

$$Q=Q_1+Q_2+\cdots+Q_n=\sum_{i=1}^{n}Q_i$$

根据电容的定义，并联后电容器电容为

$$C=\frac{Q}{U}=\frac{\sum Q_i}{U}=\sum C_i \tag{6-13}$$

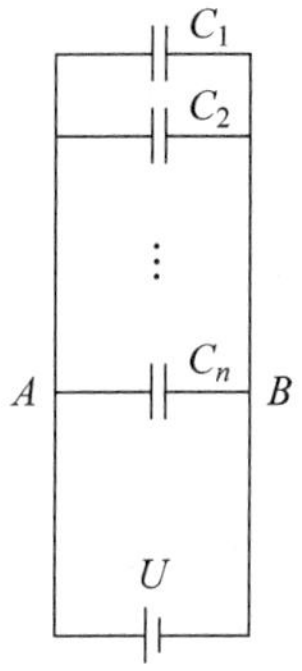

图 6-16　电容器并联

即并联电容器组的总电容等于各分电容之和。

若 $C_1=C_2=\cdots=C_n=C_0$，则 $C=nC_0$。

并联电容器组的等效电容比电容器组中任何一个电容器的电容都要大，但各电容器上的电压却是相等的，因此电容器组的耐压能力受到耐压值最小的那个电容器的限制，耐压能力并未提高。

2. 串联

如图 6-17 所示，每一个电容器的一个极板与另一个电容器的一个极板顺次连接，称这些电容器为串联。串联的每个电容器所带的电量都相等。n 个不同的电容器串联时，每个电容器都带有相同的电量 Q。每个电容器上的电压分别为

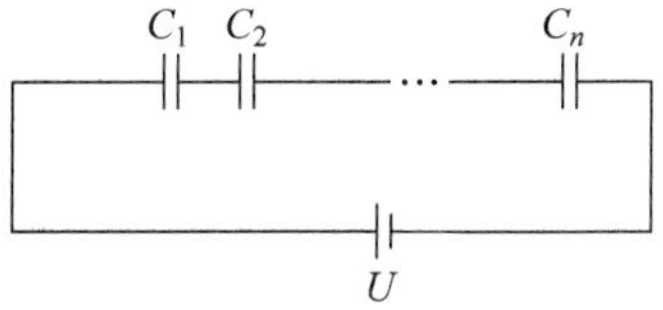

图 6-17　电容器串联

$$U_1=\frac{Q}{C_1},\quad U_2=\frac{Q}{C_2},\quad \cdots,\quad U_n=\frac{Q}{C_n}$$

等效后的总电压等于各分电压之和，即

$$U=U_1+U_2+\cdots+U_n=\sum_{i=1}^{n}U_i$$

根据电容的定义，设等效后的总电容为 C，则

$$\frac{1}{C}=\frac{U}{Q}=\frac{\sum_{i=1}^{n}U_i}{Q}=\sum\frac{1}{C_i} \tag{6-14}$$

即串联电容器组总电容的倒数等于各分电容的倒数之和。若 $C_1=C_2=\cdots=C_n=C_0$，则 $\frac{1}{C}=$

$\frac{n}{C_0}$,即 $C=\frac{C_0}{n}$。

串联电容器中总电容比每一个分电容都要小,但由于总电压分配到各个电容器上,所以电容器组的耐压能力比每个电容器都提高了。

6.4 静电场的能量

1. 电场能量

电场对于置于场中的电荷有力的作用,使电荷在静电力的作用下移动,说明电场具有做功的本领,即具有电场能,静电场的能量又称为静电能。相反,要使物体不断带电而形成电场,外力也必须克服电荷间的相互作用而对电荷做功。根据能量守恒定律,外力对电荷做的功转换为带电系统的静电能。

这里以平行板电容器为例来求这个能量的大小。如图 6-18 所示,电容器的充电过程是不断地将电荷从某一极板移向另一极板的过程,在电容器储存的能量即带电导体组的静电能。设电源给电容器充电,任一时刻两极板的电势差和电量分别为 u 和 q,有

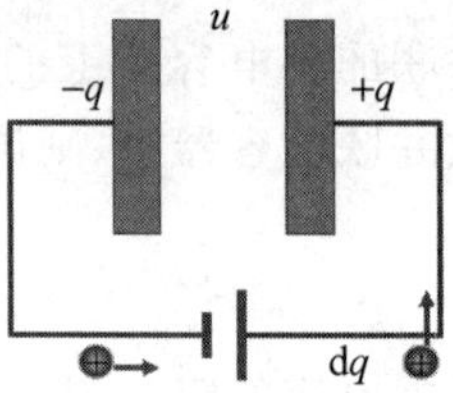

图 6-18 电容器中电场力做功

$$u=q/C$$

其中,u、q 小写均代表它们为时间 t 的函数。

设在充电过程中某一瞬时,电源把 $+\mathrm{d}q$ 电量从负极板移向正极板(或将 $-\mathrm{d}q$ 电量从电容器正极板移向负极板),电源做功为

$$\mathrm{d}A=u\,\mathrm{d}q=\frac{q}{C}\mathrm{d}q$$

在电容器电量从 $0\sim Q$ 的过程中,电源做功总和为

$$A=\int_0^Q\mathrm{d}A=\int_0^Q\frac{q}{C}\mathrm{d}q=\frac{Q^2}{2C}$$

利用 $Q=CU$,可得电容器中储存的能量为

$$W=\frac{1}{2}CU^2=\frac{1}{2}QU=\frac{Q^2}{2C} \tag{6-15}$$

2. 能量密度

电容器充电后能够储存能量 W_e,似乎能量是储存在电荷上。但是理论和实验证明,静电能不是储存在电荷上,而是分布在电场中。为描述电场中的能量分布,可以引入能量密度的概念,即单位体积内的电场能量。

下面仍以平行板电容器为例推导出电场中的能量密度。设平行板电容器两极板的面积为 S,两极板间的距离为 d,两极板间电介质的介电常量为 ε,则该电容器的电容 $C=\frac{\varepsilon S}{d}$。当极板间的场强大小为 E 时,两极板间电势差为 $U_{AB}=Ed$。根据上面的讨论,电容器储存的能量为

$$W_e=\frac{1}{2}CU^2=\frac{1}{2}\frac{\varepsilon S}{\mathrm{d}}E^2d^2=\frac{1}{2}\varepsilon E^2Sd=\frac{1}{2}\varepsilon E^2V=\frac{1}{2}\boldsymbol{D}\cdot\boldsymbol{E}V$$

式中，V 为电容器的体积，故电容器内部的能量密度为

$$w_e = \frac{W_e}{V} = \frac{1}{2}\varepsilon E^2 = \frac{1}{2}\boldsymbol{D} \cdot \boldsymbol{E} \tag{6-16}$$

式(6-16)虽然是从电容器储能且从匀强电场中推出的，但它是一个普遍适用的式子，不仅对所有电容器适用，而且对所有的电场都适用。电场的能量密度正比于场强的平方，场强越大，电场的能量密度也越大。对于非匀强电场，其能量

$$W_e = \int w_e \mathrm{d}V = \frac{1}{2}\int \varepsilon E^2 \mathrm{d}V \tag{6-17}$$

式(6-17)的积分遍及场强不为零的区域。

例 6-3　均匀带电导体球，设球的半径为 R，总带电量为 Q，球外为真空。计算电场能量。

解　根据静电平衡条件，导体球内部场强为零，电荷只分布在外表面。应用高斯定理，求得带电球内外电场强度为

$$E = \begin{cases} 0, & r < R \\ \dfrac{1}{4\pi\varepsilon_0}\dfrac{Q}{r^2}, & r > R \end{cases}$$

电场的能量密度为

$$w_e = \frac{1}{2}\varepsilon_0 E^2 = \begin{cases} 0, & r < R \\ \dfrac{1}{2}\varepsilon_0\left(\dfrac{Q}{4\pi\varepsilon_0 r^2}\right)^2, & r > R \end{cases}$$

将空间无限分割成厚度为 $\mathrm{d}r$ 的薄球壳，则每个球壳的体积为

$$\mathrm{d}V = 4\pi r^2 \mathrm{d}r$$

空间中电场的能量为

$$W_e = \frac{1}{2}\int w_e \mathrm{d}V = 0 + \frac{1}{2}\int_R^{\infty} \varepsilon_0 \left(\frac{Q}{4\pi\varepsilon_0 r^2}\right)^2 4\pi r^2 \mathrm{d}r = \frac{Q^2}{8\pi\varepsilon_0 R}$$

本章小结

1. 静电场中的导体

1）静电平衡

当带电体系中的电荷无宏观定向移动时，电场分布不随时间变化，带电体系即达到了静电平衡。

2）静电平衡时导体上的电荷分布

(1) 在达到静电平衡时，导体内部处处没有净电荷，电荷只分布在导体的表面。

(2) 在静电平衡状态下，导体表面之外附近空间的场强 E 与该处导体表面的面电荷密度 σ 的关系为

$$E = \frac{\sigma}{\varepsilon_0}$$

(3) 表面曲率的影响(孤立导体)：表面曲率较大的地方(突出尖锐)，σ 较大；曲率较小的地方(较平坦)，σ 较小。

3）静电屏蔽

2. 静电场中的电介质

(1) 有电介质时的高斯定理

$$\oint \boldsymbol{D} \cdot \mathrm{d}\boldsymbol{S} = \sum q_0$$

(2) 在各向同性介质中,电极化强度与总场强成正比,即

$$\boldsymbol{P} = \chi_e \varepsilon_0 \boldsymbol{E}$$

式中,χ_e 称为介质的极化率。

(3) 电位移矢量

$$\boldsymbol{D} = \varepsilon \boldsymbol{E}$$

3. 电容

(1) 孤立导体的电容

$$C = \frac{Q}{U}$$

(2) 常见电容器的电容

平行板电容器

$$C = \frac{Q}{\Delta U} = \frac{\varepsilon_0 S}{d}$$

球形电容器

$$C = \frac{4\pi\varepsilon_0 R_A R_B}{R_B - R_A}$$

圆柱形电容器

$$C = \frac{Q}{\Delta U} = \frac{2\pi\varepsilon_0 l}{\ln \frac{R_B}{R_A}}$$

4. 静电场中的能量

(1) 电容器的电能为

$$W_e = \frac{1}{2}CU^2 = \frac{1}{2}QU = \frac{Q^2}{2C}$$

(2) 能量密度(单位体积内的电场能量)为

$$w_e = \frac{W_e}{V} = \frac{1}{2}\varepsilon E^2 = \frac{1}{2}\boldsymbol{D} \cdot \boldsymbol{E}$$

(3) 静电场的能量:

$$W_e = \int w_e \mathrm{d}V = \frac{1}{2}\int \varepsilon_0 E^2 \mathrm{d}V$$

阅读材料　超级电容器

超级电容器是19世纪六七十年代率先在美国出现,并于80年代实现市场化的一种新型的储能器件,具有超级储电能力。它兼具普通电容器的大电流快速充放电特性与电池的储能特性,填补了普通电容器与电池之间比能量与比功率的空白。超级电容器被称为是能量储存领域的一次革命,并将会在某些领域取代传统蓄电池。超级电容的容量比通常的电

容器大得多。由于其容量很大，对外表现和电池相同，因此也称为“电容电池”。

1. 超级电容器原理

超级电容器又称为电化学双电层电容器(electrical chemcial double-layer capacitor，ECDL)，利用静电极化电解溶液的方式储存能量。虽然它是一个电化学器件，但它的能量储存机制却不涉及化学反应。这个机制是高度可逆的，它允许超级电容器充放电达十万甚至数百万次。可以将超级电容器视为在两个极板外加电压时被电解液隔开的两个互不相关的多孔板，如图 6-19 所示。对正极板施加的电势吸引电解液中的负离子，而负面板电势吸引正离子。这有效地创建了两个电荷储层，在正极板中分离出一层，并在负极板中分离出另外一层。

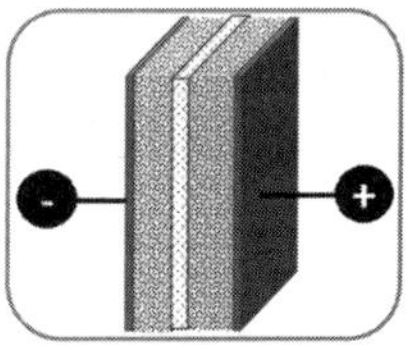

图 6-19　超级电容器构造

超级电容器的特点是充电速度快，循环使用寿命长，大电流放电能力超强，能量转换效率高，过程损失小，功率密度高，相当于电池的 5～10 倍。

2. 超级电容器的应用

超级电容器产品由于其具有特殊的优点，全球需求量迅速扩大，已成为化学电源领域内新的产业亮点。应用领域非常广阔。它的应用领域涉及运输业、风能、储能和工业用不间断电源等各个方面。不仅从根本上改变了电动车在交通运输中的地位，也将改进风能、太阳能等间歇性能源利用的可能性，在满足人们对能源需求的同时，减少了对石油的依赖。此外，超级电容器还在税控机、数码相机、掌上电脑等微小电流供电的后备电源等消费性电子产品及众多领域中有着巨大的应用价值和发展潜力，被世界各国广泛关注，行业前景可期。

1）超级电容器在运输业的应用

首先是纯电动汽车领域的应用。就在上海世博会期间，某公司研制出一款去掉辫子的超级电容器纯电动汽车，即上海世博会“零排放”公交车。这款公交车每隔 2～3km 就会在指定的充电站(兼具公交车站功能)进行充电，充电时间仅需几分钟，位于公交车座位下的超级电容器就完成了全部充电任务。超级电容器的公交车充电方式灵活多样，可以从制动系统中获取能量，这类公交车使用的电力比无轨电车少 40%，能耗仅为燃油车的 1/3。

超级电容器还应用在混合电动车上。混合电动汽车采用多能源系统提供动力，以燃油发动机作为主要动力，以二次电源作为辅助动力。混合电动汽车最大的优点就是在加速期间或爬坡时，要从由电池和超级电容器组成的能量储存系统吸取电力，当车辆的动力需求较低时，该能量储存系统被充电，这样不仅增加了能量效率，而且车辆能够通过再生制动，在减速时能量重新回收，加速时付出，既节省了油又减少了污染。混合电动汽车能节油 30%～50%，减少污染 70%～90%。将蓄电池与超级电容结合起来，它们的优点可以互补，成为一个极佳的储能系统。它还可用于卡车低温启动、中型和重型卡车、陆上和地下的军事用车，它在大电流以及高低温条件下工作，都会有很长的寿命。

此外，超级电容器与蓄电池并联应用，可以提高机车的低温启动性能。即对于提高汽车在冷天的启动性能(更高的启动转矩)，超级电容器具有非常重要的意义。通常在－20℃时，机动车由于蓄电池的性能大大下降，很可能不能正常启动或需要多次启动才能成功，而超级电容器可以在－40℃与蓄电池并联时，仅需一次点火，其耐低温性能优点非常明显。

在城市轨道交通工程中，车辆的制动方式为电制动(再生制动)加空气制动，在运行中以电制动为主，空气制动为辅。运行中的列车由于站与站之间的距离较短，列车启动、制动频繁，制动能量相当可观。超级电容器在应用于轨道车辆中时，在轨道车辆制动过程中，回收制动能量,存储于超级电容器中;而当车辆加速时,超级电容器将这些能量释放出来,于是节省了30%的能量。

2) 超级电容器在风能领域的应用

超级级电容器的突出特点是:高效率、大电流放电、宽电压范围、宽温度范围、状态易监控、长循环寿命、长工作寿命、免维护、环保等。因此它极为适合在风力发电机组环境中工作,如图6-20所示。风力发电变桨利用超级电容器储能电源的基本工作原理是:平时,由风机产生的电能输入充电机,充电机为超级电容器储能电源充电,直至超级电容器储能电源达到额定电压。当需要为风力发电机组变桨时,控制系统发出指令,超级电容器储能系统放电,驱动变桨系统工作。

图6-20 超级电容器极适合在风力发电机组环境中工作

3) 超级电容器在储能领域的应用

现有超级电容器产品,不仅已经用作光电功能电子表和计算机储存器等小型装置电源,而且还可以用于固定电站。在偏远缺电地区,超级电容器可以和风力发电装置或太阳能电池组成混合电源,使无风或夜间也可以提供足够的电源。

卫星上使用的电源多是由太阳能电池与镉镍电池组成的混合电源,一旦装上了超级电容器,那么卫星的脉冲通信能力一定会得到改善。此外,由于它具有快速充电的特性,那么相对于电动玩具这种需要快速充电的设备来说,无疑是一个理想电源。

虽然超级电容器在应用中显示出强大的生命力,但是也要看到,目前的超级电容器在电能储存方面与电池相比还有一定的差距,因此怎样提高单位体积内的储能密度是目前超级电容器领域的一个研究重点和难点。应该说制作工艺与技术的改进是提高超级电容器储存电能能力的一个行之有效的方法,这种方法包括“杂化”超级电容技术。从长远来看,寻找新的电极活性材料才是根本所在,但同时这也是难点所在。超级电容器越来越轻、供电能力越来越强的目标实现必须借助一些高新技术的开发与应用,如纳米技术等,只有这样,超级电容器的前景才会越来越光明。

习　题

6.1 单项选择题

(1) 静电平衡时,关于导体上的电荷分布,下列说法中正确的是(　　)。

A. 导体所带电荷及感生电荷都分布在导体的表面上

B. 导体电荷面密度与表面的曲率半径无关

C. 内部无其他导体的空腔带电导体，不管它是否处在外电场中，电荷总是分布在内、外表面上

D. 导体内场强无法确定

(2) 将一带正电荷的导体 A 移近一个接地的导体 B，则(　　)。

A. 导体 B 的电势不变，且带正电荷　　B. 导体 B 的电势不变，且带负电荷

C. 导体 B 的电势增大，带正电荷　　D. 以上说法都不正确

(3) 关于电位移矢量 $\boldsymbol{D}$ 的高斯定理，下列说法正确的是(　　)。

A. 高斯面内不包围自由电荷，则面上各点电位移矢量 $\boldsymbol{D}$ 为零

B. 高斯面上处处 $\boldsymbol{D}$ 为零，则面内必不存在自由电荷

C. 高斯面的 $\boldsymbol{D}$ 通量仅与面内自由电荷有关

D. 以上说法都不正确

(4) 一平行板电容器充电后，与电源断开，然后再充满相对介电常量为 ε_r 的各向同性的均匀电介质，则其电容 C、两极板间电势差 U 以及电场能量 W_e 与充介质前比较将发生如下变化：(　　)。

A. C 增加，U 减少，W_e 增加　　B. C 增加，U 减少，W_e 减少

C. C 增加，U 增加，W_e 减少　　D. C 减少，U 减少，W_e 减少

(5) 空气平行板电容器，与电源连接，对它充电，若充电后保持与电源连接，把它浸入煤油中，则(　　)。

A. 电容器电容 C 增大，极板上电量 Q 不变，场强 E 减少，电场能量 W 增加

B. 电容器电容 C 增大，极板上电量 Q 增加，场强 E 不变，电场能量 W 增加

C. 电容器电容 C 减少，极板上电量 Q 减少，场强 E 减少，电场能量 W 减少

D. 电容器电容 C 减少，极板上电量 Q 增加，场强 E 减少，电场能量 W 减少

6.2　填空题

(1) 一带电量为 Q 的导体环，外面套一不带电的导体球壳(不与球壳接触)，则球壳内表面上有电量 $Q_1=$________，外表面上有电量 $Q_2=$________。

(2) 一孤立金属球带电量 $+Q$，其表面外侧的场强沿________方向，球面内的场强大小为________，电荷分布情况是________。

(3) 在带电量为 $+Q$ 的金属球外面，有一层相对介电常量为 ε_r 的均匀电介质，介质中一与金属球同心的高斯面 S，P 为高斯面上一点，距离球心为 r。则：①P 点的电位移矢量的大小为________，通过 S 面的电位移通量 $\Phi_D=$________；②P 点的电场强度 $\boldsymbol{E}$ 的大小为________，通过 S 面的电场强度通量 $\Phi_e=$________。

(4) 一平行板电容器，充电后与电源保持连接，然后两极板间充满相对介电常量为 ε_r 的各向同性电介质，这时两极板上的电量是原来的________倍，电场是原来的________倍，电场能量是原来的________倍。

(5) 一平行板电容器充电后仍与电源连接，若用绝缘手柄将电容器两极板间距离拉大，则其极板上的电量 Q ________，电场强度的大小 E ________，电场能量 W_e ________(填写增大或者减小)。

6.3　计算题

(1) 如题 6.3(1)图所示，一"无限大"均匀带电平面 A，带电量为 q，在它的附近放一块与 A 平行的金属导体板 B，板 B 有一定厚度，则在板 B 的两个表面 1 和 2 上的感应电荷分

别是多少？

(2) 点电荷 $q=4.0\times10^{-10}\mathrm{C}$ 处在导体球壳的中心，壳的内、外半径分别为 $R_1=2\mathrm{cm}$ 和 $R_2=3\mathrm{cm}$。求：

① 导体球壳的电势；

② 离球心 $r=1.0\mathrm{cm}$ 的电势；

③ 把点电荷离开球心 1.0cm，再求导体壳的电势。

(3) 有一“无限大”的接地导体板，在距离板面 b 处有一电荷为 q 的点电荷，如题 6.3(3)图所示。试求：

① 导体板面上各点的感生电荷面密度分布；

② 面上感生电荷的总电荷。

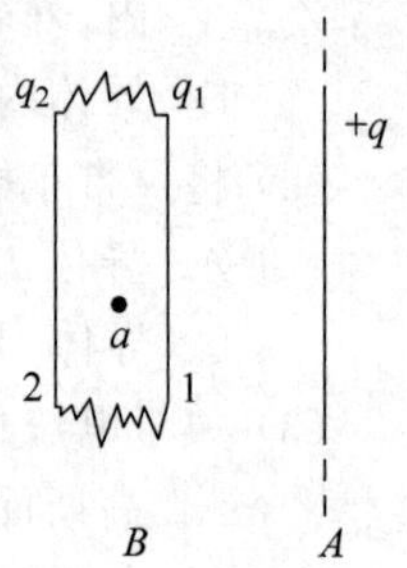

题 6.3(1)图

(4) 如题 6.3(4)图所示，一内半径为 a、外半径为 b 的金属球壳，带有电荷 Q，在球壳空腔内距离球心 r 处有一点电荷 q。设无限远处为电势零点。试求：

① 球壳内外表面上的电荷；

② 球心 O 点处，由球壳内表面上电荷产生的电势；

③ 球心 O 点处的总电势。

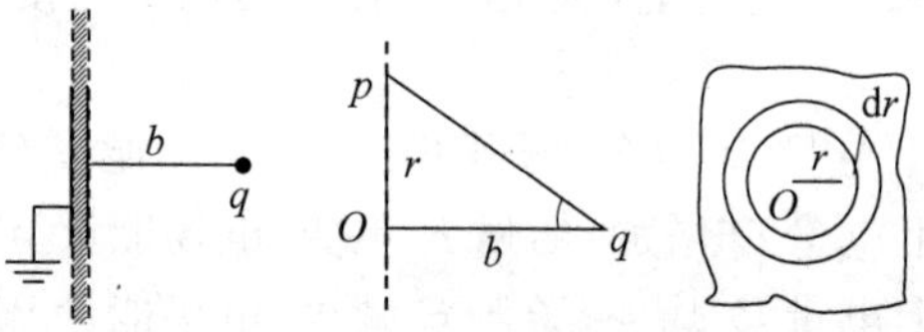

题 6.3(3)图

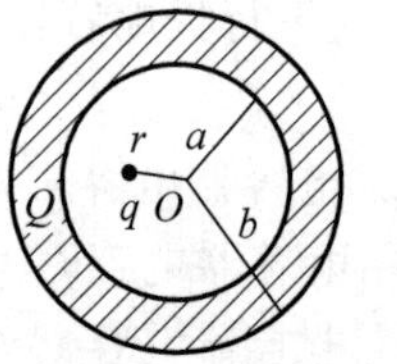

题 6.3(4)图

(5) 内、外半径分别为 R_1 和 R_2 的导体球壳均匀带电，电量为 Q，求离球心为 r 处的电场强度 E 和电势，并画出 E-r 和 V-r 曲线。

(6) 如题 6.3(6)图所示，两根平行长直导线，它们的半径都是 a，两根导线相距为 $d(d\gg a)$。求单位长度的电容。

(7) 如题 6.3(7)图所示一空气平行板电容器，极板间距为 d，电容为 C，若在两板中间平行地插入一块厚度为 $d/3$ 的金属板，则其电容值变为多少？

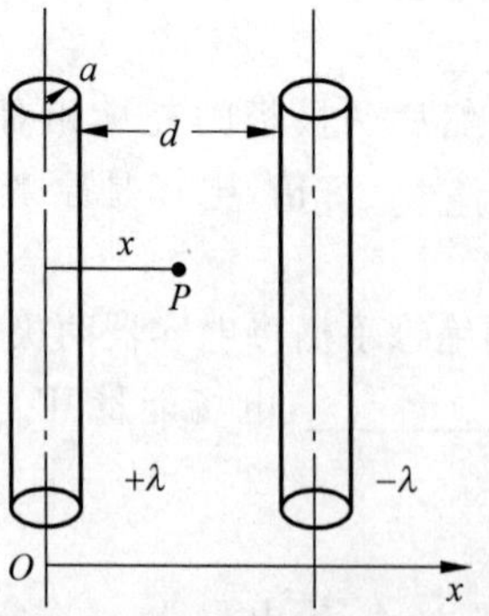

题 6.3(6)图

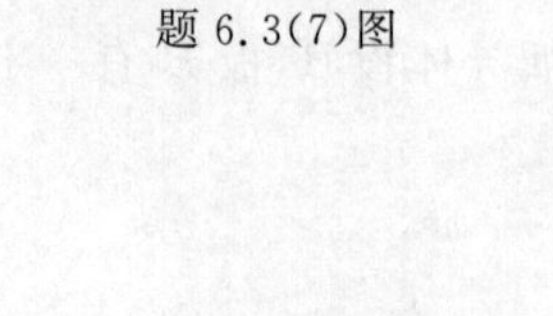

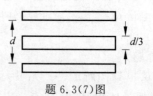

题 6.3(7)图

(8) 电容量分别为 C_1 和 C_2 的两个电容器，把它们并联用电压 V 充电时和把它们串联用电压 2V 充电时，在电容器组中，哪个组合储存的电量、能量大些？大多少？

(9) 一平行板电容器，极板间距离为 10cm，其间有一半充以相对介电常量 $\varepsilon_r=10$ 的各向同性均匀电介质，其余部分为空气，如题 6.3(9)图所示，当两极间电势差为 100V 时，试分别求空气中和介质中的电位移矢量和电场强度矢量。(真空介电常量 $\varepsilon_0=8.85\times10^{-12}\ C^2/(N\cdot m^2)$)

(10) 如题 6.3(10)图所示，一电容器由两个同轴圆筒组成，内筒半径为 a，外筒半径为 b，筒长都是 L，中间充满相对介电常量为 ε_r 的各向同性均匀电介质。内、外筒分别带有等量异号电荷 $+Q$ 和 $-Q$。设 $(b-a)\ll a$，$L\gg b$，可以忽略边缘效应。求：

① 圆柱形电容器的电容；

② 电容器储存的能量。

(11) 半径为 R 的介质球，相对介电常数为 ε_r、其体电荷密度 $\rho=\rho_0(1-r/R)$，式中，ρ_0 为常量，r 是球心到球内某点的距离。试求：

① 介质球内的电位移和场强分布；

② 在半径 r 多大处场强最大。

(12) 如题 6.3(12)图所示，一空气平行板电容器，极板面积为 S，两极板之间距离为 d，其中平行地放有一层厚度为 $t(t<d)$、相对介电常数为 ε_r 的各向同性均匀电介质。略去边缘效应，试求其电容值。

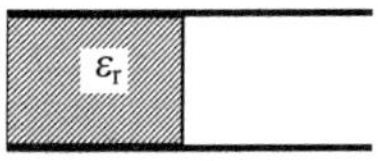

题 6.3(9)图

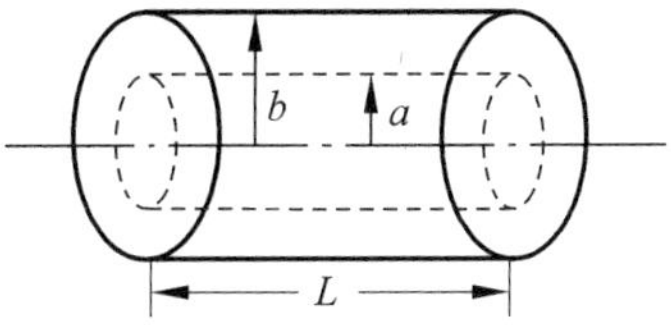

题 6.3(10)图

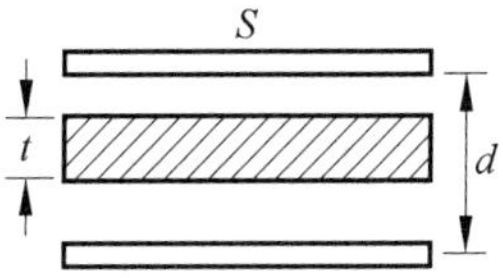

题 6.3(12)图

(13) 一平行板电容器的极板面积为 $S=1m^2$，两极板夹着一块 $d=5$mm 厚的同样面积的玻璃板。已知玻璃的相对介电常数为 $\varepsilon_r=5$。电容器充电到电压 $U=12$V 以后切断电源，求把玻璃板从电容器中抽出来外力需做的功。(真空介电常量 $\varepsilon_0=8.85\times10^{-12}C^2/(N\cdot m^2)$)

(14) 一空气平行板电容器，极板面积为 S，两极板之间距离为 d，接到电源上以维持两极板间电势差 U 不变。今将两极板距离拉开到 $2d$，试计算外力所做的功。

(15) 一平行板电容器，极板面积为 S，两极板之间距离为 d，中间充满相对介电常量为 ε_r 的各向同性均匀电介质。设极板之间电势差为 U。试求在维持电势差 U 不变下将介质取出，外力需做功多少。

第7章 稳恒磁场

前面我们研究了静电场的性质和规律，本章将研究由恒定电流产生的稳恒磁场的性质和规律。所谓稳恒磁场是指这种磁场在空间的分布不随时间变化。

从场的基本性质和遵从的规律来说，稳恒磁场不同于静电场，磁场力也不同于电场力，但在研究方法上却有许多类似之处。因此，在学习中注意和静电场对比，对概念的理解和掌握将是十分有益的。

本章着重讨论稳恒电流激发的磁场的规律和性质，主要内容有：描述磁场强弱和方向的物理量——磁感应强度 $\boldsymbol{B}$；电流激发磁场的规律——毕奥-萨伐尔定律以及计算磁感应强度 $\boldsymbol{B}$ 的方法；反映磁场基本性质的基本定理——磁场高斯定理和安培环路定理；讨论磁场对载流导线、载流线圈和运动电荷作用所遵从的规律。最后简要介绍物质的磁性。

7.1 磁现象、磁场和磁感应强度

7.1.1 磁现象

作为一种自然现象，磁现象很早就被人类认识并加以利用。我国战国时的一些著作如《管子》《山海经》《鬼谷子》《吕氏春秋》等都有关于磁现象的记载，河北磁县就是因盛产磁石得名，东汉王充在《论衡》中记载的司南勺被公认是最早对指南器的记载。

早期认识的磁现象包括以下几个方面：

(1) 天然磁体能够吸引铁、钴、镍等物质，这种性质称为磁性。具有磁性的物体称为磁体。

(2) 条形磁体两端磁性最强，称之为磁极。一只能够在水平面内自由转动的条形磁体，在平衡时总是顺着南北指向，指北的一端称为北极或N极，指南的一端称为南极或S极，同性磁极相互排斥，异性磁极相互吸引。

由于磁体能做成指南针，从而可以判断地球本身就是一个大磁体。

(3) 把磁体作任意分割，每一小块都有南北两极，任一磁体总是两极同时存在。

(4) 某些本来不显磁性的物质，在接近或接触磁体后就有了磁性，这种现象称为磁化。

人们对磁现象的研究虽然很早，但起初只局限在对天然磁性物质的研究，而且历史上很长一段时间里是与电现象分开研究的。发现电、磁现象之间存在着相互联系的事实，首先应归功于丹麦物理学家奥斯特。他在实验中发现，通有电流的导线(也叫载流导线)附近的磁针会受力而偏转。1820年7月21日，他在题为《电流对磁针的作用的实验》的小册子里，宣布了这个发现。这个事实表明电流对磁体有作用力，电流和磁体一样，也产生磁现象。

1820 年 8 月，奥斯特又发表了第二篇论文，他指出：放在马蹄形磁体两极间的载流导线也会受力而运动。这个实验说明了磁体对运动的电荷有作用力。

1820 年 9 月，法国人安培报告了通有电流的直导线间有相互作用的发现，并在 1820 年底从数学上给出了两平行导线相互作用力公式。这说明了二者的作用是通过它们产生的磁现象进行的。

上述实验表明，磁现象是与电流或电荷的运动紧密联系在一起的。现在已经知道，无论是磁体和磁体之间的力，还是电流和磁体之间的力，以及电流和电流之间的力，本质上都是一样的，统称为磁力。

为了说明物质的磁性，1822 年，安培提出了有关物质磁性的本性的假说，他认为一切磁现象的根源是电流，即电荷的运动，任何物体的分子中都存在着回路电流，称为分子电流。分子电流相当于基元磁体，物质的磁性就取决于物质中这些分子电流对外磁效应的总和。如果这些分子电流毫无规则地取各种方向，它们对外界引起的磁效应就会互相抵消，整个物体就不显磁性。当这些分子电流的取向出现某种有规则的排列时，就会对外界产生一定的磁效应，显现物质的磁化状态。

安培假说与现代物质的电结构理论是符合的，分子中的电子除绕原子核运动外，电子本身还有自旋运动，分子中电子的这些运动相当于回路电流，即分子电流。

综上所述，一切磁现象都来源于电荷的运动，磁力本质上就是运动电荷之间的一种相互作用力。

7.1.2　磁场和磁感应强度

磁石之间、电流之间、磁石与电流（或运动电荷）之间均有作用力，分析发现，所有的这些相互作用均可以归结为运动电荷之间的作用。与电荷之间的相互作用通过静电场来传递相似，运动电荷之间的磁相互作用，也是通过一种特殊形态的物质——磁场来传递的。实验证明，任何运动电荷（电流）在其周围都将产生磁场，而磁场对场中的运动电荷（电流）产生作用力。

运动电荷⇔磁场⇔运动电荷

因此，磁场和电场类似，也是物质存在的一种形态，而磁场物质性的重要表现之一是它对于场中的其他磁体、电流及运动电荷都有作用力；表现之二是载流导体等在磁场中运动时，磁力要做功，从而显示出磁场有能量。

为了描述磁场的性质，如同在描述电场性质时引进电场强度 $\boldsymbol{E}$ 时一样，也引进一个描述磁场性质的物理量——磁感应强度 $\boldsymbol{B}$。

由于磁场对运动电荷、载流导线以及磁体等都可产生力的作用，所以原则上讲可以用上述三者中的任何一种作为试探元件来研究磁场。下面从磁场对运动电荷的作用力角度来定义磁感应强度。

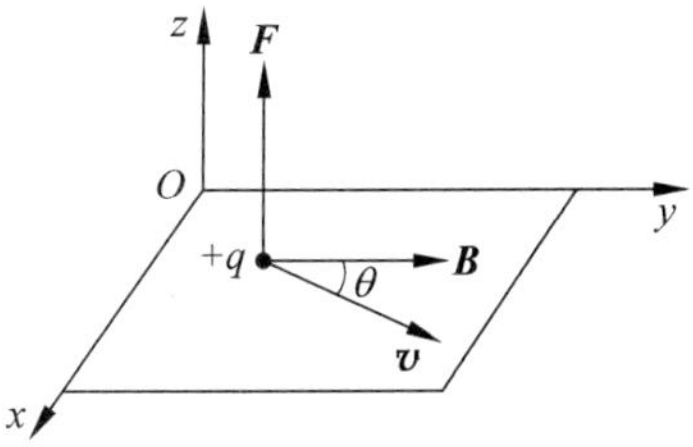

图 7-1　试探电荷在磁场中的受力

如图 7-1 所示，设电量为 q 的试探电荷在磁场中某点的速率为$\boldsymbol{v}$，它受到的磁力为 $\boldsymbol{F}$，实验表明：

(1) 在磁场中的每一点都有一个特殊方向，当试探电荷 q 沿着这个方向运动时不受力，且该特殊方向与试验电荷电量 q 及其运动速度$\boldsymbol{v}$ 无关。

(2) 在磁场某点,当试探电荷垂直于该特殊方向运动时,所受到的磁力最大,用 F_{max} 表示。

(3) 试探电荷 q 沿其他方向运动时,受到的力在 $0\sim F_{max}$ 之间,受力方向与试探电荷运动方向和上述特征方向所构成的平面垂直。

根据实验结果,定义 $\boldsymbol{B}$ 的方向为试探电荷不受力时的运动方向,但是该特殊方向有两个彼此相反的指向,规定 $\boldsymbol{B}$ 的方向为该点小磁针北极所指的方向。F_{max} 的大小与试探电荷的电量和运动速度均成正比。但 $F_{max}/(qv)$ 只由空间位置决定,与 qv 的数值无关,因此 $F_{max}/(qv)$ 可以描述该点磁场的强弱,把这个特征量定义为 $\boldsymbol{B}$ 的大小,即

$$B=\frac{F_{max}}{qv} \tag{7-1}$$

由以上对磁感应强度矢量 $\boldsymbol{B}$ 的定义可以看出,它与运动电荷的性质无关,仅由磁场自身决定,是空间位置的单值函数。于是,磁感应强度矢量的定义可用下式表示:

$$\boldsymbol{F}=q\boldsymbol{v}\times\boldsymbol{B} \tag{7-2}$$

在 SI 制中,磁感应强度 $\boldsymbol{B}$ 的单位是 T(特斯拉),在高斯单位制中 $\boldsymbol{B}$ 的单位为 G(高斯),$1\mathrm{G}=1\times10^{-4}\mathrm{T}$。

磁感应强度 $\boldsymbol{B}$ 是描述磁场强弱和方向的物理量,它与电场中的电场强度 $\boldsymbol{E}$ 的地位相当,磁场中各点 $\boldsymbol{B}$ 的大小和方向都相同的磁场称为**匀强磁场**,而场中各点 $\boldsymbol{B}$ 都不随时间改变的磁场称为**稳恒磁场**。

表 7-1 给出了某些磁场的磁感应强度的数值。

表 7-1 某些磁场的磁感应强度的数值

磁 场	磁感应强度 B/T
在赤道处地球磁场的水平分量	$(0.3\sim0.4)\times10^{-4}$
在南北极地区地球磁场的竖直分量	$(0.6\sim0.7)\times10^{-4}$
太阳黑子	≈0.3
普通永久磁体两极附近	$0.4\sim0.7$
电动机和变压器	$0.9\sim1.7$
超导脉冲的磁场	$10\sim100$
脉冲星表面磁场	$\approx10^3$

7.2 毕奥-萨伐尔定律及其应用

7.2.1 毕奥-萨伐尔定律

在静电场中,任意带电体所产生的电场强度 $\boldsymbol{E}$,可以看成是由无限多个电荷元 $\mathrm{d}q$ 所产生的电场强度 $\mathrm{d}\boldsymbol{E}$ 的叠加。类似地,对于任意形状的载流导线,要确定其在空间任一点产生的磁感应强度 $\boldsymbol{B}$,可把载流导线分割成无限多的电流元。电流元常用矢量 $I\mathrm{d}\boldsymbol{l}$ 表示($\mathrm{d}\boldsymbol{l}$ 表示载流导线沿电流方向取的线元矢量,I 为导线中的电流)。这样,载流导线在磁场中任一

点产生的磁感应强度 $\boldsymbol{B}$，就是由其上所有电流元在该点产生的 $\mathrm{d}\boldsymbol{B}$ 的叠加，即 $\boldsymbol{B}=\int_L \mathrm{d}\boldsymbol{B}$。那么电流元 $I\mathrm{d}\boldsymbol{l}$ 产生的磁感应强度 $\mathrm{d}\boldsymbol{B}$ 是怎样的呢？

1820 年 10 月，法国科学家毕奥(J. B. Biot)和萨伐尔(F. Savart)实验发现，长直载流导线在其周围产生磁场的磁感应强度 $\mathrm{d}B$ 与导线中电流 I 成正比，与场点到导线的垂直距离 r 成反比，即 $\mathrm{d}B\propto I/r$。后经数学家拉普拉斯(Pierre-Simon Laplace)数学方法分析，得出电流元 $I\mathrm{d}\boldsymbol{l}$ 在空间任意一点 P 产生磁场 $\mathrm{d}\boldsymbol{B}$ 的大小为

$$\mathrm{d}B=\frac{\mu_0}{4\pi}\frac{I\mathrm{d}l\sin\theta}{r^2} \tag{7-3}$$

根据矢量的叉乘规律以及实验结果可得矢量式：

$$\mathrm{d}\boldsymbol{B}=\frac{\mu_0}{4\pi}\frac{I\mathrm{d}\boldsymbol{l}\times\boldsymbol{e}_\mathrm{r}}{r^2} \tag{7-4}$$

式(7-4)即为毕奥-萨伐尔-拉普拉斯定律，简称**毕奥-萨伐尔定律**。

式中，$\boldsymbol{e}_\mathrm{r}$ 表示电流元指向场点 P 的单位矢量；θ 为 $I\mathrm{d}\boldsymbol{l}$ 与 $\boldsymbol{e}_\mathrm{r}$ 的夹角，如图 7-2 所示；μ_0 称为真空磁导率，在国际单位制中，$\mu_0=4\pi\times10^{-7}\,\mathrm{N/A^2}$。$\mathrm{d}\boldsymbol{B}$ 的方向垂直于 $I\mathrm{d}\boldsymbol{l}$ 与 $\boldsymbol{e}_\mathrm{r}$ 决定的平面，遵从右手螺旋法则。

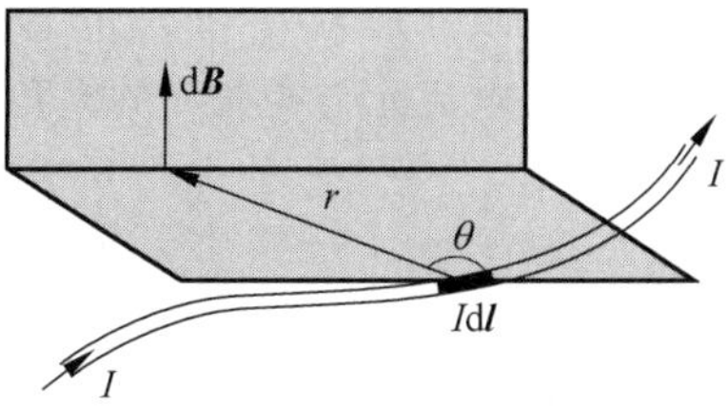

图 7-2　电流元 $I\mathrm{d}\boldsymbol{l}$ 产生的磁场

由于不存在孤立的电流元，所以毕奥-萨伐尔定律不能直接由实验验证，但由毕奥-萨伐尔定律得出的结果均与实际相符，所以证明它是一个正确的半经验公式。

整个载流导线在 P 点的磁感应强度则是电流元在 P 点产生的 $\mathrm{d}\boldsymbol{B}$ 之矢量和，即

$$\boldsymbol{B}=\int\mathrm{d}\boldsymbol{B}=\int\frac{\mu_0}{4\pi}\frac{I\mathrm{d}\boldsymbol{l}\times\boldsymbol{e}_\mathrm{r}}{r^2} \tag{7-5}$$

在具体运算时，常选取适当坐标系将 $\mathrm{d}\boldsymbol{B}$ 进行分解。例如，在直角坐标系中，$\mathrm{d}\boldsymbol{B}$ 可分解为

$$\mathrm{d}\boldsymbol{B}=\mathrm{d}B_x\boldsymbol{i}+\mathrm{d}B_y\boldsymbol{j}+\mathrm{d}B_z\boldsymbol{k} \tag{7-6}$$

然后，分别对 $\mathrm{d}\boldsymbol{B}$ 的三个分量积分，得到 $\boldsymbol{B}$ 在三个轴上的分量分别为

$$B_x=\int\mathrm{d}B_x,\quad B_y=\int\mathrm{d}B_y,\quad B_z=\int\mathrm{d}B_z \tag{7-7}$$

最后给出磁感应强度的矢量式为

$$\boldsymbol{B}=B_x\boldsymbol{i}+B_y\boldsymbol{j}+B_z\boldsymbol{k}$$

7.2.2　毕奥-萨伐尔定律的应用

原则上，利用毕奥-萨伐尔定律，可以计算任意载流导线和导体回路产生的磁感应强度 $\boldsymbol{B}$。下面，我们应用毕奥-萨伐尔定律计算几种简单几何形状，但具有典型意义的载流导体产生的磁感应强度 $\boldsymbol{B}$。

1. 求载流直导线的磁场

如图 7-3 所示，在长为 L 的一段载流直导线中，通有恒定电流 I，试求距离载流直导线为 a 处一点 P 的磁感应强度 $\boldsymbol{B}$，取 P 点到直导线的垂足点 O 为原点，如图 7-3 所示，在 AB 上距 O 点为 l 处取电流元 $I\mathrm{d}\boldsymbol{l}$，$I\mathrm{d}\boldsymbol{l}$ 在 P 点产生的 $\mathrm{d}\boldsymbol{B}$ 的大小为

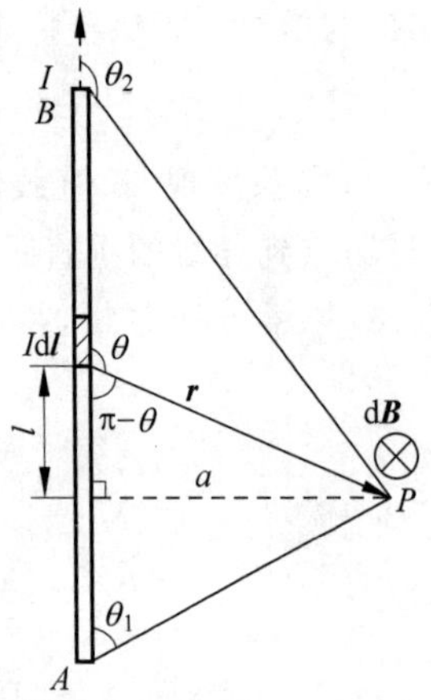

图 7-3 载流直导线的磁场

$$dB = \frac{\mu_0}{4\pi}\frac{I\,dl\sin\theta}{r^2}$$

$d\boldsymbol{B}$ 方向垂直纸面向里($I\,d\boldsymbol{l}\times\boldsymbol{r}$ 方向)。不难看出,AB 上所有电流元在 P 点产生的 $d\boldsymbol{B}$ 方向均相同,所以 P 点 $\boldsymbol{B}$ 的大小即等于下面的代数积分

$$B = \int dB = \int_{AB}\frac{\mu_0}{4\pi}\frac{I\,dl\sin\theta}{r^2}$$

为了便于积分,首先我们来统一变量,由图 7-3 知

$$r = \frac{a}{\sin(\pi-\theta)} = \frac{a}{\sin\theta},\quad l = a\cot(\pi-\theta) = -a\cot\theta$$

$$dl = -a\cdot(-\csc^2\theta)\,d\theta = a\csc^2\theta\,d\theta = \frac{a}{\sin^2\theta}d\theta$$

代入积分式中,其中,积分上下限由电流的起点和终点决定,变量 θ 的上下限分别为 θ_2 和 θ_1,θ_1 为载流直导线起点处电流元与径矢 $\boldsymbol{r}$ 的夹角,θ_2 为载流直导线终点处电流元与径矢 $\boldsymbol{r}$ 的夹角,从而得

$$B = \frac{\mu_0 I}{4\pi a}\int_{\theta_1}^{\theta_2}\sin\theta\,d\theta = \frac{\mu_0 I}{4\pi a}(\cos\theta_1 - \cos\theta_2) \tag{7-8}$$

磁场方向垂直纸面向里。

若导线为无限长时,$\theta_1 = 0$,$\theta_2 = \pi$,则 P 点的磁感应强度大小为

$$B = \frac{\mu_0 I}{2\pi a} \tag{7-9}$$

由此看出,无限长载流直导线周围各场点磁感应强度的大小,与各场点到载流直导线垂直距离 a 成反比。若以无限长载流直导线上的点为圆心,做垂直于无限长载流直导线的同心圆系,则无限长载流直导线在各点产生磁感应强度 $\boldsymbol{B}$ 的方向将沿通过该点圆的切线方向,其指向与电流方向满足右手螺旋定则,如图 7-4 所示。

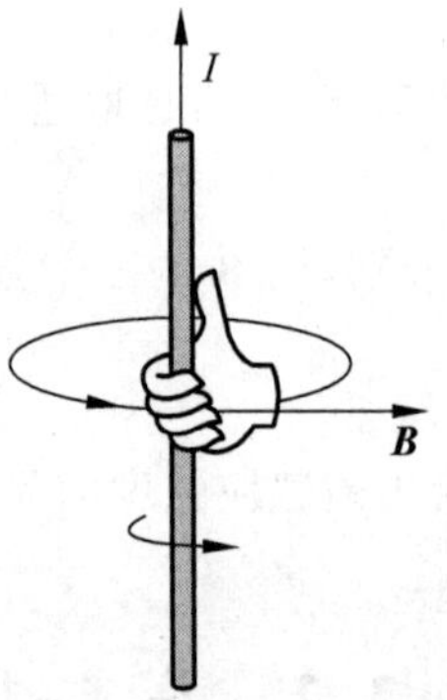

图 7-4 直线电流右手螺旋关系

若导线为半无限长时,(A 在 O 处),$\theta_1 = \frac{\pi}{2}$,$\theta_2 = \pi$,则 P 点的磁感应强度大小为

$$B = \frac{\mu_0 I}{4\pi a} \tag{7-10}$$

若 P 点在载流直导线的延长线上或就在载流直导线上,则由叉乘关系可知,其磁感应强度大小为零。

2. 载流圆线圈轴线上的磁场

如图 7-5 所示,半径为 R 的单匝载流圆线圈,通有电流 I,试计算轴线上任一点 P 的磁感应强度 $\boldsymbol{B}$。

选取如图 7-5 所示的坐标系,取 x 轴为线圈轴线,O 在线圈中心,电流元 $I\,d\boldsymbol{l}$ 在 P 点产生的磁感应强度 $d\boldsymbol{B}$ 大小为

$$dB=\frac{\mu_0}{4\pi}\frac{I\,dl\sin\theta}{r^2}=\frac{\mu_0}{4\pi}\frac{I\,dl}{r^2},\quad \theta=\frac{\pi}{2}$$

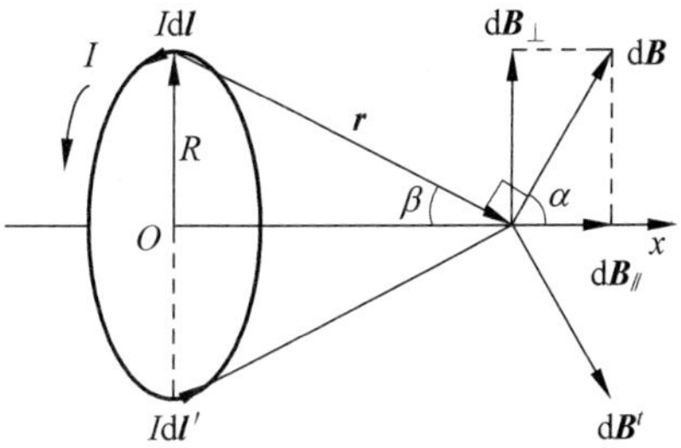

图 7-5 圆线圈轴线上的磁场

其方向由 $I\,d\boldsymbol{l}\times\boldsymbol{r}$ 确定。显然，圆电流上各电流元在 P 点产生的磁感应强度有不同方向。

设 d**l** 垂直于纸面，则 d**B** 在纸面内。由于圆电流有轴对称性，据此可将 d**B** 分解成平行 x 轴分量 $dB_{/\!/}$和垂直 x 轴分量 $dB_\perp$。在与 $I\,d\boldsymbol{l}$ 在同一直径上的电流元 $I\,d\boldsymbol{l}'$在 P 点产生的磁场分解为 $dB'_{/\!/}$、$dB'_\perp$，由对称性可知，$dB'_\perp$ 与 $dB_\perp$ 相抵消，则线圈在 P 点产生垂直 x 轴的分量由于两两抵消而为零，故只有平行 x 轴的分量。

$$B_\perp=\int dB_\perp=0$$

$$B=B_x=\int_{2\pi R}dB\cdot\cos\alpha=\int_{2\pi R}\frac{\mu_0 I\cdot dl}{4\pi r^2}\cos\alpha=\int_{2\pi R}\frac{\mu_0 I}{4\pi r^2}\cdot\frac{R}{r}dl$$

对于给定的 P 点来说，r 是常量，因此有

$$B=\frac{\mu_0 IR}{4\pi r^3}\int_{2\pi R}dl=\frac{\mu_0 IR^2}{2r^3}$$

即

$$B=\frac{\mu_0 IR^2}{2(R^2+x^2)^{\frac{3}{2}}}\tag{7-11}$$

B 的方向垂直于圆电流平面，且沿 x 轴正向，其指向与圆电流的流向符合右手螺旋定则，即用右手弯曲的四指代表电流的流向，伸直的拇指即指示轴线上 **B** 的方向。

在圆心处，$x=0$ 处，由式(7-11)可知，圆电流圆心处磁感应强度的大小为

$$B=\frac{\mu_0 I}{2R}\tag{7-12}$$

B 的方向仍由右手螺旋定则确定。由上式可推出一段载流为 I、半径为 R、对圆心 O 张角为 θ 的圆弧，在圆心出产生的磁感应强度 **B** 的大小为

$$B=\frac{\theta}{2\pi}\frac{\mu_0 I}{2R}\tag{7-13}$$

如果所用的线圈不是单匝线圈，而是 N 匝线圈，则磁感应强度 **B** 的大小将表示为：$B=\dfrac{\mu_0 R^2 NI}{2(x^2+R^2)^{\frac{3}{2}}}$。

例 7-1 如图 7-6 所示，在纸面上有一闭合回路，它由半径为 R_1、R_2 的半圆及在直径上的二直线段组成，电流为 I。求：

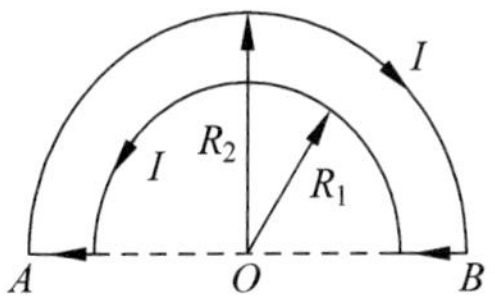

图 7-6 例 7-1 图(一)

(1) 圆心 O 处 $\boldsymbol{B}_0$。

(2) 若小半圆绕 AB 转 180°，求此时 O 处 $\boldsymbol{B}'_0$ 的值。

解 由磁场的叠加性知，任一点的磁感应强度 **B** 是由两半圆及直线段部分在该点产生的磁感应强度的矢量和。此题中，

因为 O 在直线段延长线上，故直线段在 O 处不产生磁场。求 $\boldsymbol{B}_O$ 和 $\boldsymbol{B}'_O$。

(1) 由式(7-13)可知，小线圈在 O 处产生的磁场大小为

$$B_{O小}=\frac{1}{2}\frac{\mu_0 I}{2R_1}$$

方向垂直纸面向外。

大线圈在 O 处产生的磁场大小为

$$B_{O大}=\frac{1}{2}\frac{\mu_0 I}{2R_2}$$

方向垂直纸面向里。则 O 处的总场强为

$$B_O=B_{O小}-B_{O大}=\frac{\mu_0 I}{4}\left(\frac{1}{R_1}-\frac{1}{R_2}\right)$$

方向垂直纸面向外。

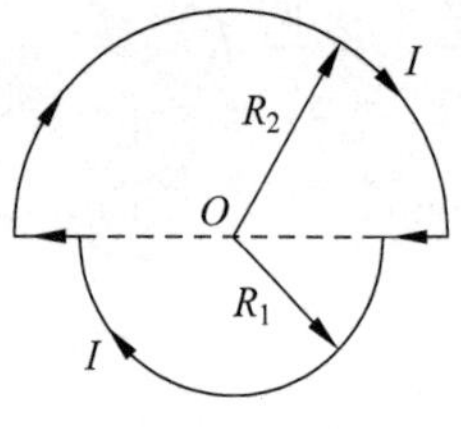

图 7-7 例 7-1 图(二)

(2) 仿照(1)中计算可知

$$\begin{cases} B'_{O小}=B_{O小} \\ B'_{O大}=B_{O大} \end{cases}$$

且 $\boldsymbol{B}'_{O小}$、$\boldsymbol{B}'_{O大}$ 的方向均垂直纸面向里。则 O 处的总场强为

$$B'_O=B'_{O小}+B'_{O大}=\frac{\mu_0 I}{4}\left(\frac{1}{R_1}+\frac{1}{R_2}\right)$$

方向垂直纸面向里。

3. 运动电荷的磁场

因为电流是导体中大量带电粒子定向运动形成的，所以电流元产生的磁场正是这些运动电荷共同产生的。设导体的横截面积为 S，单位体积内载流子数目 n，每个载流子所带电荷为 q，定向运动速度为 v，如图 7-8 所示。则在 $\mathrm{d}t$ 时间内过截面 S 的带电粒子数

$$\mathrm{d}N=nS\,\mathrm{d}l=nSv\,\mathrm{d}t$$

若每个载流子的电荷为 q，则 $\mathrm{d}t$ 时间内通过 S 截面的电量

$$\mathrm{d}Q=q\,\mathrm{d}N=qnSv\,\mathrm{d}t$$

于是在电流元中的电流为

$$I=\frac{\mathrm{d}Q}{\mathrm{d}t}=qnSv$$

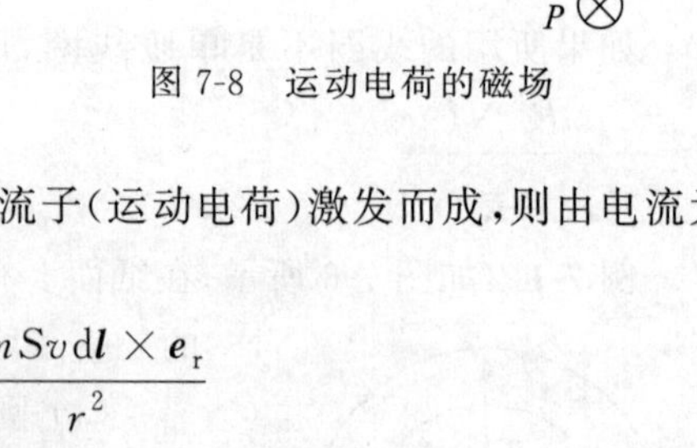

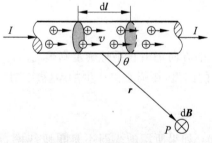

图 7-8 运动电荷的磁场

若把电流元 $I\mathrm{d}l$ 所激发的磁场，看成由 $\mathrm{d}N$ 个载流子(运动电荷)激发而成，则由电流元激发的磁场为

$$\mathrm{d}\boldsymbol{B}=\frac{\mu_0}{4\pi}\frac{I\mathrm{d}\boldsymbol{l}\times\boldsymbol{e}_r}{r^2}=\frac{\mu_0}{4\pi}\frac{qnSv\mathrm{d}\boldsymbol{l}\times\boldsymbol{e}_r}{r^2}$$

设载流子为正电荷，电荷定向运动速度 $\boldsymbol{v}$ 与 $I\mathrm{d}\boldsymbol{l}$ 同向，上式可变为

$$\mathrm{d}\boldsymbol{B}=\frac{\mu_0}{4\pi}\frac{qnS\mathrm{d}l\,\boldsymbol{v}\times\boldsymbol{e}_r}{r^2}$$

因此运动电荷产生的磁感应强度为

$$\boldsymbol{B}=\frac{\mathrm{d}\boldsymbol{B}}{\mathrm{d}N}=\frac{\mu_0}{4\pi}\frac{q\boldsymbol{v}\times\boldsymbol{e}_r}{r^2} \tag{7-14}$$

运动电荷在 P 点产生的磁感应强度 $\boldsymbol{B}$ 的大小为

$$B=\frac{\mu_0}{4\pi}\frac{qv\sin\theta}{r^2}$$

其中 θ 是电荷的定向运动速度 $\boldsymbol{v}$ 与位矢 $\boldsymbol{r}$ 之间的夹角。$\boldsymbol{B}$ 的方向垂直于速度 $\boldsymbol{v}$ 和位矢 $\boldsymbol{r}$ 所决定的平面，可由右手螺旋法则确定。如果粒子带正电，则 $\boldsymbol{B}$ 的方向沿 $\boldsymbol{v}\times\boldsymbol{r}$ 方向，如图 7-9(a)所示；如果粒子带负电，则 $\boldsymbol{B}$ 的方向沿 $\boldsymbol{v}\times\boldsymbol{r}$ 的反方向，如图 7-9(b)所示。

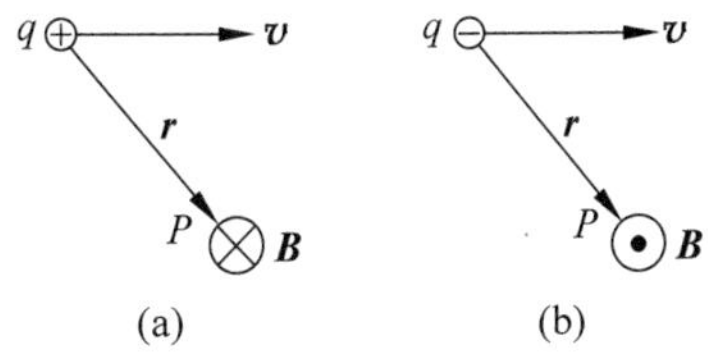

图 7-9　正、负电荷激发的磁场
(a) 正电荷；(b) 负电荷

式(7-14)只适用于电荷的运动速度远小于光速的情况，对高速运动的电荷产生的磁场，需要考虑相对论效应，这里不做进一步讨论。

直线电流、圆电流等产生的磁场是一些典型的磁场，以它们为基础加上对场的叠加原理的灵活运用，就可以求出一些其他载流体的磁场。

例 7-2　半径为 R 的均匀带电圆盘，带电量为 $+q$，圆盘以角速度 ω 绕通过圆心垂直于圆盘的轴转动，如图 7-10 所示。试求：绕轴旋转带电圆盘轴线上任意一点的磁感应强度 $\boldsymbol{B}$。

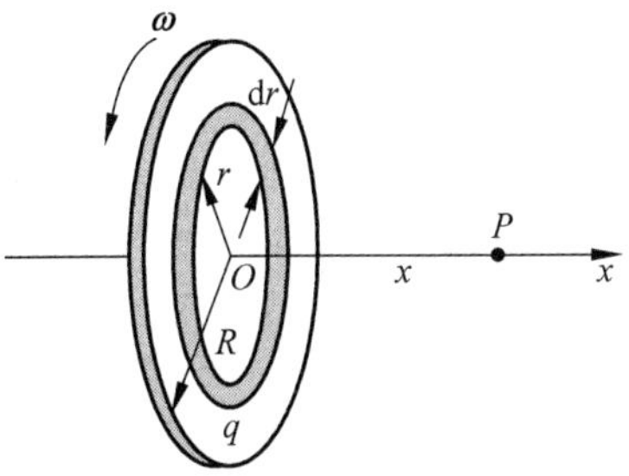

图 7-10　转动的带电圆盘

解　如图 7-10 所示，在距圆心为 r 处取一宽度为 $\mathrm{d}r$ 的圆环，当带电圆盘绕轴旋转时，圆环上的电荷作圆周运动，相当于一个载流圆线圈，其电流为

$$\mathrm{d}I=\frac{\omega}{2\pi}\sigma 2\pi r\,\mathrm{d}r=\omega\sigma r\,\mathrm{d}r$$

式中，$\sigma=q/\pi r^2$ 为圆盘上的电荷面密度。由式(7-11)可得距圆心为 r、宽度为 $\mathrm{d}r$ 的圆环在 P 点产生的磁感应强度大小为

$$\mathrm{d}B=\frac{\mu_0 r^2\mathrm{d}I}{2(r^2+x^2)^{\frac{3}{2}}}=\frac{\mu_0\omega\sigma r^3\mathrm{d}r}{2(r^2+x^2)^{\frac{3}{2}}}$$

整个圆盘上的电荷绕轴转动，便在圆盘上形成一系列半径不等的载流圆线圈系。由于载流圆线圈系在轴线上产生的磁感应强度方向相同，故磁感应强度的大小为

$$B=\frac{\mu_0\omega\sigma}{2}\int_0^R\frac{r^3\mathrm{d}r}{(r^2+x^2)^{\frac{3}{2}}}=\frac{\mu_0\omega\sigma}{2}\left(\frac{R^2+2x^2}{\sqrt{R^2+x^2}}-2x\right)$$

根据带电圆盘转动方向和电荷性质，可以确定电流的方向，据此可知，绕轴旋转的带电圆盘产生的磁感应强度的方向沿 x 轴正向。

当 $x=0$ 时，即旋转带电圆盘圆心处，磁感应强度的大小为

$$B=\frac{\mu_0\omega\sigma}{2}R$$

7.3　真空中磁场的高斯定理

7.3.1　磁感应线

与引入电场线相似,为形象地描绘磁场的空间分布,引入一簇有方向的假想曲线——磁感应线。规定磁场中任一磁感应线上某点的切线方向,代表该点磁感应强度 $\boldsymbol{B}$ 的方向;并使通过垂直于磁感应强度 $\boldsymbol{B}$ 的单位面积上的磁感应线根数等于该处的 $\boldsymbol{B}$ 的大小,即磁感应线的密度与磁感应强度的数值相等。因此,磁感应线越密的地方,磁场越强;磁感应线越疏的地方,磁场越弱。这样的规定使得磁感应线的疏密程度反映了磁场的强弱。

为了用实验方法显示磁感应线的分布,可在磁场中放一块玻璃板,并撒上一薄层铁屑,再轻轻敲击玻璃板,这时铁屑就按照磁感应线的形状排列起来。

常见电流磁感应线如图 7-11 所示:直电流,圆电流,通电螺线管的磁感应线。

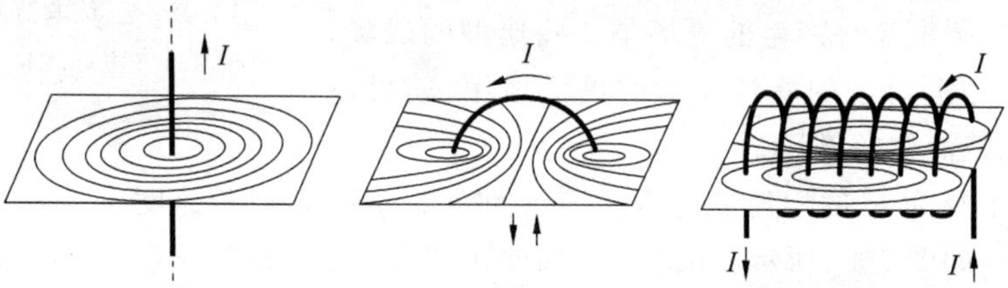

图 7-11　典型电流分布磁场的磁感应线

(a) 长直电流;(b) 圆电流;(c) 螺线管

从磁感应线的图示中,可以得到如下重要的结论:

(1) 在任何磁场中,每一条磁感应线是环绕电流的无头无尾闭合曲线,在磁场中任一点都不中断,磁场是涡旋场。

(2) 每条闭合磁感应线都与闭合载流回路互相套合。磁感应线的环绕方向与电流方向之间遵守右手螺旋法则。

(3) 任何两条磁感应线在空间不相交。

7.3.2　磁通量

与电通量定义类似,穿过磁场中某一曲面的磁感应线总数,称为穿过该曲面的磁通量,用符号 Φ_{m} 表示。

在不均匀磁场中,若要计算通过某一曲面 S 的磁通量,可在图 7-12 所示的曲面 S 上任取一面积元 $\mathrm{d}\boldsymbol{S}$,$\mathrm{d}\boldsymbol{S}$ 的法线方向 $\boldsymbol{e}_{\mathrm{n}}$ 即为 $\mathrm{d}\boldsymbol{S}$ 的方向,$\mathrm{d}\boldsymbol{S}$ 与该处磁感应强度 $\boldsymbol{B}$ 之间的夹角为 θ。根据描绘磁感应线时的规定,有

$$B=\frac{\mathrm{d}\Phi_{\mathrm{m}}}{\mathrm{d}S_{\perp}}$$

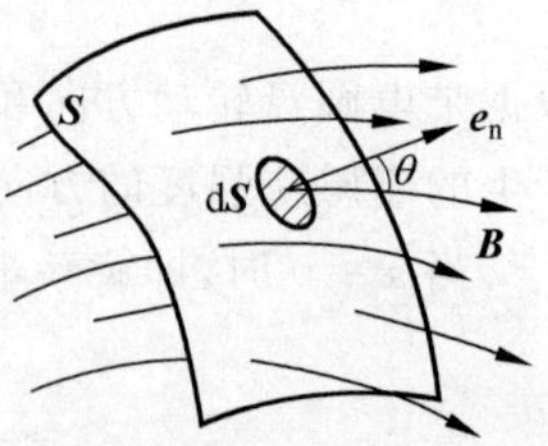

图 7-12　曲面 S 的磁通量

则通过面积元 $\mathrm{d}\boldsymbol{S}$ 的磁通量为

$$d\Phi_m = B dS_{\perp} = B dS\cos\theta = \boldsymbol{B}\cdot d\boldsymbol{S} \tag{7-15}$$

通过有限曲面 S 的磁通量为

$$\Phi_m = \int d\Phi_m = \int_S \boldsymbol{B}\cdot d\boldsymbol{S} \tag{7-16}$$

如果曲面为闭合曲面，则磁通量 Φ_m 为

$$\Phi_m = \oint_S \boldsymbol{B}\cdot d\boldsymbol{S} \tag{7-17}$$

磁通量的单位是 Wb(韦伯)，$1Wb = 1T\cdot m^2$。

7.3.3　磁场中的高斯定理

静电场中的高斯定理反映了穿过任意闭合曲面的电通量与它所包围的电荷之间的定量关系。在稳恒电流的磁场中，穿过任意闭合曲面的磁通量和哪些因素有关呢？

与计算闭合曲面的电通量类似，在计算磁通量时，我们仍规定闭合曲面的外法向为法线的正方向。这样，当磁感应线从曲面内穿出时，磁通量为正；当磁感应线从曲面外穿入时，磁通量则为负。由于磁感应线是无头无尾的闭合曲线，对于任意的闭合曲面，任意一条磁感应线如果在一点穿入闭合曲面，则必然从该闭合曲面的另一点穿出，所以穿过任意闭合曲面的总磁通量必为零，即

$$\oint_S \boldsymbol{B}\cdot d\boldsymbol{S} \equiv 0 \tag{7-18}$$

这一结论称为**磁场的高斯定理**。

静电场的高斯定理说明电场线有起点和终点，即静电场是有源场，该定理是正负电荷可以单独存在这一客观事实的反映。磁场的高斯定理则说明磁感应线没有起点和终点，磁场是无源场，反映出自然界中没有单一磁极存在的事实。关于磁单极，不少物理学家从理论上预言其存在，还有人计算出它的磁荷与质量的值。但在实验上，尚未令人信服地证实磁单极的存在。

7.4　真空中稳恒磁场的安培环路定理

7.4.1　安培环路定理

在静电场中，电场强度沿闭合回路的线积分(即环流)为零，这说明静电场是保守场、无旋场。那么稳恒磁场中，磁感应强度 $\boldsymbol{B}$ 沿任一闭合路径的线积分(称为 $\boldsymbol{B}$ 的环流)又如何呢？它遵从的是安培环路定理。

真空中的安培环路定理表述为：在真空中的稳恒磁场中，磁感应强度沿任一闭合环路 L 的线积分，等于穿过该环路所有电流代数和的 μ_0 倍，即

$$\oint_L \boldsymbol{B}\cdot d\boldsymbol{l} = \mu_0 \sum I_i \tag{7-19}$$

其中电流的正负规定如下：当环路的绕行方向与穿过环路的电流方向成右手螺旋关系时，$I>0$，反之 $I<0$，如图 7-13 所示。

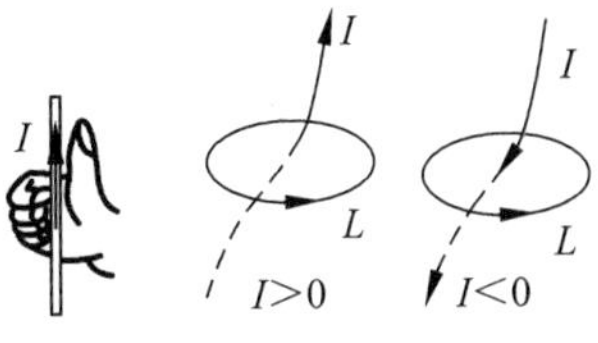

图 7-13　安培定理中电流的取值关系

在矢量分析中，把矢量的环流等于零的场称为无旋场，否则为有旋场，因此，**静电场为无旋场，而稳恒磁场为有旋场**。

这里用长直电流的磁场验证安培环路定理。

设真空中有一电流为 I 的无限长直电流，电流垂直纸面向外，则由式(7-9)，其在与之相距 r 处的磁感应强度 $\boldsymbol{B}$ 的大小为

$$B=\frac{\mu_0 I}{2\pi r}$$

在垂直于直导线的平面内，$\boldsymbol{B}$ 的方向与 $\boldsymbol{r}$ 垂直，如图 7-14 所示。

1. 安培环路包围电流

此时，若以垂直于电流 I 的平面上的任一闭合路径 L 为积分回路，考虑 L 上的一个有向线元 $\mathrm{d}\boldsymbol{l}$，它与 $\boldsymbol{B}$ 的夹角为 θ，由图可知，$\mathrm{d}l \cdot \cos\theta = r\mathrm{d}\varphi$，因此，磁感应强度 $\boldsymbol{B}$ 的环流为

$$\oint_L \boldsymbol{B}\cdot \mathrm{d}\boldsymbol{l}=\oint_L B\cos\theta \mathrm{d}l=\oint_L Br\mathrm{d}\varphi$$

$$=\int_0^{2\pi}\frac{\mu_0 I}{2\pi}\mathrm{d}\varphi=\mu_0 I$$

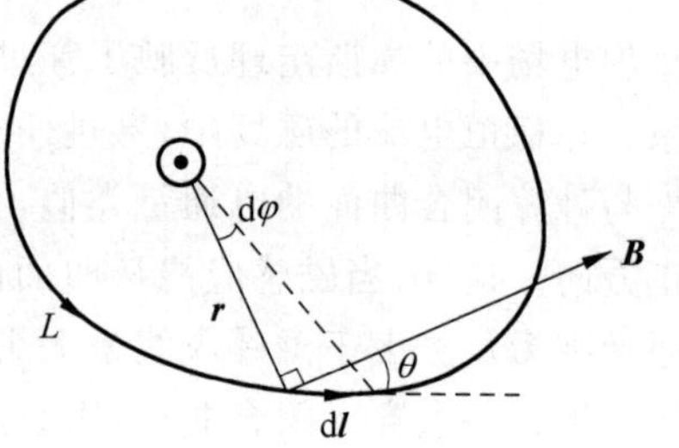

图 7-14　长直载流导线磁场中 $\boldsymbol{B}$ 的环流

不难看出，若 I 的流向相反，则 $\boldsymbol{B}$ 反向，θ 为钝角，因而与上述积分相差一个负号。

若闭合路径上某处 $\mathrm{d}l$ 不在上述平面内，则 $\mathrm{d}\boldsymbol{l}$ 可以正交分解为平行于上述平面的分量 $\mathrm{d}\boldsymbol{l}_{/\!/}$ 和垂直于上述平面的分量 $\mathrm{d}\boldsymbol{l}_{\perp}$，即 $\mathrm{d}\boldsymbol{l}=\mathrm{d}\boldsymbol{l}_{/\!/}+\mathrm{d}\boldsymbol{l}_{\perp}$，这时，有

$$\oint_L \boldsymbol{B}\cdot \mathrm{d}\boldsymbol{l}=\oint_L \boldsymbol{B}\cdot(\mathrm{d}\boldsymbol{l}_{\perp}+\mathrm{d}\boldsymbol{l}_{/\!/})$$

$$=\oint_L B\cos 90^\circ \mathrm{d}l_{\perp}+\oint_L B\cos 0^\circ \mathrm{d}l_{/\!/}$$

$$=0+\int_0^{2\pi}\frac{\mu_0 I}{2\pi}r\mathrm{d}\varphi=\mu_0 I$$

2. 安培环路不包围电流

如图 7-15 所示，这时对应于每个线元 $\mathrm{d}\boldsymbol{l}$ 有另外一个线元 $\mathrm{d}\boldsymbol{l}'$，二者对 O 点有相同的圆心角 $\mathrm{d}\varphi$，但 $\mathrm{d}\boldsymbol{l}$ 与该处 $\boldsymbol{B}$ 成锐角 θ，而 $\mathrm{d}\boldsymbol{l}'$ 与该处 $\boldsymbol{B}'$ 成钝角 θ'，于是有

$$\boldsymbol{B}\cdot \mathrm{d}\boldsymbol{l}+\boldsymbol{B}'\cdot \mathrm{d}\boldsymbol{l}'=\frac{\mu_0 I}{2\pi}\mathrm{d}\varphi-\frac{\mu_0 I}{2\pi}\mathrm{d}\varphi=0$$

所以 $\boldsymbol{B}$ 沿整个闭合路径的积分为零。

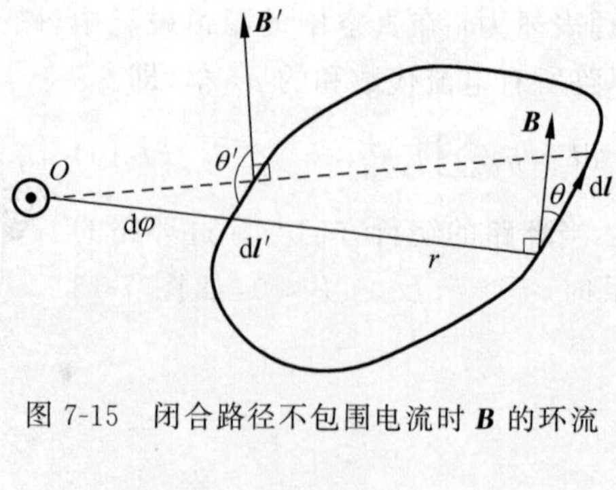

图 7-15　闭合路径不包围电流时 $\boldsymbol{B}$ 的环流

3. 多根载流导线穿过安培环路

设同时有多个长直电流，其中 $I_1, I_2, \cdots, I_n$ 穿过环路 L，而 $I_{n+1}, I_{n+2}, \cdots, I_m$ 不穿过环路 L。令 $\boldsymbol{B}_1, \boldsymbol{B}_2, \cdots, \boldsymbol{B}_n, \boldsymbol{B}_{n+1}, \boldsymbol{B}_{n+2}, \cdots, \boldsymbol{B}_m$ 分别为各电流单独存在时产生的磁感应强度，则由前面的结论有

$$\oint_L \boldsymbol{B}_1 \cdot \mathrm{d}\boldsymbol{l} = \mu_0 I_1, \quad \cdots, \quad \oint_L \boldsymbol{B}_n \cdot \mathrm{d}\boldsymbol{l} = \mu_0 I_n$$

$$\oint_L \boldsymbol{B}_{n+1} \cdot \mathrm{d}\boldsymbol{l} = 0, \quad \cdots, \quad \oint_L \boldsymbol{B}_m \cdot \mathrm{d}\boldsymbol{l} = 0$$

因为总强度为

$$\boldsymbol{B} = \boldsymbol{B}_1 + \boldsymbol{B}_2 + \cdots + \boldsymbol{B}_n + \boldsymbol{B}_{n+1} + \boldsymbol{B}_{n+2} + \cdots + \boldsymbol{B}_m$$

所以有

$$\oint_L \boldsymbol{B} \cdot \mathrm{d}\boldsymbol{l} = \oint_L (\boldsymbol{B}_1 + \boldsymbol{B}_2 + \cdots + \boldsymbol{B}_n + \boldsymbol{B}_{n+1} + \boldsymbol{B}_{n+2} + \cdots + \boldsymbol{B}_m) \cdot \mathrm{d}\boldsymbol{l}$$

$$= \mu_0 \sum_{i=1}^{n} I_i = \mu_0 \sum I_{内}$$

可见结论与安培环路定理一致。

通过以上验证，我们可以更好地理解安培环路定理表达式的意义，即：

(1) 安培环流定理只是说 B 的线积分值只与穿过回路的电流有关，而回路上各点的 B 值则与所有在场电流有关。

(2) 如果没有电流穿过某积分回路，只能说在该回路上 B 的线积分为零，而回路上各点的 B 值不一定为零。

(3) 安培环路定理说明稳恒磁场是有旋场，与高斯定理一起全面地反映了稳恒磁场的性质，表明稳恒磁场是无源有旋场。

需要指出：①虽然 $\boldsymbol{B}$ 的环流与闭合回路外的电流无关，只与闭合回路包围电流有关，但是闭合回路上任意点的磁场是由空间中所有的电流共同产生的；②只有当电流可以穿过以闭合回路为边界的任意曲面时，才称闭合回路包围该电流。因此安培环路定理对一段电流产生的磁场不成立。

7.4.2　安培环路定理的应用

在载流体具有某些对称性时，利用安培环流定理可以很方便地计算某些具有特殊对称性的电流分布的磁场，这点与应用高斯定理计算电场强度类似。根据求 $\boldsymbol{E}$ 的经验，我们在应用安培环路定理计算磁场分布时，可以遵循以下步骤：

(1) 首先要根据电流分布的对称性来分析磁场分布的对称性。

(2) 根据磁场分布的对称性特点，选择一个合适的积分回路或者使某一段积分线上 B 为常数，或者使某一段积分线路上 B 处处与 $\mathrm{d}l$ 垂直。

(3) 利用 $\oint_l \boldsymbol{B} \cdot \mathrm{d}\boldsymbol{l} = \mu_0 \sum_{i=1}^{n} I_i$，求 B。

下面将分别讨论几种情况的磁场分布。

1. 无限长载流圆柱形导体的磁场分布

设无限长均匀载流圆柱导体的截面半径为 R，电流 I 沿轴线方向流动，试求载流圆柱导

体内、外的磁感应强度 $\boldsymbol{B}$。

因在圆柱导体截面上的电流均匀分布,而且圆柱导体为无限长,所以,磁场以圆柱导体轴线为对称轴,磁感应线是在垂直于轴线的平面内,并以该平面与轴线交点为中心的同心圆,如图7-16所示。先求圆柱导体外的磁场分布,在圆柱导体外取一点 P,P 点与轴线距离为 $r(r>R)$。过 P 点沿磁感应线方向作圆形积分回路 L,该回路上的 $\boldsymbol{B}$ 值处处相等,$\boldsymbol{B}$ 在 L 上的环流为

$$\oint_l \boldsymbol{B}\cdot \mathrm{d}\boldsymbol{l}=\oint_l B\cos\theta \mathrm{d}l=B\oint_l \mathrm{d}l=B\cdot 2\pi r$$

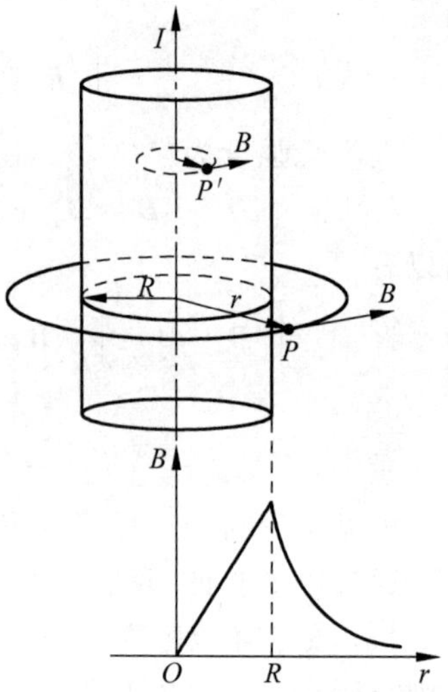

图7-16　无限长圆柱电流的磁场

全部电流 I 都被回路所环绕,所以

$$\sum I_i=I$$

根据安培环路定理可得

$$2\pi rB=\mu_0 I$$

$$B_{外}=\frac{\mu_0}{2\pi}\frac{I}{r},\quad r>R \tag{7-20}$$

式(7-20)表明,在载流圆柱导体外部,磁场分布与全部电流 I 集中在轴线上的直线电流相同。

如果所求场点在载流圆柱导体内部($r<R$),则在其内部过 P' 点沿磁感应线方向取一圆形积分回路,导体中只有一部分电流被环路 L 环绕。因导体内的电流均匀分布,其电流密度即为 $j=\dfrac{I}{\pi R^2}$,所以环路环绕的电流为

$$I'=j\pi r^2=\frac{r^2}{R^2}I$$

代入安培环路定理有

$$2\pi rB=\mu_0 I'=\mu_0\frac{r^2}{R^2}I$$

$$B_{内}=\frac{\mu_0}{2\pi}\frac{I}{R^2}r,\quad r<R \tag{7-21}$$

B 沿圆柱导体径向 r 的分布曲线如图7-16所示,当 $r<R$ 时,B 与 r 成正比;当 $r>R$ 时,B 与 r 成反比;在导体表面处($r=R$),B 的数值最大。

同理可得,当电流均匀流过圆柱面时,磁感应强度大小分布为

$$\begin{cases}B_{内}=0, & r\leqslant R\\ B_{外}=\dfrac{\mu_0}{2\pi}\dfrac{I}{r}, & r>R\end{cases} \tag{7-22}$$

2. 无限长直载流螺线管内的磁场分布

设无限长细导线密绕螺旋管通有电流 I,半径为 R,单位长度匝数为 n,试求载流螺线管内外的磁感应强度 $\boldsymbol{B}$,如图7-17所示。

由于螺线管为无限长,根据电流分布的对称性可以断定:螺线管内部各点情况基本相同,因而管内中央部分的磁场是匀强磁场,方向与螺线管轴线平行,管的外面,由于磁感应线

非常稀疏,磁场强度很微弱,可以忽略不计。

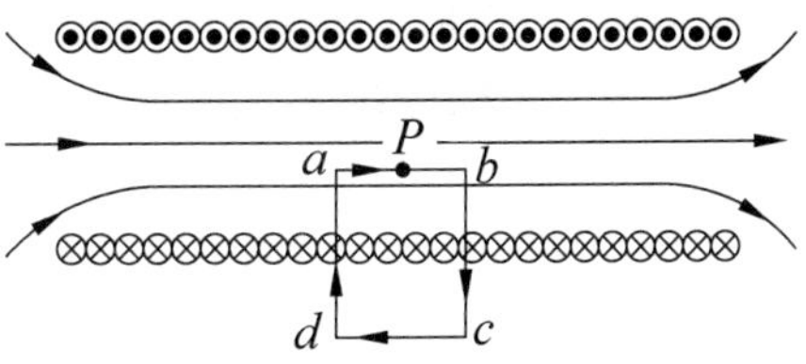

图 7-17 无限长直载流螺线管内磁场

根据上述定性分析,为了计算管内任一点的磁感应强度,可过该点作一矩形回路 $abcda$,如图 7-17 所示,则磁感应强度沿此闭合回路的环流为

$$\oint_l \boldsymbol{B} \cdot \mathrm{d}\boldsymbol{l} = \int_a^b \boldsymbol{B} \cdot \mathrm{d}\boldsymbol{l} + \int_b^c \boldsymbol{B} \cdot \mathrm{d}\boldsymbol{l} + \int_c^d \boldsymbol{B} \cdot \mathrm{d}\boldsymbol{l} + \int_d^a \boldsymbol{B} \cdot \mathrm{d}\boldsymbol{l}$$

其中 cd 段在螺线管外部,$B=0$,bc 段和 da 段一部分在管外,另一部分虽在管内,但 $\boldsymbol{B}$ 与 $\mathrm{d}\boldsymbol{l}$ 垂直,故上述积分中后三项积分均为零,而 ab 段上各点磁场方向与量值均相同,故 $\int_a^b \boldsymbol{B} \cdot \mathrm{d}\boldsymbol{l} = B\overline{ab}$,代入上式可得

$$\oint_l \boldsymbol{B} \cdot \mathrm{d}\boldsymbol{l} = B\overline{ab}$$

该闭合回路所环绕的电流 $\sum I_i = nI \cdot \overline{ab}$,代入安培环路定理可得

$$B\overline{ab} = \mu_0 nI\overline{ab}$$

$$B = \mu_0 nI \tag{7-23}$$

结果表明,无限长载流螺线管内的 B 与螺线管的直径无关,在螺线管的横截面上各点的 B 是常量,即无限长载流螺线管内是匀强磁场。虽然上式是从无限长载流螺线管导出的,但对实际螺线管内靠近中央轴线部分的各点也可以认为是适用的。在实际中,无限长载流螺线管是建立匀强磁场的一个常用方法。这与常用平行板电容器建立匀强电场的方法相似。

3. 载流螺绕环的磁场分布

绕在空心圆环上的螺旋形线圈称为螺绕环,如图 7-18 所示。设环有 N 匝线圈,通有 I 电流,求载流螺绕环内外磁感应强度 $\boldsymbol{B}$。

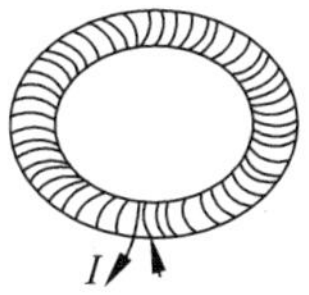

图 7-18 螺绕环

图 7-19 螺绕环管内磁场计算用图

由于线圈密绕,螺绕环管外的磁场非常微弱,磁场几乎全部集中在管内。如图 7-19 所示,根据电流分布的对称性,可以判定磁感应线为以螺绕环中心 O 为圆心的一系列同心圆,

磁感应强度 $\boldsymbol{B}$ 在圆周上各点大小相等。

在管内沿磁感应线作一积分回路 L，$\boldsymbol{B}$ 沿 L 的环流为

$$\oint_L \boldsymbol{B}\cdot \mathrm{d}\boldsymbol{l} = \oint_L B\mathrm{d}l = B\oint_L \mathrm{d}l = B\cdot 2\pi r$$

r 为以 O 为圆心的环路的半径，L 所环绕的电流为 NI，运用安培环路定理可得

$$B\cdot 2\pi r = \mu_0 NI$$

$$B = \frac{\mu_0 NI}{2\pi r} \tag{7-24}$$

若环截面的线度远小于螺绕环半径，这时式中 r 可以以环的平均半径代替，以 $n = N/2\pi r$ 表示单位长度上的线圈匝数，则上式可写成

$$B = \mu_0 nI$$

对于螺绕环以外的空间，也可做一与环同轴的圆周为积分回路，由于穿过这个圆周的总电流为零，因而

$$\oint_L \boldsymbol{B}\cdot \mathrm{d}\boldsymbol{l} = B\cdot 2\pi r = 0$$

可得

$$B = 0 \quad (环外)$$

可见，螺绕环的磁场全部限制在管内部。特别是，一个细环螺绕环(截面线度远小于螺绕环半径)与无限长载流螺线管的磁感应强度表达式相同，均为 $B = \mu_0 nI$。

7.5　磁场对电流的作用

7.5.1　安培力

载流导体在磁场中受到的力称为安培力，这是1820年，安培首先通过实验发现并总结出来的，称为安培定律。具体表述如下：在磁场中某点处的电流元 $I\mathrm{d}\boldsymbol{l}$ 受到的磁场作用力 $\mathrm{d}\boldsymbol{F}$ 的大小与电流元的大小、电流元所在处的磁感应强度的大小以及电流元 $I\mathrm{d}\boldsymbol{l}$ 与磁感应强度 $\boldsymbol{B}$ 之间的夹角 θ 的正弦成正比。在SI单位制中，其数学表达式为

$$\mathrm{d}F = BI\mathrm{d}l\sin\theta \tag{7-25}$$

$\mathrm{d}\boldsymbol{F}$ 垂直于 $I\mathrm{d}\boldsymbol{l}$ 与 $\boldsymbol{B}$ 构成的平面，其指向与 $I\mathrm{d}\boldsymbol{l}$ 和 $\boldsymbol{B}$ 符合右手螺旋法则，如图7-20所示。将上式写成矢量式，则为

$$\mathrm{d}\boldsymbol{F} = I\mathrm{d}\boldsymbol{l}\times \boldsymbol{B} \tag{7-26}$$

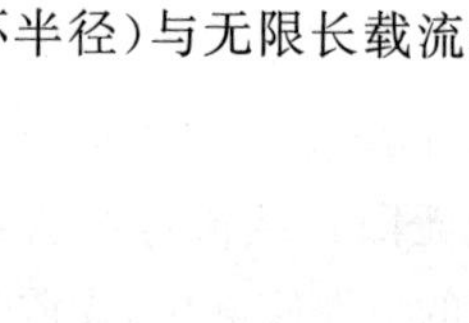

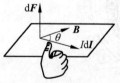

图7-20　安培力

根据安培定律，原则上可以求出任意载流导体在磁场中所受的安培力，即

$$\boldsymbol{F} = \int \mathrm{d}\boldsymbol{F} = \int_L I\mathrm{d}\boldsymbol{l}\times \boldsymbol{B} \tag{7-27}$$

这是一个矢量积分，在一般情况下，各电流元所受安培力的方向并不一致，因而，常用上式的分量式计算，即先将各电流元受的力按选定的坐标方向进行分解，然后对各分量分别进行积分。

$$F_x = \int_l \mathrm{d}F_x,\quad F_y = \int_l \mathrm{d}F_y,\quad F_z = \int_l \mathrm{d}F_z$$

最后再求总的合力　　$\boldsymbol{F}=F_x\boldsymbol{i}+F_y\boldsymbol{j}+F_z\boldsymbol{k}$

若磁场是均匀的，载流导体又是直的，则载流导体上每段电流元所受的安培力都具有相同的方向，并且每段电流元与磁场方向的夹角 θ 都相等。因此，由式(7-27)可得在均匀磁场中长为 L 的一段载流直导线所受的安培力为

$$F=\int_L BI\sin\theta\,\mathrm{d}l=BIL\sin\theta \tag{7-28}$$

例 7-3　在均匀磁场 $\boldsymbol{B}$ 中有一半径为 R 的半圆形导线(见图 7-21)，通有电流 I，磁场的方向与导线平面垂直，求该导线受到的磁力。

解　如图 7-21 所示，取坐标系 xOy，在导线上任取一电流元 $I\mathrm{d}\boldsymbol{l}$，它受到的磁力为

$$\mathrm{d}\boldsymbol{F}=I\mathrm{d}\boldsymbol{l}\times\boldsymbol{B}$$

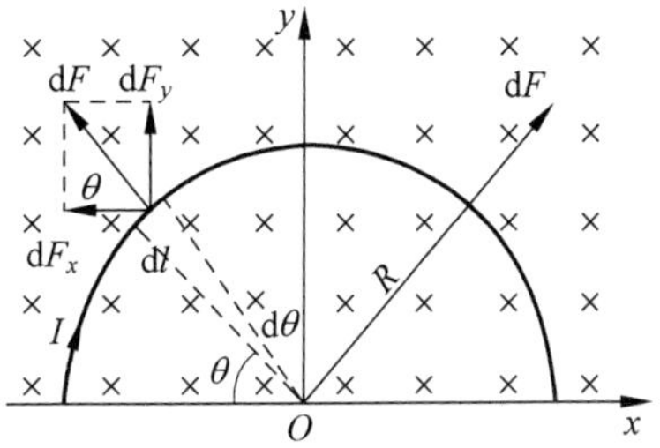

图 7-21　例 7-3 图

$\mathrm{d}\boldsymbol{F}$ 的大小为 $\mathrm{d}F=BI\mathrm{d}l$，$\mathrm{d}\boldsymbol{F}$ 的方向沿半径背离圆心。

由于各电流元所受磁力方向不同，所以应将 $\mathrm{d}\boldsymbol{F}$ 分解为两个分量 $\mathrm{d}F_x$ 和 $\mathrm{d}F_y$，由对称性可知各电流元所受磁力的 x 方向的分力相互抵消，即

$$F_x=\int\mathrm{d}F_x=0$$

所以合磁力的大小为

$$F=F_y=\int\mathrm{d}F\sin\theta=\int IB\,\mathrm{d}l\sin\theta$$

将 $\mathrm{d}l=R\mathrm{d}\theta$ 代入上式得

$$F=\int_0^{\pi}IBR\sin\theta\,\mathrm{d}\theta=2IBR$$

$\boldsymbol{F}$ 的方向沿 y 轴正向。

不难看出，上述结果与连接半圆导线的起点和终点的直导线 ab 所受磁力相同。可以证明，这个结论具有普遍意义，即**在均匀磁场中，任意形状的平面载流导线所受磁力等于连接导线的起点和终点的载流直导线受到的磁力**，下面予以证明。

在磁感应强度为 $\boldsymbol{B}$ 的均匀磁场中，垂直于磁场方向的平面内有一段曲线电流 I，试证该导线所受安培力与连接导线起点与终点的同样强度的直线电流受力一致。

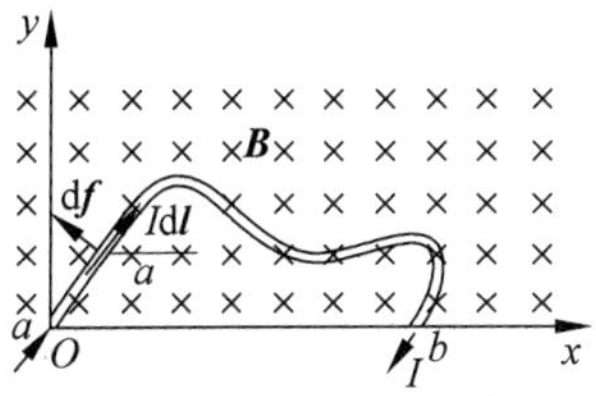

图 7-22　均匀磁场中曲线电流

证明　如图 7-22 所示，在曲线电流所在平面内取 xOy 坐标系，原点 O 取为电流流入端 a，电流流出端为 b。在曲线电流上任取一电流元 $I\mathrm{d}\boldsymbol{l}$，由于 $I\mathrm{d}\boldsymbol{l}$ 与 $\boldsymbol{B}$ 垂直，故其所受安培力大小为 $\mathrm{d}f=BI\mathrm{d}l$，$\mathrm{d}f$ 在 xOy 平面内，方向由 $I\mathrm{d}\boldsymbol{l}\times\boldsymbol{B}$ 决定。

由于导线所处为均匀磁场，则由式(7-27)可知，整根曲线电流所受的合磁力即为

$$\boldsymbol{f}=\int_a^b I\mathrm{d}\boldsymbol{l}\times\boldsymbol{B}=I\left(\int_a^b\mathrm{d}\boldsymbol{l}\right)\times\boldsymbol{B}=I\boldsymbol{r}_{ab}\times\boldsymbol{B}$$

得证。

由此可以推论，**均匀磁场中，闭合载流线圈所受合磁力为零。**

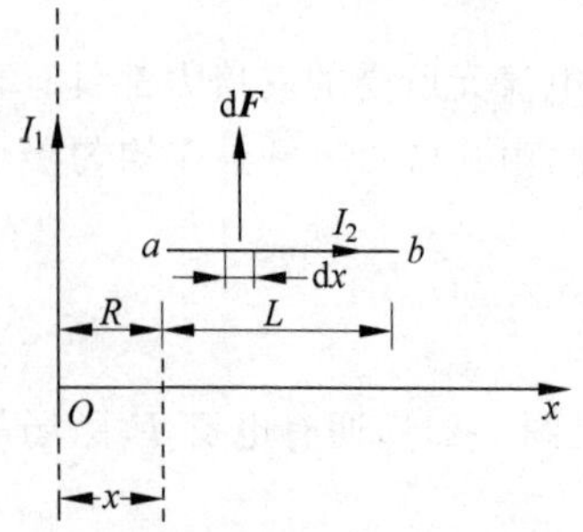

图 7-23 例 7-4 图

例 7-4 如图 7-23 所示，一无限长直导线与一长为 L 的直导线 ab 相互垂直且共面，它们分别通有电流 I_1 和 I_2。设 a 端与长直导线距离为 R，求导线 ab 受到的磁力。

解 无限长载流直导线的磁场为非均匀磁场，在距长直导线垂直距离为 x 处磁感应强度大小为

$$B=\frac{\mu_0 I_1}{2\pi x}$$

在长直导线右侧 $\boldsymbol{B}$ 的方向垂直纸面向里。

在导线 ab 上距离长直导线 x 处取一电流元 $I_2\mathrm{d}x$，该电流元所受磁力 $\mathrm{d}\boldsymbol{F}$ 的大小为

$$\mathrm{d}F=BI_2\mathrm{d}x=\frac{\mu_0 I_1 I_2}{2\pi x}\mathrm{d}x$$

$\mathrm{d}\boldsymbol{F}$ 的方向垂直 ab 向上。

由于 ab 上各电流元所受磁力方向均相同，故 ab 所受合磁力为

$$F=\int \mathrm{d}F=\int_R^{R+L}\frac{\mu_0 I_1 I_2}{2\pi x}\mathrm{d}x=\frac{\mu_0 I_1 I_2}{2\pi}\ln\frac{R+L}{R}$$

7.5.2 两平行无限长直电流间的相互作用力

如图 7-24 所示，两根相距为 a 的无限长平行载流导线电流分别为 I_1 和 I_2，电流 I_1 在 I_2 处产生的磁感应强度大小为

$$B=\frac{\mu_0 I_1}{2\pi a}$$

根据安培定理，电流 I_2 上任一点电流元 $I_2\mathrm{d}\boldsymbol{l}_2$ 所受的安培力大小为

$$\mathrm{d}F_2=BI_2\mathrm{d}l_2=\frac{\mu_0 I_1 I_2}{2\pi a}\mathrm{d}l_2$$

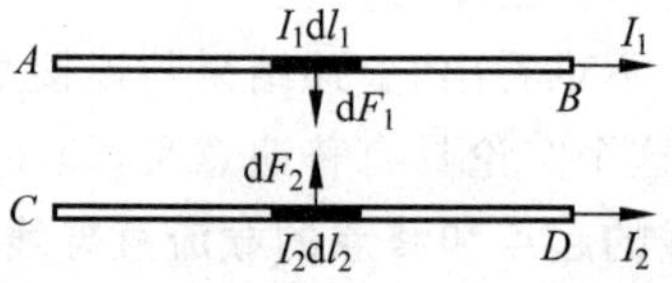

图 7-24 平行电流之间的相互作用力

电流 I_2 上任一电流元受力方向相同，所以电流 I_2 单位长度上受到的安培力大小为

$$f_{21}=\frac{\mathrm{d}F_2}{\mathrm{d}l_2}=\frac{\mu_0 I_1 I_2}{2\pi a}$$

同理，电流 I_1 单位长度所受的安培力大小也为 $f_{12}=\mu_0 I_1 I_2/(2\pi a)$。

方向上，根据 $\mathrm{d}\boldsymbol{F}$、$I\mathrm{d}\boldsymbol{l}$ 与 $\boldsymbol{B}$ 三者间的右手螺旋关系可判断，$\boldsymbol{f}_{12}$ 与 $\boldsymbol{f}_{21}$ 等值反向。当 I_1 和 I_2 同向时，两电流相互吸引；当 I_1 和 I_2 反向时，两电流相互排斥。

因真空中两平行长直导线电流之间单位长度所受安培力的大小为

$$f=\frac{\mu_0}{4\pi}\frac{2I_1 I_2}{a}=2\times10^{-7}\frac{I_1 I_2}{a}$$

由此可定义国际单位制中电流的单位——安培(A)：**放在真空中两条无限长的载流平行导线通有相等的稳恒电流时，当两导线相距 1m、每一根导线每 1m 长度受力 2×10^{-7}N 时，每根导线上的电流为 1A。**即

$$I_1 = I_2 = I = \sqrt{2\pi a \cdot \frac{\mathrm{d}F}{\mathrm{d}l}\frac{1}{\mu_0}} = \sqrt{2\pi \cdot \frac{2\times10^{-7}}{4\pi\times10^{-7}}}\,\mathrm{A} = 1\mathrm{A} \tag{7-29}$$

安培是国际单位制中的一个基本单位。

7.5.3　匀强磁场对载流线圈的作用

在均匀磁场 $\boldsymbol{B}$ 中，有一刚性矩形载流线圈 $abcd$，ab 和 cd 边长为 l_2，ad 和 bc 边长为 l_1，电流为 I。如图 7-25 所示，设线圈平面与磁场方向夹角为 θ，线圈法线方向单位矢量 $\boldsymbol{n}$（电流绕行方向的右手螺旋方向）与 $\boldsymbol{B}$ 方向之间的夹角为 φ。

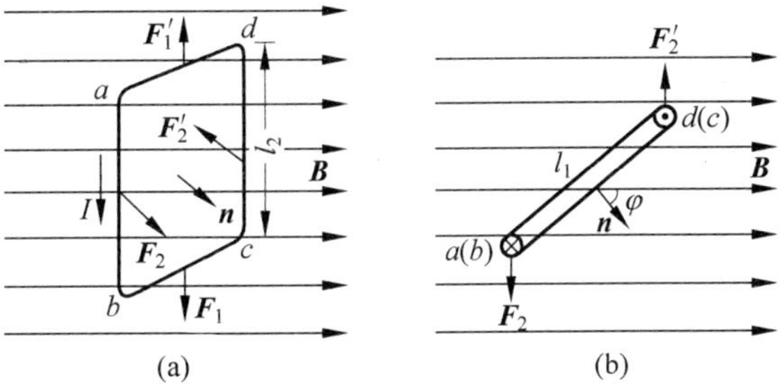

图 7-25　均匀磁场对载流线圈的磁力矩

1. 平面矩形线圈 da、bc 边的受力分析

da 边的电流 I 与 $\boldsymbol{B}$ 方向的夹角为 $\pi-\theta$，da 边受力 $\boldsymbol{F}_1$ 的方向在纸面内垂直 da 向上，大小为

$$F_1 = Bl_1 I\sin(\pi-\theta) = Bl_1 I\sin\theta$$

同理，bc 边受力 $\boldsymbol{F}_2$ 的方向在纸面上垂直 bc 向下，大小为

$$F_2 = Bl_1 I\sin\theta$$

可见，二者作用力大小相等、方向相反，并且在同一直线上，所以它们的合力及合力矩都为零。

2. 平面矩形线圈的 ab、cd 边受力分析

ab 边受力 $\boldsymbol{F}_3$ 方向垂直纸面向外，大小为 $F_3 = Bl_2 I$。

cd 边受力 $\boldsymbol{F}_4$ 方向垂直纸面向内，大小为 $F_4 = Bl_2 I = F_3$。

二者作用力大小相等，方向相反，但没有作用在一直线上，因而形成力偶，如图 7-25(b) 所示。

3. 线圈所受合力及合力矩

由以上分析可知，线圈在均匀磁场受合力为零，即

$$\sum(\boldsymbol{F}_1 + \boldsymbol{F}_2 + \boldsymbol{F}_3 + \boldsymbol{F}_4) = 0$$

但其合力矩并不为零。由图 7-25 可见，$\boldsymbol{F}_3$ 和 $\boldsymbol{F}_4$ 产生一力偶矩、以线圈中线为轴，其力偶矩大小为

$$M = F_3\frac{l_1}{2}\cos\theta + F_4\frac{l_1}{2}\cos\theta = F_3 l_1\cos\theta = F_3 l_1\sin\varphi$$

考虑到 $F_3=Bl_2I$，矩形线圈所受力矩即可表示为

$$M=Bl_2Il_1\sin\varphi=BIS\cdot\sin\varphi$$

式中，$S=l_1l_2$，为矩形线圈的面积。

现引入一个描述圆电流磁性质的物理量载流线圈的磁矩 $\boldsymbol{P}_m$，其定义为

$$\boldsymbol{P}_m=I\boldsymbol{S}=IS\boldsymbol{e}_n \tag{7-30}$$

式中，I 为圆电流回路中的电流；S 为圆电流回路平面的面积；$\boldsymbol{e}_n$ 为回路平面的法线方向(由线圈中电流方向按右手螺旋法则确定)的单位矢量。

由此线圈的磁力矩可表示为

$$M=P_mB\sin\varphi$$

考虑到 $\boldsymbol{M}$、$\boldsymbol{P}_m$ 和 $\boldsymbol{B}$ 三者的方向关系，磁力矩可写成矢量形式，即

$$\boldsymbol{M}=\boldsymbol{P}_m\times\boldsymbol{B} \tag{7-31}$$

如果线圈有 N 匝，则平面载流线圈受到的磁力矩为

$$\boldsymbol{M}=N\boldsymbol{P}_m\times\boldsymbol{B} \tag{7-32}$$

综上所述，位于均匀磁场中的平面载流线圈的磁力矩 $\boldsymbol{M}$ 不仅与线圈中的电流 I、线圈面积 S 以及磁感应强度 $\boldsymbol{B}$ 有关，还与线圈平面与磁感应强度 $\boldsymbol{B}$ 间的夹角有关。式(7-31)虽然是从矩形平面线圈中导出的，但可以证明，它适用于在均匀磁场中任意形状的平面载流线圈。

由式(7-31)可知，当 $\varphi=\pi/2$(即线圈平面与 $\boldsymbol{B}$ 平行)时，线圈受到的磁力矩最大，$M_{max}=P_mB$，该磁力矩有使 φ 减小的趋势。当 $\varphi=0$(即线圈平面与 $\boldsymbol{B}$ 垂直)时，线圈受到的磁力矩 $M=0$，线圈处于稳定平衡状态，若受到一微小扰动后，线圈会自动返回到原来的平衡状态。当 $\varphi=\pi$ 时，线圈平面也和 $\boldsymbol{B}$ 垂直，受到的磁力矩 $M=0$，这时当受到一微小扰动后，线圈会快速地转向平衡状态(即 $\varphi=0$)，所以这时线圈处于非稳定平衡状态。力矩的方向总使得线圈的磁矩 $\boldsymbol{P}_m$ 与 $\boldsymbol{B}$ 的方向一致。

综上所述，任意形状载流平面线圈，作为整体在均匀磁场中所受合力为零，因而不会发生平动，仅在磁力矩作用下发生转动，而且磁力矩总是力图使线圈磁矩转到和外磁场方向一致(即 $\varphi=0$)的方向上来。

如果载流线圈处在非均匀磁场中，则线圈除受到磁力矩作用外，还将受到合力作用，线圈将在转动的同时，向磁场较强处平移。

载流线圈在均匀磁场中受到磁力矩作用而转动，这正是电动机和动圈式电磁仪表的工作原理。

7.5.4 磁力的功

当载流导线或载流线圈在磁场中受到磁力或磁力矩而运动时，磁力和磁力矩要做功。磁力做功是将电磁能转换为机械能的重要途径，在工程实际中有重要意义。下面讨论两种简单情况。

1. 磁力对运动载流导线的功

如图7-26所示，设一均匀磁场 $\boldsymbol{B}$ 垂直纸面向外，导体线框 $ABCD$ 通有电流 I，其中边 AB 长为 l，可以沿 DA 和 CB 自由滑动，则 AB 边受力大小为

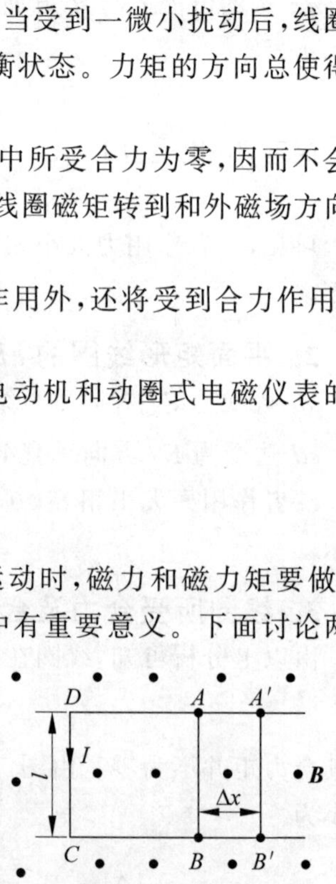

图7-26 磁力的功

$$F = BIl$$

方向水平向右。

若保持 I 大小不变，导线 AB 运动到 $A'B'$ 位置时，磁力做功为

$$A = F \cdot \overline{AA'} = BIl\overline{AA'} = IB\Delta S = I(\Phi_2 - \Phi_1)$$

即

$$A = I\Delta\Phi_m \tag{7-33}$$

式中，$\Delta\Phi_m$ 为导体线框 $ABCD$ 所包围面积磁通量的增量。式(7-33)说明，均匀磁场中，**磁力对运动载流导线的功等于回路中电流乘以穿过回路所包围面积内磁通量的增量，或等于电流乘以载流导线在运动中切割的磁感应线条数。**

2. 磁力矩对转动载流线圈的功

如图 7-27 所示，设有一载流线圈在均匀磁场中转动，若保持线圈中电流 I 不变，则线圈所受磁力矩大小为

$$M = BIS \cdot \sin\theta$$

当线圈转过微小角度 $d\theta$ 时，使线圈法线 $\boldsymbol{n}$ 与 $\boldsymbol{B}$ 之间的夹角从 θ 变为 $\theta + d\theta$，线圈受磁力矩做功，使 θ 减少，所以磁力矩的功为负值，即

$$\begin{aligned} dA &= -M \cdot d\theta = -BIS \cdot \sin\theta d\theta \\ &= BIS \cdot d(\cos\theta) = I \cdot d(BS \cdot \cos\theta) \\ &= I \cdot d\Phi_m \end{aligned}$$

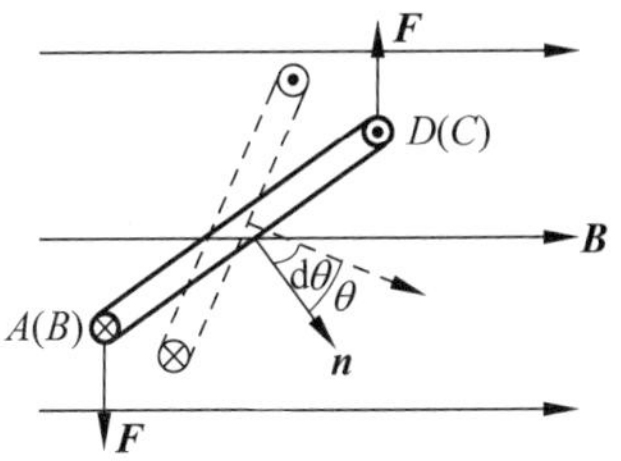

图 7-27　磁力矩的功

当线圈从 θ_1 位置转到 θ_2 位置时，相应穿过线圈的磁通量由 Φ_{m1} 变为 Φ_{m2}，磁力矩做的总功为

$$A = \int dA = \int_{\Phi_{m1}}^{\Phi_{m2}} I \cdot d\Phi_m = I\Delta\Phi_m \tag{7-34}$$

应该指出，当回路中电流 I 变化时，磁力矩的功应为

$$A = \int dA = \int_{\Phi_{m1}}^{\Phi_{m2}} I \cdot d\Phi_m \tag{7-35}$$

7.6　带电粒子在磁场中的运动

7.5 节讨论了磁场对载流导体的作用。载流导体在磁场中受到的作用，实质上是磁场对运动电荷的作用。这是因为载流导体中的电流是由导体中自由电子定向运动形成的，这些定向运动的自由电子受到磁场的作用，并与导体中的晶格点阵碰撞，把磁场对它们的作用传递给导体，在宏观上就表现为载流导体在磁场中受到安培力的作用。

7.6.1　洛伦兹力

根据安培定律，在磁感应强度为 $\boldsymbol{B}$ 的磁场中，载流导线上任一段电流元 $Id\boldsymbol{l}$ 受到的安培力为

$$d\boldsymbol{F} = Id\boldsymbol{l} \times \boldsymbol{B}$$

设电流元的横截面积为 S,导体单位体积内有 n 个正电荷,每个电荷的电量为 q,均以定向速度 $\boldsymbol{v}$ 沿 $\mathrm{d}\boldsymbol{l}$ 方向运动,形成导体中的电流为

$$I=\frac{\mathrm{d}Q}{\mathrm{d}t}=qnvS$$

因 $q\boldsymbol{v}$ 与 $\mathrm{d}\boldsymbol{l}$ 同向,故

$$I\mathrm{d}\boldsymbol{l}=qnS\mathrm{d}l\boldsymbol{v}$$

所以

$$\mathrm{d}\boldsymbol{F}=I\mathrm{d}\boldsymbol{l}\times\boldsymbol{B}=(qnvS)\mathrm{d}\boldsymbol{l}\times\boldsymbol{B}=(qnS\mathrm{d}l)\,\boldsymbol{v}\times\boldsymbol{B}$$

在线元 $\mathrm{d}\boldsymbol{l}$ 中所带正电荷粒子总数为

$$\mathrm{d}N=nS\mathrm{d}l$$

因此,每个运动电荷所受磁力为

$$\boldsymbol{f}_{\mathrm{m}}=\frac{\mathrm{d}\boldsymbol{F}}{\mathrm{d}N}=q\boldsymbol{v}\times\boldsymbol{B}$$

上式代表磁场对运动电荷施以的磁场力,称为洛伦兹力,其表达式为

$$\boldsymbol{f}_{\mathrm{m}}=q\boldsymbol{v}\times\boldsymbol{B}\tag{7-36}$$

洛伦兹力大小为

$$f_{\mathrm{m}}=qvB\sin\alpha$$

当 $\alpha=0$ 或 π 时,$f_{\mathrm{m}}=0$;当 $\alpha=\frac{\pi}{2}$或$\frac{3\pi}{2}$时,$f_{\mathrm{m}}=f_{\max}=qvB$。

由式(7-36)可知洛伦兹力垂直于$\boldsymbol{v}$、$\boldsymbol{B}$ 决定的平面。应当注意的是,q 为正电荷时,$\boldsymbol{f}_{\mathrm{m}}$ 的方向就是$\boldsymbol{v}\times\boldsymbol{B}$ 的方向;q 为负电荷时,$\boldsymbol{f}_{\mathrm{m}}$ 的方向与$\boldsymbol{v}\times\boldsymbol{B}$ 反向。

另外由于 $\boldsymbol{f}_{\mathrm{m}}$ 垂直于$\boldsymbol{v}$、$\boldsymbol{B}$ 决定的平面,即 $\boldsymbol{f}_{\mathrm{m}}$ 恒垂直于$\boldsymbol{v}$,所以,洛伦兹力对运动电荷不做功。

7.6.2 带电粒子在均匀磁场中的运动

设均匀磁场磁感强度为 $\boldsymbol{B}$,带电粒子质量为 m,电量为 q,以速度$\boldsymbol{v}_0$ 进入磁场运动。下面我们分三种不同情况分别说明。

1. 粒子运动速度平行磁场方向

如图 7-28 所示,由洛伦兹力公式可知,带电粒子不受磁场的作用力,仍以原来的速度作匀速直线运动。

2. 粒子运动速度垂直磁场方向

如图 7-29 所示,此时粒子所受的洛伦兹力在始终垂直于 $\boldsymbol{B}$ 的平面内,而粒子的初速度 $\boldsymbol{v}_0$ 也在这个平面内,故粒子的运动轨迹不会越出这个平面。又由于洛伦兹力 $\boldsymbol{f}_{\mathrm{m}}$ 恒垂直于 $\boldsymbol{v}$,只改变粒子的运动方向,而不改变其速率,因此粒子在垂直于 $\boldsymbol{B}$ 的平面内作匀速圆周运动,洛伦兹力充当向心力,即

$$f_{\mathrm{m}}=qv_0B=m\,\frac{v_0^2}{R}$$

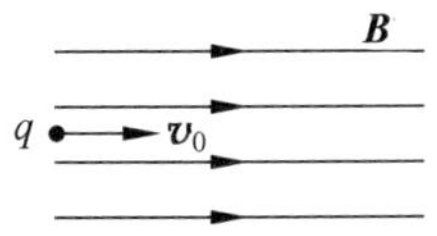

图 7-28　$\boldsymbol{v}_0 /\!/ \boldsymbol{B}$ 时的运动

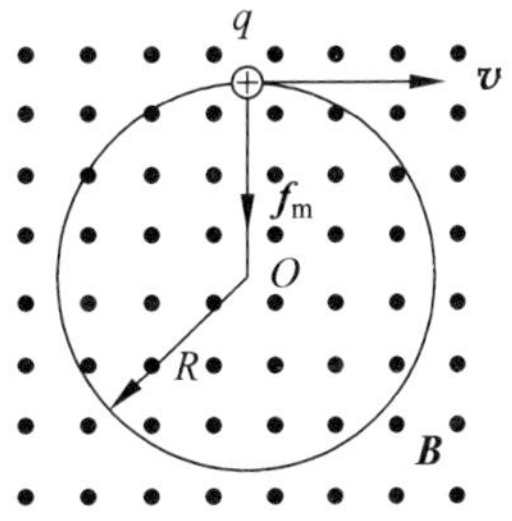

图 7-29　$\boldsymbol{v}_0 \perp \boldsymbol{B}$ 时的运动

由此可得，粒子圆周运动的回转半径为

$$R=\frac{mv_0}{qB} \tag{7-37}$$

由上式可知，圆周运动半径与垂直磁场的速度有关，速度大的粒子圆周半径大，速度小的粒子圆周半径小。

粒子圆周运动绕行一周所需的时间 T 称为**回转周期**，其结果为

$$T=\frac{2\pi R}{v_0}=\frac{2\pi m}{qB} \tag{7-38}$$

可见，带电粒子沿圆周运动的周期与运动速率无关。因此，当粒子的荷质比相等$\left(即\frac{q}{m}相等\right)$时，不管其垂直磁场方向的速度如何，在同样的均匀磁场中圆周运动的周期相同。

3. 粒子运动速度方向任意，$\boldsymbol{v}_0$ 与 $\boldsymbol{B}$ 成 $\boldsymbol{\alpha}$ 角

如图 7-30 所示，设粒子初速度与磁场方向之间夹角为 α，可将速度分解为垂直和平行磁场方向的两分量：

$$\boldsymbol{v}_0=\boldsymbol{v}_{0\perp}+\boldsymbol{v}_{0/\!/}$$

$$\boldsymbol{v}_{0/\!/}=\boldsymbol{v}_0\cos\alpha$$

$$\boldsymbol{v}_{0\perp}=\boldsymbol{v}_0\sin\alpha$$

根据前面的分析可知，分量$\boldsymbol{v}_{0\perp}$使带电粒子在垂直于 $\boldsymbol{B}$ 的平面内作匀速圆周运动；分量$\boldsymbol{v}_{0/\!/}$使带电粒子沿平行 $\boldsymbol{B}$ 的方向作匀速直线运动。所以带电粒子的轨迹将是一条螺旋线，如图 7-31 所示。我们称粒子作螺旋运动，即粒子在垂直磁场的平面里作圆周运动同时又沿磁场方向作匀速运动。其螺旋半径为

$$R=\frac{mv_{0\perp}}{qB}=\frac{mv_0\sin\alpha}{qB}$$

粒子沿螺旋线每旋转一周在 $\boldsymbol{B}$ 方向前进的路程称为**螺距**，其表达式为

$$h=Tv_0\cos\alpha=\frac{2\pi mv_0\cos\alpha}{qB} \tag{7-39}$$

由上面结论可知，带电粒子运动一周前进的距离与 $v_\perp$ 无关，电子枪发射出一束电子，这束电子动能几乎相同，准直装置保证各电子动量几乎平行于磁感线。由于发散角小，所以各电子 $v_{0/\!/}\approx v_0$，所以若从磁场中某点 A 发射出一束很窄的电子流，使它们的速率很接近，

并与 $\boldsymbol{B}$ 的夹角都很小,则它们具有近似相同的螺距

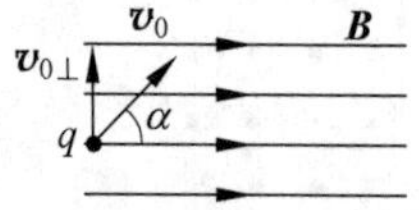

图 7-30 $\boldsymbol{v}_0$ 与 $\boldsymbol{B}$ 成 α 角时的运动

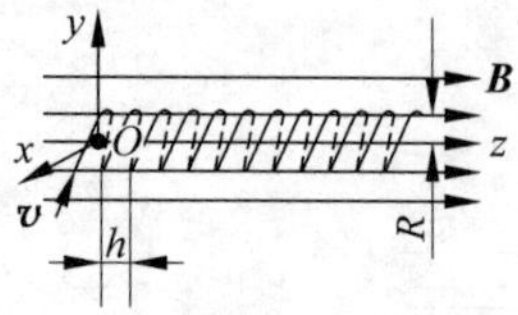

图 7-31 螺旋线运动

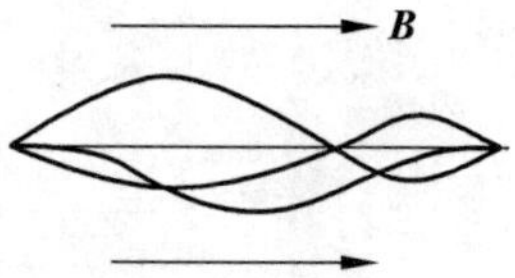

图 7-32 磁聚焦

$$h=\frac{2\pi m v_0}{qB}$$

这样,各电子会沿不同半径的螺旋线运动,每经过一个周期,在 $t=NT=N\cdot 2\pi m/(qB)$ 时又重新会聚在一起,这种现象称为**磁聚焦**,如图 7-32 所示。在实际应用中用的更多的是短线圈产生的非均匀磁场的磁聚焦作用,该种线圈称为**磁透镜**,它在电子显微镜中起了与光学仪器中的透镜类似的作用。

7.6.3 霍尔效应

1879 年,年仅 24 岁的美国物理学家霍尔(E. H. Hall)首先发现,在均匀磁场中放一片状金属导体板,使金属片垂直于磁场,金属片宽度为 b,厚度为 d,如图 7-33(a)所示。当金属片中通有与磁感应强度 $\boldsymbol{B}$ 的方向垂直的电流 I 时,在与电流和磁场都垂直的上下两面方向上,导体板的两侧面间会出现电势差 U_{H},这种现象称为**霍尔效应**,电势差 U_{H} 称为**霍尔电势差**(或**霍尔电压**)。

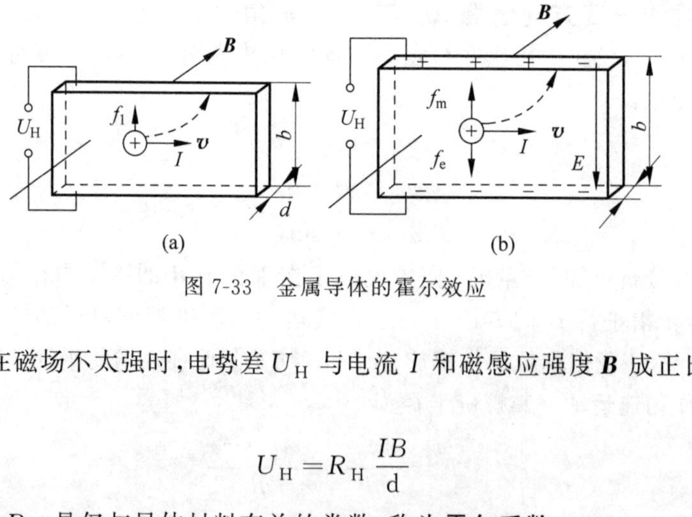

图 7-33 金属导体的霍尔效应

实验表明,在磁场不太强时,电势差 U_{H} 与电流 I 和磁感应强度 $\boldsymbol{B}$ 成正比,与板的厚度 d 成反比,即

$$U_{\mathrm{H}}=R_{\mathrm{H}}\frac{IB}{\mathrm{d}} \tag{7-40}$$

式中的比例系数 R_{H} 是仅与导体材料有关的常数,称为**霍尔系数**。

下面根据磁场中运动电荷受到的洛伦兹力来解释霍尔效应产生原因。导体中参与导电的带电粒子称为载流子。设导体片中载流子带正电,$q>0$,则载流子定向运动的方向与电流相同,如图 7-33(b)所示。它在磁场中所受洛伦兹力沿 $\boldsymbol{v}\times\boldsymbol{B}$ 的方向,因此载流子在洛伦兹力作用下向上表面偏转,结果在上表面上出现正电荷,同时下表面出现负电荷,在导体板内激起霍尔电场 $\boldsymbol{E}_{\mathrm{H}}$,上下两面间出现霍尔电势差,$U_{\text{下}}<U_{\text{上}}$。

显然运动电荷同时受到的洛伦兹力 $\boldsymbol{f}_{\mathrm{m}}=q\boldsymbol{v}\times\boldsymbol{B}$ 和电场力 $\boldsymbol{f}_{\mathrm{e}}=q\boldsymbol{E}_{\mathrm{H}}$，而且二力方向相反。当 $f_{\mathrm{m}}=f_{\mathrm{e}}$，即 $E_{\mathrm{H}}=vB$ 时，载流子不再偏转，上下表面间电势差稳定，即 $E_{\mathrm{H}}b=U_{\mathrm{H}}$，系统达到动态平衡。因此霍尔电势差为

$$U_{\mathrm{H}}=E_{\mathrm{H}}b=vBb$$

设导体内电子数密度为 n，由 $I=nqvbd$，可得 $bv=\dfrac{I}{nqd}$，代入上式，可得

$$U_{\mathrm{H}}=\frac{1}{qn}\frac{IB}{d} \tag{7-41}$$

与式(7-40)比较可得

$$R_{\mathrm{H}}=\frac{1}{qn} \tag{7-42}$$

如果载流子为负电荷，$q<0$，则载流子定向运动的方向与电流反向，它在磁场中所受洛伦兹力的方向沿 $-(\boldsymbol{v}\times\boldsymbol{B})$ 的方向，载流子在洛伦兹力作用下仍向上表面偏转，结果在上表面上出现负电荷，同时下表面出现正电荷，所以 $U_{下}>U_{上}$。由此可见，根据上下两面间出现霍尔电势差的正负可判断载流子的正负。

利用式(7-42)，可以测得霍尔系数 R_{H}，进而计算出导体中载流子的浓度 n。金属导体中载流子浓度很大，霍尔系数很小，而半导体中载流子浓度很小，霍尔系数较大，霍尔现象明显，所以霍尔片一般由半导体做成。

霍尔效应在科学技术的许多领域得到了应用。根据半导体的霍尔效应，可以确定半导体的类型，也可以测量半导体载流子的浓度。此外，还可以利用霍尔效应测量磁场、电流、功率等，测量磁场的高斯计就是根据霍尔效应的原理制成的。

7.7 磁　介　质

前面我们讨论了真空中稳恒电流产生的稳恒磁场的规律。当稳恒磁场中存在磁介质时，由于磁场与磁介质的相互作用，将使磁介质磁化而出现附加磁场，从而使空间和磁介质内部的磁场发生变化。这一节我们将就磁介质和磁场的相互作用、影响展开讨论。

7.7.1 磁介质及其分类

凡处于磁场中能与磁场发生相互作用的实物物质均称为**磁介质**。当把磁介质放在由电流产生的外磁场 $\boldsymbol{B}_0$ 中时，本来没有磁性的磁介质变得有磁性，并能激发一附加磁场，这种现象称为磁介质的磁化。

由于磁介质的磁化而产生的附加磁场 $\boldsymbol{B}'$ 叠加在原来的外磁场 $\boldsymbol{B}_0$ 上，这时总的磁感应强度 $\boldsymbol{B}$ 为 $\boldsymbol{B}_0$ 和 $\boldsymbol{B}'$ 的矢量和，即

$$\boldsymbol{B}=\boldsymbol{B}_0+\boldsymbol{B}'$$

我们将介质中，总的磁感应强度 $\boldsymbol{B}$ 与真空中的磁感应强度 $\boldsymbol{B}_0$ 之比，定义为该磁介质的相对磁导率，即

$$\mu_{\mathrm{r}}=\frac{B}{B_0} \tag{7-43}$$

定义

$$\mu=\mu_0\mu_r \tag{7-44}$$

为磁介质的磁导率。

不同的磁介质,磁化程度有很大差异,根据 $\boldsymbol{B}'$ 与 $\boldsymbol{B}_0$ 之间的关系,可将磁介质分为三个种类:

1. 顺磁质

磁化后,附加磁场 $\boldsymbol{B}'$ 与外磁场 $\boldsymbol{B}_0$ 同方向,则总磁场大于原来的外磁场,即 $\boldsymbol{B}>\boldsymbol{B}_0$。则这种磁介质称为**顺磁质**,如锰、铬、铝、钨、钠、钾、铂、氧化铜、氧及空气等都属于顺磁质。其相对磁导率为

$$\mu_r=\frac{B}{B_0}=\frac{\mu}{\mu_0}>1$$

2. 抗磁质

磁化后,附加磁场 $\boldsymbol{B}'$ 与外磁场 $\boldsymbol{B}_0$ 反方向,则总磁场小于原来的外磁场,即 $\boldsymbol{B}<\boldsymbol{B}_0$。则这种磁介质称为**抗磁质**,如铋、铜、金、银、汞、氯化钠、氮及水等都是抗磁质。其相对磁导率为

$$\mu_r=\frac{B}{B_0}=\frac{\mu}{\mu_0}<1$$

但在上述两类磁介质中 $\boldsymbol{B}'\ll\boldsymbol{B}_0$,即 $\boldsymbol{B}\approx\boldsymbol{B}_0$(即 $\mu_r\approx1$),它们统称为弱磁物质。

3. 铁磁质

在外磁场中能产生很强的同方向的附加磁场,即,附加磁场 $\boldsymbol{B}'$ 与外磁场 $\boldsymbol{B}_0$ 同方向,且 $\boldsymbol{B}'\gg\boldsymbol{B}_0$,$\mu_r$ 很大且不是常数、具有所谓“磁滞”现象的一类磁介质,称为**铁磁质**。如铁、镍、钴、铁镍合金、硅钢及某些含铁的氧化物等都属于铁磁质。磁化的铁磁质使磁场大大加强了。

根据磁介质对磁场影响的强弱,还可将顺磁质和抗磁质统称为弱磁性物质,而铁磁质称为强磁性物质。

7.7.2 顺磁质和抗磁质的磁化

任何物质都是由分子、原子组成的,分子中的电子要同时参与两种运动,一是电子绕原子核的轨道运动,产生绕核的电流,这种电流对应的磁矩称为**轨道磁矩**;二是电子的自旋运动,相应地存在**自旋磁矩**。分子内所有电子的轨道磁矩和自旋磁矩的矢量和称为**分子的固有磁矩**,简称为**分子磁矩**,用 $\boldsymbol{P}_m$ 表示。分子磁矩可等效为一个圆电流产生的,该电流称为分子电流,如图7-34所示。

研究表明,抗磁质在没有磁场 $\boldsymbol{B}_0$ 作用时,其分子磁矩 $\boldsymbol{P}_m$ 为零(即这类分子中分子的轨道磁矩与自旋磁矩互相抵消)。而顺磁质在没有磁场 $\boldsymbol{B}_0$ 作用时,其分子磁矩 $\boldsymbol{P}_m$ 不为零,但是由于分子的热运动,使分子磁矩的取向杂乱无章,如图7-35所示。因此,在无外场时,不论是顺磁质还是抗磁质,宏观上都不显磁性。

图 7-34　分子磁矩与分子电流

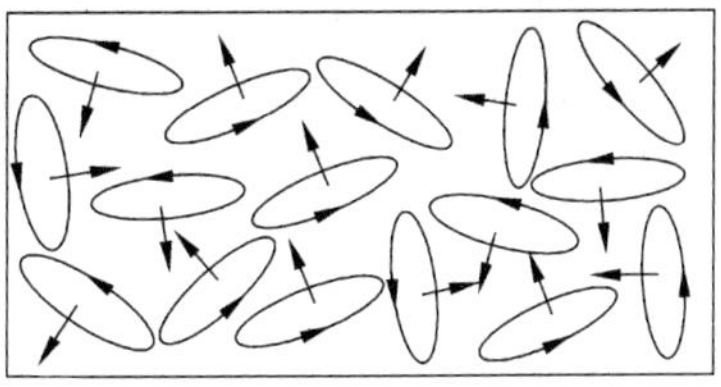

图 7-35　无外场时的顺磁质

当有外场作用时，顺磁质和抗磁质表现出了不同磁化现象：

(1) 在外磁场作用的情形下，每个抗磁质分子将产生与外磁场 $\boldsymbol{B}_0$ 方向相反的附加磁矩 $\Delta\boldsymbol{P}_m$。所有具有附加磁矩的分子产生了与外磁场 $\boldsymbol{B}_0$ 方向相反的附加磁场 $\boldsymbol{B}'$，即电子的附加磁矩总是削弱外磁场的作用，这样磁介质中的总磁场 $\boldsymbol{B}$ 小于 $\boldsymbol{B}_0$，抗磁质的相对磁导率 μ_r 小于 1。

(2) 在外磁场的作用下，顺磁质的每个分子磁矩 $\boldsymbol{P}_m$ 都受到磁力矩作用，如图 7-36(b) 所示，此力矩使分子磁矩将向趋于外磁场的方向转动，而使介质中分子磁矩的排列比较整齐，如图 7-36(c)所示。分于磁矩排列的整齐程度与外磁场的强弱和介质的温度有关。外磁场越强、介质的温度越低，分子磁矩排列越整齐。整齐排列的分子磁矩，产成了一个与外磁场同向的附加磁场 $\boldsymbol{B}'$，所以顺磁质中的磁场 $\boldsymbol{B}$ 大于 $\boldsymbol{B}_0$。

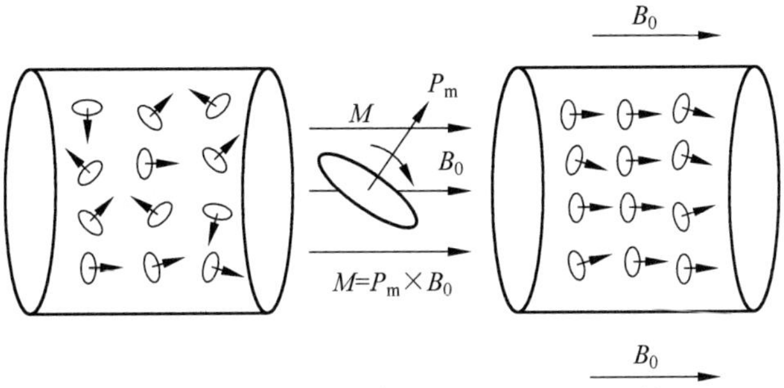

图 7-36　顺磁质的磁化

应该指出，在外磁场作用下，每个顺磁质分子也会产生与外磁场反向的附加磁矩 $\Delta\boldsymbol{P}_m$，但其效应与分子磁矩沿外场排列的磁效应相比小得多，因而可以忽略。

7.7.3　磁介质中的安培环路定理和磁场强度

1. 磁化强度和磁化电流

为了描述磁介质在磁场中的磁化程度和磁化方向，我们引入**磁化强度**的概念，定义如下：

$$\boldsymbol{M}=\frac{\sum\boldsymbol{P}_m}{\Delta V} \tag{7-45}$$

即介质中某点处的磁化强度矢量 $\boldsymbol{M}$ 等于该点处单位体积内分子磁矩的矢量和。

对于顺磁质，由于其磁化是分子固有磁矩重新排布形成的，其磁化强度可直接采用上述定义。对于抗磁质,磁化的主要原因是抗磁质分子在外磁场中所产生一个与外磁场 $\boldsymbol{B}_0$ 反向的附加磁矩 $\Delta\boldsymbol{P}_m$,所以抗磁质的磁化强度一般表示为

$$\boldsymbol{M}=\frac{\sum\Delta\boldsymbol{P}_m}{\Delta V} \tag{7-46}$$

在国际单位制中,磁化强度 $\boldsymbol{M}$ 的单位是 A/m。

如图 7-37 所示,我们以无限长直螺线管为例说明磁化电流的形成。设一无限长直螺线管内充满各向同性的均匀顺磁质,线圈中通以电流 I_0 后在螺线管内产生均匀磁场 $\boldsymbol{B}_0$,磁介质被均匀磁化后磁化强度为 $\boldsymbol{M}$。图 7-37(b)所示为磁介质内任一截面上分子电流的排列情况。可见在磁介质内部任意位置处,分子电流成对出现,而且方向相反,结果互相抵消。只有在横截面的边缘处,分子电流未被抵消,形成与横截面边缘重合的圆电流 I_s,称为**磁化电流**。整体看来,磁化了的介质就像是一个由磁化电流构成的螺线管,设沿轴线单位长度上磁化电流为 i_s,则对于截面积为 S,长为 l 的一段磁介质圆柱,有

$$|\boldsymbol{P}_m|=I_sS=i_slS$$

$$M=|\boldsymbol{M}|=\frac{|\boldsymbol{P}_m|}{\Delta V}=\frac{i_slS}{lS}=i_s \tag{7-47}$$

由此可见,磁化强度 $\boldsymbol{M}$ 在量值上等于单位长度上的磁化电流,$\boldsymbol{M}$ 的方向与外磁场 $\boldsymbol{B}_0$ 方向相同(顺磁质)。对于非均匀磁介质,不仅表面上,而且在体内,都可以存在由未被抵消的分子电流所形成的磁化电流。

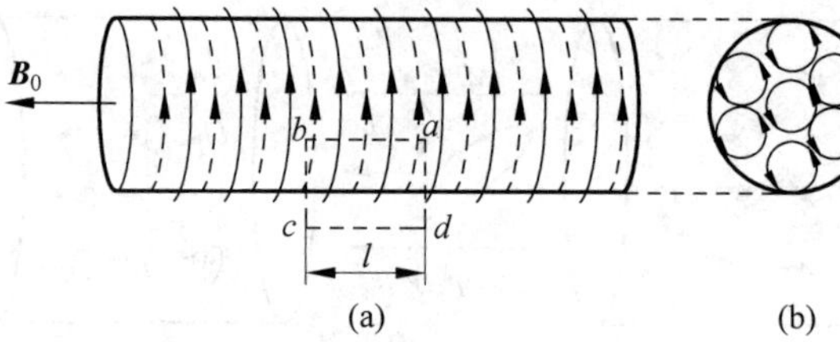

图 7-37　充满磁介质的直螺线管

如图 7-37 所示,我们选取 $abcda$ 为积分环路,其中 bc,ad 与 $\boldsymbol{M}$ 垂直,cd 在磁介质外,$|\boldsymbol{M}|=0$,所以

$$\oint_L \boldsymbol{M}\cdot d\boldsymbol{l}=M\overline{ab}=i_s\overline{ab}=\sum I_s \tag{7-48}$$

上式不仅对矩形回路成立,对任意形状的回路都成立。由式(7-48)可见,**磁化强度对闭合回路 L 的线积分,等于穿过以 L 为边界的任意曲面的磁化电流的代数和**。

2. 磁介质中的安培环路定理

在有磁介质存在时,除传导电流外,还有磁化电流。若将真空中的安培环路定理 $\oint_L \boldsymbol{B}\cdot d\boldsymbol{l}=\mu_0\sum I_i$ 应用于有磁介质存在的情况,则 $\sum I_i$ 中应包括传导电流 I_0 和磁化电流 I_s,此时安培环路定理的表达式为

$$\oint_L \boldsymbol{B}\cdot d\boldsymbol{l}=\mu_0\sum I_i=\mu_0\sum_L I_0+\mu_0\sum_L I_s$$

因为磁化电流 I_s 通常是未知的,且大小与 $\boldsymbol{B}$ 有关,所以上式使用起来很不方便,为此作如

下变换：将 $\oint_L \boldsymbol{M}\cdot \mathrm{d}\boldsymbol{l}=\sum I_s$ 代入上式，消去 $\sum I_s$，可得

$$\oint_L \boldsymbol{B}\cdot \mathrm{d}\boldsymbol{l}=\mu_0\sum_L I_0+\mu_0\oint_L \boldsymbol{M}\cdot \mathrm{d}\boldsymbol{l}$$

两边同时除以 μ_0，并将积分项归类到一起，则有

$$\oint_L \left(\frac{\boldsymbol{B}}{\mu_0}-\boldsymbol{M}\right)\cdot \mathrm{d}\boldsymbol{l}=\sum_L I_0$$

令

$$\boldsymbol{H}=\frac{\boldsymbol{B}}{\mu_0}-\boldsymbol{M} \tag{7-49}$$

则上式可写为

$$\oint_L \boldsymbol{H}\cdot \mathrm{d}\boldsymbol{l}=\sum I_0 \tag{7-50}$$

这就是有介质存在时的安培环路定理，它说明**磁介质内磁场强度沿所选闭合路径的环流等于闭合积分路径所包围的所有传导电流的代数和**。它可以比较方便地处理磁介质中的磁场问题。类似电学中引入电位移矢量 $\boldsymbol{D}$ 后，可应用介质中的高斯定理处理有电介质的静电场问题一样。

式中的 $\boldsymbol{H}$ 称为磁场强度矢量，在国际单位制中，$\boldsymbol{H}$ 的单位为 A/m。

应该指出，式(7-49)是磁场强度 $\boldsymbol{H}$ 的定义式，在任何条件下都适用，它表示在磁场中任一点处 $\boldsymbol{H}$、$\boldsymbol{M}$、$\boldsymbol{B}$ 三个物理量之间的关系。

实验表明，对各向同性均匀磁介质，磁化强度 $\boldsymbol{M}$ 与介质中同一处总磁场强度 $\boldsymbol{H}$ 成正比，即

$$\boldsymbol{M}=\chi_m\boldsymbol{H} \tag{7-51}$$

式中，比例系数 χ_m 为磁介质的**磁化率**，它的大小仅与磁介质的性质有关，是无单位的纯数。将式(7-51)代入式(7-49)可得

$$\boldsymbol{B}=\mu_0\boldsymbol{H}+\mu_0\boldsymbol{M}=\mu_0(1+\chi_m)\boldsymbol{H}$$

令

$$1+\chi_m=\mu_r \tag{7-52}$$

μ_r 为磁介质的相对磁导率，则有

$$\boldsymbol{B}=\mu_0\mu_r\boldsymbol{H}=\mu\boldsymbol{H} \tag{7-53}$$

式中，μ 为磁介质的磁导率。

对于真空中的磁场，由于 $\boldsymbol{M}=0$，由式(7-49)及式(7-52)可得 $\boldsymbol{B}=\mu_0\boldsymbol{H}$ 及 $\chi_m=0$，说明了真空的相对磁导率 $\mu_r=1$。对于顺磁质，$\chi_m>0$，$\mu_r>1$；对于抗磁质，$\chi_m<0$，$\mu_r<1$。

利用 $\oint_l \boldsymbol{H}\cdot \mathrm{d}\boldsymbol{l}=\sum_L I_0$ 可以方便地求有磁介质时某些对称的磁场分布。其基本步骤如下：

(1) 首先要分析磁场分布的对称性或均匀性；

(2) 选择一个合适的积分回路或者使某一段积分线上 $\boldsymbol{H}$ 为常数，或使某一段积分线路上 $\boldsymbol{H}$ 处处与 $\mathrm{d}\boldsymbol{l}$ 垂直；

(3) 先由 $\oint_l \boldsymbol{H}\cdot \mathrm{d}\boldsymbol{l}=\sum_L I_0$ 求 $\boldsymbol{H}$，再由 $\boldsymbol{B}=\mu_0\mu_r\boldsymbol{H}$ 求 $\boldsymbol{B}$。

7.8 铁 磁 质

7.8.1 铁磁质的特点

顺磁质和抗磁质的相对磁导率都接近于1,并且与外磁场的强弱无关,是一个常数。与之相比,铁磁质有显著不同的特点,可归纳为以下几点:

(1) 铁磁质的相对磁导率 μ_r 很大,为 $10^2 \sim 10^4$ 数量级。

(2) 铁磁质的相对磁导率 μ_r 不是一个常数,随外磁场的改变而改变。

(3) 铁磁质中磁场和外磁场变化不同步,有明显的磁滞效应,磁化了的铁磁质完全撤去外磁场仍能保留部分磁性。

(4) 当铁磁质高于一定温度以上时,铁磁性消失而变为正常的顺磁性。此临界温度称为居里温度。

(5) 当外磁场增大到一定程度时,铁磁质可以达到饱和磁化状态,再增加外磁场,铁磁质中磁场也不再增加。

7.8.2 初始磁化曲线

铁磁质的磁化规律(即外磁场和磁介质中磁场的关系)可以从实验得到。用实验研究铁磁质时常把铁磁质做成细圆环,外面密绕 N 匝线圈,线圈中通入强度为 I 的电流后,铁磁质就被磁化。应用磁介质中的安培环路定理,可得环中的磁场强度大小为

$$H = \frac{NI}{2\pi r} \tag{7-54}$$

式中,r 为环的平均半径。同时可以用冲击电流计测出环内的 $\boldsymbol{B}$,从而得到外磁场强度 $\boldsymbol{H}$ 和铁磁质中磁感强度 $\boldsymbol{B}$ 的关系曲线,称为铁磁质的**磁化曲线**。如果磁化前铁磁质没磁性,则所得磁化曲线称为**初始磁化曲线**。实验得到的初始磁化曲线如图7-38所示。实验开始时,$I=0$,铁磁芯处于未磁化状态,铁磁芯中的 $H=0, B=0$。这一状态对应于坐标原点 O。逐渐增大线圈中的电流 I,相应地磁场强度 H 按比例增大。从图上可以看到,铁磁芯中的 B 先是缓慢地增加(Oa 段),接着急剧地增加(ab 段);过了 b 点后,B 又缓慢增加;当经过 c 点后,再增加 H,B 几乎不再增加,此时,铁磁质达到饱和磁化状态。B_s 称为饱和磁感应强度。

根据图7-38所示的磁化曲线还可以得到铁磁质的相对磁导率 μ_r 和外磁场的关系曲线,如图7-39所示,显然铁磁质的相对磁导率 μ_r 不是常数。

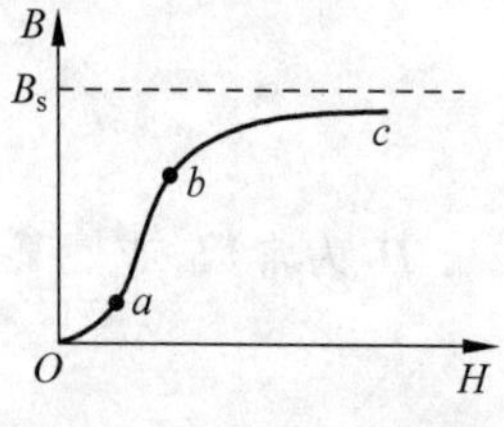

图7-38 初始磁化曲线

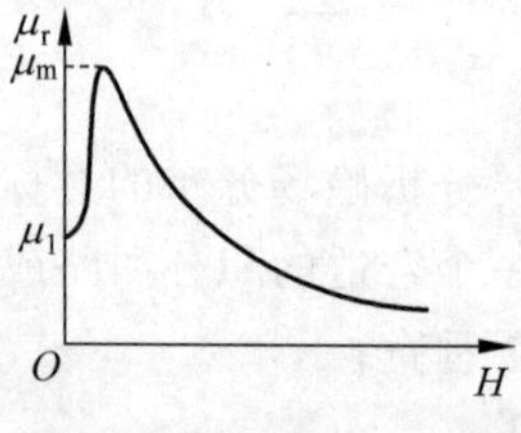

图7-39 铁磁质 μ_r-H 曲线

7.8.3 磁滞回线

当铁磁质达到饱和磁化状态 a 后，逐步减小 H，B 也随之而减小，但要落后于 H 的变化，并不沿原来的磁化曲线减小，而是沿曲线 ab 下降，如图 7-40 所示。当 H 降至零时，铁磁质中 B 的并不为零，而是保留一定的值 B_r，B_r 称为剩余磁感应强度，简称**剩磁**。为了消除剩磁，必须施加反向外磁场。只有当反向磁场达到 $H=H_c$ 时，才有 $B=0$，通常将反向磁场强度 H_c 的大小称为**矫顽力**。继续增加反向磁场，铁磁质将被反向磁化，即 $\boldsymbol{B}$ 反向，直到反向饱和磁化状态 d。一般说来，反向饱和磁感应强度与正向磁化时相等。此后，若使反向磁场强度 H 逐渐减小到零，再正向增加，铁磁质的状态将沿曲线 efa 再次回到正向饱和磁化状态。磁化曲线形成了一条具有方向性的闭合曲线，此闭合曲线称为**磁滞回线**。

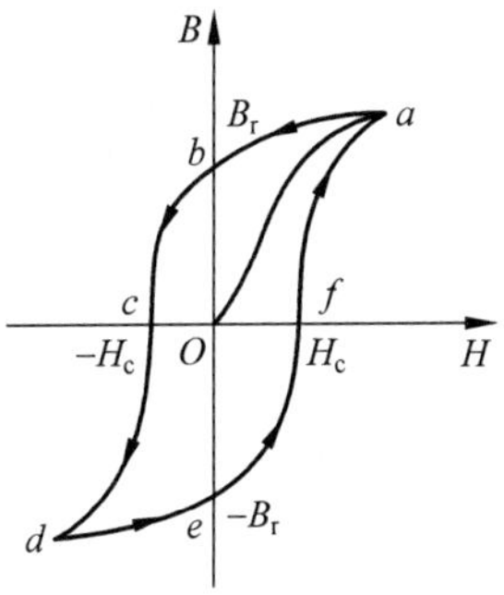

图 7-40　起始磁化曲线和磁滞回线

磁滞现象表明铁磁质的磁化过程是不可逆过程。由于磁滞现象的存在，在磁化过程中有能量损失，这种能量损耗称为磁滞损耗。理论分析表明，在缓慢磁化的条件下，磁滞损耗与磁滞回线的面积成正比。

7.8.4 铁磁质的种类

根据磁滞回线的形状可以将铁磁材料分为软磁材料、硬磁材料和矩磁材料。如图 7-41 所示，软磁材料的矫顽力较小，磁滞回线呈细长形，包围的面积小，因而在交变磁场中磁滞损耗较小，适于做铁芯。硬磁材料的矫顽力 H_c 较大，磁化后可以保留很强的磁性，它的磁滞回线包围面积大。钴钢、碳钢、铁氧体等都是硬磁材料，硬磁材料特别适用于制造永久磁体。有些铁磁质的磁滞回线呈矩形（称矩磁材料），其矫顽力较小，剩磁接近饱和值，在计算机和自动控制等技术中常用作“记忆”元件。

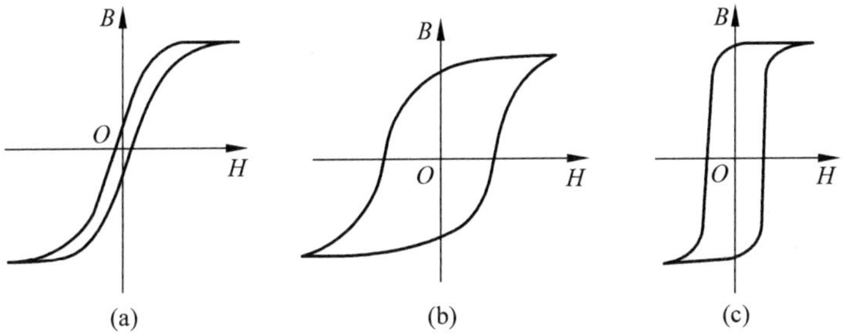

图 7-41　铁磁材料的分类

（a）软磁材料；（b）硬磁材料；（c）矩磁材料

7.8.5 磁畴

铁磁质的显著特点和它的磁化机制有关，铁磁质的磁性主要来源于电子的自旋磁矩。根据量子力学理论，在铁磁质中，由于相邻电子之间的交换耦合作用使得自旋磁矩在一个个微小区域内“自发地”整齐排列起来,这样形成的磁化区域称为**磁畴**。磁畴的大小约为 $10^{-12}\sim10^{-8}\text{cm}$,约包含 $10^{17}\sim10^{21}$ 个原子。

当没有外磁场时,虽然每一个磁畴都有确定的磁化方向,有很强的磁性,但各磁畴的磁化方向各向随机分布,如图 7-42 所示,因而整个铁磁质对外不显磁性。

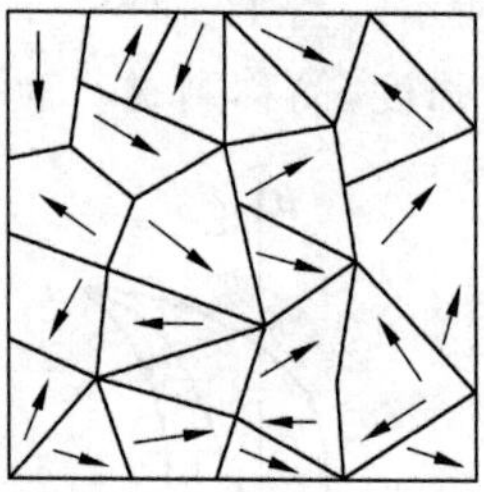

图 7-42 未加外磁场的磁畴

铁磁质处在外磁场中时,磁矩方向与外磁场方向成小角度的磁畴,体积随外磁场的增强而扩大,成大角度的磁畴,体积则逐渐减小。外磁场继续增大,直到与外磁场成大角度取向的磁畴全部消失,而保留下来的磁畴的磁矩开始向外磁场方向旋转。当所有磁畴的磁矩都沿外磁场方向排列时,铁磁质达到了饱和磁化。整个磁化过程可由图 7-43 定性表示。

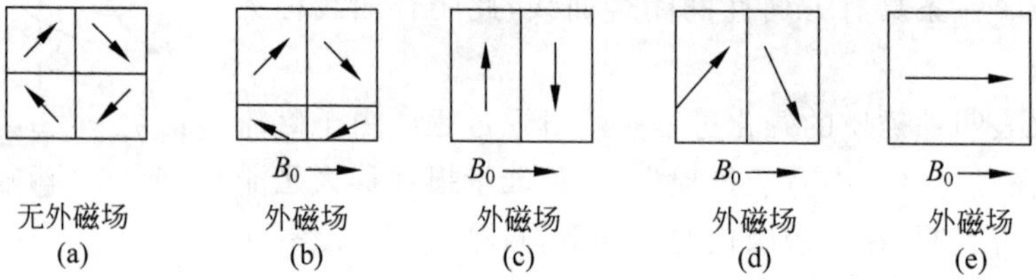

图 7-43 某种铁磁质磁化过程示意图

由此可见,铁磁质的磁化程度是由磁畴的磁化程度决定的,磁畴的取向磁化效果要比弱磁质强得多,所以铁磁质的相对磁导率非常大。

磁畴的磁化是不可逆的,在外磁场完全撤除时,铁磁质将重新分裂为许多磁畴,但由于铁磁体内杂质和内应力的阻碍作用,并不能恢复磁化前的退磁状态,从而呈现剩余磁性。利用振动和加热,可以去除剩磁。当铁磁质温度高于居里温度时,分子热运动加剧导致磁畴瓦解,铁磁质变为顺磁质,铁磁质剩磁消失。铁、钴、镍的居里点分为 1040K、1388K 和 631K。

本章小结

1. 基本概念

磁场和电场一样,是一种特殊形态的物质,其物质性一方面体现在它对载流导体和运动电荷的作用力,以及载流导线在磁场中运动时磁场力对导线做功;另一方面体现在磁场具有能量、动量和电磁质量等物质的基本属性。

(1) 磁场作用模式:运动电荷⇔磁场⇔运动电荷。

(2) 由磁场对运动电荷的作用,可得磁感应强度大小为

$$B=\frac{F_{\max}}{qv}$$

方向由矢量关系 $\boldsymbol{F}=q(\boldsymbol{v}\times\boldsymbol{B})$ 决定。

(3) 磁通量。

通过有限曲面的磁通量

$$\Phi_m = \int_S \boldsymbol{B} \cdot d\boldsymbol{S}$$

通过闭合曲面的磁通量

$$\Phi_m = \oint_S \boldsymbol{B} \cdot d\boldsymbol{S}$$

2. 基本定律

(1) 毕奥-萨伐尔定律

$$d\boldsymbol{B} = \frac{\mu_0}{4\pi} \frac{I d\boldsymbol{l} \times \boldsymbol{e}_r}{r^2}$$

(2) 电流产生的磁场(即磁场叠加关系)

$$\boldsymbol{B} = \int d\boldsymbol{B} = \int \frac{\mu_0}{4\pi} \frac{I d\boldsymbol{l} \times \boldsymbol{e}_r}{r^2}$$

(3) 安培定律

$$d\boldsymbol{F} = I d\boldsymbol{l} \times \boldsymbol{B}, \quad \boldsymbol{F} = \int d\boldsymbol{F} = \int_L I d\boldsymbol{l} \times \boldsymbol{B}$$

(4) 载流线圈的磁矩

$$\boldsymbol{P}_m = I\boldsymbol{S} = IS\boldsymbol{e}_n$$

载流线圈受的磁力矩

$$\boldsymbol{M} = \boldsymbol{P}_m \times \boldsymbol{B}$$

(5) 磁力的功

$$A = \int_{\Phi_{m1}}^{\Phi_{m2}} I \cdot d\Phi_m$$

3. 稳恒磁场的基本性质

(1) 高斯定理

$$\oint_S \boldsymbol{B} \cdot d\boldsymbol{S} \equiv 0$$

(2) 安培环路定理

$$\oint_L \boldsymbol{B} \cdot d\boldsymbol{l} = \mu_0 \sum I_i$$

4. 几种典型电流的磁场

(1) 无限长载流直导线的磁场大小

$$B = \frac{\mu_0}{2\pi} \frac{I}{r}$$

(2) 圆环电流在圆心处的磁场大小

$$B = \frac{\mu_0 I}{2R}$$

(3) 无限长直螺线管内部磁场大小

$$B = \mu_0 n I$$

(4) 载流螺绕环内部磁场大小

$$B = \frac{\mu_0 N I}{2\pi r}$$

5. 磁场中带电粒子的运动

(1) 洛伦兹力

$$\boldsymbol{f}_{\mathrm{m}}=q\boldsymbol{v}\times\boldsymbol{B}$$

(2) 均匀磁场中带电粒子的回转运动。

回转半径

$$R=\frac{mv_0}{qB}$$

周期

$$T=\frac{2\pi m}{qB}$$

螺距

$$h=Tv_{0/\!/}=\frac{2\pi mv_{0/\!/}}{qB}$$

(3) 霍尔电势差

$$U_{\mathrm{H}}=R_{\mathrm{H}}\frac{IB}{b}$$

6. 磁介质

(1) 三类磁介质

① 顺磁质：$\boldsymbol{B}'$与$\boldsymbol{B}_0$同方向,$\mu_{\mathrm{r}}>1,B>B_0$。

② 抗磁质：$\boldsymbol{B}'$与$\boldsymbol{B}_0$反方向,$\mu_{\mathrm{r}}<1,B<B_0$。

③ 铁磁质：$\boldsymbol{B}'$与$\boldsymbol{B}_0$同方向,$\mu_{\mathrm{r}}\gg1,B\gg B_0$。

(2) 磁化强度：$\boldsymbol{M}=\dfrac{\sum\boldsymbol{P}_{\mathrm{m}}}{\Delta V}$或$\boldsymbol{M}=\dfrac{\sum\Delta\boldsymbol{P}_{\mathrm{m}}}{\Delta V}$。

(3) 磁化强度与磁化电流的关系

$$\oint_L\boldsymbol{M}\cdot\mathrm{d}\boldsymbol{l}=\sum I_{\mathrm{s}}$$

7. 有磁介质时的安培环路定理

磁场强度

$$\boldsymbol{H}=\frac{\boldsymbol{B}}{\mu_0}-\boldsymbol{M}$$

有介质的安培环路定理

$$\oint_L\boldsymbol{H}\cdot\mathrm{d}\boldsymbol{l}=\sum I_0$$

各向同性磁介质中

$$\boldsymbol{B}=\mu\boldsymbol{H}$$

阅读材料7.1　磁　单　极

在麦克斯韦电磁场理论中,就场源来说,电和磁是不相同的。有单独存在的正电荷或负电荷而无单独存在的“磁荷”——磁单极(即单独存在的N极或S极)。这导致静电场是有源场，而稳恒磁场是无源场。根据“对称性”的观点，这似乎是“不合理的”。因此，人们总有寻找磁荷的念头，并进行了一些探索。

1931 年，英国物理学家狄拉克(P. A. M. Dirac)首先从理论上探索了磁单极存在的可能性。指出磁单极的存在与电动力学和量子力学没有矛盾，而且由此可以导出电荷的量子化。他指出，如果磁单极存在，则单位磁荷 g_0 与电荷 e 应该有如下关系：

$$g_0 = 68.5e$$

由于 g_0 远比 e 大，按照库仑定律，两个磁单极之间的作用力要比电荷之间的作用力大得多。

此后，关于磁单极的理论有了进一步的发展。1974 年，荷兰物理学家霍夫特(G. T. Hooft)和苏联物理学家波利亚科夫(A. M. Polyakov)独立提出的非阿贝尔规范理论，认为磁单极必然存在，并指出它比已经发现的或是曾经预言的任何粒子的质量都要大得多。现代关于弱相互作用、电磁相互作用和强相互作用统一的“大统一理论”也认为有磁单极存在，并预言其质量为 2×10^{-8} g。有人还计算出磁单极的质量为质子质量的 10^{20} 倍。

磁单极在现代宇宙论中占有重要地位。有一种大爆炸理论认为超重的磁单极粒子只能在诞生宇宙的大爆炸发生后 10^{-35} s 产生，因为只有这时才有合适的温度(10^{30} K)。当时单独的 N 极和 S 极都已产生，其中一小部分后来结合在一起湮灭掉了，大部分则留了下来。今天的宇宙中还有磁单极存在，并且在相当于一个足球场的面积上，一年可能约有一个磁单极粒子穿过。

以上都是理论的预言，与此同时，也有人试图通过实验来发现磁单极的存在。例如，1951 年，美国的密尔斯曾用通电螺线管来捕集宇宙射线中的磁单极。如果磁单极进入螺线管中，则会被磁场加速而在管下部的照相乳胶片上显示出它的径迹。但实验结果没有发现磁单极。

有人利用磁单极穿过线圈时引起的磁通量变化能产生感应电流这一规律来检测磁单极。例如，在 20 世纪 70 年代初，美国埃尔维瑞斯等人试图利用超导线圈中的电流变化来确认是否有磁单极通过了线圈。他们想看看登月飞船取回的月岩样品中有无磁单极。当月岩样品通过超导线圈时，并未发现线圈中电流有什么变化，因而也不曾发现磁单极。

1982 年美国凯布雷拉(Blas Cabrera)也设计制造了一套超导线圈探测装置，并用超导量子干涉器(SQUID)来测量线圈内磁通的微小变化。他的测量是自动记录的，1982 年 2 月 14 日，他发现记录仪上的电流有了突变。这是他连续等待了 151 天所得到的唯一事例。以后虽经扩大线圈面积也没有再测得第二个事例。

还有其他的实验尝试，但直到目前还不能说在实验上确认了磁单极的存在。如果真有磁单极存在的话，至少意味着麦克斯韦的电磁场理论需要修改。

阅读材料 7.2　真空的“极化”

真空的相对介电常量和相对磁导率都是 1，这就是说，真空的介电性质与导磁性质与实物介质的介电性质是可以比拟的。这也暗示着，真空具有物质性，它不可能是绝对的“真空”，没有任何物质的空间是不可思议的。真空中之所以能形成电场与磁场，是由于带电物质的运动状态对真空的“极化”造成的。

真空能影响电荷之间的相互作用力,因而它也是一种电介质,由相对论能量和动量的关系 $E^2=E_0^2+p^2c^2$ 可得 $E=\pm\sqrt{E_0^2+p^2c^2}=mc^2$,可见 m 可正可负。质量为正称为实物粒子,其能量为正,易于探测;虚粒子能量为负,不易探测。现代量子理论指出,宇宙是由实粒子和虚粒子组成的,真空是虚粒子的海洋,和实物粒子一样,虚粒子也有正负粒子之分。带电实物粒子置于真空中,将吸引异号虚粒子,排斥同号虚粒子,从而发生电场力的传递。天文研究表明,宇宙空间中的实物粒子密度非常之小,约为每立方米一个,无法解释宇宙具有3.5K背景温度这一事实。这不能不说是虚粒子运动的表象。从场的观点看,真空是多种场的基态,即能量最低的状态,而各种场则是真空的激发态。置于真空中的带电粒子与真空中的虚电子对相互作用,使真空激发形成静电场,真空因而被"极化"。

综上所述,带电物质的运动状态引起了空间的"极化",即改变了真空的性质;反过来,"极化"了的真空(空间)又决定了具有电磁性质的物质的运动规律,即空间的介电常量与磁导率决定了电磁场的运动速度。

习　题

7.1　单项选择题

(1) 磁场的高斯定理 $\oint_S \boldsymbol{B}\cdot \mathrm{d}\boldsymbol{S}=0$,说明稳恒磁场的性质:①磁场是无源场;②磁场力是非保守力;③磁力线是闭合曲线;④磁场是无势的场。其中正确的是(　　)。

A. ①,③　　B. ①,③,④　　C. ①,④　　D. 全对

(2) 安培环路定理 $\oint_l \boldsymbol{B}\cdot \mathrm{d}\boldsymbol{l}=\mu_0\sum I$ 说明稳恒磁场的性质:①磁力线是闭合曲线;②磁场力是非保守力;③磁场是无源场;④磁场是无势场,其中正确是(　　)。

A. ①,③　　B. ①,②,③　　C. ②,④　　D. 全对

(3) 一平面内,有两条垂直交叉但相互绝缘的导线,流过每条导线的电流大小相等,方向如题7.1(3)图所示,则磁感应强度为零的区域可能是(　　)。

A. 仅在象限Ⅰ　　B. 仅在象限Ⅱ

C. 仅在象限Ⅲ　　D. 仅在象限Ⅱ,Ⅳ

(4) 如题7.1(4)图所示,流出纸面的电流为 $2I$,流入纸面的电流为 I,则下列叙述中正确的是(　　)。

A. $\oint_{L_1} \boldsymbol{B}\cdot \mathrm{d}\boldsymbol{l}=2\mu_0 I$　　B. $\oint_{L_2} \boldsymbol{B}\cdot \mathrm{d}\boldsymbol{l}=\mu_0 I$

C. $\oint_{L_3} \boldsymbol{B}\cdot \mathrm{d}\boldsymbol{l}=\mu_0 I$　　D. $\oint_{L_1} \boldsymbol{B}\cdot \mathrm{d}\boldsymbol{l}=-\mu_0 I$

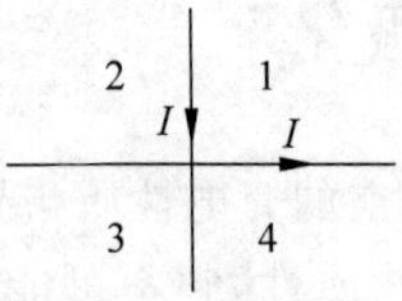

题7.1(3)图

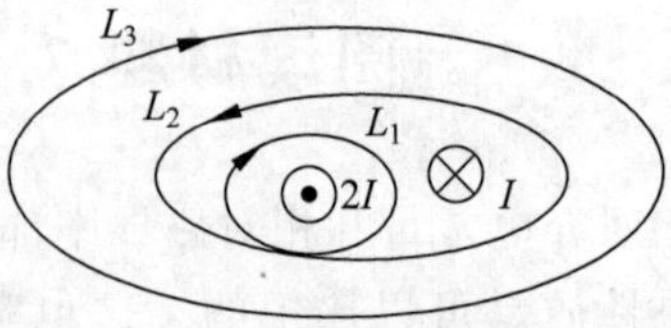

题7.1(4)图

(5) 在均匀磁场中放置三个面积相等、通有相同电流的线圈，一个正方形，一个矩形，一个三角形。下列说法正确的为(　　)。

A. 正方形线圈受到的磁力为零，矩形线圈受到的合磁力最大

B. 三角形线圈受到的合磁力和最大磁力矩均为零

C. 三角形线圈受到的最大磁力矩最小

D. 三个线圈受到的最大磁力矩相等

7.2　填空题

(1) 半径为 0.5cm 的无限长的直圆柱形导体上，沿轴线方向均匀的流有 $I=3\text{A}$ 的电流。作一个半径为 5cm、长为 5cm 的与电流同轴的圆柱形闭合曲面 S，则该闭合曲面上的磁感应强度的通量为________。

(2) 边长为 a 的正方形导线回路载有顺时针方向的电流 I，则其中心处的磁感应强度大小为________，方向________。

(3) 一平面实验线圈的磁矩大小为 $P_{\text{m}}=1\times10^{-8}\text{A}\cdot\text{m}^2$，将它放入待测的磁场中 A 处，实验线圈所在处为均匀磁场且线圈的线度可略。当 $\boldsymbol{P}_{\text{m}}$ 与 z 轴平行时，所受磁力矩的大小为 $M=5\times10^{-9}\text{N}\cdot\text{m}$，方向沿 x 轴负方向；当此线圈的 $\boldsymbol{P}_{\text{m}}$ 与 y 轴平行时，所受的磁力矩为零。则空间 A 点处的磁感应强度 $\boldsymbol{B}$ 的大小为________，方向为________。

(4) 一无限长直圆筒放在相对磁导率为 μ_{r} 的空间，筒半径为 r，沿筒均匀流有电流 I，则 $r\geqslant R$ 处磁场的磁场强度大小 $H=$________，磁感应强度 $B=$________。

(5) 在均匀磁场中放置两个面积相等、载有相同电流的线圈，其中一个线圈为三角形，另一个为矩形，它们受到的最大磁力矩________。(填“相等”或“不相等”)

7.3　计算题

(1) 试求题 7.3(1)图中 O 点处 $\boldsymbol{B}$ 的大小(O 点为各圆弧的圆心)。

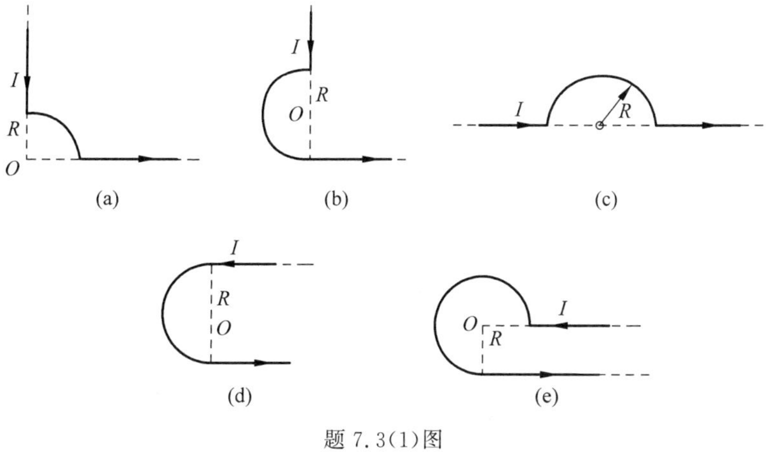

题 7.3(1)图

(2) 已知磁感应强度 $B=2.0\text{Wb/m}^2$ 的均匀磁场，方向沿 x 轴正方向，如题 7.3(2)图所示。试求：①通过图中 $abcd$ 面的磁通量；②通过图中 $befc$ 面的磁通量；③通过图中 $aefd$ 面的磁通量。

(3) 如题7.3(3)图所示,AB、CD 为长直导线,$\overset{\frown}{BC}$ 为圆心在 O 点的一段圆弧形导线,其半径为 R。若通以电流 I,求 O 点的磁感应强度。

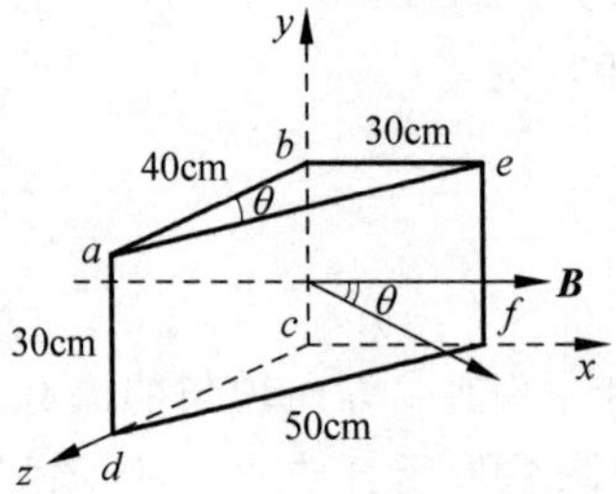

题7.3(2)图

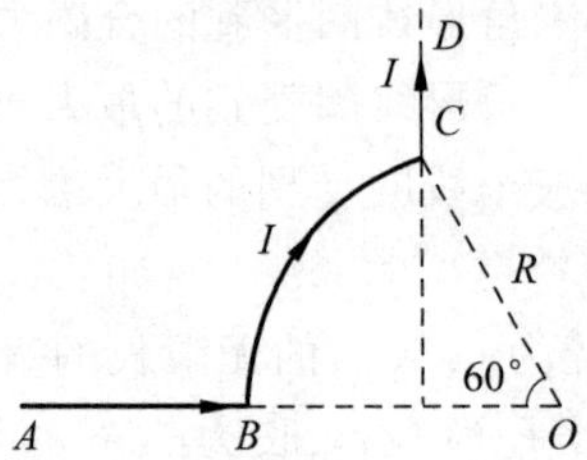

题7.3(3)图

(4) 在真空中,有两根互相平行的无限长直导线 L_1 和 L_2,相距0.1m,通有方向相反的电流,$I_1=20\text{A}$,$I_2=10\text{A}$,如题7.3(4)图所示。A,B 两点与导线在同一平面内,这两点与导线 L_2 的距离均为5.0cm。试求 A,B 两点处的磁感应强度,以及磁感应强度为零的点的位置。

(5) 如题7.3(5)图所示,两根导线沿半径方向引向铁环上的 A,B 两点,并在很远处与电源相连。已知圆环的粗细均匀,求环中心 O 的磁感应强度。

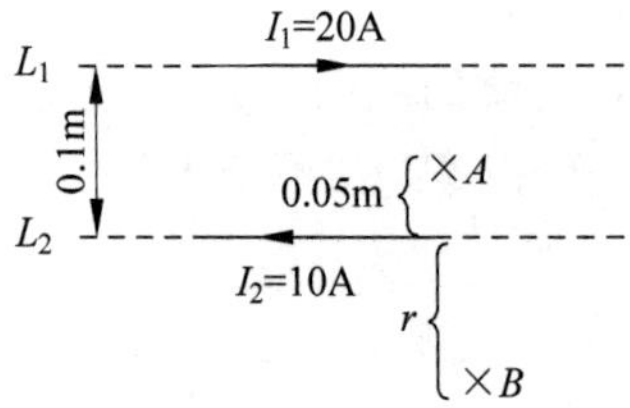

题7.3(4)图

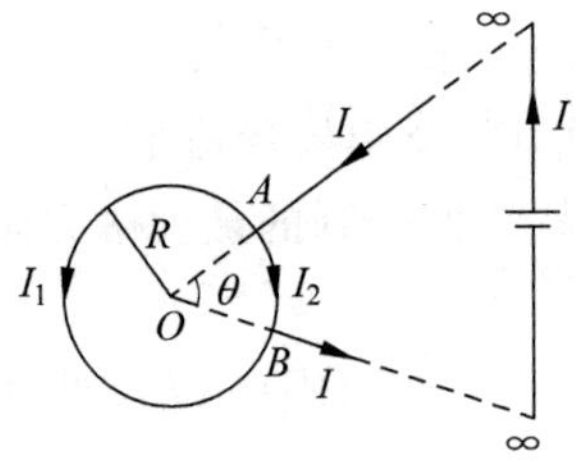

题7.3(5)图

(6) 如题7.3(6)图所示,一无限长薄电流板均匀通有电流 I,电流板宽为 a,求在电流板同一平面内距板边为 a 的 P 点处的磁感应强度。

(7) 在半径 $R=1.0\text{cm}$ 的无限长半圆柱形金属薄片中,自下而上通有电流 $I=5.0\text{A}$,如题7.3(7)图所示,求圆柱轴线上的磁感应强度。

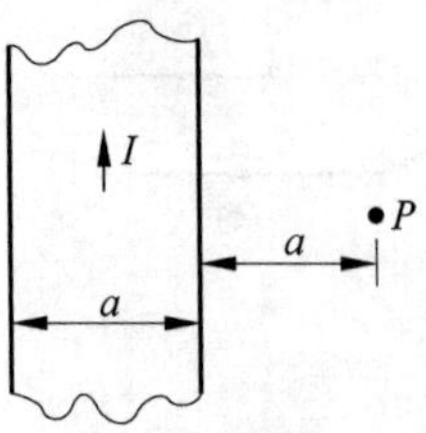

题7.3(6)图

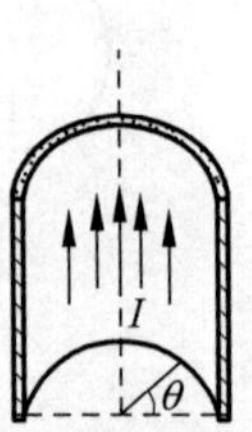

题7.3(7)图

(8) 两同轴圆线圈,各有 N 匝,半径为 R,平行放置,两圆心 O_1,O_2 相距为 a,均通有同方向的电流 I,如题7.3(8)图所示。

① 以 O_1O_2 连线的中点 O 为原点，求轴线上任一点 P(坐标为 x)处的磁感应强度。

② 实验室中常用于获得均匀磁场的亥姆霍兹线圈，其结构即为题 7.3(8)图所示，但要求两线圈中心的距离等于半径，即 $a=R$。试证明：当 $a=R$ 时，中点 O 处的磁场最为均匀，并求出此处的磁感应强度。$\left(\text{提示：可由}\left.\frac{\mathrm{d}B}{\mathrm{d}x}\right|_{x=0}=0\text{ 和}\left.\frac{\mathrm{d}^2B}{\mathrm{d}x^2}\right|_{x=0}=0\text{ 来证明}\right)$

(9) 两平行长直导线相距 $d=40\text{cm}$，每根导线载有电流 $I_1=I_2=20\text{A}$，如题 7.3(9)图所示。求：

① 两导线所在平面内与该两导线等距的一点 A 处的磁感应强度；

② 通过图中斜线所示面积的磁通量($r_1=r_3=10\text{cm}$，$l=25\text{cm}$)。

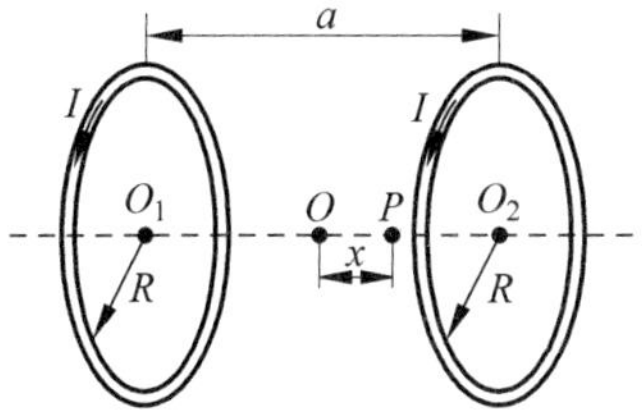

题 7.3(8)图

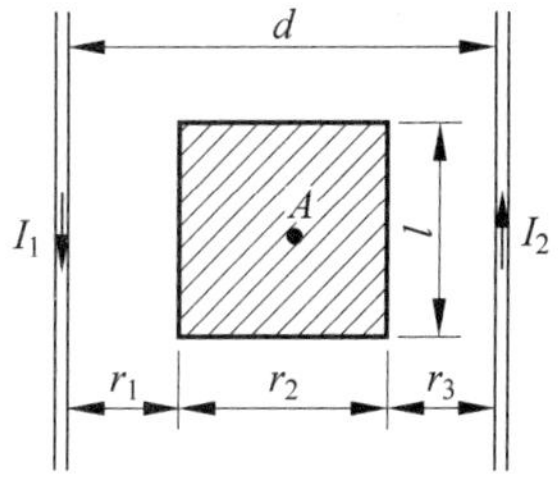

题 7.3(9)图

(10) 如题 7.3(10)图所示，在长直导线 AB 内通以电流 $I_1=20\text{A}$，在矩形线圈 $CDEF$ 中通有电流 $I_2=10\text{A}$，AB 与线圈共面，且 CD，EF 都与 AB 平行。已知 $a=9.0\text{cm}$，$b=20.0\text{cm}$，$d=1.0\text{cm}$，求：①导线 AB 的磁场对矩形线圈每边所作用的力；②矩形线圈所受合力和合力矩。

(11) 半径为 R 的均匀带电细圆环，单位长度上所带电量为 λ，以每秒 n 转通过环心，并与环面垂直的转轴匀速转动。求：①轴上任一点处的磁感应强度值；②圆环的磁矩值。

(12) 如题 7.3(12)图所示，一截面为长方形的闭合绕线环，通有电流 $I=1.7\text{A}$，总匝数为 $N=1000$ 匝，外直径与内直径之比为 $\eta=1.6$，高 $h=5.0\text{cm}$。求：①绕线环内的磁感应强度分布；②通过截面的磁通量。

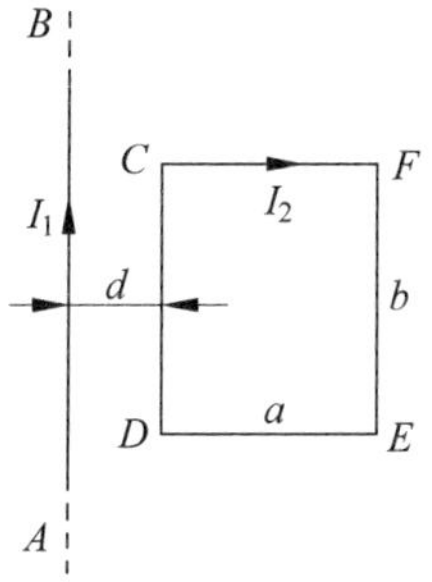

题 7.3(10)图

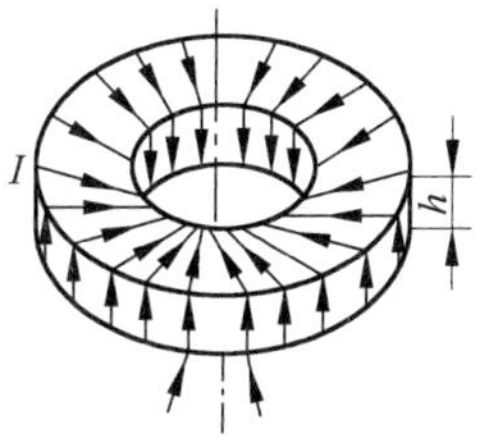

题 7.3(12)图

(13) 已知地面上空某处地磁场的磁感应强度 $B=0.4\times10^{-4}\text{T}$，方向向北。若宇宙射线中有一速率 $v=5.0\times10^{7}\text{m/s}$ 的质子，垂直地通过该处。求：①洛伦兹力的方向；②洛伦兹力的大小。

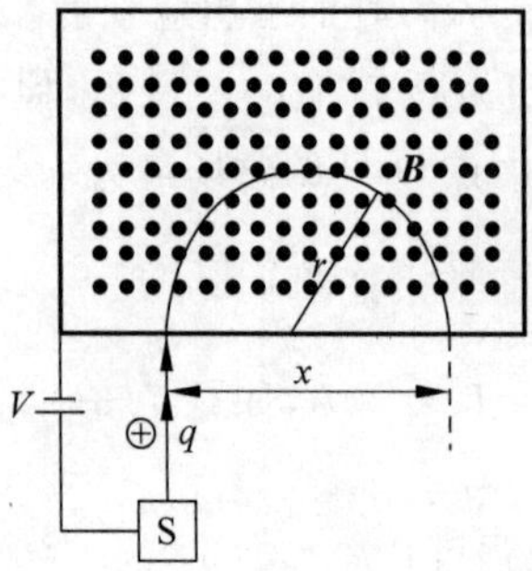

题 7.3(15)图

(14) 带电粒子在过饱和液体中运动，会留下一串气泡显示出粒子运动的轨迹。设在气泡室有一质子垂直于磁场飞过，留下一个半径为 3.5cm 的圆弧轨迹，测定磁感应强度为 0.20T，求此质子的动量和动能。

(15) 质谱仪。如题 7.3(15)图所示为德姆斯特测定离子质量所用的装置。离子源 S 产生一个质量为 m、电荷为 $+q$ 的离子，离子产生出来基本上是静止的。离子源是气体正在放电的小室。离子产生出来后，被电势差 V 所加速，再进入磁感应强度为 $\boldsymbol{B}$ 的磁场中。在磁场中，离子沿一半圆周运动后射到离入口缝隙 x 远处的照片上，并由照相底片把它记录下来，试证明离子质量 m 由下式给出：

$$m=\frac{B^2q}{8V}x^2$$

第 8 章　电磁感应和电磁场

当人们发现电流能够激发磁场，自然想到能否利用磁场来产生电流呢？许多人在这方面做了大量的实验。1822—1831 年，英国物理学家法拉第进行了有目的的研究，终于发现了电磁感应现象及其规律。

电磁感应现象的发现，是电磁学领域中最重大的成就之一。在理论上，它揭示了电与磁相互联系和转化的重要一面，电磁感应定律本身就是麦克斯韦电磁场理论的基本内容之一。在实践上，它为电工学和电子技术奠定了基础，为人类获得巨大而廉价的电能和进入无线电通信的信息时代开辟了道路。

本章主要内容：在电磁感应现象的基础上研究电磁感应定律、两类感应电动势、自感与互感、磁场能量及麦克斯韦电磁场理论。

8.1　电磁感应现象和楞次定律

8.1.1　电磁感应现象

基本的电磁感应现象可以归纳如下：

(1) 当磁棒移近并插入线圈时，与线圈串联的电流计上有电流通过；磁棒拔出时，电流计上的电流方向相反。磁棒相对于线圈的运动速度越快，线圈中产生的电流越大，如图 8-1 所示。

(2) 用一通有电流的线圈代替上述磁棒时，结果相同。

(3) 如果两个靠近的线圈相互位置固定，当与电源相连的 B 线圈中电流发生变化时(接通或断开开关，改变电阻大小)，也会在 A 线圈内引起电流。若线圈中有铁磁性介质棒时，效果更明显，如图 8-2 所示。

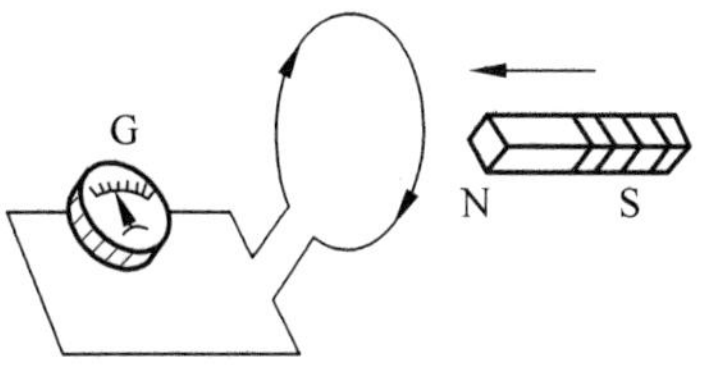

图 8-1　磁棒和线圈存在相对运动时的电磁感应

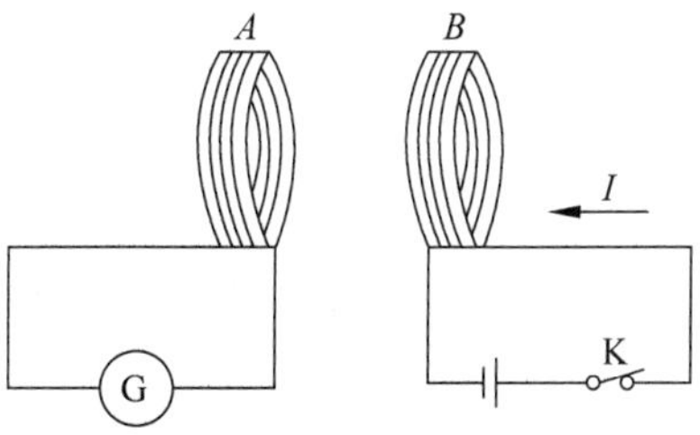

图 8-2　接通或断开开关时电流计的指针发生偏转

(4) 把接有电流计的、一边可滑动的导线框放在均匀的恒定磁场中,可滑动的一边运动时线框中有电流,如图 8-3 所示。

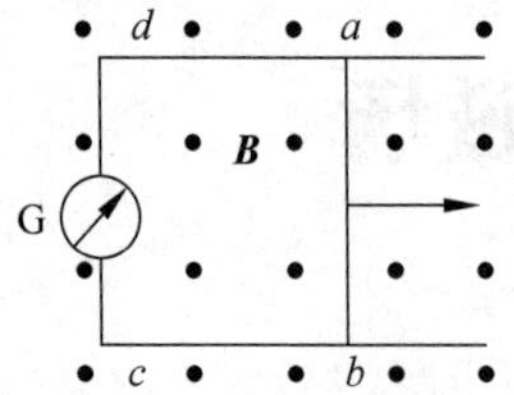

图 8-3 均匀恒定磁场中改变闭合回路面积时的电磁感应

以上这些现象都是利用磁场产生电流,条件是:穿过闭合回路所包围的面积的磁通量发生变化。对于现象(1)和(2),是由于闭合回路与磁棒或通有电流的线圈的相对运动而导致闭合回路所包围的面积的磁通量发生变化;对于现象(3),则是由于磁场中各点磁感应强度的变化而导致闭合回路所包围的面积的磁通量发生变化;而现象(4)则是由于闭合回路所包围的面积的变化而导致闭合回路所包围的面积的磁通量发生变化。因此,以上现象说明,不管由于什么原因引起通过闭合回路所包围的面积的磁通量发生变化时,回路中会有电流产生,这种现象称为**电磁感应现象**,回路中产生的电流称为**感应电流**。感应电流的方向可由楞次定律判断。

8.1.2 楞次定律

为了解决如何判断感应电流方向这一问题,楞次在大量实验的基础上,于 1834 年总结出如下定律:闭合回路中所产生的感应电流具有确定的方向,总是使它所激发的磁场来阻止引起感应电流的磁通量的变化。或者,也可以表述为:感应电流的效果,总是反抗引起感应电流的原因。这一规律称为**楞次定律**。

下面举例说明。如图 8-4(a)所示,当磁体 N 极靠近闭合回路 A 时,通过回路 A 的磁通量增加,由楞次定律可知,这时引起的感应电流所产生的磁场方向(虚线)应和磁体的磁场方向(实线)相反,以反抗引起感应电流的磁通量的增加。根据右手螺旋法则可确定如图所示的感应电流的方向。同理,当磁体的 N 极离开闭合回路时,如图 8-4(b)所示,通过回路 A 的磁通量减少,则感应电流所产生的磁场方向应和磁体的磁场方向相同,以反抗引起感应电流的磁通量的减少。由右手螺旋法则,即可确定出如图所示的感应电流的方向。

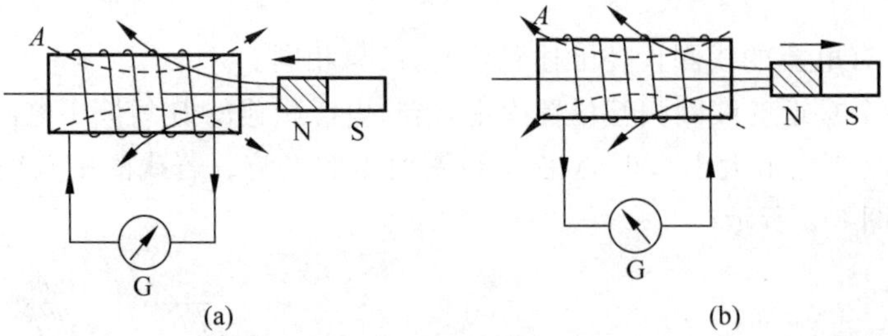

图 8-4 楞次定律

(a) 磁体 N 极靠近闭合回路 A;(b) 磁体的 N 极离开闭合回路 A

楞次定律是符合能量守恒定律的。如图 8-4(a)所示,当磁体靠近闭合回路时,感应电流产生的磁场方向与磁体的磁场方向相反,以阻碍磁体的靠近。如果磁体要维持靠近闭合回路,使回路中维持感应电流,就需要外力继续做功。与此同时,回路中的感应电流的流动使一定的电能转变成热能,这些能量的来源就是外力所做的功。利用同样的方法可以分析图 8-4(b)。所以,楞次定律在本质上是能量守恒定律在电磁感应现象中的具体表现。

8.1.3　电流密度

在观察图 8-4(a)所示实验时，可以发现磁体靠近或远离闭合回路时，闭合回路中的电流计指针不停摆动，说明回路中的电流并不是稳定的。在相对于观察者静止的电荷周围存在静电场，静电场在空间的分布取决于电荷在空间的分布。在运动电荷周围——电流周围不仅存在电场而且存在磁场。稳恒电流周围的磁场是恒定的。当电流发生变化时，周围空间的场也要随之变化。空间内电流的分布决定了此空间内场的分布。

电流是由电荷定向运动形成的，通常用电流强度来描述其大小。设在 $\mathrm{d}t$ 时间内通过某一截面 S 的电荷量为 $\mathrm{d}q$，则通过该截面 S 的电流强度定义为

$$i=\frac{\mathrm{d}q}{\mathrm{d}t} \tag{8-1}$$

电流强度一般简称为电流，单位为 A(安培)。若电荷的运动速度不随时间改变，则为恒定电流，用 I 表示。

1. 体电流密度

电荷在某一体积内定向运动形成的电流称为体电流。设 ρ 分布的体电荷以速度 v 运动形成的电流为 i。在体积内某截面上定义电流密度矢量 $\boldsymbol{J}$：空间任一点 $\boldsymbol{J}$ 的方向是该点上正电荷运动的方向，$\boldsymbol{J}$ 的大小等于在该点与 $\boldsymbol{J}$ 垂直的单位面积的电流，即

$$\boldsymbol{J}=\rho\boldsymbol{v}=\frac{\mathrm{d}i}{\mathrm{d}S}\boldsymbol{e}_{\mathrm{n}} \tag{8-2}$$

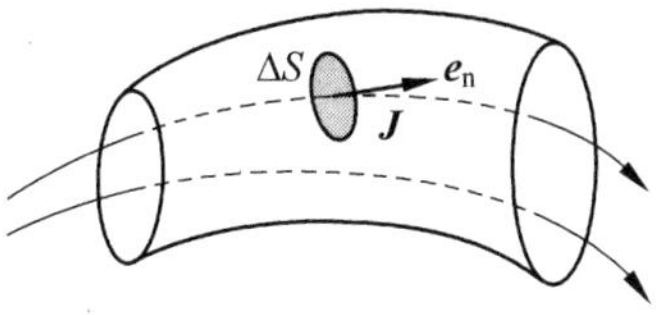

图 8-5　体电流密度

体电流密度的单位是为 $\mathrm{A/m^2}$(安培/米^2)。式中 $\boldsymbol{e}_{\mathrm{n}}$ 为体电流方向单位矢量，也是面积元 $\mathrm{d}\boldsymbol{S}$ 的方向，如图 8-5 所示。则通过任意截面 S 的电流为

$$i=\int_S \boldsymbol{J}\cdot\mathrm{d}\boldsymbol{S} \tag{8-3}$$

2. 面电流密度

电荷在一厚度可以忽略的薄导体层内定向运动形成的电流称为面电流。设 σ 分布的面电荷在曲面上以速度 $\boldsymbol{v}$ 运动形成的电流为 i，用面电流密度矢量 $\boldsymbol{J}_S$ 来描述其分布。与电流方向垂直的横截面厚度趋于零，面积元 $\mathrm{d}\boldsymbol{S}$ 变为线元 $\mathrm{d}\boldsymbol{l}$，则面电流密度矢量为

$$\boldsymbol{J}_S=\sigma\boldsymbol{v}=\frac{\mathrm{d}i}{\mathrm{d}l}\boldsymbol{e}_{\mathrm{n}} \tag{8-4}$$

面电流密度的单位为 A/m(安/米)。式中，$\boldsymbol{e}_{\mathrm{n}}$ 为面电流方向，是垂直于 $\mathrm{d}\boldsymbol{l}$ 且通过 $\mathrm{d}\boldsymbol{l}$ 与薄层曲面相切的单位矢量；$\boldsymbol{n}_1$ 是法向单位矢量，如图 8-6 所示。通过薄导体层上任意曲线 l 的电流为

$$i=\int_l \boldsymbol{J}_S\cdot(\boldsymbol{n}_1\times\mathrm{d}\boldsymbol{l})=\int_l(\boldsymbol{J}_S\cdot\boldsymbol{e}_{\mathrm{n}})\mathrm{d}l \tag{8-5}$$

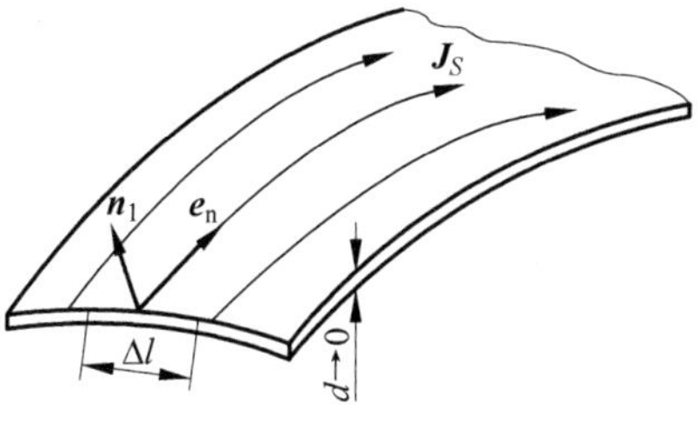

图 8-6　面电流密度

3. 线电流

电荷在一个横截面积可以忽略的细线中作定向流动所形成的电流称为线电流，可以认为集中在细导

线的轴线上的长度元 $\mathrm{d}\boldsymbol{l}$ 中流过电流 I,将 $I\mathrm{d}\boldsymbol{l}$ 称为电流元。在学习毕奥-萨伐尔定律时我们已经使用了这一基本概念。

8.2 电动势和法拉第电磁感应定律

8.2.1 电源的电动势

电流的周围存在着磁场,稳恒电流产生恒定磁场。任何闭合回路中的电流,由于电阻的存在都要消耗电能。要维持回路中的电流需要不断地补充能量,给闭合回路中的电流提供能量的装置叫做**电源**。电路中电源以外的部分称为外电路;电源内的部分称为内电路,内外电路连接成闭合回路。

我们以带电电容器放电时产生的电流为例来讨论。

如图8-7所示,当用导线把充电的电容器两极板 A,B 连接起来时,就有电流从 A 板通过导线流向 B 板,但这电流不是稳定的,因为由于极板上的正负电荷逐渐中和而减少,极板间电势差也逐渐减少,直至为零,电流也就停止了。因此,单纯依靠静电力的作用,在导体两端不可能维持恒定的电势差,也就不可能获得稳恒电流。

为了获得稳恒电流,必须有一种本质上完全不同于静电力的力把图8-7中由极板 A 经导线流向极板 B 的正电荷再送回到极板 A,从而使两极板间保持恒定的电势差来维持由 A 到 B 的稳恒电流,如图8-8所示。将其他形式的能量转化成电能的电源,是提供非静电力的一种装置。不同类型的电源,提供非静电力的机理不同,如在化学电池中,非静电力源于化学作用,发电机中的非静电力则源于电磁作用。能把正电荷从电势较低的点(电源负极板)送到电势较高的点(电源正极板)的作用力称为非静电力,记作 $\boldsymbol{F}_{\mathrm{k}}$。提供非静电力的装置正是电源。

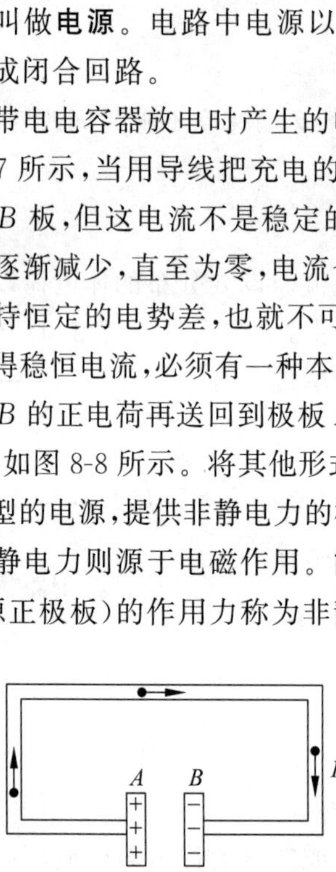

图8-7 电容器的放电

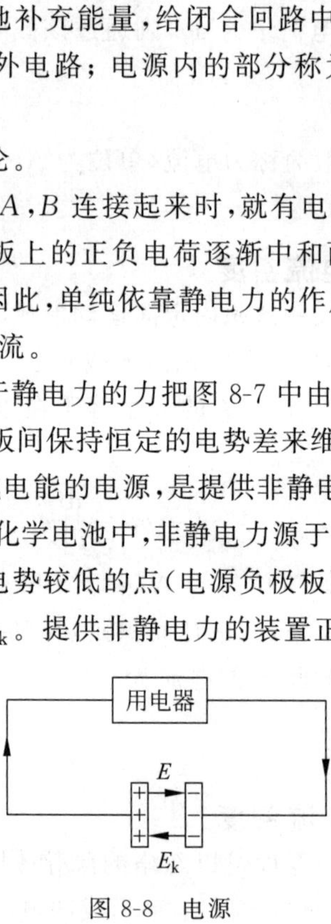

图8-8 电源

作用在单位正电荷上的非静电力称为**非静电场电场强度**,记作 $\boldsymbol{E}_{\mathrm{k}}$。

$$\boldsymbol{E}_{\mathrm{k}}=\frac{\boldsymbol{F}_{\mathrm{k}}}{q} \tag{8-6}$$

一个电源的**电动势**定义为把单位正电荷从负极通过电源内部移到正极时,电源中的非静电力所做的功,即

$$\varepsilon=\int_{-}^{+}\boldsymbol{E}_{\mathrm{k}}\cdot\mathrm{d}\boldsymbol{l} \tag{8-7}$$

电动势和电势一样,也是标量。规定自负极经电源内部到正极的方向为电动势的正方向。电动势的大小只取决于电源本身的性质,与外电路无关。

由于电源外部 $\boldsymbol{E}_{\mathrm{k}}$ 为零,所以电源电动势又可定义为把单位正电荷绕闭合回路一周时,

电源中非静电力所做的功，即

$$\varepsilon = \oint_L \boldsymbol{E}_k \cdot d\boldsymbol{l} \tag{8-8}$$

8.2.2　法拉第电磁感应定律

由 8.1.1 节电磁感应现象的分析可知，当穿过闭合回路的磁通量发生变化时，回路中就有感应电流产生。感应电流的产生，意味着回路中有电动势存在。这种由于磁通量变化而引起的电动势称为**感应电动势**。当回路不闭合时，只要回路中的磁通量发生变化，虽没有感应电流，但感应电动势却依然存在。感应电动势比感应电流更能反映电磁现象的本质。所以对于电磁现象更确切的描述是：当穿过闭合回路的磁通量发生变化时，回路中就产生感应电动势。

法拉第对电磁现象作了大量的研究。精确实验表明：**穿过闭合回路所包围面积的磁通量发生变化时，回路中产生的感应电动势与该磁通量对时间变化率的负值成正比**。这就是**法拉第电磁感应定律**，即

$$\varepsilon_i = -k\frac{d\Phi_m}{dt}$$

式中，k 为比例常数。在国际单位制中，ε_i 的单位为 V，Φ_m 的单位为 Wb，t 的单位为 s，则比例常数 $k=1$，于是上式可写成

$$\varepsilon_i = -\frac{d\Phi_m}{dt} \tag{8-9}$$

若线圈密绕 N 匝，则

$$\varepsilon_i = -N\frac{d\Phi_m}{dt} = -\frac{d\Psi_m}{dt}$$

式中 $d\Psi_m = N d\Phi_m$ 称为磁通链，简称磁链。

式(8-9)中的负号是楞次定律的数学表达，表示感应电动势的方向。

现举例说明如何使用该式判断感应电动势的方向。如图 8-9 所示，先在回路上任意规定一个绕行方向作为回路的正方向，并用右手螺旋法则确定这一回路所包围面积的正法线

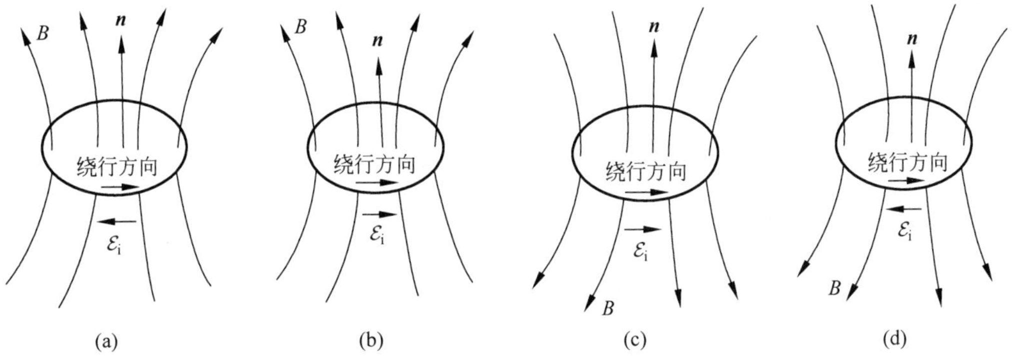

图 8-9　感应电动势方向的确定

(a) $\Phi_m>0,\frac{d\Phi_m}{dt}>0,\varepsilon_i$(或 I_i)<0；(b) $\Phi_m>0,\frac{d\Phi_m}{dt}<0,\varepsilon_i$(或 I_i)>0；

(c) $\Phi_m<0,\frac{d\Phi_m}{dt}<0,\varepsilon_i$(或 I_i)>0；(d) $\Phi_m<0,\frac{d\Phi_m}{dt}>0,\varepsilon_i$(或 I_i)<0

$\boldsymbol{n}$ 方向,当通过的回路面积的磁场方向与正法线方向 $\boldsymbol{n}$ 相同时,磁通量 Φ_m 为正值,相反时为负值。于是,ε_i 的正、负完全由 $\frac{d\Phi_m}{dt}$ 决定。如果 $\frac{d\Phi_m}{dt}>0$,则 $\varepsilon_i<0$,表示感应电动势的方向与最初规定的绕行正方向相反;如果 $\frac{d\Phi_m}{dt}<0$,则 $\varepsilon_i>0$,表示感应电动势的方向与最初规定的绕行正方向相同。图 8-9 中对线圈中磁通量变化的四种情况,分别画出了感应电动势的方向。用这种方向确定的结果,与由楞次定律所判定的结果完全一致。一般在具体解题时,用法拉第电磁感应定律计算感应电动势的大小,再由楞次定律判定方向。

闭合回路中的感应电流,对于只考虑电阻为 R 的回路

$$i=\frac{\varepsilon_i}{R}=-\frac{1}{R}\frac{d\Phi_m}{dt} \tag{8-10}$$

在 $t_1 \sim t_2$ 的一段时间内通过回路导线中任一截面的感应电量为

$$q=\int_{t_2}^{t_1} i\,dt=-\frac{1}{R}\int_{\Phi_{m2}}^{\Phi_{m1}} d\Phi_m=\frac{1}{R}(\Phi_{m2}-\Phi_{m1})$$

式中,Φ_{m1} 和 Φ_{m2} 分别是时刻 t_1 和 t_2 通过回路的磁通量。上式表明,在一段时间内通过导线任一截面的电量与这段时间内导线所包围的面积的磁通量的变化量成正比,而与磁通量变化的快慢无关。常用的测量磁感应强度的磁通计(又称高斯计)就是根据这个原理制成的。

例 8-1　如图 8-10 所示,空间分布着均匀磁场 $B=B_0\sin\omega t$,放置一半径为 r、长为 l 的矩形导体线圈以匀角速度 ω 绕与磁场垂直的轴 OO' 旋转,$t=0$ 时,线圈的法向 $\boldsymbol{n}$ 与 $\boldsymbol{B}$ 之间的夹角 $\varphi_0=0$,求线圈中的感应电动势。

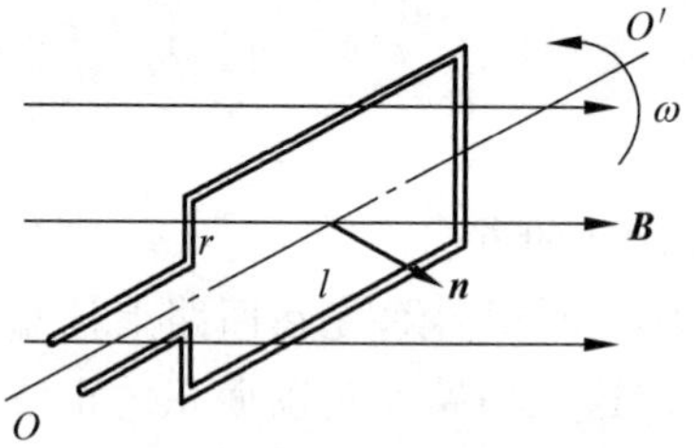

图 8-10　例 8-1 图

解　设 φ 表示 t 时刻 $\boldsymbol{n}$ 与 $\boldsymbol{B}$ 之间的夹角,则

$$\varphi=\omega t+\varphi_0=\omega t$$

所以,t 时刻通过矩形导体线圈的磁通量为

$$\begin{aligned}\Phi_m&=\boldsymbol{B}\cdot\boldsymbol{S}=BS\cos\omega t\\&=B_0 2rl\sin\omega t\cos\omega t\\&=B_0 rl\sin 2\omega t\end{aligned}$$

线圈中的感应电动势为

$$\varepsilon_i=-\frac{d\Phi_m}{dt}=-2\omega B_0 rl\cos 2\omega t$$

可见 ε_i 是随时间作周期性变化的。当 $\varepsilon_i>0$ 时感应电动势的方向与 $\boldsymbol{n}$ 成右手螺旋关系;当 $\varepsilon_i<0$ 时感应电动势的方向与 $\boldsymbol{n}$ 成左手螺旋关系。另外,当 $\boldsymbol{B}$ 是不随时间变化的稳恒磁场时,本例就是交流发电机的基本原理。

例 8-2　一根无限长的直导线载有交流电流 $i=I_0\sin\omega t$,式中 i 表示瞬时电流,I_0 是电流振幅,ω 是角频率,I_0 和 ω 都是常量。旁边有一共面矩形线圈 $abcd$,如图 8-11 所示。$ab=l_1$,$bc=l_2$,ab 与直导线平行且相距为 d。求线圈中的感应电动势。

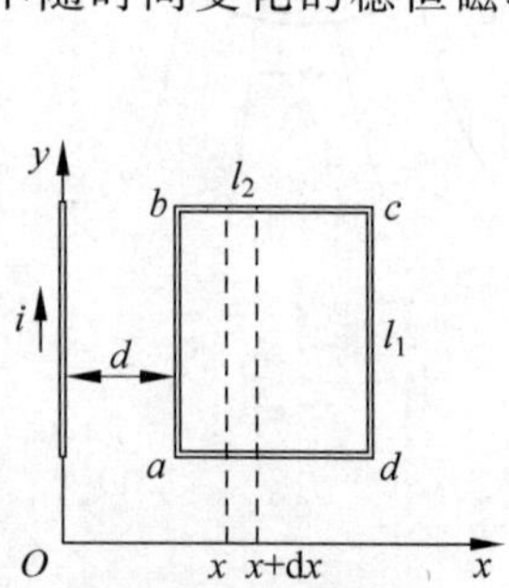

图 8-11　例 8-2 图

解　取矩形线圈沿顺时针 $abcda$ 方向为绕行正向,如图 8-11 选面元 $dS=l_1 dx$,则

$$d\Phi_m=\boldsymbol{B}\cdot d\boldsymbol{S}=B\cos 0° dS=\frac{\mu_0 i}{2\pi x}l_1 dx$$

通过整个线圈所围面积的磁通量为

$$\Phi_m=\int_S \boldsymbol{B}\cdot d\boldsymbol{S}=\int_d^{d+l_2}\frac{\mu_0 i}{2\pi x}l_1 dx=\frac{\mu_0 i l_1}{2\pi}\ln\frac{d+l_2}{d}$$

所以,线圈中的感应电动势为

$$\varepsilon_i=-\frac{d\Phi_m}{dt}=-\frac{\mu_0 l_1\omega}{2\pi}I_0\cos\omega t\ln\frac{d+l_2}{d}$$

可见,ε_i 随时间按余弦规律作周期性变化,$\varepsilon_i>0$ 表示矩形线圈中感应电动势沿顺时针方向;$\varepsilon_i<0$ 表示矩形线圈中感应电动势沿逆时针方向。

8.3　动生电动势

法拉第电磁感应定律说明,不论什么原因,只要穿过闭合回路面积的磁通量发生了变化,回路中就有感应电动势产生。事实上,引起磁通量的变化的原因有两种:一种是回路或其一部分在磁场中有相对磁场的运动,这样产生的感应电动势称为**动生电动势**;另一种是回路不动,因磁场的变化而产生感应电动势,称为**感生电动势**。

8.3.1　动生电动势与洛伦兹力

如图 8-12 所示,一矩形导体回路,可动边是一根长为 l 的导体棒 ab,它以恒定速度 $\boldsymbol{v}$ 在垂直于磁场 $\boldsymbol{B}$ 的平面内,沿垂直于它自身的方向向右平移,其余边不动。某时刻穿过回路所围面积的磁通量为

$$\Phi_m=BS=Blx$$

随着棒 ab 的运动,回路所围绕的面积扩大,因而回路中的磁通量将发生变化。用式(8-9)计算回路中的感应电动势大小,可得

$$|\varepsilon_i|=\frac{d\Phi_m}{dt}=\frac{d}{dt}(Blx)=Bl\frac{dx}{dt}=Blv \qquad (8\text{-}11)$$

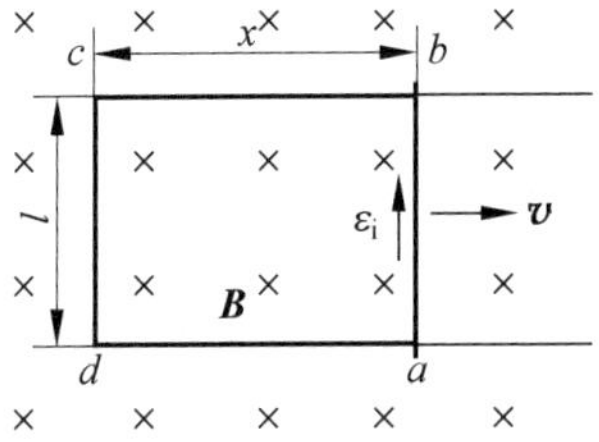

图 8-12　动生电动势

至于这一电动势的方向,可用楞次定律判定为逆时针方向。由于其他边都未动,所以动生电动势应归于 ab 棒的运动,因而只在棒内产生,则 ab 棒可视为整个回路的电源部分。回路中感应电动势的逆时针方向说明在 ab 棒的动生电动势方向应为由 a 到 b 的方向,而在电源内部电动势的方向是由低电势指向高电势处,所以在 ab 棒上,b 点的电势高于 a 点电势。

我们知道,电动势是非静电力作用的表现。**引起动生电动势的非静电力是洛伦兹力**。当棒 ab 向右以速度 $\boldsymbol{v}$ 运动时,棒内的自由电子被带着以同一速度 $\boldsymbol{v}$ 向右运动,因而每个电子都受到洛伦兹力 $\boldsymbol{f}$ 的作用,如图 8-13 所示。

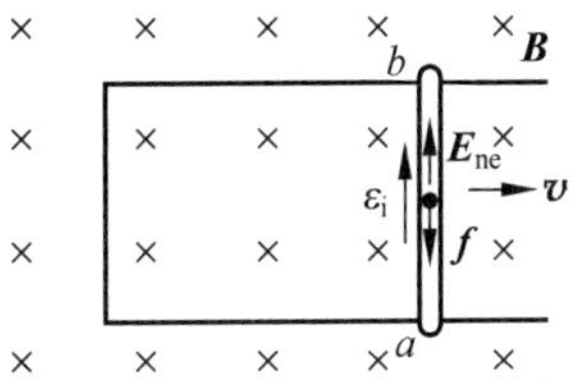

图 8-13　动生电动势与洛伦兹力

$$\boldsymbol{f}=(-e)\boldsymbol{v}\times\boldsymbol{B} \qquad (8\text{-}12)$$

把这个作用力看成是一种等效的"非静电场"的作用,则由式(8-6)得这一非静电场的强度应为

$$\boldsymbol{E}_k=\frac{\boldsymbol{F}_k}{q}=\frac{\boldsymbol{f}}{(-e)}=\boldsymbol{v}\times\boldsymbol{B} \qquad (8\text{-}13)$$

再由式(8-7),动生电动势为

$$\varepsilon_{iab}=\int_{-}^{+}\boldsymbol{E}_{\mathrm{k}}\cdot\mathrm{d}\boldsymbol{l}=\int_{-}^{+}\boldsymbol{E}_{\mathrm{ne}}\cdot\mathrm{d}\boldsymbol{l}=\int_{a}^{b}(\boldsymbol{v}\times\boldsymbol{B})\cdot\mathrm{d}\boldsymbol{l} \tag{8-14}$$

如图8-13所示，由于速度$\boldsymbol{v}$、磁场$\boldsymbol{B}$、棒ab三者相互垂直，所以上式积分结果应为

$$\varepsilon_{iab}=Blv$$

与式(8-11)相同。

一般而言，在任意的稳恒磁场中，一个任意形状的导线L(闭合的或不闭合的)在运动中发生形变时，各个线元$\mathrm{d}\boldsymbol{l}$的速度$\boldsymbol{v}$的大小和方向都可能不同。这时，整个导线线圈L中所产生的动生电动势为

$$\varepsilon_{i}=\int_{L}(\boldsymbol{v}\times\boldsymbol{B})\cdot\mathrm{d}\boldsymbol{l} \tag{8-15}$$

上式提供了计算动生电动势的方法。

8.3.2 洛伦兹力的功

在图8-12所示的闭合回路中，当由于导体棒的运动而产生电动势时，在回路中就会有感应电流产生。电流流动时，感应电动势是要做功的，电动势做功的能量是从哪里来的呢？考察导体棒运动时所受的力就可以给出答案。设电路中感应电流为I，则感应电动势做功的功率为

$$P=I\varepsilon_{i}=IBlv \tag{8-16}$$

通有电流的导体棒在磁场中要受到磁力的作用。ab棒受到的磁力大小为$F_{m}=BIl$，方向向左，如图8-14所示。为了使导体棒匀速向右运动，必须有外力$\boldsymbol{F}_{外}$与$\boldsymbol{F}_{m}$平衡，因而$\boldsymbol{F}_{外}=-\boldsymbol{F}_{m}$。此外力的功率为

$$P_{外}=F_{外}v=BIlv$$

这正好等于前面求得的感应电动势做功的功率。由此可知，电路中感应电动势提供的电能是由外力做功所消耗的机械能转换而来的，这正是发电机内的能量转换过程。

通过前面的分析可以知道，动生电动势是洛伦兹力作用的结果，而感应电动势是要做功的。但是我们早已知道洛伦兹力对运动电荷不做功，这个矛盾如何解决呢？可以这样来解释，如图8-15所示，随同导线一起运动的自由电子受到的洛伦兹力由式(8-12)给出，由于这个力的作用，电子将以速度$\boldsymbol{v}'$沿导线运动，而速度$\boldsymbol{v}'$的存在使电子还要受到一个垂直于导线的洛伦兹力$\boldsymbol{f}'$的作用，$\boldsymbol{f}'=(-e)\boldsymbol{v}'\times\boldsymbol{B}$。电子受到的洛伦兹力的合力为$\boldsymbol{F}=\boldsymbol{f}+\boldsymbol{f}'$，电子运动的合速度为$\boldsymbol{V}=\boldsymbol{v}+\boldsymbol{v}'$，则洛伦兹力合力做功功率为

$$\begin{aligned}\boldsymbol{F}\cdot\boldsymbol{V}&=(\boldsymbol{f}+\boldsymbol{f}')\cdot(\boldsymbol{v}+\boldsymbol{v}')=\boldsymbol{f}\cdot\boldsymbol{v}'+\boldsymbol{f}'\cdot\boldsymbol{v}\\&=+evBv'-evBv'=0\end{aligned}$$

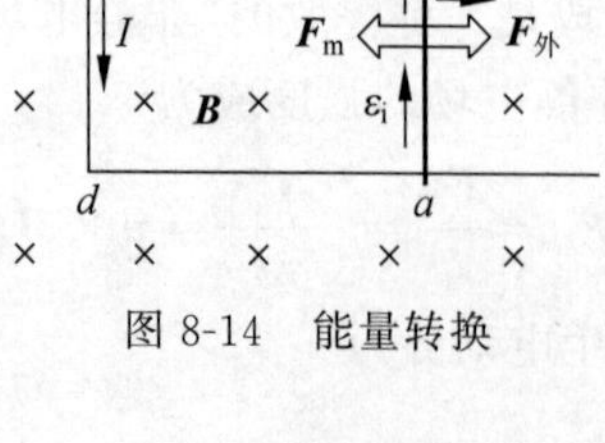

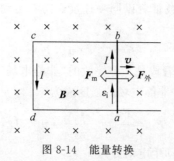

图8-14 能量转换

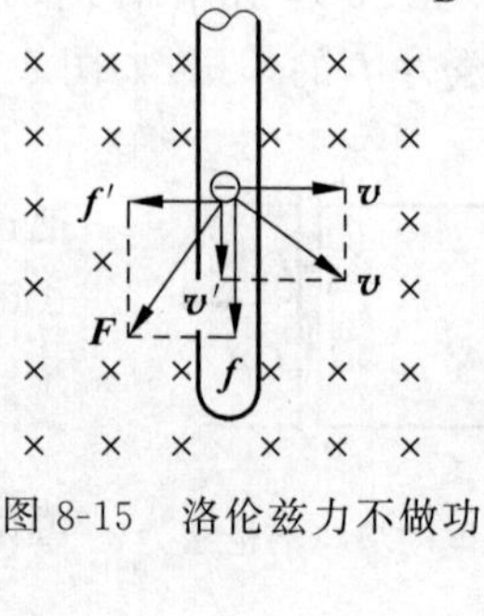

图8-15 洛伦兹力不做功

这一结果表示洛伦兹力合力做功为零，这与我们所知的洛伦兹力不做功的结论一致。从上面分析中可以看到

$$\boldsymbol{f}\cdot\boldsymbol{v}'+\boldsymbol{f}'\cdot\boldsymbol{v}=0$$

即

$$\boldsymbol{f}\cdot\boldsymbol{v}'=-\boldsymbol{f}'\cdot\boldsymbol{v}$$

为了使自由电子按速度 $\boldsymbol{v}$ 的方向匀速运动，必须有外力 $\boldsymbol{f}_{外}$ 作用在电子上，而且 $\boldsymbol{f}_{外}=-\boldsymbol{f}'$。因此上式又可写成

$$\boldsymbol{f}\cdot\boldsymbol{v}'=\boldsymbol{f}_{外}\cdot\boldsymbol{v}$$

此等式左侧是洛伦兹力的一个分力使电荷沿导线运动所做的功，宏观上就是感应电动势驱动电流的功；等式右侧是在同一时间内外力反抗洛伦兹力的另一分力做的功，宏观上就是外力拉动导线做的功。洛伦兹力做功为零，实质上表示了能量转换与守恒。洛伦兹力在这里起了一个能量转换者的作用，一方面接受外力的功，同时又驱动电荷运动做功。

例 8-3　如图 8-16 所示，长度为 L 的铜棒在磁感应强度为 $\boldsymbol{B}$ 的均匀磁场中以角速度 $\boldsymbol{\omega}$ 绕过 O 点的轴沿逆时针方向转动。求：

(1) 棒中感应电动势的大小和方向。

(2) 直径为 OA 的半圆弧导体 $\overset{\frown}{OCA}$ 以同样的角速度 $\boldsymbol{\omega}$ 绕 O 轴转动时，导体 $\overset{\frown}{OCA}$ 上的感应电动势。

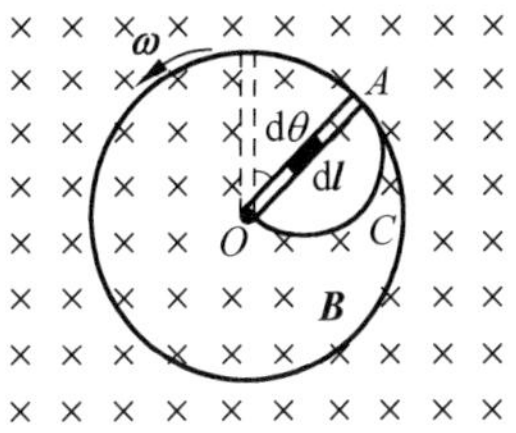

图 8-16　例 8-3 图

解　(1) 解法 1：用动生电动势公式(8-15)求解。

在 $O\to A$ 方向上取 $\mathrm{d}\boldsymbol{l}$，其速度 $\boldsymbol{v}$ 与磁场 $\boldsymbol{B}$ 垂直，且 $\boldsymbol{v}\times\boldsymbol{B}$ 与 $\mathrm{d}\boldsymbol{l}$ 方向相反，故

$$(\boldsymbol{v}\times\boldsymbol{B})\cdot\mathrm{d}\boldsymbol{l}=vB\,\mathrm{d}l\cos\pi=-\omega Bl\,\mathrm{d}l$$

感应电动势为

$$\varepsilon_{iOA}=\int_O^A(\boldsymbol{v}\times\boldsymbol{B})\cdot\mathrm{d}\boldsymbol{l}=\int_0^L-\omega Bl\,\mathrm{d}l=-\frac{1}{2}\omega BL^2$$

由于 $\varepsilon_{iOA}<0$，则 ε_i 的方向由 A 指向 O，即 O 点电势高于 A 点电势。

解法 2：用法拉第电磁感应定律求解。

设 OA 在 $\mathrm{d}t$ 时间内转了 $\mathrm{d}\theta$ 角，则 OA 扫过的面积 $S=\frac{1}{2}L^2\mathrm{d}\theta$，穿过 S 的磁通量为

$$\mathrm{d}\Phi_m=BS=\frac{1}{2}BL^2\mathrm{d}\theta$$

由法拉第电磁感应定律，面积为 S 的回路中，只有半径 OA 在切割磁感线，则 OA 上感应电动势的大小为

$$|\varepsilon_{iOA}|=\left|\frac{\mathrm{d}\Phi_m}{\mathrm{d}t}\right|=\frac{1}{2}BL^2\frac{\mathrm{d}\theta}{\mathrm{d}t}=\frac{1}{2}B\omega L^2$$

方向可由楞次定律判定。所得结果与解法 1 一致。

(2) 由于由半径 OA 和半圆弧 $\overset{\frown}{ACO}$ 组成的闭合导体回路在磁场中以角速度 ω 旋转时，穿过回路的磁通量不变，所以整个半圆形回路的感应电动势 $\varepsilon_i=0$。又因为

$$\varepsilon_i=\varepsilon_{iOA}+\varepsilon_{i\overset{\frown}{ACO}}=\varepsilon_{iOA}+(-\varepsilon_{i\overset{\frown}{OCA}})$$

所以

$$\varepsilon_{i\widehat{OCA}}=\varepsilon_{iOA}=-\frac{1}{2}\omega BL^2$$

$\varepsilon_{i\widehat{OCA}}$ 的方向由 A 点沿半圆弧指向 O 点。

例 8-4 电流为 I 的长直导线近旁有一根与之共面的导体棒 ab，长为 l。设导体棒的 a 端(近端)与长直导线相距为 d，ab 延长线与长直导线的夹角为 θ，如图 8-17 所示。导体棒 ab 以匀速度 $\boldsymbol{v}$ 沿电流方向平移。试求导体棒 ab 上的感应电动势。

解 在 ab 上取一线元 $\mathrm{d}\boldsymbol{l}$，它与长直导线的距离为 r，则该处磁场方向垂直向里，大小为 $B=\frac{\mu_0 I}{2\pi r}$，$\boldsymbol{v}\times\boldsymbol{B}$ 的方向与 $\mathrm{d}\boldsymbol{l}$ 方向之间的夹角为 $\frac{\pi}{2}+\theta$，且 $\mathrm{d}l=\frac{\mathrm{d}r}{\sin\theta}$。

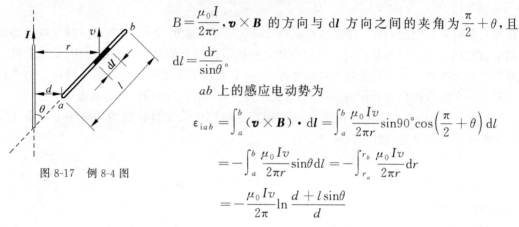

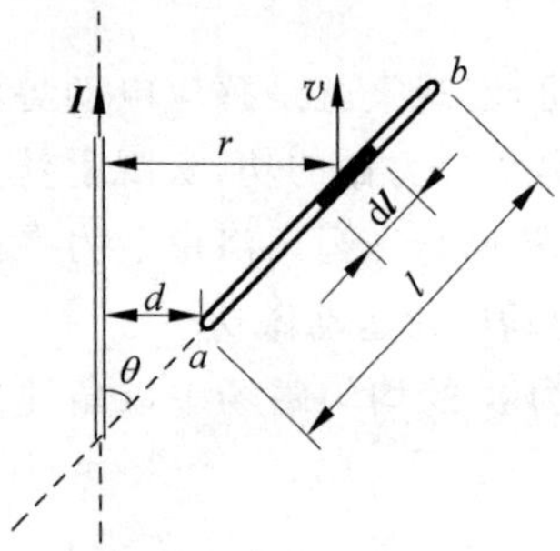

图 8-17 例 8-4 图

ab 上的感应电动势为

$$\varepsilon_{iab}=\int_a^b(\boldsymbol{v}\times\boldsymbol{B})\cdot\mathrm{d}\boldsymbol{l}=\int_a^b\frac{\mu_0 I v}{2\pi r}\sin 90^\circ\cos\left(\frac{\pi}{2}+\theta\right)\mathrm{d}l$$

$$=-\int_a^b\frac{\mu_0 I v}{2\pi r}\sin\theta\,\mathrm{d}l=-\int_{r_a}^{r_b}\frac{\mu_0 I v}{2\pi r}\mathrm{d}r$$

$$=-\frac{\mu_0 I v}{2\pi}\ln\frac{d+l\sin\theta}{d}$$

因为 $\varepsilon_{iab}<0$，所以 ε_{iab} 的方向是由 b 指向 a。

当 $\theta=90^\circ$ 时，有

$$\varepsilon_{iab}=-\frac{\mu_0 I v}{2\pi}\ln\frac{d+l}{d}$$

8.4 感生电动势

本节讨论产生感应电动势的另一种情况。通过 8.3 节的学习，我们知道导体在磁场中运动产生动生电动势，其非静电力是洛伦兹力。那么固定在变化磁场的闭合回路中产生的感生电动势的非静电力，不可能是洛伦兹力，这种非静电力又应该是什么呢？

8.4.1 感生电场和感生电动势

从大量的实验结论中，人们发现，不论回路形状及导体的性质和温度如何，只要磁场变化导致穿过回路的磁通量发生了变化，就会有数值等于 $\frac{\mathrm{d}\Phi_m}{\mathrm{d}t}$ 的感生电动势在回路中产生。这说明感生电动势的产生只是变化的磁场本身引起的。在分析电磁感应现象的基础上，麦克斯韦提出：变化的磁场在其周围空间激发一种新的、非静电性的电场，这种电场称为**感生电场**或**涡旋电场**，用符号 $\boldsymbol{E}_r$ 表示。

感生电场与静电场有相同之处，它们对电荷都要施予作用力。但也有不同之处，首先，静电场由静止电荷所激发，而感生电场是由变化的磁场所激发。其次，静电场是保守场，电场线始于正电荷、止于负电荷，而感生电场是非保守场，其电场线是闭合的，即 $\oint_L \boldsymbol{E}_r\cdot\mathrm{d}\boldsymbol{l}\neq 0$。

正是由于感生电场的存在，才在回路中产生感生电动势。而**在回路中产生感生电动势的非静电力正是这一感生电场力**或涡旋电场力。

根据电动势的定义式(8-8)及法拉第电磁感应定律式(8-9)，感生电动势为

$$\varepsilon_i = \oint_L \boldsymbol{E}_r \cdot d\boldsymbol{l} = -\frac{d\Phi_m}{dt} \tag{8-17}$$

应该明确，法拉第建立的电磁感应定律式(8-9)仅适用于导体回路，而由麦克斯韦关于感生电场的假设所建立的式(8-17)则有更普遍的意义，即不论有无导体回路，也不论回路是在真空中还是在介质中，式(8-17)都是适用的。就是说，在变化磁场的周围空间，到处充满感生电场。如果有导体回路处于感生电场中，感生电场就驱使导体中的自由电荷运动，显示出感生电流；如果不存在导体回路，感生电场仍然存在，只不过没有感生电流而已。

对回路 L 所围面积，磁通量

$$\Phi_m = \int_S \boldsymbol{B} \cdot d\boldsymbol{S}$$

则感生电动势可表示为

$$\varepsilon_i = \oint_L \boldsymbol{E}_r \cdot d\boldsymbol{l} = -\frac{d}{dt}\int_S \boldsymbol{B} \cdot d\boldsymbol{S}$$

当闭合回路不动时，可把上式右侧微分和积分两个运算的顺序交换，得

$$\oint_L \boldsymbol{E}_r \cdot d\boldsymbol{l} = -\int_S \frac{\partial \boldsymbol{B}}{\partial t} \cdot d\boldsymbol{S} \tag{8-18}$$

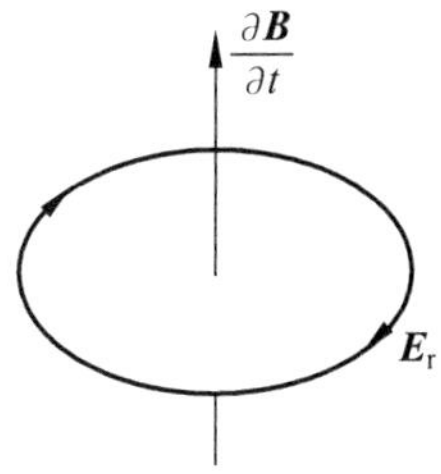

图 8-18　$\boldsymbol{E}_r$ 线与 $\frac{\partial \boldsymbol{B}}{\partial t}$ 构成左手螺旋关系

这就是法拉第电磁感应定律的积分形式。式中，负号表示 $\boldsymbol{E}_r$ 与 $\frac{\partial \boldsymbol{B}}{\partial t}$ 构成左手螺旋关系，是楞次定律的数学表示，如图 8-18 所示。

例 8-5　如图 8-19 所示，半径为 R 的圆柱形空间内分布有沿圆柱轴线方向的均匀磁场，磁场方向垂直于纸面向里，其变化率为 $\frac{dB}{dt}$。试求：

(1) 圆柱形空间内、外涡旋电场 $\boldsymbol{E}_r$ 的分布。

(2) 若 $\frac{dB}{dt} > 0$，把长为 L 的导体 ab 放在圆柱截面上，则 ε_{iab} 等于多少？

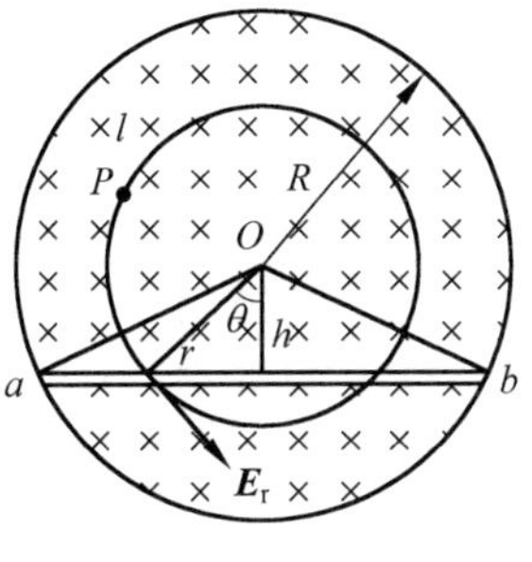

图 8-19　例 8-5 图

解　(1) 根据磁场分布的轴对称性可知，空间的涡旋电场的电场线应是围绕圆柱轴线且在圆柱截面上的一系列同心圆。过圆柱体内任一点 P 在截面上作半径为 r 的圆形回路 l，并设 l 的回转方向与 $\boldsymbol{B}$ 的方向构成右手螺旋关系，即设图 8-19 中沿 l 的顺时针的切线方向为 $\boldsymbol{E}_r$ 的正方向。由式(8-18)有

$$\oint_l \boldsymbol{E}_r \cdot d\boldsymbol{l} = -\int_S \frac{\partial \boldsymbol{B}}{\partial t} \cdot d\boldsymbol{S}$$

并考虑 l 上各点 $\boldsymbol{E}_r$ 沿 l 方向且大小相等，可得

$$E_r 2\pi r = -\frac{dB}{dt}\pi r^2$$

$$E_r = -\frac{r}{2}\frac{dB}{dt}, \quad r < R$$

当$\frac{dB}{dt}>0$时,$E_r<0$,即沿逆时针方向;反之,$E_r>0$,即沿顺时针方向。

同理,在圆柱外一点($r>R$),有

$$E_r 2\pi r = -\frac{dB}{dt}\pi R^2$$

涡旋电场E_r为

$$E_r = -\frac{R^2}{2r}\frac{dB}{dt}, \quad r > R$$

(2) 解法1:用电动势定义求解。

由(1)结论知,在$r<R$区域,$E_r=-\frac{r}{2}\frac{dB}{dt}$,当$\frac{dB}{dt}>0$时,$E_r<0$,即沿逆时针方向。所以

$$\varepsilon_{iab} = \int_a^b \boldsymbol{E}_r \cdot d\boldsymbol{l} = \int_a^b \frac{r}{2}\frac{dB}{dt}dl\cos\theta = \int_0^L \frac{h}{2}\frac{dB}{dt}dl = \frac{Lh}{2}\frac{dB}{dt}$$

因为$\frac{dB}{dt}>0$,所以$\varepsilon_{iab}>0$,即ε_{iab}由a端指向b端。

解法2:用法拉第电磁感应定律求解。

作闭合回路$OabO$,回路内感应电动势为

$$\varepsilon_i = -\frac{d\Phi_m}{dt} = -\int_S \frac{dB}{dt}dS\cos\pi = \frac{dB}{dt}\frac{Lh}{2}$$

因为

$$\varepsilon_{iOa} = \varepsilon_{iOb} = 0$$

所以

$$\varepsilon_{iAb} = \varepsilon_i - \varepsilon_{iOa} - \varepsilon_{ibO} = \frac{Lh}{2}\frac{dB}{dt}$$

结果与解法1一致。

8.4.2 电子感应加速器和涡电流

1. 电子感应加速器

电子感应加速器是感生电动势的一个重要应用。它的结构如图8-20所示,在电磁体的两极间放置一个环形真空室。电磁体线圈中能以交变电流,在两极产生交变磁场。交变磁场又在真空室内激发涡旋电场。电子由电子枪注入环形真空室时,在有头有尾施加的洛伦兹力和涡旋电场的电场力共同作用下电子作加速圆周运动。由于磁场和涡旋电场都是周期性变化的,只有在涡旋电场的方向与电子绕行方向相反时,电子才能得到加速,所以每次电子束注入并得到加速后,要在涡旋电场的方向改变之前把电子束引出使用。容易分析出,电子得到加速的时间最长只是交变电流周期T的1/4。这个时间虽短,但由于电子束注入真空室时初速度相当大,所以在加速的短短时间内,电子束已在环内加速绕行了几十万

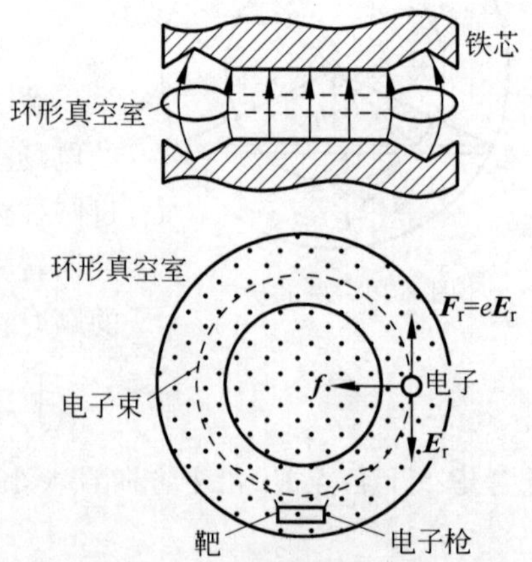

图8-20 电子感应加速器

圈。小型电子感应加速器可把电子加速到 0.1～1MeV,用来产生 X 射线从而应用到工业探伤、医疗等方面。大型的加速器能量可达数百电子伏特,用于科学研究。

2. 涡电流

在一些电气设备中,常常遇到大块的金属导体在磁场中运动或者处在变化的磁场中。此时,金属内部也会有感应电流。这种在金属导体内部自成闭合回路的电流称为**涡电流**。由于在大块金属中电流流经的横截面积很大,电阻很小,所以涡电流可能达到很大的数值。

利用涡电流的热效应可以使金属导体被加热。如高频感应冶金炉就是把难熔或贵重的金属放在陶瓷坩埚里,坩埚外面套上线圈,线圈中通以高频电流。利用高频电流激发的交变磁场在金属中产生的涡电流的热效应把金属熔化。在真空技术方面,也广泛利用涡电流给待抽真空仪器内的金属部分加热,以清除附在其表面的气体。

大块金属导体在磁场中运动时,导体上产生涡电流。反过来,有涡电流的导体又受到磁场安培力的作用。根据楞次定律,安培力阻碍金属导体在磁场中的运动,这就是电磁阻尼原理。一般的电磁测量仪器中,都设计有电磁阻尼装置,如图 8-21 所示。

涡电流的产生,当然要消耗能量,最后变成焦耳热。在发电机和变压器的铁芯中就有这种能量损失,称为涡流损耗。为了减少这种损失,可以把铁芯做成层状,层与层之间用绝缘材料隔开,以减少涡电流,如图 8-22 所示。一般变压器铁芯均做成叠片式就是这个道理。另外,为减小涡电流,应增大铁芯电阻,所以常用电阻率较大的硅钢(矽钢)做铁芯材料。

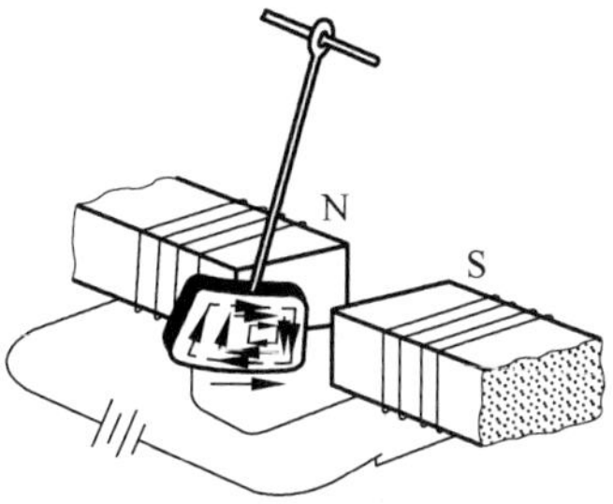

图 8-21　电磁阻尼

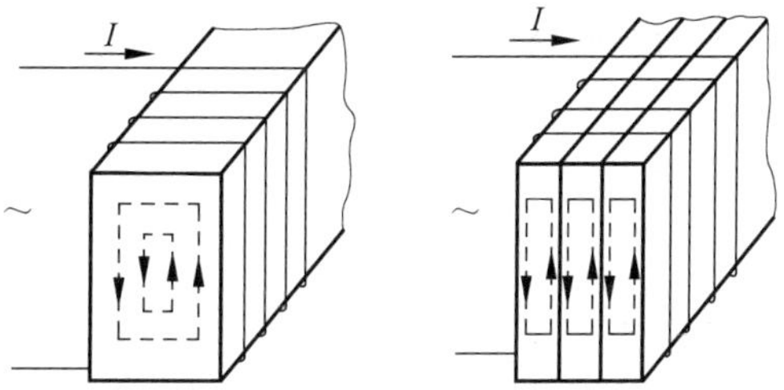

图 8-22　变压器铁芯中的涡电流

一段柱状的均匀导体通过直流电流时,电流在导体的横截面上是均匀分布的。然而,交变电流通过柱状导体时,由于交变电流激发的交变磁场会在导体中产生涡电流,涡电流使得交变电流在导体横截面上不再均匀分布,而是越靠近导体表面处电流密度越大。这种交变电流集中于导体表面的效应叫趋肤效应。严格地解释趋肤效应必须求解电磁场方程组。由于趋肤效应,使得我们在高频电路中可以用空心导线代替实心导线。在工业应用方面。利用趋肤效应可以对金属进行表面淬火。

8.5　自感和互感

在实际电路中,磁场的变化常常是由于电流的变化引起的,因此,把感生电动势直接和电流变化联系起来是具有重要实际意义的。本节讨论两种在电工、无线电技术中有着广泛应用的电磁感应现象——自感和互感。

8.5.1 自感

当一闭合回路的电流发生变化时,它所激发的磁场通过自身回路的磁通量也发生变化,因此使回路自身产生感应电动势。这种因回路中电流变化而在回路自身所引起的感应电动势的现象,称为**自感现象**。产生的感应电动势称为**自感电动势**。

自感现象可用图8-23的实验来演示。图8-23(a)中A_1、A_2是两个相同的小灯泡,L是带铁芯的多匝线圈,R是电阻,其阻值与L的阻值相等。接通开关K,灯泡A_1立即就亮而灯泡A_2则逐渐变亮,最后与A_1亮度相同。这说明,由于L中存在自感电动势,电流的增大是比较迟缓的。自感的这种作用称为"电磁惯性"。

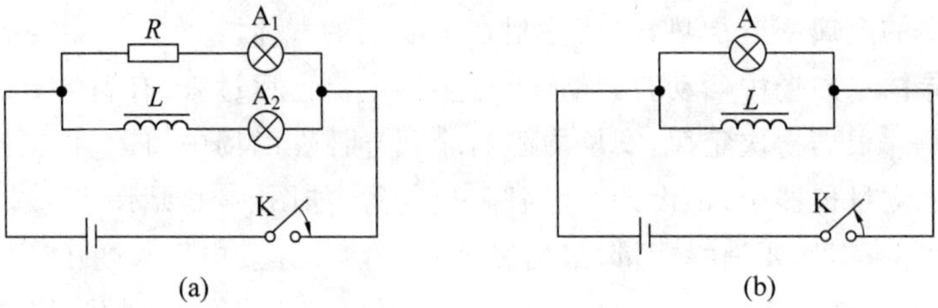

图8-23 自感现象——"电磁惯性"

(a) 电流增大;(b) 电流减小

图8-23(b)中,开关K断开时,灯泡A不会立即熄灭,而是猛然一亮,然后逐渐熄灭。这是因为开关断开时,线圈L与电源脱离,线圈L上的电流从有到无,是一个逐渐减小的过程。线圈L上的自感电动势将阻碍电流的减小,所以线圈上的电流不会立即减为零。但此时开关K已断开,电路切断,线圈L上的电流只能通过灯泡A而闭合,因此灯泡A不会立即熄灭。实验中设计线圈L的电阻远小于灯泡A的电阻。在开关K闭合,电路连通处于稳定状态时,流过线圈的电流远大于流过灯泡的电流。在切断电路的极短瞬间,流过线圈的电流就流过灯泡,使灯泡A猛然一亮。但由于线圈与灯泡均已脱离了电源,所以电流必将逐渐减小为零,因而灯泡A逐渐熄灭。

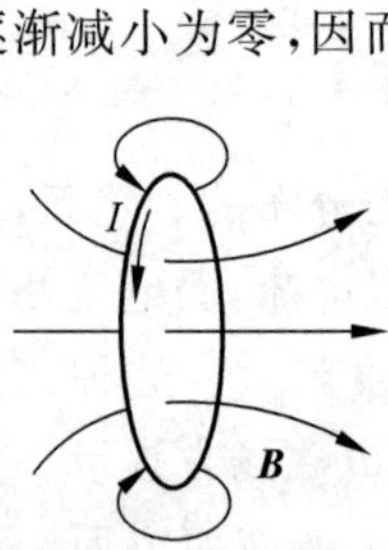

图8-24 自感现象

不同的线圈产生自感现象的能力不同。设闭合回路中通有电流I,如图8-24所示,根据毕奥-萨伐尔定律,此电流所激发的磁感应强度$\boldsymbol{B}$与电流I成正比(有铁芯的线圈除外)。因此,穿过回路自身所围面积的磁通量也与I成正比,即

$$\Phi_{\mathrm{m}} \propto I$$

若密绕N匝线圈,可看作N匝相同的线圈串联,其磁通链为

$$\Psi_{\mathrm{m}} = N\Phi_{\mathrm{m}} = LI \tag{8-19}$$

式中,L为比例系数称为**自感系数**,简称**自感**。自感系数的数值与回路的形状、大小及周围介质有关,而与电流无关(有铁芯的线圈除外)。如果回路的几何形状和介质分布给定时,L为常量。

根据法拉第电磁感应定律,自感电动势为

$$\varepsilon_L = -\frac{\mathrm{d}\Psi_{\mathrm{m}}}{\mathrm{d}t} = -\frac{\mathrm{d}(N\Phi_{\mathrm{m}})}{\mathrm{d}t} = -L\frac{\mathrm{d}I}{\mathrm{d}t} \tag{8-20}$$

式(8-20)表示，自感电动势总是反抗回路中电流的变化：电流增加时，自感电动势与原电流方向相反；当电流减小时，自感电动势与原电流方向相同。"－"号正体现这一意义。回路的自感系数越大，回路中的电流就越不容易改变，自感应的作用越强，回路保持原有电流不变的性质就越明显。因此，自感系数也可视为"电磁惯性"大小的量度。

自感系数的单位是 H(亨利)。当线圈中的电流为 1A 时，穿过这个线圈的磁通量为 1Wb，此线圈的自感系数为 1H。

自感现象在电工、电子技术中应用广泛。日光灯镇流器是自感用在电工技术中最简单的例子。在电子电路中也广泛使用自感，如自感与电容组成的谐振电路和滤波器等。在供电系统中切断载有强大电流的电路时，由于电路中自感元件的作用，开关触头处会出现强烈的电弧，容易危及设备与人身安全，为避免事故发生，必须使用带有灭弧结构的特殊开关，如油开关等。

例 8-6　半径为 R 的长直螺线管的长度为 $l(l\gg R)$，均密绕 N 匝线圈，管内充满磁导率 μ 为恒量的磁介质，计算该螺线管的自感系数。

解　设长直密绕螺线管通有电流 I，且忽略两端磁场不均匀性，管内磁感应强度的大小为

$$B=\mu\frac{N}{l}I$$

通过 N 匝线圈的磁通链为

$$\Psi_{\mathrm{m}}=N\Phi_{\mathrm{m}}=NBS=\mu\frac{N^2}{l}IS$$

由式(8-20)，得长直螺线管的自感系数为

$$L=\frac{\Psi_{\mathrm{m}}}{I}=\mu\frac{N^2}{l}S=\mu\frac{N^2}{l}\pi R^2$$

令 $n=\dfrac{N}{l}$ 为螺线管单位长度的匝数；$V=\pi R^2 l$ 为螺线管体积，则有

$$L=\mu n^2 V$$

8.5.2　互感

设有两个邻近的闭合线圈 1 和 2，分别通有电流 I_1 和 I_2，如图 8-25 所示。当 I_1 发生变化时，I_1 所产生的磁场的磁感线和通过线圈 2 所包围面积的磁通量 $\Phi_{\mathrm{m}21}$ 也将发生变化，因而在线圈 2 中激发感应电动势 ε_{21}。同理，当 I_2 发生变化时，由 I_2 所产生的通过线圈 1

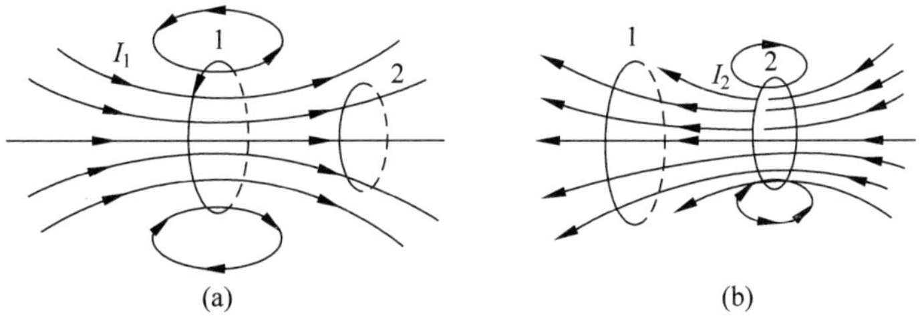

图 8-25　互感现象

(a) 电流 I_1 的改变影响线圈 2 的磁通；(b) 电流 I_2 的改变影响线圈 1 的磁通

所包围面积的磁通量 Φ_{m12} 也将变化，因而在线圈1中激发感应电动势 ε_{12}。这种在两个线圈中的电流发生变化时相互在对方线圈中激发感应电动势的现象，称为**互感现象**。所产生的电动势称为**互感电动势**。

在两线圈的形状、相对位置保持不变时，根据毕奥-萨伐尔定律，由电流 I_1 产生的磁场中任一点的磁感应强度 $\boldsymbol{B}_1$ 均与电流 I_1 成正比。因此，磁感应强度 $\boldsymbol{B}_1$ 穿过另一线圈2的磁通链 Ψ_{21} 也与电流 I_1 成正比，即

$$\Psi_{m21}=M_{21}I_1$$

同理

$$\Psi_{m12}=M_{12}I_2$$

式中，M_{21} 和 M_{12} 是两个比例系数，它们仅仅和两个线圈的形状、相对位置及周围磁介质的磁导率有关，而与电流无关。实验与理论均证明 $M_{21}=M_{12}$，故用 M 表示，称为两线圈的**互感系数**，简称**互感**。

根据法拉第电磁感应定律，电流 I_1 在线圈2中产生的互感电动势为

$$\varepsilon_{21}=-M\frac{\mathrm{d}I_1}{\mathrm{d}t} \tag{8-21a}$$

同理，电流 I_2 在线圈1中产生的互感电动势为

$$\varepsilon_{12}=-M\frac{\mathrm{d}I_2}{\mathrm{d}t} \tag{8-21b}$$

由式(8-21)可以看出，一个线圈中所引起的互感电动势，总要反抗另一个电流的变化。利用互感现象，可以把电能由一个线圈移到另一个线圈。变压器、感应线圈等，就是根据这个原理制成的。

互感系数的单位也为H(亨利)。

8.6 磁场能量

在图8-23(b)中，开关K断开时，电源已不再提供能量，可灯泡A不会立即熄灭，而是猛然一亮，然后逐渐熄灭。这里所消耗的能量是哪里来的呢？使灯泡A闪亮的电流是线圈中的自感电动势产生的电流，而此电流随着线圈中的磁场消失而逐渐消失，因此，可以认为这部分能量是原来储存在通有电流的线圈中的，或者说是储存在通电线圈内的磁场中的。把这种储存在磁场中的能量称为**磁能**。

自感为 L 的线圈中通有电流 I 时，线圈内储存的磁能应该等于此电流消失时自感电动势所做的功。这个功可计算如下。以 $i\mathrm{d}t$ 表示在短路后某一时间 $\mathrm{d}t$ 内通过灯泡的电量，则在这段时间内自感电动势做的功为

$$\mathrm{d}A=\varepsilon_L i\,\mathrm{d}t=-L\frac{\mathrm{d}i}{\mathrm{d}t}i\,\mathrm{d}t=-Li\,\mathrm{d}i$$

电流由 I 减小到零时，自感电动势做的总功为

$$A=\int\mathrm{d}A=\int_I^0-Li\,\mathrm{d}i=\frac{1}{2}LI^2$$

因此，自感为 L 的线圈通有电流 I 时，具有的自感磁能为

$$W_m=\frac{1}{2}LI^2 \tag{8-22}$$

与电场一样，磁能是定域在磁场中的，我们可以从通电自感线圈储存自感磁能的公式导出磁场能量密度公式。真空长直密绕螺线管的自感 $L=\mu_0 n^2 V$，如果管内充满均匀磁介质(非铁磁质)，则自感 $L=\mu n^2 V$，μ 为磁介质磁导率。当螺线管通以电流 I 时，它所储存的磁能为

$$W_{\mathrm{m}}=\frac{1}{2}LI^2=\frac{1}{2}\mu n^2 VI^2$$

因为长直密绕螺线管内磁场强度大小 $H=nI$，磁感应强度大小 $B=\mu nI$。所以上式可写成

$$W_{\mathrm{m}}=\frac{1}{2}\mu nInIV=\frac{1}{2}BHV$$

式中，V 是长直螺线管内部的空间体积，即磁场存在的空间，并且长直螺线管内部是近似为均匀场，所以

$$w_{\mathrm{m}}=\frac{W_{\mathrm{m}}}{V}=\frac{1}{2}BH \tag{8-23}$$

w_{m} 表示磁场中单位体积的能量，称为**磁场能量密度**。可以证明，在普遍情况下，如果 $\boldsymbol{B}$ 与 $\boldsymbol{H}$ 的方向不同，则

$$w_{\mathrm{m}}=\frac{1}{2}\boldsymbol{B}\cdot\boldsymbol{H} \tag{8-24}$$

而总磁场能量等于磁能密度对磁场所占有的全部空间的积分，即

$$W_{\mathrm{m}}=\int_V w_{\mathrm{m}}=\int_V \frac{1}{2}\boldsymbol{B}\cdot\boldsymbol{H}\,\mathrm{d}V \tag{8-25}$$

例 8-7　由两个"无限长"同轴圆筒状导体组成的电缆(同轴电缆)，沿内筒和外筒流动的电流强度 I 大小相同而方向相反。若内筒、外筒截面半径分别为 R_1 和 R_2，之间充满磁导率为 μ 的磁介质，如图 8-26 所示。

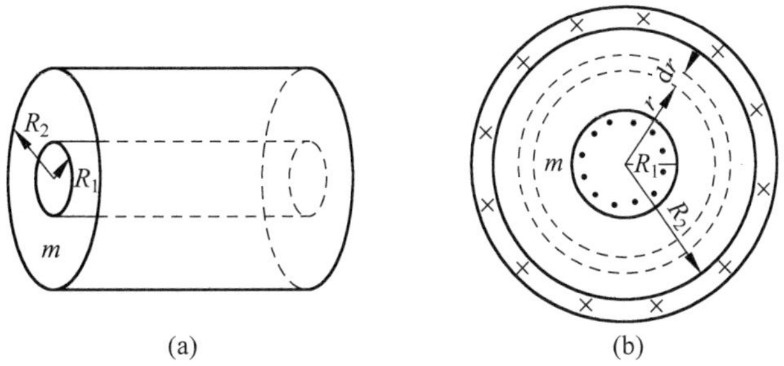

图 8-26　例 8-7 图

(a) 同轴电缆；(b) 截面图

求：(1) 长为 L 的一段电缆内的磁能。

(2) 该段电缆的自感。

解　(1) 由安培环路定理可知，在内外圆筒间，距中轴线为 r 处的磁场强度大小为

$$H=\frac{I}{2\pi r}$$

则该处磁场能量密度为

$$w_{\mathrm{m}}=\frac{1}{2}BH=\frac{1}{2}\mu H^2=\frac{\mu I^2}{8\pi^2 r^2}$$

在由半径为 r 和 $r+\mathrm{d}r$、长为 l 的两个圆柱面围成的体积元 $\mathrm{d}V$ 中的磁场能为

$$dW_m = w_m dV = \frac{\mu I^2}{8\pi^2 r^2} dV$$

则总磁能为

$$W_m = \int dW_m = \int_V w_m dV = \int_{R_1}^{R_2} \frac{\mu I^2}{8\pi^2 r^2} 2\pi dr = \frac{\mu I^2 l}{4\pi} \ln \frac{R_2}{R_1}$$

(2) 根据 $W_m = \frac{1}{2} L I^2$，所以有 $L = \frac{2W_m}{I^2} = \frac{ml}{2\pi} \ln \frac{R_2}{R_1}$。可以给出单位长度同轴电缆的自感为 $L_0 = \frac{m}{2\pi} \ln \frac{R_2}{R_1}$，只与电缆的结构及介质情况有关。

8.7 位移电流和麦克斯韦方程组

前面介绍了电磁学的一些实验定律，麦克斯韦对这些定律进行了长期研究，在总结前人成就的基础上，创造性地引入了感生电场和位移电流的概念，并建立起系统完整的电磁场理论，预言了电磁波的存在。本节先总结电磁场的基本规律，再介绍位移电流的假设，最后给出麦克斯韦的电磁场基本方程。

8.7.1 位移电流

1. 电磁场的基本规律

对于静电场，由库仑定律和电场强度叠加原理，可以导出描述电场性质的高斯定理和静电场环路定理，即

$$\oint_S \boldsymbol{D} \cdot d\boldsymbol{S} = \sum q_i \tag{8-26}$$

$$\oint_l \boldsymbol{E} \cdot d\boldsymbol{l} = 0 \tag{8-27}$$

对于稳恒磁场，由磁通连续性原理和毕奥-萨伐尔定律，可以导出描述稳恒磁场性质的"高斯定理"和安培环路定理，即

$$\oint_S \boldsymbol{B} \cdot d\boldsymbol{S} = 0 \tag{8-28}$$

$$\oint_l \boldsymbol{H} \cdot d\boldsymbol{l} = \sum I_i \tag{8-29}$$

对于变化的磁场，麦克斯韦提出，感生电动势现象预示着变化的磁场周围产生了感生电场。于是，法拉第电磁感应定律就表明了，在普遍(非稳恒)情况下电场的环流定理应是

$$\oint_l \boldsymbol{E} \cdot d\boldsymbol{l} = -\int_S \frac{\partial \boldsymbol{B}}{\partial t} \cdot d\boldsymbol{S} \tag{8-30}$$

注意：式(8-30)中的电场 $\boldsymbol{E}$ 包括静电场与非稳恒电场(感生电场)的总和，而静电场的环流定理式(8-27)只是它的一个特例。

从当时的实验资料和理论分析，都没有发现电场的高斯定理在非稳恒条件下有什么不合理的地方。麦克斯韦假定它们在普遍(非稳恒)情况下仍应成立。然而，麦克斯韦在分析安培环路定理时发现，将它应用到非稳恒磁场时遇到了困难。

2. 传导电流和位移电流

在稳恒条件下，无论载流回路周围是真空还是磁介质，安培环路定理都可以写成

$$\oint_l \boldsymbol{H} \cdot \mathrm{d}\boldsymbol{l} = \sum I_i = \int_S \boldsymbol{J}_c \cdot \mathrm{d}\boldsymbol{S} \tag{8-31}$$

式中，$\sum I_i$ 是穿过以闭合回路 l 为边界的任意曲面 S 的传导电流，等于传导电流密度 $\boldsymbol{J}_c$ 在 S 面上的通量。

由传导电流密度 $\boldsymbol{J}_c$ 的定义，根据电荷守恒定律，通过封闭面流出的电量应等于封闭面内电荷的减少。因此有

$$\int_S \boldsymbol{J}_c \cdot \mathrm{d}S = -\frac{\mathrm{d}q}{\mathrm{d}t} \tag{8-32}$$

这一关系式称为**电流的连续性方程**。

导体内各处的电流密度都不随时间变化的电流称为**稳恒电流**。稳恒电流的一个重要性质就是通过任一封闭面的稳恒电流等于零，即

$$\oint_S \boldsymbol{J}_c \cdot \mathrm{d}\boldsymbol{S} = 0 \tag{8-33}$$

通过任意封闭曲面的电流等于零，即任意一段时间内通过此封闭曲面流出和流入的电量相等，而这一封闭面内的总电量应不随时间改变。在导体内各处都可作一个任意形状和大小的封闭曲面，由此可以分析出：**在稳恒电流情况下，导体内电荷的分布不随时间改变。不随时间改变的导体内的电荷分布产生不随时间改变的电场，这种电场称为稳恒电场**。导体内恒定的不随时间改变的电荷分布就像固定的静止电荷分布一样，因此稳恒电场与静电场有许多相似之处。例如，它们都服从高斯定理和电场强度环路积分为零的环路定理。若以 $\boldsymbol{E}$ 表示稳恒电场的电场强度，则也应有

$$\oint_l \boldsymbol{E} \cdot \mathrm{d}\boldsymbol{l} = 0 \tag{8-34}$$

为了考察在非稳恒条件下，安培环路定理式(8-31)是否仍然成立，这里分析图 8-27 所示的电容器充放电电路。电容器的充放电过程显然是非稳恒过程，导线中的电流是随时间变化的，并且在两极板之间的绝缘介质中没有传导电流。如果我们围绕导线取一闭合回路 l，并以 l 为边界作两个曲面 S_1 和 S_2，其中 S_1 与导线相交，而 S_2 穿过两极板之间的绝缘介质，则有

$$\int_{S_1} \boldsymbol{J}_c \cdot \mathrm{d}\boldsymbol{S} = I_0 \tag{8-35a}$$

$$\int_{S_2} \boldsymbol{J}_c \cdot \mathrm{d}\boldsymbol{S} = 0 \tag{8-35b}$$

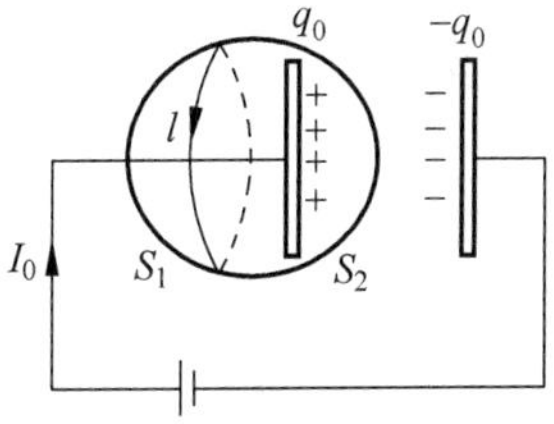

图 8-27　含有电容器的电路

就是说，电容器的存在破坏了电路中传导电流的连续性，使得以同一闭合回路 l 所作的不同曲面 S_1 和 S_2 上穿过的电流不同，从而式(8-31)失去了意义。因此，在非稳恒磁场的情况下安培环路定理式(8-31)不再适用，必须寻找新的规律来代替它。

在图 8-27 的电容器充电过程中，传导电流在电容器极板上终止的同时，将在极板表面引起自由电荷的积累，即正极板 $+q_0$ 增加，负极板 $-q_0$ 增加，从而引起两极板之间的电场

随之变化。因为穿过任意闭合曲面 S 的传导电流密度的通量 $\oint_S \boldsymbol{J}_c \cdot \mathrm{d}\boldsymbol{S}$ 就是流出 S 面的电流,它应当等于 S 面内自由电荷在单位时间的减少率,即

$$\oint_S \boldsymbol{J}_c \cdot \mathrm{d}\boldsymbol{S} = -\frac{\mathrm{d}q_0}{\mathrm{d}t} \tag{8-36}$$

其中,S 是由 S_1 和 S_2 构成的闭合曲面;q_0 是积累在闭合面 S 内的极板上的自由电荷,即图 8-27 所示的正极板表面的自由电荷。

另一方面,根据麦克斯韦的假设,对此非稳恒电场高斯定理仍然成立,则有

$$\oint_S \boldsymbol{D} \cdot \mathrm{d}\boldsymbol{S} = q_0$$

对上式两边求微商,得

$$\frac{\mathrm{d}}{\mathrm{d}t}\oint_S \boldsymbol{D} \cdot \mathrm{d}\boldsymbol{S} = \oint_S \frac{\partial \boldsymbol{D}}{\partial t} \cdot \mathrm{d}\boldsymbol{S} = \frac{\mathrm{d}q_0}{\mathrm{d}t}$$

把此式代入式(8-36),得

$$\oint_S \boldsymbol{J}_c \cdot \mathrm{d}\boldsymbol{S} = -\oint_S \frac{\partial \boldsymbol{D}}{\partial \boldsymbol{t}} \cdot \mathrm{d}\boldsymbol{S}$$

可改写为

$$\oint_S \left(\boldsymbol{J}_c + \frac{\partial \boldsymbol{D}}{\partial t}\right) \cdot \mathrm{d}\boldsymbol{S} = 0$$

或

$$\int_{S_1} \left(\boldsymbol{J}_c + \frac{\partial \boldsymbol{D}}{\partial t}\right) \cdot \mathrm{d}\boldsymbol{S} = \int_{S_2} \left(\boldsymbol{J}_c + \frac{\partial \boldsymbol{D}}{\partial t}\right) \cdot \mathrm{d}\boldsymbol{S}$$

由此可见,在非稳恒条件下,尽管传导电流密度 $\boldsymbol{J}_c$ 不一定连续,但 $\boldsymbol{J}_c + \frac{\partial \boldsymbol{D}}{\partial t}$ 这个量永远是连续的。并且 $\frac{\partial \boldsymbol{D}}{\partial t}$ 具有电流密度的性质,麦克斯韦把它称为**位移电流密度 $\boldsymbol{J}_d$**,即

$$\boldsymbol{J}_d = \frac{\partial \boldsymbol{D}}{\partial t} \tag{8-37}$$

则**位移电流** I_d 应为

$$I_d = \int_S \boldsymbol{J}_d \cdot \mathrm{d}\boldsymbol{S} = \int_S \frac{\partial \boldsymbol{D}}{\partial t} \cdot \mathrm{d}\boldsymbol{S} = \frac{\mathrm{d}}{\mathrm{d}t}\int_S \boldsymbol{D} \cdot \mathrm{d}\boldsymbol{S} = \frac{\mathrm{d}\Phi_e}{\mathrm{d}t} \tag{8-38}$$

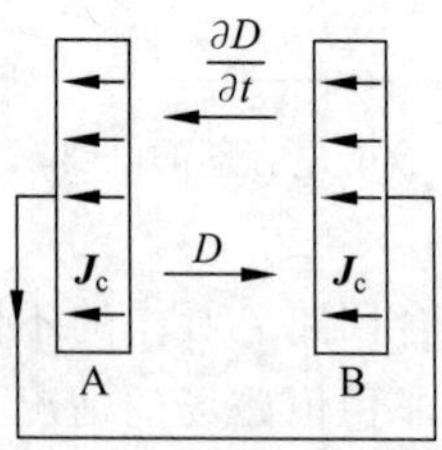

图 8-28 位移电流

把传导电流 I_c 与位移电流 I_d 合在一起称为全电流 I_s,即全电流为

$$\begin{aligned} I_s = I_c + I_d &= \int_S \boldsymbol{J}_c \cdot \mathrm{d}\boldsymbol{S} + \int_S \boldsymbol{J}_d \cdot \mathrm{d}\boldsymbol{S} \\ &= \int_S \left(\boldsymbol{J}_c + \frac{\partial \boldsymbol{D}}{\partial t}\right) \cdot \mathrm{d}\boldsymbol{S} \end{aligned} \tag{8-39}$$

在图 8-27 和图 8-28 电容器充放电过程中,电容器极板表面中断了的传导电流 I_c 被绝缘介质中的位移电流 I_d 接续,二者合在一起保持了全电流的连续性。在一般情况下,电介质中的电流主要是位移电流,传导电流可忽略不计;而在导体中主要是传导电流,位移电流可忽略不计。但在超高频电流情况下,导体内的传导电流和位移电流均起作用,不可忽略。

8.7.2 全电流定理

麦克斯韦在引入了位移电流的概念之后,将安培环路定理推广到非稳恒情况下,给出普遍适用的形式,用全电流代替式(8-26)右边的传导电流,得到

$$\oint_l \boldsymbol{H} \cdot \mathrm{d}\boldsymbol{l} = \int_S \left(\boldsymbol{J}_\mathrm{c} + \frac{\partial \boldsymbol{D}}{\partial t} \right) \cdot \mathrm{d}\boldsymbol{S} \tag{8-40}$$

即在普遍情况下,磁场强度 $\boldsymbol{H}$ 沿任一闭合回路 l 的积分等于穿过以该回路为边界的任意曲面的全电流。这就是麦克斯韦的**全电流定律**。

麦克斯韦的位移电流假设的实质在于,它说明了位移电流与传导电流一样都是激发磁场的源,其核心是随时间变化的电场可以激发磁场。但要明确,位移电流并非是电荷的定向移动,它的本质是随时间变化的电场。而传导电流是自由电荷的定向运动。此外,传导电流在通过导体时会产生焦耳热,而导体中的位移电流则不会产生焦耳热。高频情况下,介质的反复极化会放出大量的热,这是位移电流热效应的原因,与焦耳热不同,遵从完全不同的规律。

8.7.3 麦克斯韦方程组

麦克斯韦把电磁现象的普遍规律概括为四个方程,通常称之为麦克斯韦方程组。麦克斯韦方程组描述的是一个大范围内(任意闭合曲面或任意闭合曲线所占空间范围)场与场源(电荷、电流以及时变的电场和磁场)相互之间的关系。按习惯依次为麦克斯韦第一方程、麦克斯韦第二方程、麦克斯韦第三方程和麦克斯韦第四方程。

(1) 麦克斯韦第一方程:

$$\oint_l \boldsymbol{H} \cdot \mathrm{d}\boldsymbol{l} = \int_S \left(\boldsymbol{J}_\mathrm{c} + \frac{\partial \boldsymbol{D}}{\partial t} \right) \cdot \mathrm{d}\boldsymbol{S} \tag{8-41}$$

表明磁场强度 $\boldsymbol{H}$ 沿任一闭合回路 l 的积分等于穿过以该回路为边界的任意曲面的全电流。时变磁场不仅由传导电流产生,也由位移电流产生。位移电流代表电位移的变化率。式(8-41)揭示了时变电场产生时变磁场。

(2) 麦克斯韦第二方程:

$$\oint_l \boldsymbol{E} \cdot \mathrm{d}\boldsymbol{l} = -\int_S \frac{\partial \boldsymbol{B}}{\partial t} \cdot \mathrm{d}\boldsymbol{S} \tag{8-42}$$

表明电场强度沿任意闭合曲线的线积分等于以该曲线为边界的任意曲面的磁通量对时间变化率的负值。这里的电场 $\boldsymbol{E}$ 包括自由电荷产生的库仑电场和由变化磁场产生的感生电场。式(8-42)揭示了时变磁场产生时变电场。

(3) 麦克斯韦第三方程:

$$\oint_S \boldsymbol{B} \cdot \mathrm{d}\boldsymbol{S} = 0 \tag{8-43}$$

表明通过任意闭合曲面的磁通量恒等于零。磁通永远连续,与时间无关。

(4) 麦克斯韦第四方程:

$$\oint_S \boldsymbol{D} \cdot \mathrm{d}\boldsymbol{S} = \sum q_i \tag{8-44}$$

表明通过任意闭合曲面的电位移通量等于该曲面所包围的自由电荷的代数和。电场是有源场。

归纳起来,麦克斯韦方程组的积分形式为

$$\begin{cases}\oint_l \boldsymbol{H}\cdot\mathrm{d}\boldsymbol{l}=\int_S\left(\boldsymbol{J}_c+\dfrac{\partial \boldsymbol{D}}{\partial t}\right)\cdot\mathrm{d}\boldsymbol{S}\\ \oint_l \boldsymbol{E}\cdot\mathrm{d}\boldsymbol{l}=-\int_S\dfrac{\partial \boldsymbol{B}}{\partial t}\cdot\mathrm{d}\boldsymbol{S}\\ \oint_S \boldsymbol{B}\cdot\mathrm{d}\boldsymbol{S}=0\\ \oint_S \boldsymbol{D}\cdot\mathrm{d}\boldsymbol{S}=\sum q_i\end{cases}\tag{8-45}$$

通过数学变换,可得麦克斯韦方程组的微分形式为

$$\begin{cases}\nabla\times\boldsymbol{H}=\boldsymbol{J}_c+\dfrac{\partial \boldsymbol{D}}{\partial t}\\ \nabla\times\boldsymbol{E}=-\dfrac{\partial \boldsymbol{B}}{\partial t}\\ \nabla\cdot\boldsymbol{B}=0\\ \nabla\cdot\boldsymbol{D}=\rho_0\end{cases}\tag{8-46}$$

其中,$\nabla\times\boldsymbol{H}$ 和$\nabla\times\boldsymbol{E}$ 分别为磁场强度和电场强度的旋度,$\nabla\cdot\boldsymbol{B}$ 和$\nabla\cdot\boldsymbol{D}$ 分别为磁感应强度和电位移的散度。

有介质存在时,$\boldsymbol{E}$ 和 $\boldsymbol{B}$ 都与介质特性有关,因此上述麦克斯韦方程组是不完备的,需要补充描述介质性质的方程:

$$\begin{cases}\boldsymbol{D}=\varepsilon_0\varepsilon_r\boldsymbol{E}\\ \boldsymbol{B}=\mu_0\mu_r\boldsymbol{H}\\ \boldsymbol{J}_c=\sigma\boldsymbol{E}\end{cases}\tag{8-47}$$

式中,ε_r、μ_r、σ 分别是介质的相对电容率、相对磁导率和电导率。

麦克斯韦方程组(8-45)加上描述介质性质的方程式(8-47),全面总结了电磁场的规律,是宏观电动力学的基本方程组,利用它们原则上可以解决各种宏观电磁场问题。麦克斯韦方程组全面反映了电场和磁场的基本性质,阐明了电场和磁场之间的联系。如果边界条件和初始条件确定,原则上可以唯一确定任一时刻、任意位置处的电场和磁场。因此,麦克斯韦方程组是对电磁场基本规律所作的总结性、统一性的简明而完美的描述。麦克斯韦电磁理论的建立是19世纪物理学发展史上的一个重要里程碑,是物理学的又一次大综合。爱因斯坦评价说:“这是自牛顿以来物理学所经历的最深刻和富有成果的一项真正观念上的变革。”

*8.8 电 磁 波

8.8.1 电磁波的性质

由麦克斯韦方程组可知,当空间某区域内存在一个非线性的变化电场时,在邻近区域内将引起变化的磁场;这变化的磁场又在较远的区域内引起新的变化的电场……这种变化的电场和变化的磁场交替产生、由近及远,以有限速度在空间传播的过程称为**电磁波**。传播时波面为平面的电磁波称为**平面电磁波**。平面电磁波是最简单最基本的电磁波,它的性质概括如下:

(1) 电磁波是横波。电场强度 $\boldsymbol{E}$ 和磁感应强度 $\boldsymbol{B}$ 都垂直于波的传播速度 $\boldsymbol{u}$ 方向,所以电磁波是横波。$\boldsymbol{E}$ 和 $\boldsymbol{B}$ 又互相垂直,$\boldsymbol{E}$、$\boldsymbol{B}$、$\boldsymbol{u}$ 三者构成右手螺旋关系(见图 8-29)。

(2) $\boldsymbol{E}$ 和 $\boldsymbol{B}$ 同相位。即在任何时刻、任何地点,$\boldsymbol{E}$ 和 $\boldsymbol{B}$ 都是同步变化的。

(3) $\boldsymbol{E}$ 和 $\boldsymbol{B}$ 的数值成比例。在同一点 $\boldsymbol{E}$ 和 $\boldsymbol{B}$ 的数值关系为

$$B=\sqrt{\varepsilon_0\mu_0}E \tag{8-48}$$

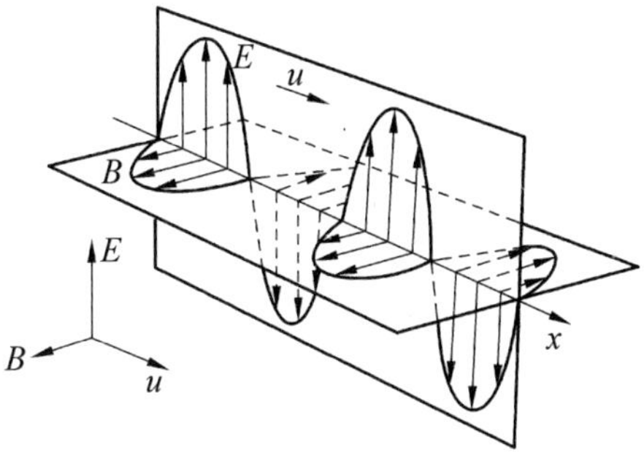

图 8-29　电磁波

(4) 电磁波的波速 $u=\dfrac{1}{\sqrt{\varepsilon\mu}}$,即只由介质的介电常量和磁导率决定。在真空中

$$u=c=\frac{1}{\sqrt{\varepsilon_0\mu_0}}=2.9979\times10^8\,\mathrm{m/s} \tag{8-49}$$

式中,真空介电常量 $\varepsilon_0=8.854\times10^{-12}\,\mathrm{C^2/(N\cdot m^2)}$,真空磁导率 $\mu_0=4\pi\times10^{-7}\,\mathrm{N/A^2}=4\pi\times10^{-7}\,\mathrm{H/m}$。

8.8.2　赫兹实验

麦克斯韦电磁场方程组说明:随时间变化的磁场在其周围空间激发感生电场;随时间变化的电场在其周围空间激发磁场。设想在空间某处有一个电磁振源,在这里有交变的电流或电场,它在自己的周围激发涡旋磁场,由于磁场也是交变的,它又在自己周围激发涡旋电场。交变的涡旋电场和涡旋磁场相互激发,闭合的电力线和磁力线就像链条的环节一样一个个地套连下去,在空间传播开来,形成电磁波。实际上电磁振荡是沿各个不同方向传播的,图 8-30 是电磁振荡在某一直线上传播过程的示意图。

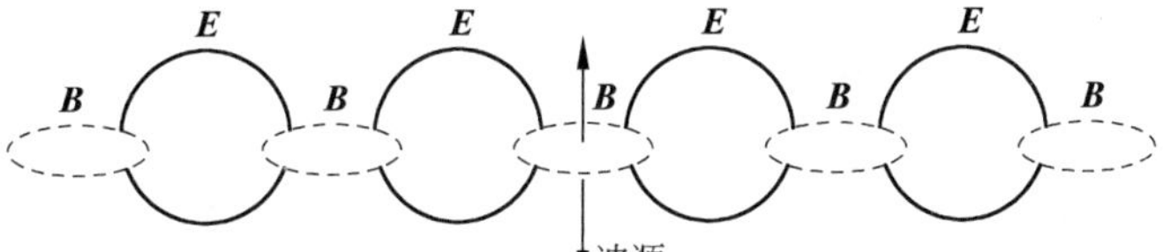

图 8-30　电磁振荡的传播机制示意图

1865 年,麦克斯韦由电磁理论预见了电磁波的存在,得出了电磁波的传播速度与光速相同的结论,进一步揭示了电磁现象和光现象之间的联系。1888 年赫兹用振荡偶极子产生了电磁波,他的实验在历史上第一次直接验证了电磁波的存在。

振荡偶极子指的是简化为一条直导线的振荡电路，如图 8-31(d)所示，电流在其中往复振荡，两端出现正负交替的等量异号电荷，这样一个电路称为振荡偶极子(或偶极振子)，它适合用作有效发射电磁波的振源。实际中广播电台或电视台的天线都可以看成是这类偶极振子。它是对 LC 振荡电路图 8-31(a)逐步加以改造的结果：为使振荡频率增大，必须减少 C 和 L 的数值；为使电场和磁场分散到空间去，必须使电路开放。于是按图 8-31(a)、(b)、(c)、(d)的顺序逐步加以改造，使电容器极板面积越来越小，间隔越来越大，而自感线圈的匝数越来越少，线圈逐渐放开。最后振荡电路就完全演变为一根载流直导线。

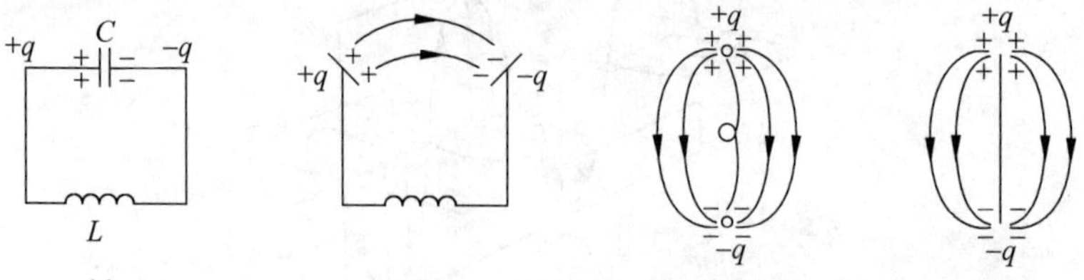

图 8-31　从 LC 振荡电路过渡到偶极振子

赫兹在实验中用一只感应圈与两根共轴的黄铜杆连接成一个回路，两杆的端部焊有一对磨光的小黄铜球，中间留有一个间隙(见图 8-32)。赫兹设计的这个装置实际上就是一个开口的 LC 振荡回路。感应圈具有电感 L，它既是一个电感器，又是一个电源，向回路提供高频高压电动势，两根带有小球的金属杆则构成了一个发射电磁波的偶极振子。当振子中激起电磁振荡时，其中就有交变电流。其两边所积累的电荷也正负交替变化。从距离较远的地方看来，振子相当于电偶极矩 $\boldsymbol{p}$ 作简谐变化的偶极子，故该振子称为偶极振子。计算结果表明，偶极振子周围电场矢量 $\boldsymbol{E}$ 位于子午面(包含极轴的平面)内，磁感应强度矢量 $\boldsymbol{B}$ 位于与赤道面平行的平面内，二者互相垂直(见图 8-33)。

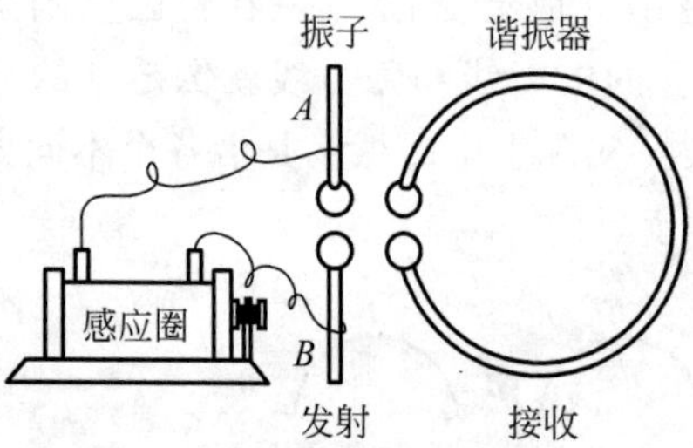

图 8-32　赫兹实验

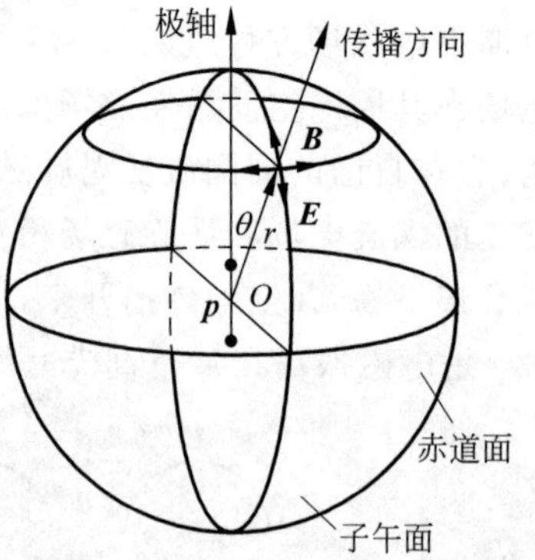

图 8-33　偶极振子发射电磁波方向

赫兹为了探测电磁波的存在，在上述装置的附近再放置一个有气隙的金属圆环，这种装置称为谐振器。他将谐振器放在距振子一定的距离以外，适当地选择其方位，并使之与振子谐振。赫兹发现在发射振子的间隙有火花跳过的同时，谐振器的间隙里也有火花跳过。这样，他在实验中首次观察到电磁波在空间中的传播。

赫兹接着又成功地做了一系列实验，表明了电磁波与光波一样，能产生折射、反射、干涉、衍射、偏振等现象。此外，他还发现改变接收器和发送器之间的距离时，接收器气隙间的火花会周期性地增强和减弱，于是他利用这个现象测量了电磁波的波长。后来又测量了电磁波的速度，果然与光的速度相同。这就证实了麦克斯韦所说光是一种电磁波的预言。赫兹于 1888 年 1 月将这些成果总结在《论动力学效应的传播速度》一文中。

8.8.3　电磁波谱

自从赫兹用实验证实了电磁波的存在，人们认识到光波也是电磁波以后，又陆续发现和认识到 X 射线、γ 射线等都是电磁波。将电磁波按频率或波长排列成谱，就称为电磁波谱，如图 8-34 所示。

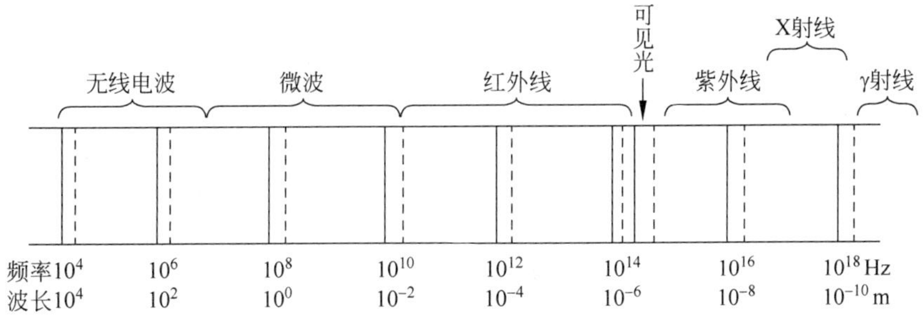

图 8-34　电磁波谱

电磁波在本质上相同，但不同波长范围电磁波的产生方法各不相同：①无线电波是利用电磁振荡电路通过天线发射的，波长在 $10^4 \sim 10^2$ m 范围内（包括微波在内），无线电波更细的波段划分及各波段的主要用途见表 8-1。②炽热的物体、气体放电等是原子中外层电子的跃迁所发射的电磁波。其中波长在 $0.76\times10^{-6} \sim 0.40\times10^{-6}$ m 范围内，能引起人眼视觉，称为可见光；波长在 $0.76\times10^{-6} \sim 0.40\times10^{-4}$ m 范围内的电磁波称为红外线，不引起视觉，但热效应特别显著；波长在 $5.0\times10^{-9} \sim 0.4\times10^{-6}$ m 范围内的电磁波称为紫外线，不引起视觉，但容易产生强烈的化学反应和生理作用（杀菌）等。③当快速电子射到金属靶时，会引起原子中内层电子的跃迁而产生 X 射线，其波长在 $0.4\times10^{-10} \sim 5.0\times10^{-9}$ m 范围内。它的穿透力强，工业上用于金属探伤和晶体结构分析，医疗上用于透视、拍片等。④当原子核内部状态改变时会辐射出 γ 射线，其波长在 10^{-10} m 以下，穿透本领比 X 射线更强，用于金属探伤、原子核结构分析以及放射性治疗等。

表 8-1　各种无线电波的波段划分及主要用途

波段		波长/m	频率/kHz	主要用途
长波		30000～3000	$10\sim10^2$	电报通信
中波		3000～200	$10^2\sim1.5\times10^3$	无线电广播
中短波		200～50	$1.5\times10^3\sim6\times10^3$	电报通信、无线电广播
短波		50～10	$6\times10^3\sim3\times10^4$	电报通信、无线电广播
超短波	米波	10～1	$3\times10^4\sim3\times10^5$	调频无线电广播、电视、导航
微波	分米波	1～0.1	$3\times10^5\sim3\times10^6$	电视、雷达、导航
	厘米波	0.1～0.01	$3\times10^6\sim3\times10^7$	电视、雷达、导航
	毫米波	0.01～0.001	$3\times10^7\sim3\times10^8$	电视、导航、其他专门用途

8.8.4 电磁场能量与动量

1. 电磁场能量

电磁场是一种物质,具有能量。电磁场的能量包括电场能量和磁场能量两部分。当电磁场与其他带电物体相互作用时,电磁场的能量和带电物体的机械能之间可以相互转化。

电磁场中单位体积空间内的能量称为电磁场能量密度,用 w 表示。单位时间通过电磁场中与能量传播方向垂直的单位面积上的能量称为能流密度,它是一个矢量,用 $\boldsymbol{S}$ 表示,称为坡印廷矢量。$\boldsymbol{S}$ 的方向代表能量传播的方向。

在前面我们给出了电场能量密度的公式 $w_{\mathrm{e}}=\frac{1}{2}\boldsymbol{E}\cdot\boldsymbol{D}$ 和磁场能量密度的公式 $w_{\mathrm{m}}=\frac{1}{2}\boldsymbol{B}\cdot\boldsymbol{H}$,则电磁场能量密度为

$$w=w_{\mathrm{e}}+w_{\mathrm{m}}=\frac{1}{2}\boldsymbol{E}\cdot\boldsymbol{D}+\frac{1}{2}\boldsymbol{B}\cdot\boldsymbol{H} \tag{8-50}$$

考虑电磁场空间某区域体积为 V,其表面积为 Σ。以 $\boldsymbol{f}$ 表示单位体积电磁场对电荷的作用力,即作用力密度,$\boldsymbol{v}$ 表示运动电荷的运动速度,则能量守恒定律要求单位时间内通过界面 Σ 流入 V 内的能量等于电磁场对 V 内电荷做功的功率与 V 内电磁场能量的增加率之和,即

$$\oint_{\Sigma}\boldsymbol{S}\cdot\mathrm{d}\boldsymbol{\sigma}=\int_{V}\boldsymbol{f}\cdot\boldsymbol{v}\mathrm{d}V+\frac{\mathrm{d}}{\mathrm{d}t}\int_{V}w\mathrm{d}V \tag{8-51}$$

通过运算可得

$$\boldsymbol{S}=\boldsymbol{E}\times\boldsymbol{H} \tag{8-52}$$

即电磁场能流密度表达式。

2. 电磁场动量

根据狭义相对论,能量和动量是密切联系的。由于真空中电磁波是以光速 c 传播的,所以用狭义相对论光子动量和能量关系式 $W_{\mathrm{e}}=cP$ 可以求得真空中平面电磁波单位体积的动量,即动量密度 g 为

$$g=\frac{w}{c}=\frac{\frac{1}{2}\boldsymbol{E}\cdot\boldsymbol{D}+\frac{1}{2}\boldsymbol{B}\cdot\boldsymbol{H}}{c}=\frac{\varepsilon_0 E^2}{c}$$

又因 $\frac{E}{H}=\sqrt{\frac{\mu_0}{\varepsilon_0}}$,所以

$$g=\frac{1}{c^2}\left|\boldsymbol{E}\times\boldsymbol{H}\right|$$

由于动量是矢量,其方向与电磁波传播方向相同。因此上式矢量形式为

$$\boldsymbol{g}=\frac{1}{c^2}\boldsymbol{E}\times\boldsymbol{H}=\frac{1}{c^2}\boldsymbol{S} \tag{8-53}$$

即电磁波的动量密度的大小正比于能流密度,其方向沿电磁波的传播方向。

由于电磁波带有动量,所以它们在物体表面反射或被吸收时必定产生压强,称为辐射压

强。光是电磁波，它产生的压强称为光压。可见光的光压一般只有 $10^{-5}\,\mathrm{N/m^2}$。在康普顿效应中，光在电子上散射时与电子交换动量就是光压起了重要作用；星体外层受到其核心部分的万有引力，相当大的部分靠核心部分的辐射所产生的光压来平衡，这也是光压起重要作用的例子。

8.8.5　电磁场是物体的一种形态

能量和动量都是物质运动的量度，运动是物质存在的形式。电磁场具有能量和动量，它是物质的一种形态。我们发现"场"和"实物"之间的界线日渐消失。研究黑体辐射与光电效应等现象，发现光也具有不连续的微观结构，而由电子衍射现象发现，一向被认为是实物粒子的电子也具有波动性。特别是 1932 年发现，一对正负电子结合后可以转化为 γ 射线。这些事实表明，电磁场和实物一样，也是客观存在的物质。只是电磁场和实物各具有一些不同的属性，而这些属性还会在一定条件下相互转换。

本章小结

(1) 法拉第电磁感应定律：

$$\varepsilon_i = -\frac{\mathrm{d}\Phi_m}{\mathrm{d}t}$$

楞次定律：感应电动势的方向总是反抗引起电磁感应的原因。

(2) 动生电动势：

$$\varepsilon_i = \int_L (\boldsymbol{v} \times \boldsymbol{B}) \cdot \mathrm{d}\boldsymbol{l}$$

(3) 感生电动势：

$$\varepsilon_i = \oint_L \boldsymbol{E}_r \cdot \mathrm{d}\boldsymbol{l} = -\int_S \frac{\partial \boldsymbol{B}}{\partial t} \cdot \mathrm{d}\boldsymbol{S}$$

(4) 自感系数：

$$L = \frac{\Psi_m}{I}$$

自感电动势：

$$\varepsilon_L = -L\frac{\mathrm{d}I}{\mathrm{d}t}$$

(5) 互感系数：

$$M = \frac{\Psi_{m21}}{I_1} = \frac{\Psi_{m12}}{I_2}$$

互感电动势：

$$\varepsilon_{21} = -M\frac{\mathrm{d}I_1}{\mathrm{d}t},\quad \varepsilon_{12} = -M\frac{\mathrm{d}I_2}{\mathrm{d}t}$$

(6) 自感磁能：

$$W_m = \frac{1}{2}LI^2$$

(7) 磁场能量密度：

$$w_{\mathrm{m}}=\frac{1}{2}BH=\frac{1}{2}\boldsymbol{B}\cdot\boldsymbol{H}$$

(8) 位移电流密度和位移电流：

$$\boldsymbol{J}_{\mathrm{d}}=\frac{\partial\boldsymbol{D}}{\partial t},\quad I_{\mathrm{d}}=\int_S\boldsymbol{J}_{\mathrm{d}}\cdot\mathrm{d}\boldsymbol{S}=\frac{\mathrm{d}\Phi_{\mathrm{e}}}{\mathrm{d}t}$$

(9) 全电流安培环路定律：

$$\oint_l\boldsymbol{H}\cdot\mathrm{d}\boldsymbol{l}=\int_S\left(\boldsymbol{J}_{\mathrm{c}}+\frac{\partial\boldsymbol{D}}{\partial t}\right)\cdot\mathrm{d}\boldsymbol{S}$$

(10) 麦克斯韦方程组的积分形式

$$\begin{cases}\oint_l\boldsymbol{H}\cdot\mathrm{d}\boldsymbol{l}=\int_S\left(\boldsymbol{J}_{\mathrm{c}}+\dfrac{\partial\boldsymbol{D}}{\partial t}\right)\cdot\mathrm{d}\boldsymbol{S} & \text{(全电流安培环路定律)}\\ \oint_l\boldsymbol{E}\cdot\mathrm{d}\boldsymbol{l}=-\int_S\dfrac{\partial\boldsymbol{B}}{\partial t}\cdot\mathrm{d}\boldsymbol{S} & \text{(法拉第电磁感应定律)}\\ \oint_S\boldsymbol{B}\cdot\mathrm{d}\boldsymbol{S}=0 & \text{(磁通连续原理)}\\ \oint_S\boldsymbol{D}\cdot\mathrm{d}\boldsymbol{S}=\sum q_i & \text{(电场的高斯定理)}\end{cases}$$

* 麦克斯韦方程组的微分形式

$$\begin{cases}\nabla\times\boldsymbol{H}=\boldsymbol{J}_{\mathrm{c}}+\dfrac{\partial\boldsymbol{D}}{\partial t}\\ \nabla\times\boldsymbol{E}=-\dfrac{\partial\boldsymbol{B}}{\partial t}\\ \nabla\cdot\boldsymbol{B}=0\\ \nabla\cdot\boldsymbol{D}=\rho_0\end{cases}$$

(11) 电磁场能量密度：

$$w=\frac{1}{2}\boldsymbol{E}\cdot\boldsymbol{D}+\frac{1}{2}\boldsymbol{B}\cdot\boldsymbol{H}$$

电磁场能流密度(坡印廷矢量)：

$$\boldsymbol{S}=\boldsymbol{E}\times\boldsymbol{H}$$

(12) 电磁波的动量密度：

$$\boldsymbol{g}=\frac{1}{c^2}\boldsymbol{E}\times\boldsymbol{H}=\frac{1}{c^2}\boldsymbol{S}$$

阅读材料 8.1 超 导 体

超导是超导电性的简称，它是指金属、合金或其他材料电阻变为零的性质。超导现象是荷兰物理学家 H. 卡茂林 · 昂内斯(H. K. Onnes)首先发现的。

1. 超导现象

1911 年，昂内斯在液氦湿度下研究金属的电阻与温度的关系时，发现在 $T=4.2\mathrm{K}$ 附近水银样品的电阻从 0.125Ω 突然降至无法测量出来，据估计小于 $10^{-14}\Omega$。以后不断改进实验方法，发现电阻率的上限逐步向零逼近，如图 8-35 所示。这种现象称为零电阻性或超导电性。出现超导电现象的温度称为转变温度或临界温度，记为 T_c。随后的研究表明，事实上很多金属元素，当降低到一定的温度时，都呈现超导现象，临界温度 T_c 的值与物质的性质有关。在 T_c 以上金属为正常态；T_c 以下金属进入了一种新的状态，称为超导态，这时金属的直流电阻消失。超导体当然是一种理想的导体。

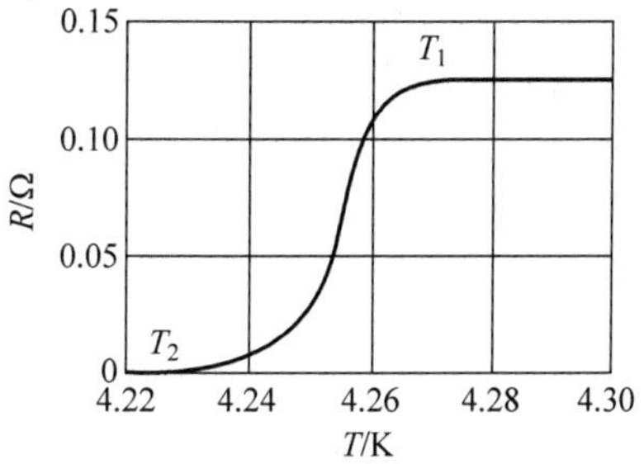

图 8-35　水银的电阻随温度变化的曲线

2. 临界磁场

超导体的零电阻性发现以后，人们曾试图利用超导体制造无损耗的强磁场，然而实验发现，当把超导体放进磁场中，并逐渐增大磁场强度到某一特定值后，超导体就又出现电阻，超导电性遭到破坏。磁场强度的这个特定值称为临界磁场，记为 H_c。实验发现临界磁场 H_c 与温度有关，不同超导材料的 H_c 随温度变化的关系不一样，无量纲处理后，其间的关系可统一用经验公式表示为

$$H_c(T)=H_0\left[1-\left(\frac{T}{T_c}\right)^2\right]$$

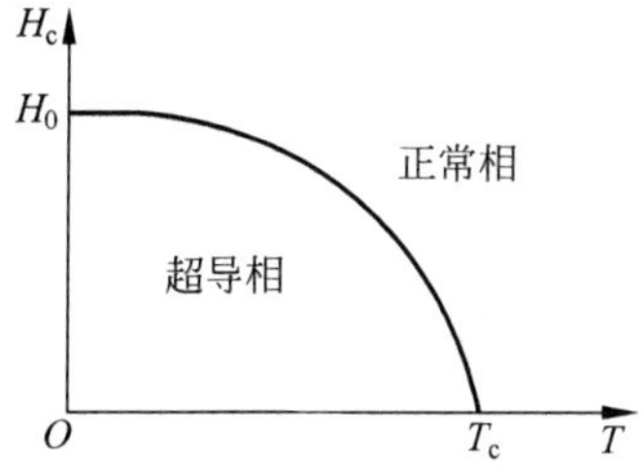

图 8-36　H_c-T 曲线为相变曲线

临界场 H_c 与温度 T 的函数曲线如图 8-36 所示，它把平面分成两个区域，在 H_c-T 曲线下的区域，物体处于超导状态，在曲线的上面，物体处于正常状态，所以常称 H_c-T 曲线为相变曲线。

由于超导体受到临界磁场的限制，因而如超导体内流有电流，当电流增加到某一特定的值时也会破坏超导体的零电阻性，所以同样存在一个临界电流 I_c，这是由于超导体内的电流在表面产生的磁场引起的，所以 I_c 与温度 T 的关系和 H_c 及 T 的关系相同，即

$$I_c(T)=I_0\left[1-\left(\frac{T}{T_c}\right)^2\right]$$

3. 迈斯纳效应

把超导体放入磁场中，超导体完全把磁感线排斥到体外，这一特性与超导体在何种条件下转变为超导态完全无关，这个现象是迈斯纳在 1933 年首先发现的，故称为迈斯纳效应。

迈斯纳效应表明，在超导体内部，$B=0$。实验进一步发现磁场只能透入超导体表面一定的深度，这个深度称为透入深度，其数量级约为 10^{-5}cm。迈斯纳效应不能用超导体的零电阻性解释。因为电阻率为零，即 $\sigma_c\to\infty$，超导体内的电场 $E=0$，根据法拉第感应定律得到 $\frac{\partial \boldsymbol{B}}{\partial t}=0$，所以 $\boldsymbol{B}$ 为常矢量。可见，它们是两个独立的效应。

4. 同位素效应

超导体的特别重要的特性是同位素效应。我们注意到超导相和正常相的结晶态是相同的，但是，仔细研究了同一种超导材料的不同的同位素以后，发现临界温度 T_c 与原子量有下述关系：

$$T_c \propto M^{-1/2}$$

倘若超导体性质是由于电子的相互作用所导致的话,由于同性素原子结构完全相同,电子状态完全一样,因而 T_c 都应相同。同一种材料的同位素之间的主要差别在于中子数目的不同,所以同位素效应暗示着电子与晶格之间的相互作用是极为重要的因素。

正是同位素效应的发现才促使人们产生了一幅超导电性的物理图像:由于电子同晶格的相互作用,使每两个电子之间产生间接的吸引力,从而结合成对,形成束缚态,这种电子对称为库珀对。每个库珀对都有一定的结合能 Δ,其大小约为 $10^{-8} \sim 10^{-4}$ eV。低温时 $kT<\Delta$,热运动不会破坏库珀对;当 $kT>\Delta$ 时,热运动把库珀对拆散,所以 $T_c \approx \frac{\Delta}{k}$ 是超导态的临界温度,Δ 是能隙,它与电子—晶格相互作用直接有关。本来,在常温下,晶格对电子的散射是电阻率的直接根源,但在低温下,晶格对电子的相互作用使电子处于有序的状态——库珀配对,此时的电流是库珀对的有序流动,从而导致超导电性。

人们为了解释超导体的完全导电性和完全抗磁性,提出了一些唯象的模型和理论,最有影响的伦敦(London)方程和金茨堡-朗道(Ginzburg-Landau)理论,但这些理论只是从现象上说明问题,并不涉及产生超导电性的本质。要了解超导电性的本质(超导机制)则得从微观角度采用量子力学方法研究。

5. 高温超导

从超导现象发现之后,科学家一直寻求在较高温度下具有超导电性的材料,然而到1985年所能达到的最高超导临界温度也不过23K,所用材料是 Nb_3Ge。1986年4月美国IBM公司的缪勒(K. A. Müller)和柏诺兹(J. G. Bednorz)博士宣布钡镧铜氧化物在35K时出现超导现象。1987年超导材料的研究出现了划时代的进展。先是年初华裔美籍科学家朱经武、吴茂昆宣布制成了转变温度为98K的钇钡铜氧超导材料。其后在1987年2月24日中科院的新闻发布会上宣布,物理所赵忠贤、陈立泉等十三位科技人员制成了主要成分为钡钇铜氧四种元素的钡基氧化物超导材料,其零电阻的温度为78.5K。几乎同一时期,日本、苏联等科学家也获得了类似的成功。这样,科学家们就获得了液氮温区的超导体,从而把人们认为到2000年才能实现的目标大大提前了。这一突破性的成果带来许多学科领域的革命,它对电子工业和仪器设备产生了重大影响,并为实现电能超导输送、数字电子学革命、大功率电磁体和新一代粒子加速器的制造等提供实际的可能。目前中、美、日、俄等国家都正大力开发高温超导体的研究工作。

目前,中国在高温超导材料研制方面仍处于世界领先地位。具体的成果有:钇钡铜氧材料临界电流密度可达 $6000A/cm^2$,同样材料的薄膜临界电流密度可达 $10^6 A/cm^2$。利用自制超导材料已测到 2×10^{-8}G 的极弱磁场(这相当于人体内如肌肉电流的磁场),新研制的铋铅锑锶钙铜氧超导体的临界温度已达132～164K,这些材料的超导机制已不能再用前面的理论来解释,中国科学家在超导理论方面也正做着有开创性的工作。

阅读材料 8.2 遥感技术

1. 遥感技术概述

遥感一词来源于英语"Remote Sensing",其直译为"遥远的感知",简译为"遥感"。遥感是用一定的技术、设备、系统，在远离被测目标的位置上对被测目标的特性进行远程测量和记录的信息技术。遥感器可安装在地面车载或飞机、卫星、航天器等运载工具上。运载遥感器的运动工具称为遥感平台。遥感技术主要包括四个方面：①遥感器，用来接收目标或背景的辐射和反射的电磁波信息，并将转换成电信号或图像，加以记录。②信息传输系统，将遥感得到的信息经初步处理后，用电信方式发送出去，或直接收回胶片。③目标特征搜集，从明暗程度、色彩、信号强弱的差异及变化规律中找出各种目标信息的特征，以便为判别目标提供依据。④信息处理与判读，将所收到的信息进行处理，包括消除噪声或虚假信息，矫正误差，借助于光电设备与目标特征进行比较，从复杂的背景中找出所需要的目标信息。

2. 遥感工作的物理基础

1）遥感分类与辐射源

遥感按工作方式分类，有主动遥感和被动遥感。主动遥感是由自身发射电磁波，如侧视雷达，接收的是被地面反射的回波。被动遥感指直接接收太阳光的反射及目标物和环境本身所辐射出来的电磁波。被动遥感的主要辐射源是太阳。太阳可近似看作一个 6000K 的黑体，入射到地表上的太阳辐射最强部分在可见光部分，峰值波长为 0.47μm。地球是另一个重要的辐射源，可近似看作一个 300K 的黑体，峰值波长为 10μm。

无论电磁波从太阳射向地球，还是从地球射向遥感器，都要穿过大气层。从物理角度看，电磁波经过大气层时，要被吸收和散射，其强度、传播方向及偏振方向均要改变。因此，在应用遥感技术研究地球表面的状况及通信时，工作频段必须选择在大气窗口内。

按电磁波的频段分类，遥感所用的频段有：

可见光（0.40～0.76μm）。利用目标反射的太阳光靠胶片感光照相。迄今为止，从卫星上获得的最高的地面分辨率是可见光照相得到的，但是阳光照射不到的地面，如地球的黑夜或云层覆盖区，可见光遥感就无能为力了。

红外波段的一部分（0.75～15μm）。辐射源是目标物，白天黑夜都能工作，而且红外波段比较宽，能得到较多的地面目标的信息。但探测器的灵敏度较差，红外辐射不能穿透云雾，处于云层覆盖下的地面情况也无法探测。在近红外区（0.75～3μm），太阳辐射比较强，仍可利用反射的太阳辐射进行探测。

微波（1mm～1m）。辐射也属于热辐射范畴。与红外辐射具有十分相似的性质。其不同点主要表现在：

（1）通常温度下，地表发射微波的能力很弱，一般要比红外低 5～6 个数量级。相对来说，低温状态下物体的微波特征比较明显，常温状态下物体的红外特征较明显。

（2）微波波段穿透大气、云雾、雨雪的性能比可见光、红外波段好得多，因而微波遥感能全天候工作。对微波来说，由于波长较长，大气的散射作用很小。

（3）微波对地表层有较强的穿透能力。如波长 10cm 的微波，对铜只能透入 10^{-4}cm，而对冰雪层却能透入 15m 以上。所以，运用微波技术，可探测地表下的地质结构。

2）地物波谱特性

不同物体，甚至同一种物体的不同状态，反射、吸收和辐射电磁波的规律是不一样的，这种规律称为物体的波谱特性。图 8-37 表示几种植物的波谱特性曲线。

遥感器就是根据各种物体或状态的波谱来识别多种地物。如果我们事先掌握了各种物体的波谱特性，只要将遥感器测到的不同电磁波的波谱信息与其相比较，即可区别出物体的

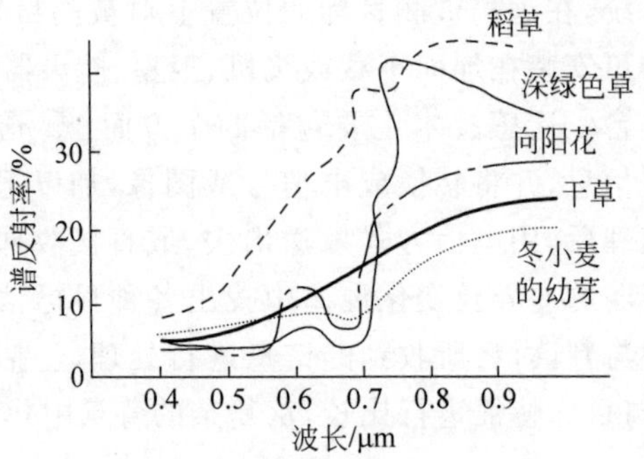

图 8-37 几种植物的波谱特性

种类和状态。

当然从遥感器上所接收到的电磁波是综合性的。它包括地球表面反射来自太阳、大气和其他物体的电磁波,也包括地球表面、大气辐射的电磁波等。但由于各自不同的特性,可以采用选择光谱的方法,让所需要的波段进入遥感器。所以,实际上是不可叠加的。

地物的波谱特性是设计遥感器和判读遥感图像的依据。研究各种地物的波谱特性,并找出遥感器工作的最佳波段,是遥感技术应用的一项基础性工作。

3. 遥感信息处理和图像判读

地面站收到的遥感信息必须通过适当的处理才能加以利用。将接收到的原始数据加工制成可供观察的图像照片的过程,称为遥感信息处理。根据所获得的遥感图像,从中分析出人们感兴趣的地面目标状态或数据,此过程称为图像判读。信息处理和图像判读直接涉及最终结果,因而是遥感技术中至关重要的两个步骤。

所谓判读是对图像中的内容进行分析、判别、解释,弄清图像中的线条、轮廓、色调、色彩、花纹等内容对应着地表上什么景物及这些景物处于什么状态。

最基本的判读方法是人工判读或目视判读。用计算机进行的图像识别(也称模式识别),是近20多年来发展起来的一门专门的技术学科。其主要优点是速度快,便于利用可见光以外的遥感数据。但相对于精细的人工判读,计算机的图像识别还是比较粗糙的。正在发展的人工智能识别技术,为图像判读展示了美好的前景。

4. 遥感技术应用

1) 遥感技术在气象方面的应用

气象卫星的遥感技术已作为日常气象观测的一种手段,为天气预报提供了大量有价值的资料,其中红外遥感占有很重要的地位。利用可见光的电视式照相机,借助云层对太阳光的强反射,可以摄取地球上空的云层分布。对于地球的背阴面,则采用红外技术才能获取云层的分布图,利用卫星云图,可较早地侦察到热带风暴、飓风、台风的中心位置,对恶劣天气的预报具有重要价值;用安装在卫星上的红外辐射计测量辐射通量,能获得大气温度的垂直分布情况;还可测量海洋面和陆地面的温度,划定冰雪覆盖区的边界等;同时它提供的大气中水汽和臭氧的分布情况,是进行精确天气预报的必要条件。

2) 遥感技术在地学方面的应用

利用卫星遥感绘制小比例尺地图是一个多快好省的方法。与航空制图相比,拍摄照片的数量可减少到千分之一，成本可下降到十分之一。以往绘制的地图主要是用可见光照相，由于用了红外遥感可以获得更多人眼看不到的地面特征，同时也提高了图像的清晰度。

航空和卫星遥感图像为地质构造分析提供了非常直观的工具。可以利用拍摄的照片提到准确的地质地形图，从而指导找矿；由于红外成像的温度分辨率约为 0.1℃，通过地面温差图，可以确定地热分布区及了解火山活动情况；卫星和飞机遥感技术有助于掌握高山、沙漠的河流湖泊分布以及水质水文资料；用红外遥感测得的海面热图，可以确定海温变化情况，这对研究海洋生物很有价值。此外，微波遥感可用于测量海水盐度，又可测量海风速度、风向及波浪高度等。

3）遥感技术在其他领域的应用

在农、林、牧方面，通过红外遥感仪测量土壤和植物的温度，就能获得如植物长势、土地类型、水分状况等有关信息，如及早发现森林火情、判断农作物遭受病虫害的程度等；还可用于环境污染情况的测量以及在军事领域。

习　　题

8.1　单项选择题

（1）一圆形线圈在磁场中作下列运动时，会产生感应电流的情况是（　　）。

A. 沿垂直磁场方向平移　　B. 以直径为轴转动，轴跟磁场垂直

C. 沿平行磁场方向平移　　D. 以直径为轴转动，轴跟磁场平行

（2）下列矢量场为保守力场的是（　　）。

A. 静电场　　B. 稳恒磁场

C. 感生电场　　D. 变化的磁场

（3）用线圈的自感系数 L 来表示载流线圈磁场能量的公式 $W_m=\frac{1}{2}LI^2$（　　）。

A. 只适用于无限长密绕线管

B. 只适用于一个匝数很多，且密绕的螺线环

C. 只适用于单匝圆线圈

D. 适用于自感系数 L 一定的任意线圈

（4）尺寸相同的铁环和铜环所包围的面积中，通以变化率相等的磁通量，环中（　　）。

A. 感应电动势不同，感应电流不同　　B. 感应电动势相同，感应电流相同

C. 感应电动势不同，感应电流相同　　D. 感应电动势相同，感应电流不同

（5）两个环形导体 a，b 同心且相互垂直地放置，当它们的电流 I_1 和 I_2 同时发生变化时，则（　　）。

A. 只产生自感电流，不产生互感电流

B. 同时产生自感电流和互感电流

C. 一个产生自感电流，另一个产生互感电流

D. 上述说法全不对

8.2　填空题

（1）将金属圆环从磁极间沿与磁感应强度垂直的方向抽出时，圆环将受到________。

(2) 产生动生电动势的非静电场力是________,产生感生电动势的非静电场力是________,激发感生电场的场源是________。

(3) 一自感线圈中,电流在 0.002s 内均匀地由 10A 增到 20A,此过程线圈自感电动势为 400V,则线圈的自感系数 $L=$________。

(4) 长为 l 的金属直导线在垂直于均匀的平面内以角速度 ω 转动,如果转轴的位置在________,这个导线上的电动势最大,数值为________;如果转轴的位置在________,整个导线上的电动势最小,数值为________。

(5) 如题 8.2(5)图所示,一长为 a、宽为 b 的矩形导体线框置于均匀磁场中,磁场随时间的变化关系为 $B=B_0\sin\omega t$,则线框内的感应电动势大小为________。

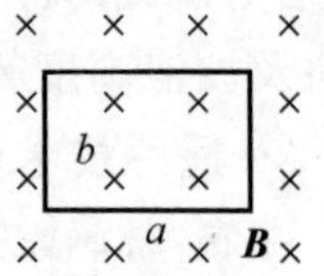

题 8.2(5)图

8.3 计算题

(1) 长直导线通以电流 $I=5\text{A}$,在其右方放一长方形线圈,两者共面,如题 8.3(1)图所示。线圈长 $b=0.06\text{m}$,宽 $a=0.04\text{m}$,线圈以速度 $v=0.03\text{m/s}$ 垂直于直线平移远离。求:$d=0.05\text{m}$ 时线圈中感应电动势的大小和方向。

(2) 导线 ab 长为 l,绕过 O 点的垂直轴以匀角速 ω 转动,$aO=\dfrac{l}{3}$ 磁感应强度 $\boldsymbol{B}$ 平行于转轴,如题 8.3(2)图所示。试求:

① ab 两端的电势差;

② a,b 哪端电势高?

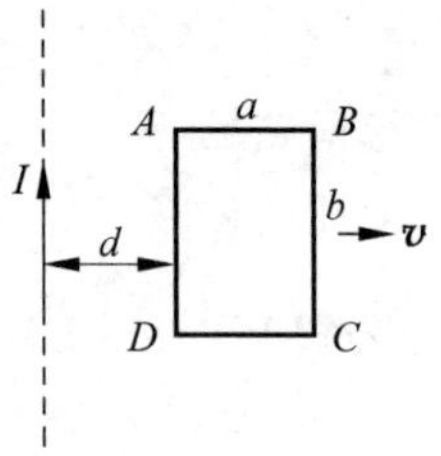

题 8.3(1)图

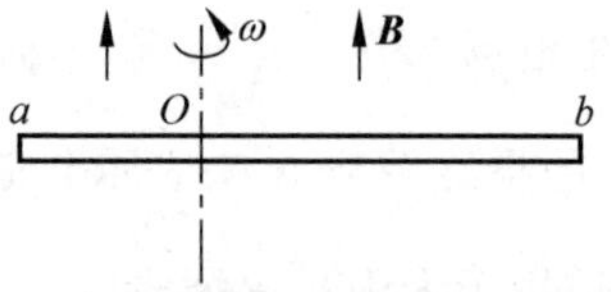

题 8.3(2)图

(3) 在通有电流 $I=5\text{A}$ 的长直导线近旁有一导线段 ab(见题 8.3(3)图),长 $l=20\text{cm}$,离长直导线距离为 $d=10\text{cm}$。当它沿平行于长直导线的方向以速度 $v=10\text{m/s}$ 平移时,导线段中感应电动势多大?图中 a,b 哪端电势高?

(4) 一矩形导线框以恒定的速度向右穿过一均匀磁场区,$\boldsymbol{B}$ 的方向如题 8.3(4)图所示。取逆时针方向为电流正方向,画出线框中电流与时间的关系(设导线框刚进入磁场区时 $t=0$)。

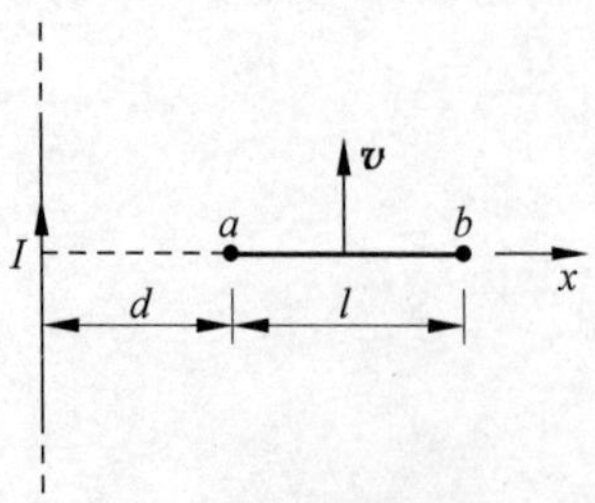

题 8.3(3)图

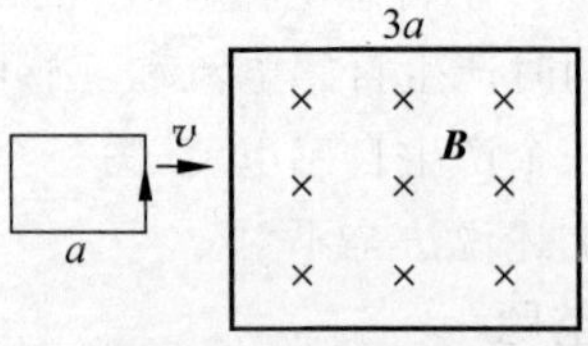

题 8.3(4)图

(5) 如题 8.3(5)图所示，在垂直于直螺线管管轴的平面上放置导体 ab 于直径位置，另一导体 cd 在一弦上，两导体均与螺线管绝缘。当螺线管接通电源的一瞬间管内磁场如题 8.3(5)图所示方向。试求：

① ab 两端的电势差；

② cd 两点电势高低的情况。

(6) 一矩形截面的螺绕环如题 8.3(6)图所示，共有 N 匝。试求：

① 此螺绕环的自感系数；

② 若导线内通有电流 I，环内磁能为多少？

(7) 如题 8.3(7)图所示半径为 r 的长直密绕空心螺线管，单位长度的绕线匝数为 n，所加交变电流为 $I=I_0\sin\omega t$。今在管的垂直平面上放置一半径为 $2r$，电阻为 R 的导线环，其圆心恰好在螺线管轴线上。

① 计算导线环上涡旋电场 E 的值且说明其方向；

② 计算导线上的感应电流 I_i；

③ 计算导线环与螺线管间的互感系数 M。

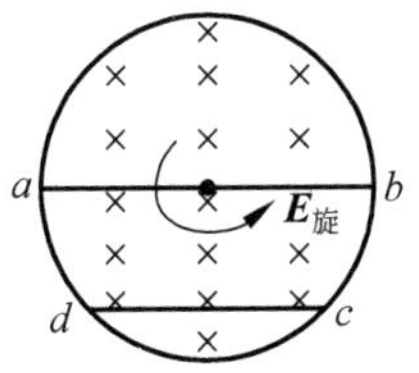

题 8.3(5)图

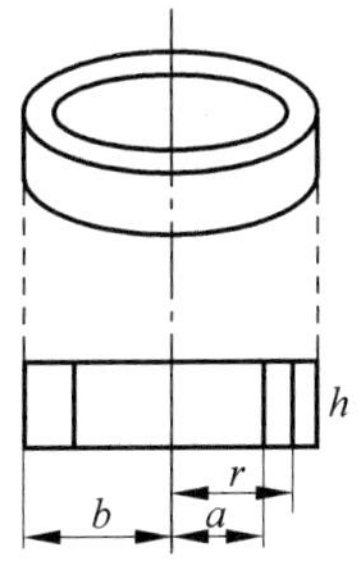

题 8.3(6)图

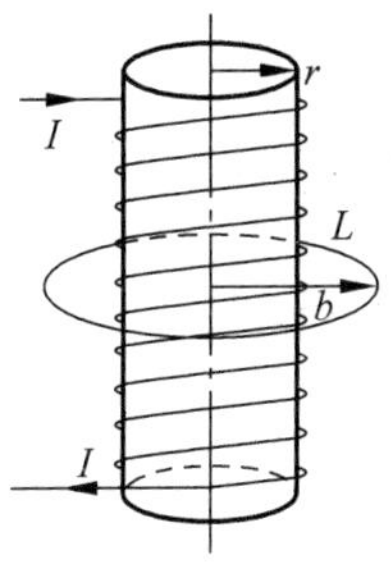

题 8.3(7)图

(8) 一圆柱体长直导线，均匀地通有电流 I，证明导线内部单位长度储存的磁场能量为 $W_m=\mu_0 I^2/(16\pi)$(设导体的相对磁导率 $\mu_r\approx 1$)。

(9) 平行板电容器的电容为 $C=20.0\mu F$，两板上的电压变化率为 $dU/dt=1.50\times 10^5 V/s$，则该平行板电容器中的位移电流为多少？

(10) 极板上电量随时间变化的关系为 $q=q_0\sin\omega t$(ω 为常量)，忽略边缘效应。求：

① 电容器极板间位移电流及位移电流密度；

② 极板间离中心轴线距离为 $r(r<R)$处的 b 点的磁场强度 H 的大小；

③ 当 $\omega t=\pi/4$ 时，b 点的电磁场能量密度(即电场能量密度与磁场能量密度之和)。

分析：根据电流的连续性，电容器极板间位移电流等于传导电流，由此求得位移电流。忽略边缘效应，极板间位移电流均匀分布，由此求得位移电流密度。根据全电流安培环路定理求出极板间的磁场强度。由极板间电场强度、磁场强度可求得电磁场能量密度。

(11) 由一个电容 $C=4.0\mu F$ 的电容器和一个自感为 $L=10mH$ 的线圈组成的 LC 电路，当电容器上电荷的最大值 $Q=6.0\times 10^{-5}C$ 时开始作无阻尼自由振荡。试求：

① 电场能量和磁场能量的最大值；

② 当电场能量和磁场能量相等时，电容器上的电荷量。

习题答案

第 1 章

1.1 (1) D (2) B (3) D (4) B (5) B

1.2 (1) $-\boldsymbol{i}+4\boldsymbol{j}$

(2) 变速率曲线运动；变速率直线运动

(3) 8m；10m

(4) 6m/s^2；450m/s^2

(5) 10m；5πm

1.3 (1) ① $\dfrac{x^2}{3}+y^2=1$

② $\boldsymbol{v}_2=\left(-\dfrac{\sqrt{3}}{4}\pi\sin\dfrac{\pi}{4}t\right)\boldsymbol{i}+\left(\dfrac{\pi}{4}\cos\dfrac{\pi}{4}t\right)\boldsymbol{j}$

$\boldsymbol{a}=\left(-\dfrac{\sqrt{3}}{16}\pi^2\cos\dfrac{\pi}{4}t\right)\boldsymbol{i}+\left(-\dfrac{\pi^2}{16}\sin\dfrac{\pi}{4}t\right)\boldsymbol{j}$

③ $\boldsymbol{r}_1=\dfrac{\sqrt{6}}{2}\boldsymbol{i}+\dfrac{\sqrt{2}}{2}\boldsymbol{j}$

$\boldsymbol{v}_1=\dfrac{-\sqrt{6}}{8}\pi\boldsymbol{i}+\dfrac{\sqrt{2}}{8}\pi\boldsymbol{j}$

$\boldsymbol{a}_1=\dfrac{-\sqrt{6}}{32}\pi^2\boldsymbol{i}-\dfrac{\sqrt{2}}{32}\pi^2\boldsymbol{j}$

(2) ① $y=x^2-8$

② $t=1\text{s}$ 时，$\boldsymbol{r}_1=2\boldsymbol{i}-4\boldsymbol{j}$，$\boldsymbol{v}_1=2\boldsymbol{i}+8\boldsymbol{j}$，$\boldsymbol{a}_1=8\boldsymbol{j}$

在 $t=2\text{s}$ 时，$\boldsymbol{r}_2=4\boldsymbol{i}+8\boldsymbol{j}$，$\boldsymbol{v}_2=2\boldsymbol{i}+16\boldsymbol{j}$，$\boldsymbol{a}_1=8\boldsymbol{j}$

(3) 当 $t=3\text{s}$ 时，$x_3=41.25\text{m}$

(4) ① $(3t+5)\boldsymbol{i}+\left(\dfrac{1}{2}t^2+3t-4\right)\boldsymbol{j}$

② $8\boldsymbol{i}-0.5\boldsymbol{j}$，$11\boldsymbol{i}+4\boldsymbol{j}$，$3\boldsymbol{i}+4.5\boldsymbol{j}$

③ $3\boldsymbol{i}+5\boldsymbol{j}$

④ $3\boldsymbol{i}+7\boldsymbol{j}$

⑤ $\boldsymbol{j}$

⑥ $\boldsymbol{j}$

(5) $v=2\sqrt{x^3+x+25}$

(6) $x=705\text{m}$，$v=190\text{m/s}$

(7) ① $a_t=36\text{m/s}^2$，$a_n=1296\text{m/s}^2$

② $\theta=2.67\text{rad}$

(8) ① $a=\sqrt{b^2+\frac{(v_0-bt)^4}{R^2}}$，与半径夹角 $\varphi=\arctan\frac{-Rb}{(v_0-bt)^2}$

② $t=\frac{v}{b}$

(9) $v=0.16\text{m/s}, a_n=0.064\text{m/s}^2, a_\tau=0.08\text{m/s}^2, a=0.102\text{m/s}^2$

(10) $v_{21}=50\text{km/h}$，北偏西 $\theta=36.87°$，$v_{12}=50\text{km/h}$，南偏东 $\theta=36.87°$

第 2 章

2.1 (1) B (2) C (3) B (4) A (5) D

2.2 (1) 16N·s; 176J

(2) 0; $\frac{2\pi mg}{\omega}$; $\frac{2\pi mg}{\omega}$

(3) mv_0；竖直向下

(4) 竖直向上；mgt

(5) 0.003s; 0.6N·s; 2g

2.3 (1) $I=0.739\text{kg}\cdot\text{m/s}$；方向：$\tan\theta=\frac{I_y}{I_x}$，$\theta=202.5°$

(2) $56\boldsymbol{i}\text{kg}\cdot\text{m/s}$; $5.6\boldsymbol{i}\text{m/s}$; $56\boldsymbol{i}\text{kg}\cdot\text{m/s}$

(3) $\boldsymbol{p}=m\omega(-a\sin\omega t\boldsymbol{i}+b\cos\omega t\boldsymbol{j})$

$\boldsymbol{I}=\Delta\boldsymbol{p}=-m\omega(a\boldsymbol{i}+b\boldsymbol{j})$

(4) ① −45J

② 75W

③ −45J

(5) 0.41m

(6) $\frac{nk}{r^{n+1}}$，方向指向力心

(7) $\frac{\Delta x_1}{\Delta x_2}=\frac{k_2E_{p1}}{k_1E_{p2}}=\frac{k_2}{k_1}$

(8) ① $3.66\times10^7\text{m}$

② $-1.28\times10^6\text{J}$

(9) $k=1450\text{N/m}$; $h=0.87\text{m}$

(10) $v=\sqrt{\frac{2MRg}{m+M}}$

(11) 略

第 3 章

3.1 (1) B (2) A (3) A (4) C (5) A (6) B

3.2 (1) 运动惯性；转动惯性

(2) 形状；尺寸大小

(3) 静止；匀速直线

(4) 转轴；质量；质量

(5) 相同；不同；地轴

(6) $\frac{3}{2}J_0\omega_0^2$

(7) 否

(8) 否

3.3 (1) 7.3×10^{-5} rad/s, 2×10^{-7} rad/s; 460m/s; 3.4×10^{-2} m/s^2

(2) ① 15.7rad/s^2; ② 420

(3) $\omega=a+3bt^2-4ct^3$; $\beta=6bt-12ct^2$

(4) ① $\frac{3}{4}g$; ② $\frac{1}{4}mg$,方向向上

(5) ① 2.67s; ② 17.6 圈

(6) ① $\sqrt{3gl}$,方向向左; ② $\frac{5}{2}mg$,竖直向下

(7) ① $\omega_0=\frac{3v}{8l}$

② $M_f=\frac{1}{3}k\omega l^3$

③ $t=\frac{m}{kl}\ln2$

(8) ① $\frac{m_0+3m}{12m}\sqrt{6(2-\sqrt{3})gl}$

② $\frac{m_0\sqrt{6(2-\sqrt{3})gl}}{6}$

(9) ① 200r/min; ② 减少 1.32×10^4 J

第 4 章

4.1 (1) B (2) D (3) B (4) B (5) A

4.2 (1) 1.25×10^{-7} s; 2.25×10^{-7} s

(2) $x=93$m; $y=0$; $z=0$; $t=2.5\times10^{-7}$ s

(3) $c\sqrt{1-(a/l_0)^2}$

(4) $u_x=-0.817c$

(5) $0.91c$; 5.31×10^{-8} s

4.3 (1) 以上的推导不正确。

(2) ① 可以,其运动速率为 $0.50c$

② $\Delta t'=1.73\times10^{-6}$ s

(3) $l=\frac{l_0}{c^2-uv}[(c^2-u^2)(c^2-v^2)]^{1/2}$

(4) ① $v=1.8\times10^8$ m/s

② $\Delta x'=9\times10^8$ m

(5) ① $E_0=0.512$MeV

② $E_k=4.488$MeV

③ $P=2.66\times10^{-21}$ kg·m/s

④ $v=0.995c$

(6) ① $\Delta t_1=\frac{L}{v_0}=2.25\times10^{-7}$ s

② $\Delta t_2=\dfrac{\Delta t_1}{\sqrt{1-\left(\dfrac{v_0}{c}\right)^2}}=3.75\times10^{-7}\,\text{s}$

(7) ① $v=\dfrac{\sqrt{3}}{2}c$

② $v=\dfrac{\sqrt{3}}{2}c$

第 5 章

5.1 (1) D (2) C (3) D (4) C (5) A

5.2 (1) $\dfrac{q}{6\varepsilon_0}$；0；$\dfrac{q}{24\varepsilon_0}$

(2) $\boldsymbol{E}$；U；$\boldsymbol{E}=\dfrac{\boldsymbol{F}}{q}$；$U=\int\boldsymbol{E}\cdot\mathrm{d}\boldsymbol{l}$

(3) 均匀带电实心球

(4) $\dfrac{qq_0}{4\pi\varepsilon_0}\left(\dfrac{1}{r_a}-\dfrac{1}{r_b}\right)$

(5) b；a；增加

5.3 (1) $x=(3+2\sqrt{2})\,\text{m}$

(2) $E=\dfrac{q}{4\pi\varepsilon_0 L}\int_0^L\dfrac{\mathrm{d}x}{(L+d-x)^2}=\dfrac{q}{4\pi\varepsilon_0 d(L+d)}$,方向沿 x 轴正向

(3) $E=E_y=2\int_0^{\frac{\pi}{2}}\mathrm{d}E_y=-2\int_0^{\frac{\pi}{2}}\dfrac{Q}{2\pi^2\varepsilon_0 R^2}\cos\theta\,\mathrm{d}\theta=-\dfrac{Q}{\pi^2\varepsilon_0 R^2}$

(4) ① $E=\dfrac{2a\lambda}{\pi\varepsilon_0(a^2-4x^2)}$,方向沿 x 轴的负方向

② $F=\lambda E=\lambda^2/(2\pi\varepsilon_0 a)$

(5) $1\text{N}\cdot\text{m}^2/\text{C}$

(6) $8.85\times10^{-12}\,\text{C}$

(7) $r>R,E=\dfrac{\rho R^3}{3\varepsilon_0 r^2}$；$r<R,E=\dfrac{\rho r}{3\varepsilon_0}$

(8) $r<R_1$：$E=0$；$R_1<r<R_2$：$E=\dfrac{\lambda}{2\pi\varepsilon_0 r}$；$R_2<r$：$E=0$

(9) ① $x'=-\dfrac{1}{2}(1+\sqrt{3})d$

② $x=d/4$

(10) ① $\dfrac{\rho d}{3\varepsilon_0}$

② $\dfrac{\rho}{3\varepsilon_0}\left(d-\dfrac{r^3}{4d^2}\right)$

(11) ① $r<a,V_1=0$；$a<r<b,V_2=\dfrac{\lambda}{2\pi\varepsilon_0}\ln\dfrac{a}{r}$；$r>b,V_3=\dfrac{\lambda}{2\pi\varepsilon_0}\ln\dfrac{a}{b}$

② $\Delta V=\dfrac{\lambda}{2\pi\varepsilon_0}\ln\dfrac{a}{b}$

(12) $6.55\times10^{-6}\,\text{J}$

(13) $A=q_0(U_O-U_C)=\dfrac{q_o q}{6\pi\varepsilon_0 R}$

(14) ① $2.5\times10^3\,V$

② $4.3\times10^3\,V$

(15) ① $\varphi=\dfrac{q_1}{4\pi\varepsilon_0 r}+\dfrac{q_2}{4\pi\varepsilon_0 R_2}=900V$

② $\varphi=\dfrac{q_1+q_2}{4\pi\varepsilon_0 r}=450V$

第 6 章

6.1 (1) A (2) B (3) C (4) B (5) B

6.2 (1) $-Q$；Q

(2) 径向方向向外；0；电荷均匀分布于金属球的外表面

(3) $\dfrac{Q}{4\pi r^2}$；Q；$\dfrac{Q}{4\pi\varepsilon_0\varepsilon_r r^2}$，$\dfrac{Q}{\varepsilon_0\varepsilon_r}$

(4) ε_r；1；ε_r

(5) 减小；减小；减小

6.3 (1) $q_1=-\dfrac{q}{2}$，$q_2=\dfrac{q}{2}$

(2) 120V；300V；120V

(3) ① $\sigma=-qb/2\pi(r^2+b^2)^{3/2}$

② $Q=\int_S\sigma\,dS=-qb\int_0^\infty\dfrac{r\,dr}{(r^2+b^2)^{3/2}}=-q$

(4) ① $-q$；外表面上带电荷 $q+Q$

② $\dfrac{-q}{4\pi\varepsilon_0 a}$

③ $\dfrac{q}{4\pi\varepsilon_0}\left(\dfrac{1}{r}-\dfrac{1}{a}+\dfrac{1}{b}\right)+\dfrac{Q}{4\pi\varepsilon_0 b}$

(5) $r<R_2$，$E=0$；$r\geqslant R_2$，$E=\dfrac{Q}{4\pi\varepsilon_0 r^2}$

$r<R_2$，$V=\dfrac{Q}{4\pi\varepsilon_0 R_2}$；$r\geqslant R_2$，$V=\dfrac{Q}{4\pi\varepsilon_0 r}$

(6) $C=\dfrac{\pi\varepsilon_0}{\ln\dfrac{d}{a}}$

(7) 3C/2

(8) $\Delta Q=V\dfrac{C_1^2+C_2^2}{C_1+C_2}$，$\Delta W=\dfrac{1}{2}V^2\dfrac{(C_1-C_2)^2}{C_1+C_2}$

(9) $E_1=E_2=\dfrac{U}{d}=1000V/m$；$D_1=\varepsilon_0E_1=8.85\times10^{-9}C/m^2$

$D_2=\varepsilon_0\varepsilon_rE_2=8.85\times10^{-8}C/m^2$；方向均相同，由正极板垂直指向负极板

(10) ① $C=Q/U=(2\pi\varepsilon_0\varepsilon_rL)/[\ln(b/a)]$

② $W=\dfrac{Q^2}{2C}=\dfrac{Q^2}{4\pi\varepsilon_0\varepsilon_rL}\ln(b/a)$

(11) ① $D=\rho_0\left(\dfrac{r}{3}-\dfrac{r^2}{4R}\right)$，$E=D/(\varepsilon_0\varepsilon_r)=\dfrac{\rho_0}{\varepsilon_0\varepsilon_r}\left(\dfrac{r}{3}-\dfrac{r^2}{4R}\right)$

② $r=2R/3$

(12) $C=\dfrac{\sigma S}{U}=\dfrac{\varepsilon_0\varepsilon_r S}{\varepsilon_r d+(1-\varepsilon_r)t}$

(13) $2.55\times10^{-6}\text{J}$

(14) $\varepsilon_0 SU^2/(4d)$

(15) $\dfrac{1}{2}(\varepsilon_r-1)\varepsilon_0\dfrac{S}{d}U^2$

第 7 章

7.1 (1) A (2) C (3) D (4) B (5) D

7.2 (1) 0

(2) $\dfrac{2\sqrt{2}\mu_0 I}{\pi a}$；方向垂直正方形平面向里

(3) $0.5T$；y 轴正向

(4) $\dfrac{I}{2\pi r}$；$\dfrac{\mu_0\mu_r I}{2\pi r}$

(5) 相等

7.3 (1) (a) $B=\dfrac{\mu_0 I}{8R}$；(b) $B=\dfrac{\mu_0 I}{4R}+\dfrac{\mu_0 I}{4\pi R}$；(c) $B=\dfrac{\mu_0 I}{4R}$；

(d) $B=\dfrac{\mu_0 I}{4R}+\dfrac{\mu_0 I}{2\pi R}$；(e) $B=\dfrac{3\mu_0 I}{8R}+\dfrac{\mu_0 I}{4\pi R}$

(2) ① 0.24Wb

② 0

③ 0.24Wb 或 −0.24Wb

(3) $\dfrac{\mu_0 I}{2\pi R}\left(1-\dfrac{\sqrt{3}}{2}+\dfrac{\pi}{6}\right)$；方向垂直纸面向里

(4) $B_A=1.2\times10^{-4}\text{T}$；$B_B=1.33\times10^{-5}\text{T}$；$r=0.1\text{m}$

(5) 0

(6) $\dfrac{\mu_0 I}{2\pi a}\ln2$,方向垂直纸面向内

(7) $\dfrac{\mu_0 I}{\pi^2 R}=6.37\times10^{-5}\text{T}$,沿 x 轴

(8) ① $\dfrac{\mu_0 NIR^2}{2}\left\{\dfrac{1}{\left[R^2+\left(x+\dfrac{a}{2}\right)^2\right]^{3/2}}+\dfrac{1}{\left[R^2+\left(\dfrac{a}{2}-x\right)^2\right]^{3/2}}\right\}$

② $\dfrac{8\mu_0 NI}{5\sqrt{5}R}$

(9) ① $B_A=4\times10^{-5}\text{T}$,方向垂直纸面向外

② $\Phi_m=2.2\times10^{-6}\text{Wb}$

(10) ① $F_{CD}=8.0\times10^{-4}\text{N}$,方向垂直 CD 向左

$F_{FE}=8.0\times10^{-5}\text{N}$,方向垂直 FE 向右

$F_{CF}=9.2\times10^{-5}$N,方向垂直CF向上

$F_{ED}=F_{CF}=9.2\times10^{-5}$N,方向垂直$ED$向下

② $F=7.2\times10^{-4}$N,方向向左,$M=0$

(11) ① $\dfrac{\mu_0\lambda\pi nR^3}{(R^2+x^2)^{3/2}}$,沿$x$轴正向

② $2\lambda n\pi^2R^3$,沿x轴正向

(12) ① $\dfrac{\mu_0NI}{2\pi r}$

② $\dfrac{\mu_0NIh}{2\pi}\ln\eta=8.0\times10^{-6}$Wb

(13) ① 略

② $F_L=3.2\times10^{-16}$N

(14) $p=1.12\times10^{-21}$kg·m/s; $E_k=2.35$keV

(15) 略

第 8 章

8.1 (1) B (2) A (3) D (4) D (5) A

8.2 (1) 磁力

(2) 洛伦兹力;涡旋电场力;变化的磁场

(3) 0.08H

(4) 端点,$\dfrac{1}{2}B\omega l^2$;中点,0

(5) $ab\omega B_0\cos\omega t$

8.3 (1) $\varepsilon=\varepsilon_1+\varepsilon_2=\dfrac{\mu_0Ibv}{2\pi}\left(\dfrac{1}{d}-\dfrac{1}{d+a}\right)=1.6\times10^{-8}$V;方向沿顺时针

(2) ① $\dfrac{1}{6}B\omega l^2$

② b端电势高

(3) -1.1×10^{-5}V;a端电势高

(4)

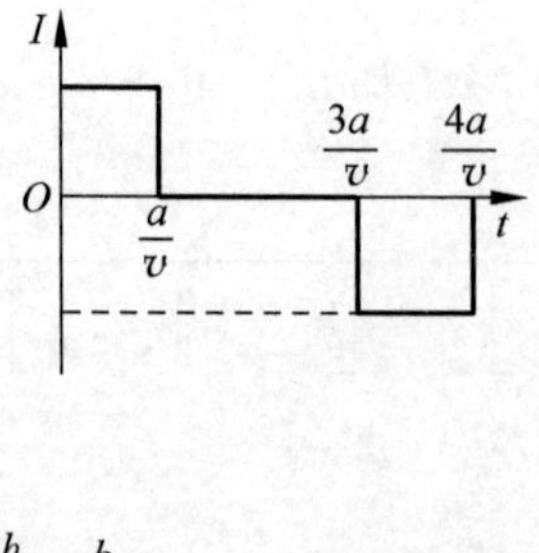

(5) ① $\varepsilon_{ab}=0$;② $U_c>U_d$

(6) ① $\dfrac{\mu_0N^2h}{2\pi}\ln\dfrac{b}{a}$;② $\dfrac{\mu_0N^2I^2h}{4\pi}\ln\dfrac{b}{a}$

(7) ① $-\dfrac{\mu_0n\omega r}{4}I_0\cos\omega t$,若$\cos\omega t>0$,$E$电场线的实际走向与回路$L$的绕行正方向相反,自上向下看为顺时针方向;若$\cos\omega t<0$,$E$电场线的实际走向与回路$L$的绕行正方向相同,自上向下看

为逆时针方向

② $\frac{\pi r^2}{R}\mu_0 n I_0 \omega\cos\omega t$

③ $\mu_0 n\pi r^2$

(8) 略

(9) $\Psi_e = CU$；3A

(10) ① $q_0\omega\cos\omega t$，$\frac{q_0\omega\cos\omega t}{\pi R^2}$；② $\frac{q_0\omega r\cos\omega t}{2\pi R^2}$；③ $\frac{q_0^2}{4\pi^2 R^4}\left(\frac{1}{\varepsilon_0}+\frac{\mu_0\omega^2 r^2}{4}\right)$

(11) ① 4.5×10^{-4}J，4.5×10^{-4}J；② $\pm4.3\times10^{-5}$C